LINDER
BIOLOGIE

Nordrhein-Westfalen

1

herausgegeben von
Wolfgang Jungbauer,
Ulf Erdmann
und Ole Müller

Schroedel

Linder Biologie 1 Nordrhein-Westfalen

Herausgeber
Dr. Wolfgang Jungbauer, Gunzenhausen
Ulf Erdmann, Bad Sachsa
Dr. Ole Müller, Libbenichen

Autoren
Ulf Erdmann, Bad Sachsa
Dr. Wolfgang Jungbauer, Gunzenhausen
Dr. Jürgen Heilemann, Paderborn
Andreas Klemm, Dresden
Thomas Knechten, Hürth
Kristin Menke, Münster
Alexandra Mosbach, Lüneburg
Dr. Ole Müller, Libbenichen
Elke Quiring, Bremen
Dr. Michael Reck, Waldshut-Tiengen
Dr. Joachim Reichl, Weil im Schönbuch
Dr. Heiner Schäfer, Immenhausen
Sandra Schellhammer, Heidelberg
Dr. Astrid Wasmann-Frahm, Groß Nordende

Der Aufbau dieses Buches folgt dem Kernlehrplan für das Fach Biologie des Ministeriums für Schule und Weiterbildung des Landes Nordrhein-Westfalen, veröffentlicht am 18. 5. 2008.
Die Abfolge der Inhaltsfelder ist nicht starr, sondern kann durch die Fachkonferenzen didaktisch begründet verändert werden. Deshalb sind nicht alle im Buch angegebenen Beispiele obligatorisch zu behandeln. In Abstimmung mit dem Lehrplan ist in den meisten Kapiteln eine Auswahl durch die Fachkonferenz der Schule vorgesehen.
Zusätzliche Beispiele, die eine Auswahl erfordern, sind im Inhaltsverzeichnis mit einem Sternchen * gekennzeichnet.

Druck A³ / Jahr 2009

Alle Drucke der Serie A sind im Unterricht parallel verwendbar.

Redaktion Heike Antvogel
Herstellung Ralf Flunkert
Illustrationen
Birgitt Biermann-Schickling, Liselotte Lüddecke, Karin Mall, Tom Menzel
Einbandgestaltung
Janssen Kahlert Design & Kommunikation GmbH
Typografie und Satz
Farnschläder & Mahlstedt, Hamburg
Druck und Bindung
westermann druck GmbH, Braunschweig

ISBN 978-3-507-**86596**-9

Inhalt

Bau und Leistungen des menschlichen Körpers **136**

Angepasstheit von Pflanzen und Tieren an die Jahreszeiten **194**

Überblick und Vergleich von Sinnesorganen 242

Sexualität und Entwicklung beim Menschen 274

* Zusätzliche Inhalte, die eine Auswahl durch die Fachkonferenz der Schule erfordern.

Wie arbeite ich mit meinem Biologiebuch?

Dieses Biologiebuch bietet viel mehr als nur Informationen. Beim ersten Durchblättern fallen unterschiedlich gestaltete Seiten auf. Es ist gut, sich bereits hier mit dem Aufbau des Biologiebuches vertraut zu machen.

Einstiegsseiten. Jedes Hauptkapitel beginnt mit Materialien bzw. Aufgaben, die zum Thema passen und wichtige Anregungen geben. Diese Seiten sollen »Appetit« machen auf das, was in dem jeweiligen Kapitel kommt.

Grundseiten. Hier erhält man die wesentlichen Informationen zu einem Thema, also das Grundwissen. Mit den Aufgaben am Ende des Textes kann man prüfen, ob die Informationen verstanden wurden und ob sie angewendet werden können.

Methode. Auf diesen Seiten werden sowohl allgemeine Arbeitsmethoden, zum Beispiel Durchführung einer Internetrecherche, als auch fachspezifische Methoden, zum Beispiel das Mikroskopieren, beschrieben.

Aufgaben und Versuche. Hier sind Experimente und Aufgaben zu finden, die selbstständig oder in Gruppenarbeit zu bewältigen sind.

Streifzug. Hier werden Verknüpfungen zu anderen Fächern und Wissenschaften, zum Beispiel Chemie, Physik oder Medizin, hergestellt.

Wissen kompakt. Wie in einem Lexikon sind hier Steckbriefe mit Abbildungen zu interessanten Tier- und Pflanzenarten zu finden. Durch diese Informationen wird das Grundwissen sinnvoll erweitert.

Zusammenfassung. Auf diesen Seiten werden die wichtigsten Inhalte eines Hauptkapitels vor dem Hintergrund der jeweiligen Basiskonzepte wiederholt.

Vernetze dein Wissen. Diese Aufgaben dienen der Festigung und Vernetzung der vermittelten Inhalte über das jeweilige Hauptkapitel hinaus.

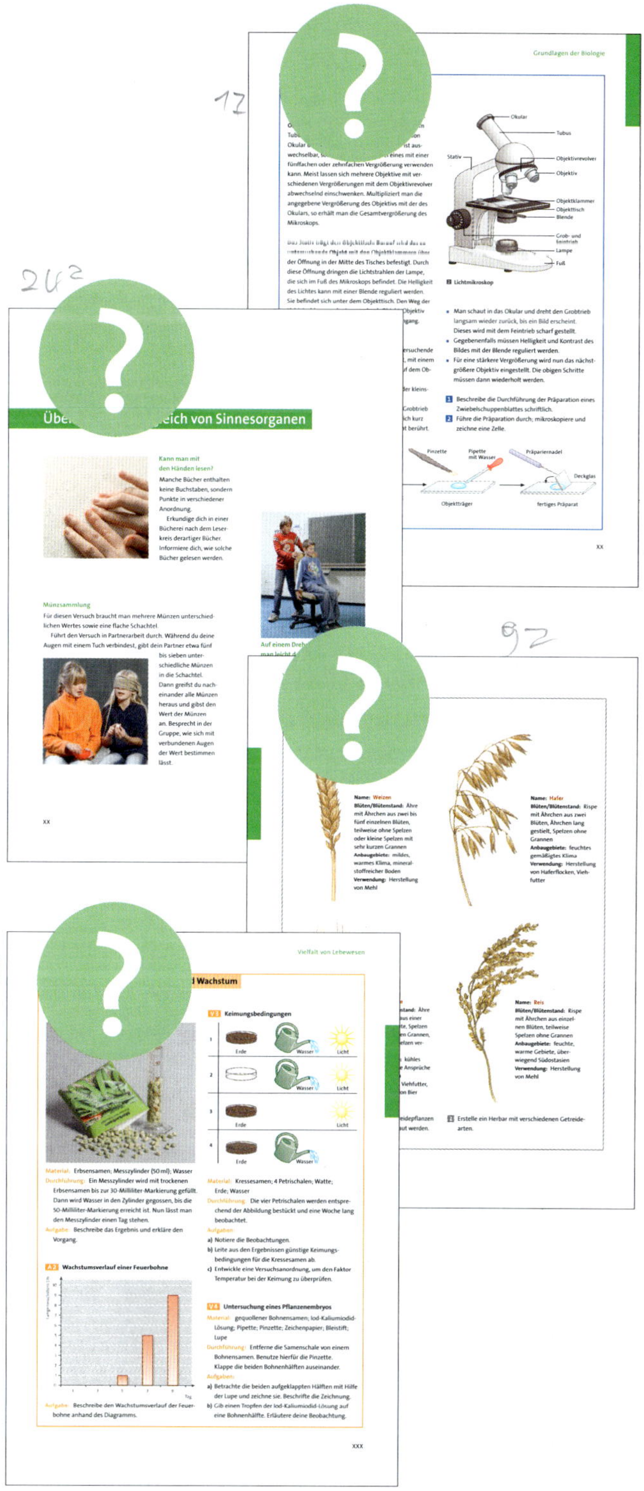

1 Suche die abgebildeten Seiten im Buch und ordne sie dem jeweils entsprechenden Text zu. Verwende zur Suche auch das Inhaltsverzeichnis Seite 3–6 und das Register Seite 298–303.

Grundlagen der Biologie

Wie sahen Dinosaurier wirklich aus?

Dinosaurier sind vor etwa 75 Millionen Jahren ausgestorben. Woher weiß man eigentlich, wie groß die Dinosaurier waren und welche Farbe sie hatten? Kann man nur Vermutungen aufstellen, oder gibt es auch gesicherte Erkenntnisse? Welche Wissenschaften liefern Beiträge zu diesen Erkenntnissen? Stellt euch selbst weitere Fragen, schreibt diese auf und sucht nach Antworten.

Drei süße Kerle

Vergleicht die drei abgebildeten Hunde. Nennt Gemeinsamkeiten und Unterschiede. Kann es sich bei den drei Hunden um Geschwister handeln? Fragt bei Hundebesitzern oder auch in einem Zoogeschäft nach und begründet eure Antworten.

Lebende Steine?

Lebende Steine werden auch als Lebende Kiesel bezeichnet, weil ihre vielgestaltigen Muster bunten Kieselsteinen sehr ähnlich sind. Bringt ihr Herkunftsgebiet in Erfahrung und sucht weitere Details der »lebenden Steine«. Sucht auch unter dem Stichwort *»Lithops«*.

Diskutiert unter Verwendung dieser Informationen in der Gruppe den Begriff »Lebende Steine«.

Eine Zwiebel verändert sich

Setze eine Blumenzwiebel wie abgebildet auf ein Glas mit Wasser. Glas und Zwiebel werden einige Tage auf einem Fensterbrett stehen gelassen.

Beschreibe auftretende Veränderungen. Überlege, wie der Versuch abgewandelt werden kann. Protokolliere den Versuchsaufbau und die Versuchsergebnisse.

Hier stimmt etwas nicht

Bei dem Bild einer Stockente wurden mit dem Computer einige Details verändert.

Sucht in Partnerarbeit diese Fehler, zeichnet in einer Skizze die Richtigstellung und begründet diese. Zeichnet dann ein selbst erfundenes Fantasietier mit Merkmalen, die von anderen Tieren stammen. Tauscht eure Zeichnungen aus und lasst die Gruppen raten und erklären.

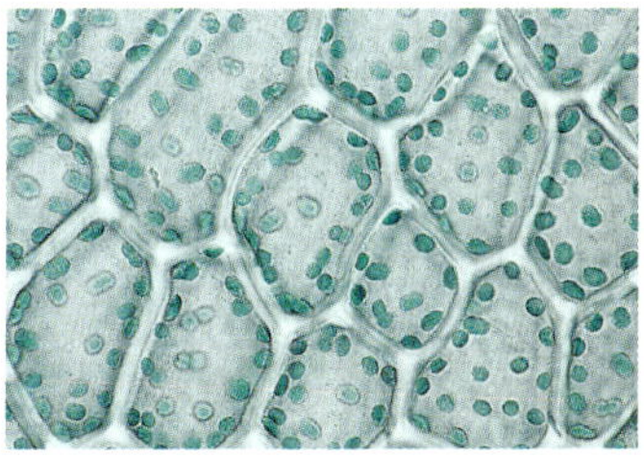

Mit dem Mikroskop kann man kleinste Dinge sehen

Betrachte die Abbildung des Blättchens einer Moospflanze.
Mit einem Mikroskop lässt sich die Untersuchung nach der Anleitung auf Seite 13 auch selbst durchführen.

Stellt in der Gruppe Vermutungen über den Aufbau eines Moosblättchens an.

Hausmaus und Spielzeugmaus

Spielzeugmaus und weiße Hausmaus sehen sehr ähnlich aus. Trotzdem unterscheiden sie sich in einigen wesentlichen Merkmalen.

Zwei aus eurer Gruppe gehen kurz vor die Tür und bereiten ein Rollenspiel vor: Einer stellt eine Spielzeugmaus dar, der andere eine Hausmaus. Beobachtet das Spiel der beiden und notiert wichtige Unterschiede in einer Tabelle, die ihr im Verhalten der beiden erkennen könnt. Besprecht die Tabelle und sucht weitere Kennzeichen von Spielzeugmaus und Hausmaus.

1 Biologie – eine Naturwissenschaft

1 **Sichelförmig gewachsene Bäume am Bachufer**

Am Ufer eines Baches wachsen Bäume mit einem seltsam verbogenen Stamm. Hier hatte der Bach bei einem starken Frühlingshochwasser das Ufer unterspült. Die dort wachsenden Bäume waren dadurch zum Bach abgerutscht. Sie wuchsen aber wieder nach oben, wie die anderen Bäume in Ufernähe auch, und bildeten dadurch diesen sichelförmigen Stamm. Wie kann ein Baum seine Wuchsrichtung feststellen? Kann er »oben« und »unten« unterscheiden?

Die Antworten auf diese und ähnliche Fragen werden mit Hilfe der **Naturwissenschaften** gegeben. Diese entstanden im Laufe der Zeit, weil sich der Mensch mit der Natur beschäftigte. Man sammelte Erfahrungen zum Beispiel mit dem Lauf der Sonne, den Jahreszeiten, mit der Umwelt, dem Wetter und den Gesteinen im Boden. Das ursprüngliche Interesse galt dem unmittelbar Nützlichen. So wurden schon vor rund 11 000 Jahren aus Lehm Ziegelsteine gebrannt, um sie für den Hausbau zu verwenden. Metalle wurden für Werkzeuge oder Waffen gewonnen. Pflanzen wurden angebaut und Tiere wurden gehalten, um die Versorgung mit Nahrungsmitteln zu sichern.

Die Neugier und die Lust am Forschen führte dazu, dass immer mehr Wissen angesammelt wurde. Heute unterscheidet man verschiedene Bereiche der Naturwissenschaften. So ist die Beobachtung und Untersuchung von Pflanzen und Tieren sowie ihrer Lebensweise Aufgabe der **Biologie.** Das Wort stammt aus der griechischen Sprache und setzt sich aus *»bios«* (= Leben) und *»logos«* (= Lehre) zusammen. Die Biologie ist also eine Wissenschaft, die sich mit den Lebewesen beschäftigt. Die *Physik* erforscht die Eigenschaften und Gesetzmäßigkeiten der unbelebten Dinge der Natur wie Strahlung, Energie oder Kraftfelder. Die *Chemie* untersucht und erklärt die Umwandlung von Stoffen, also Vorgänge wie das Rosten von Eisen oder das Brennen eines Feuers. Auch die *Geologie,* die Gesteinskunde, und die *Astronomie*, die Himmelskunde, sind Naturwissenschaften.

2 **Beispiele aus verschiedenen Naturwissenschaften.** **A** Physik; **B** Chemie; **C** Geologie

Alle Naturwissenschaften sind miteinander vernetzt und arbeiten oft gemeinsam an der Erforschung eines **Phänomens.** Als Phänomen bezeichnet man eine **Beobachtung** oder einen naturwissenschaftlichen Sachverhalt, wie zum Beispiel das Wachstum eines Baumes.

Aus einer Beobachtung ergeben sich oft **Fragen.** Deren Beantwortung ist manchmal schwierig – so auch die Frage, ob der Baum »oben« und »unten« unterscheiden kann. Ein Mensch kann das, denn er hat aus Erfahrung im täglichen Leben gelernt, dass ein Gegenstand nie nach »oben«, sondern immer nur nach »unten« fällt. Die Schwerkraft zieht ihn nach »unten« und bestimmt damit auch die entgegengesetzte Richtung »oben«. Reagiert der Baum also auf die Schwerkraft?

Eine solche **Vermutung** oder **Hypothese** wird in den Naturwissenschaften mit einem **Versuch** überprüft. Entsprechende Experimente mit Bäumen würden aber recht lange dauern und ziemlich viel Platz beanspruchen. Deshalb ist es sinnvoller, mit kleineren Versuchspflanzen zu arbeiten, zum Beispiel mit Kresse. Dabei muss man aber berücksichtigen, dass Kressepflanzen vielleicht anders reagieren können als Bäume.

Der Versuch muss sorgsam geplant und durchgeführt werden. Es ist zum Beispiel notwendig, die Kresse stets feucht zu halten, damit sie keimen und wachsen kann. Auch sollte sie möglichst unter den gleichen Bedingungen wie die Bäume wachsen. So muss das Licht von oben auf die Kresse scheinen wie die Sonne auf die Bäume.

Wie das **Versuchsergebnis** ausfällt, soll noch nicht verraten werden. Es gibt zwei Möglichkeiten: Entweder wird die Vermutung durch das Versuchsergebnis *bestätigt*, oder sie wird *widerlegt*. Dann muss man weitere Vermutungen und Versuche anschließen, um das Phänomen zu klären. In jedem Fall werden der Versuch und sein Ergebnis in einer **Dokumentation** schriftlich festgehalten, auch wenn die Überlegungen und Versuche weitergeführt werden. Nur so kann *wissenschaftliches Arbeiten* nachvollzogen und anderen vermittelt werden.

1 Führe den Versuch aus Abbildung 2 in einer Gruppe selbst durch und dokumentiere ihn in der Mappe.

Beobachtung

Manche Bäume am Bachufer wachsen sichelförmig nach »oben«.

Frage

Wie erkennt der Baum »oben« und »unten«?

Vermutung

Pflanzen reagieren auf die Schwerkraft.

Versuch

In dem Versuch werden wachsende Kressekeimlinge in unterschiedliche Schräglagen gebracht, um zu sehen, ob sie immer nach »oben« wachsen. Man gibt in vier Reagenzgläser jeweils etwas angefeuchtete Watte und streut etwas Kressesamen darauf. Da auch das Licht einen Einfluss haben könnte, wird gleichmäßig von allen Seiten beleuchtet. Jetzt lässt man die Kresse keimen und einige Tage wachsen, bis sie etwa einen Zentimeter aus dem Reagenzglas herausragt. Anschließend werden die Reagenzgläser in unterschiedliche Schräglagen gebracht und das weitere Wachstum der Kresse beobachtet und protokolliert.

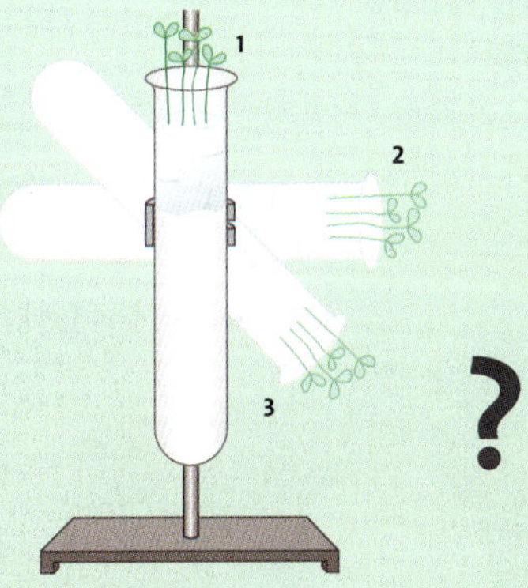

Versuchsergebnis

die Vermutung ist bestätigt worden: Pflanzen orientieren sich an der Schwerkraft

die Vermutung ist widerlegt worden

Aufstellen einer neuen Vermutung und Planung eines neuen Versuches

2 **Wissenschaftliches Arbeiten**

Wissen kompakt — Womit sich Biologen beschäftigen …

… sie bestimmen Lebewesen mithilfe von Bestimmungsbüchern und ordnen sie in ein System.

… sie erkunden das Zusammenleben von Tieren und Pflanzen in ihren Lebensräumen.

… sie beobachten die Verhaltensweisen von Lebewesen.

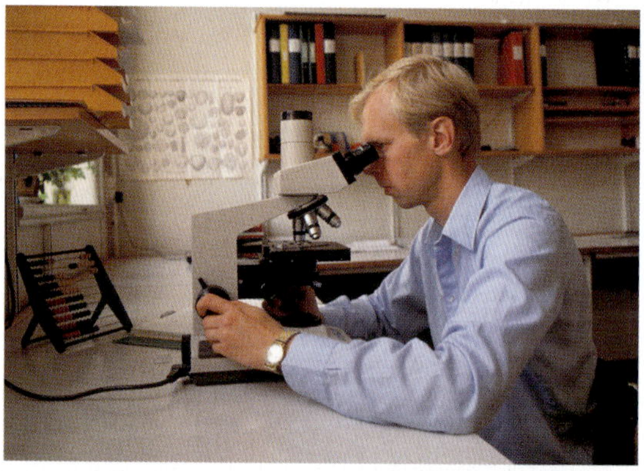

… sie untersuchen und erforschen mit dem Mikroskop den Feinbau von Lebewesen.

… sie erforschen das Pflanzenwachstum unter verschiedenen Bedingungen und züchten neue Sorten.

… sie untersuchen im Labor Umweltproben oder Stoffwechselvorgänge von Lebewesen.

Methode Führen der Biologiemappe

Mit einer gut geführten **Mappe** kann der Unterrichtsstoff leicht wiederholt oder eine Klassenarbeit gut vorbereitet werden. Die folgenden Regeln zur Mappenführung sind als Anregung gedacht. Besprecht mit der Lehrerin oder dem Lehrer, wie ihr die Regeln umsetzt.

- In die Mappe sollte alles geschrieben werden, was während der Stunde wichtig ist, zum Beispiel was an die Tafel geschrieben oder gezeichnet wird. Auch Notizen über Versuche und Versuchsergebnisse gehören in die Mappe. Wenn möglich, können sie mit einer Zeichnung versehen werden.
- Merksätze und wichtige Begriffe, die besprochen werden, sollten notiert und unterstrichen werden.
- **Arbeitsblätter** werden jeweils hinter die Notizen in die Mappe geheftet. So kann man leicht nachschauen, worauf sich die Aufzeichnungen beziehen.
- Die Lösungen der Aufgaben, die in der Schule erarbeitet werden, und die Hausaufgaben werden in die Mappe geschrieben. Wer mag, kann auch Zusatzmaterial wie Bilder und Texte aus der Zeitung oder dem Internet mit in die Mappe heften.
- Damit die Mappe beim Aufschlagen wie ein Buch zu lesen ist, müssen die neuen Blätter immer hinten angeheftet werden. Deshalb sollte ein Papp-Schnellhefter verwendet werden. So kann man – wenn man einmal gefehlt hat – die nachgeholten Aufzeichnungen schnell richtig einordnen.
- Zur besseren Übersicht in der Mappe sollte ein **Inhaltsverzeichnis** mit den behandelten Themen angelegt und vorn in die Mappe geheftet werden.

1 Erarbeitet in der Klasse verbindliche Regeln für das Nachholen von versäumten Unterrichtsinhalten.

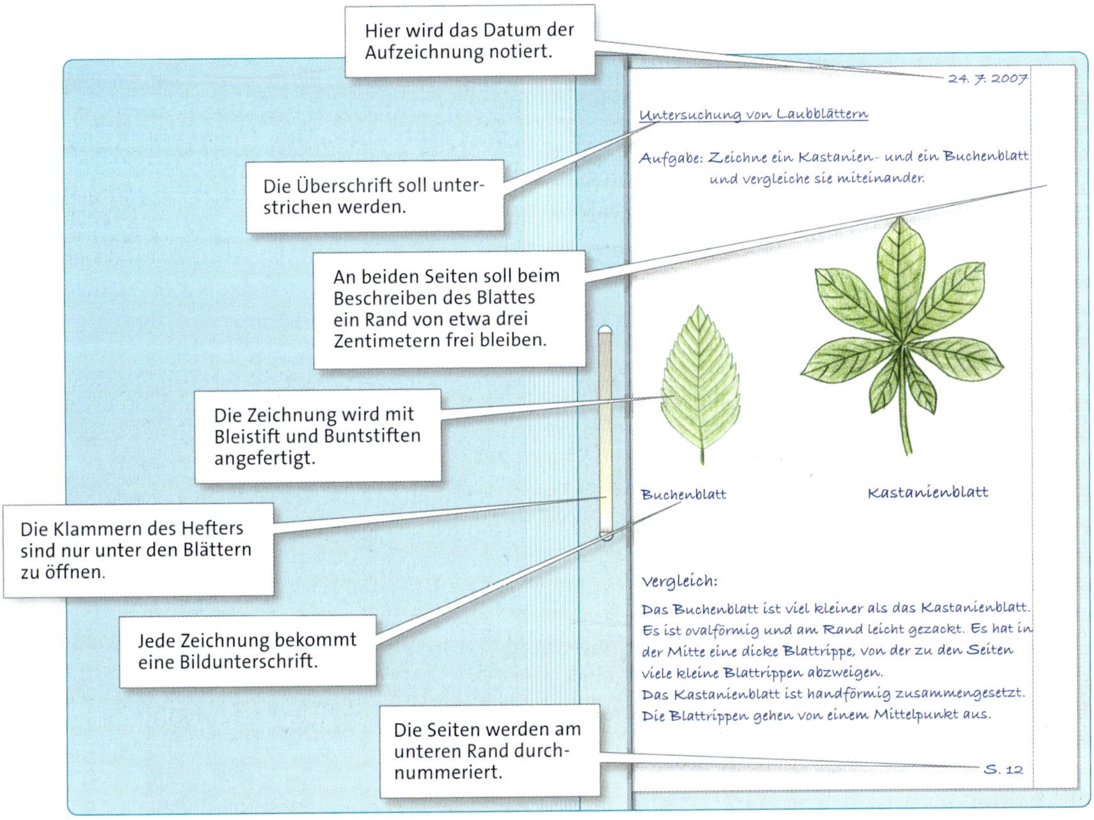

1 Seite einer gut geführten Mappe

2 Kennzeichen von Lebewesen

In einem Zoo ist das Reptilienhaus ein Anziehungspunkt für die Besucher. Unter den vielen, meist exotischen Tieren sind zum Beispiel Chamäleons besonders interessant. Ein Chamäleon kann stundenlang mit eingerolltem Schwanz bewegungslos auf einem Ast hocken. Auch durch seine Färbung hebt es sich kaum von diesem ab. Wodurch unterscheidet sich ein Lebewesen wie das Chamäleon von Gegenständen der unbelebten Natur, wie zum Beispiel einem Stein?

Erst bei längerer Beobachtung zeigt das Chamäleon **Kennzeichen von Lebewesen.** Nähert sich eine Heuschrecke, reagiert das Chamäleon auf diesen Reiz: Es bewegt die Augen, entrollt den Schwanz und geht in eine Art Lauerstellung. Plötzlich schnellt seine Zunge aus dem Maul und fängt die Heuschrecke. Die **Reizaufnahme und Reaktion** ist ein Kennzeichen aller Lebewesen. Sie ist für Tiere in der Regel lebenswichtig. So wird eine hungrige Katze beim Anblick einer Maus zum Sprung auf die Beute ansetzen. Die Maus dagegen wird beim Anblick der Katze schnell die Flucht ergreifen.

Auch Pflanzen reagieren auf Reize. Eine junge Sonnenblume wendet ihren Blütenstand stets zum Sonnenlicht und dreht sich dabei. Nach dem Sonnenuntergang senkt sie ihren Blütenstand und dreht sich zurück. Ausgewachsene Sonnenblumen haben einen holzigen Stängel und können das nicht mehr. Pflanzen reagieren aber nicht nur auf Licht, sondern auch auf Schwerkraft, Wärme, Kälte und andere Reize.

Ein weiteres Kennzeichen von Lebewesen ist die **eigenständige Bewegung.** Sie wird bei einem gegen die Wasserströmung springenden Lachs besonders deutlich. Im Gegensatz zu Tieren können Pflanzen sich zwar nicht von der Stelle rühren, auf der sie wachsen, aber sie zeigen deutliche Bewegungen ihrer Blüten oder Blätter. Meist erfolgen diese Bewegungen sehr langsam, wie zum Beispiel die Drehbewegung der Sonnenblume im Licht.

Andere Vorgänge des Lebens sind dagegen kaum erkennbar. So nehmen Pflanzen mit ihren Wurzeln Wasser und Mineralstoffe aus dem Boden auf und transportieren sie in jede Zelle. Auch andere Lebewesen nehmen Stoffe auf und wandeln sie um: Sie betreiben **Stoffwechsel.** Pflanzen bilden in ihren Blättern mithilfe des Sonnenlichtes Zucker. Dabei entsteht Sauerstoff, den die Pflanzen abgeben. Das kann man bei Wasserpflanzen wie der Wasserpest besonders gut beobachten, wenn sich an den Blättern kleine Gasbläschen bilden. Menschen und Tiere atmen den Sauerstoff ein. Zusätzlich nehmen sie mit ihrer Nahrung Stoffe auf, die im Körper verarbeitet und somit umgewandelt werden. Stoffe, die der Körper nicht verwerten kann, werden wieder ausgeschieden. Dies geschieht auch mit Abfall- oder Giftstoffen, die bei den verschiedenen Vorgängen im Körper entstehen.

Ein weiteres Kennzeichen von Lebewesen ist die **Fortpflanzung.** Dies geschieht bei Pflanzen manchmal durch die Bildung von Ablegern wie bei der Erdbeere, von Zwiebeln wie

A

B

bei der Tulpe oder von Knollen wie bei der Kartoffel. Meistens entsteht ein neues Lebewesen jedoch aus einer befruchteten Eizelle. Aus dieser bildet sich durch **Wachstum und Entwicklung** ein geschlechtsreifes Individuum. So wachsen Hühnerküken zunächst im Ei heran und entwickeln sich nach dem Schlüpfen zum geschlechtsreifen Tier. Aus einer einzigen befruchteten Eizelle ist durch viele Zellteilungen ein ganzes Lebewesen mit sehr unterschiedlichen Zellen entstanden.

Alle Lebewesen bestehen aus Zellen, wie man zum Beispiel bei den feinen Moosblättchen schon mit der Lupe erkennen kann. Manche Lebewesen bestehen sogar nur aus einer einzigen Zelle wie beispielsweise Bakterien.

Jedes Lebewesen hat eine unverwechselbare **Körpergestalt,** an der man es erkennen kann. An dieser kann man Tiere oder Pflanzen voneinander unterscheiden, zum Beispiel Hunde und Katzen oder Tulpen und Rosen. Jedes Lebewesen gibt seine Körpergestalt an seine Nachkommen weiter. Auch die in einem Aquarium gehaltenen Nachkommen des australischen Fetzenfisches werden nach Generationen noch die gleiche Gestalt haben wie ihre Artgenossen im offenen Meer. Diese sind im Seetang gut vor ihren Fressfeinden getarnt.

1 Beschreibe die Kennzeichen von Lebewesen und nenne zu jedem zwei Beispiele.

C

D

E

F

G

1 Kennzeichen von Lebewesen.
A Beutefangendes Chamäleon;
B Sonnenblumenfeld am Mittag;
C springende Lachse an einer Stromschnelle;
D Sauerstoff-Abgabe an den Blättern der Wasserpest;
E schlüpfende Hühnerküken;
F Zellen des Moosblättchens;
G Körpergestalt eines Fetzenfisches

Methode Betrachten, Beobachten und Beschreiben

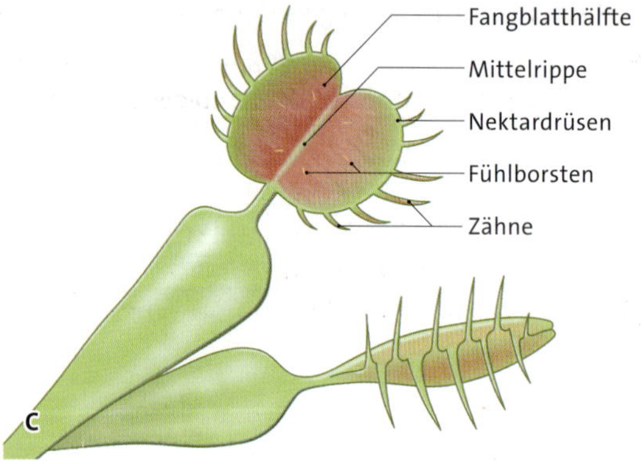

1 Venusfliegenfalle.
A Ganze Pflanze; **B** Fangblatt mit Insekt; **C** Schema

1 Betrachte das Blatt einer Venusfliegenfalle und fertige eine beschriftete Zeichnung an.

2 Beobachte und beschreibe, wie die Venusfliegenfalle ein Insekt fängt.

Die Venusfliegenfalle ist eine relativ kleine Pflanze, die ursprünglich in Nordamerika vorkommt. Betrachtet man die Pflanze, so fallen ihre merkwürdig geformten Blätter auf. Sie haben die Fähigkeit, Insekten zu fangen und zu verdauen. Wie geschieht das? Man kann in Büchern oder im Internet nachschauen, um dies herauszufinden. Wesentlich spannender ist es jedoch, eine Venusfliegenfalle selbst beim Insektenfang zu beobachten. Dabei sollte man folgendermaßen vorgehen: Beim **Betrachten** eines Lebewesens achtet man auf das Aussehen, den Körperbau, die Farbe seines Körpers und auf mögliche Besonderheiten des Organismus. Für das **Beobachten** muss etwas mehr Zeit eingeplant werden, denn nun sollen auch Bewegungen, Verhalten, Farb- oder Formveränderungen eines Lebewesens wahrgenommen werden. Beim anschließenden **Beschreiben** werden wichtige Erkenntnisse einer Betrachtung oder Beobachtung mündlich formuliert oder schriftlich festgehalten. Beschreibungen eines Lebewesens sollten nach einem bestimmten Prinzip erfolgen, zum Beispiel von links nach rechts, von außen nach innen oder von der groben Übersicht zum genauen Detail. Eine Beschreibung wird besonders anschaulich, wenn sie mit einer beschrifteten Zeichnung, einem Diagramm oder einem Foto versehen wird.

Die Abfolge dieser Schritte wird am Beispiel der Venusfliegenfalle deutlich: Nachdem ein Fangblatt genau betrachtet und gezeichnet worden ist, folgt die Beobachtung des Fangvorgangs: Lebende Insekten, zum Beispiel Fliegen, werden von dem Nektar der Pflanze auf ein Fangblatt gelockt. Wenn ein Insekt beim Herumlaufen kurz hintereinander zwei benachbarte Fühlborsten oder dieselbe Fühlborste mehrfach berührt, klappen die beiden Blatthälften zusammen. Die Zähne am Rand des Blattes greifen dabei ineinander. Die Beute ist gefangen und wird durch Verdauungssäfte zersetzt, die von dem Blatt hergestellt und abgegeben werden. Der beobachtete Fangvorgang sollte nun beschrieben und mit einer Zeichnung oder einem Foto ergänzt werden.

Methode Mikroskopieren

Ein **Lichtmikroskop** enthält zwei Linsensysteme: das **Okular** und das **Objektiv.** Das Okular steckt oben im Tubus, einer Röhre, die den richtigen Abstand von Okular und Objektiv bestimmt. Das Okular ist auswechselbar, sodass man zum Beispiel eines mit einer fünffachen oder zehnfachen Vergrößerung verwenden kann. Meist lassen sich mehrere Objektive mit verschiedenen Vergrößerungen mit dem Objektivrevolver abwechselnd einschwenken. Multipliziert man die angegebene Vergrößerung des Objektivs mit der des Okulars, so erhält man die Gesamtvergrößerung des Mikroskops.

Das Stativ trägt den Objekttisch. Darauf wird das zu untersuchende **Objekt** mit den Objektklammern über der Öffnung in der Mitte des Tisches befestigt. Durch diese Öffnung dringen die Lichtstrahlen der Lampe, die sich im Fuß des Mikroskops befindet. Die Helligkeit des Lichtes kann mit einer Blende reguliert werden. Sie befindet sich unter dem Objekttisch. Den Weg der Lichtstrahlen von der Lampe durch Objekt, Objektiv und Okular bis ins Auge nennt man **Strahlengang.**

Regeln für das Mikroskopieren:

- Vor dem Mikroskopieren wird das zu untersuchende Objekt auf einem **Objektträger** präpariert, mit einem Deckglas abgedeckt und anschließend auf dem Objekttisch fixiert.
- Mit dem Revolver wird das Objektiv mit der kleinsten Vergrößerung eingestellt.
- Der Objekttisch wird vorsichtig mit dem Grobtrieb so weit heraufgedreht, bis das Objektiv sich kurz über dem Deckglas befindet, es aber nicht berührt.

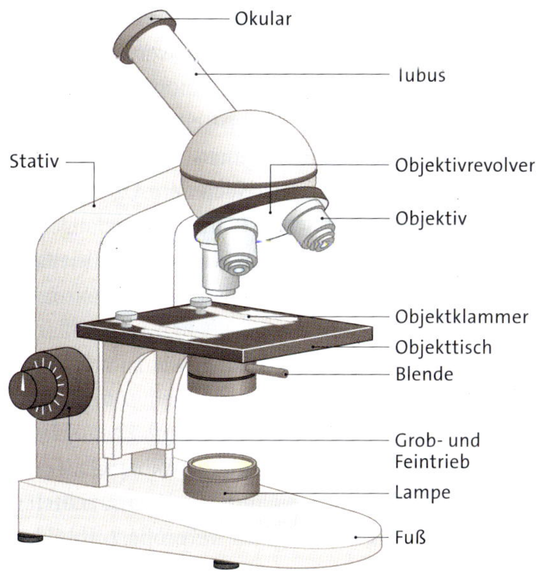

2 Lichtmikroskop

- Man schaut in das Okular und dreht den Grobtrieb langsam wieder zurück, bis ein Bild erscheint. Dieses wird mit dem Feintrieb scharf gestellt.
- Gegebenenfalls müssen Helligkeit und Kontrast des Bildes mit der Blende reguliert werden.
- Für eine stärkere Vergrößerung wird nun das nächstgrößere Objektiv eingestellt. Die obigen Schritte müssen dann wiederholt werden.

1 Beschreibe die Durchführung der Präparation eines Zwiebelschuppenblattes schriftlich.

2 Führe die Präparation durch; mikroskopiere und zeichne eine Zelle.

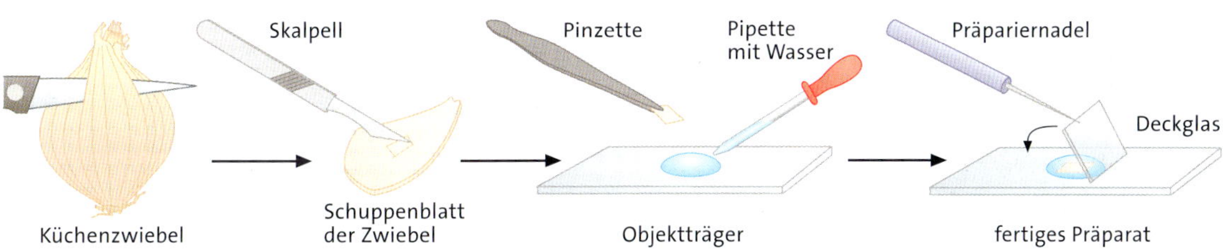

1 Herstellung eines Präparates

4 Basiskonzepte – Struktur und Funktion, Angepasstheit sowie Variabilität

Goldhamster sind beliebte Heimtiere. Sie sehen sehr niedlich aus, sind aber zur Betreuung durch Kinder eigentlich wenig geeignet. Sie verschlafen nämlich den Tag meist in ihrem Versteck und werden erst nachts richtig aktiv. Sie stammen aus Syrien, einem Land im östlichen Mittelmeerraum. Dort graben sie mit ihren kräftigen Vorderpfoten bis zu zwei Meter tiefe Gänge. Nachts gehen sie auf Futtersuche. Sie ernähren sich von Pflanzensamen, Wurzeln und Insekten.

Goldhamster haben sehr große, knopfartig vorspringende Augen. Auch andere Nagetiere, die nachts auf Nahrungssuche gehen, weisen große Augen auf. Dies gilt beispielsweise für die ebenfalls oft als Heimtier gehaltene Wüstenspringmaus. Tiere, die vorwiegend am Tag aktiv sind, haben meist kleine Augen. Das Sehen in der Nacht erfordert offensichtlich von den Augen eine ganz besondere Leistungsfähigkeit. Große, vorgewölbte Augen können während der Nacht das wenige Licht viel besser aufnehmen als kleine, flache Augen. Es besteht demnach ein Zusammenhang zwischen dem Bau und der besonderen Aufgabe der Augen.

1 Goldhamster

Gilt diese Aussage nur für Mäuse und Hamster? Der Waldkauz ernährt sich vorwiegend von Feldmäusen, die er in der Dämmerungszeit jagt und fängt. Lautlos stürzt er sich im Flug auf die Beute, greift sie mit seinen Krallen an den Füßen und trägt sie zu seiner Baumhöhle. Alle Eulen haben sehr große Augen, mit denen sie ihre Beute bei wenig Licht finden können. Auch der Koboldmaki aus Südostasien ist nachts aktiv und weist außergewöhnlich große Augen auf. Ähnliches gilt noch

2 Nachtaktive Tiere. **A** Wüstenspringmaus; **B** Waldkauz; **C** Koboldmaki

für viele weitere Beispiele. Wenn also ein Tier eine besondere Struktur wie die großen Augen aufweist, lässt sich eine Angepasstheit an besondere Lebensverhältnisse vermuten.

Aus der Beobachtung und Beschreibung einzelner Phänomene lassen sich allgemein anwendbare, übergeordnete Konzepte ableiten. Diese Konzepte bezeichnet man als *Biologische Prinzipien, Erschließungsfelder* oder **Basiskonzepte.** So führt das Beispiel vom Zusammenhang zwischen Bau und Aufgabe der Augen zu den Basiskonzepten **Struktur und Funktion** sowie **Angepasstheit.** Mit der Kenntnis der Basiskonzepte kann man neue Phänomene leichter verstehen und die Zusammenhänge auch besser im Gedächtnis behalten.

Fledermäuse jagen ebenfalls nachts. Ihre Beutetiere sind Insekten, die im Flug ergriffen und dann gefressen werden. Fledermäuse haben jedoch winzige Augen, obwohl sie nachts aktiv sind. Ist dies ein Widerspruch zu der gerade gefundenen Erkenntnis? Untersuchungen haben gezeigt, dass Fledermäuse, deren Augen abgedeckt wurden, ihre Beute mit der gleichen Sicherheit aufspüren und fangen. Sie können dies auch bei absoluter Dunkelheit tun. Fledermäuse orientieren sich nämlich nachts nicht mit ihren Augen, sondern mithilfe des Gehörs. Deshalb haben die meisten Fledermäuse große Ohrmuscheln. Hier liegt also kein Widerspruch, sondern sogar eine Bestätigung für das Basiskonzept Angepasstheit vor.

Basiskonzepte beziehen sich nicht nur auf Tiere, sondern auf alle Lebewesen. So können auch genügend Beispiele für den Zusammenhang von Struktur und Funktion bei Pflanzen gefunden werden. In den trocken-heißen Steppen- und Wüstengebieten der Erde sind häufig Kakteen zu finden. Diese Pflanzen sind oft wie Säulen geformt, die mit Dornen besetzt sind. Wenn man einen Kaktus aufschneidet, findet man im Inneren fast farblose, zarte Zellen. Hier speichert der Kaktus Wasser. Der säulenförmige Pflanzenkörper eines Kaktus entspricht dem Stängel einer krautigen Pflanze, während die Dornen umgewandelte Blätter sind. Die Speicherung von Wasser hilft der Pflanze, die Trockenheit in ihrem Lebensraum zu überstehen. Die Dornen schützen vor dem Gefressenwerden durch Tiere.

3 **Kopf einer Fledermaus**

Beim Mauerpfeffer wird Wasser nicht im Stängel, sondern in den kleinen und fleischig verdickten Blättern gespeichert. Als beliebte Gartenpflanze ist er meist an trockenen, sonnigen Standorten wie zwischen den Steinen eines Steingartens zu finden. Sein natürlicher Standort sind Spalten in Felswänden, also ein durch Trockenheit gekennzeichneter Lebensraum. Auch hier ist der Zusammenhang zwischen Struktur und Funktion und damit die Angepasstheit deutlich.

4 **Wasser speichernde Pflanzen.** **A** Kakteen; **B** Mauerpfeffer

5 Vielfalt. **A** Beim Goldhamster; **B** bei der Rose

Ein weiteres Basiskonzept ist bei der Aufzählung dieser Beispiele sichtbar geworden: Die Lebewesen auf der Erde zeigen eine enorme *Vielfalt* in ihren Erscheinungsformen. Diese Vielfalt kann sich unterschiedlich äußern. Beispielsweise sind sich alle Goldhamster auf der Erde sehr ähnlich. Die Weibchen und die Männchen können miteinander Junge bekommen. Man sagt, sie gehören alle zur gleichen **Art,** nämlich der Art »Goldhamster«. Trotzdem unterscheiden sich Goldhamster: So gibt es welche mit hellerem oder dunklerem Fell. Einige haben lange, wuschelige Haare, andere haben kurze. Solche Unterschiede zwischen Tieren der gleichen Art bezeichnet man als **Variabilität**.

Für den Pflanzenzüchter ist die Vielfalt von Nutz- und Zierpflanzen von besonderem Interesse. Beispielsweise unterscheidet man mehr als 6000 verschiedene Rosensorten mit unterschiedlichen Blütenfarben, -formen und -düften. Hat man bestimmte Eigenschaften erzielt, versucht man, Pflanzen zu gewinnen, deren Nachkommen immer wieder die gleichen Eigenschaften wie die Ausgangspflanze aufweisen. Diese Zuchtformen gehören alle der gleichen Art an.

Die Vielfalt kann sich aber auch auf verschiedene Arten beziehen, die dann mehr oder weniger auffällige Unterschiede aufweisen. Gänseblümchen und Margerite sind zwar unterschiedlich groß, ihre Blüten sind aber weitgehend gleich aufgebaut. Es handelt sich hier um zwei verschiedene, wenn auch sehr ähnliche Arten. Dies gilt auch im Tierreich: Maulwurf, Igel und Spitzmaus sind verschiedene Arten, stimmen aber in vielen Merkmalen überein.

Diese Zusammenhänge beruhen nicht auf dem Zufall. Es ist ein wichtiges Forschungsgebiet in der Biologie, die Ursachen und Hintergründe für derartige Übereinstimmungen und Ähnlichkeiten aufzudecken. Um das Basiskonzept Vielfalt zu verstehen, sind noch viele weitere Erkenntnisse notwendig.

1 Vergleiche den Bau der Vorderbeine von Maulwurf, Igel und Spitzmaus. Wende das maßgebliche Basiskonzept an.

2 Informiere dich über den Beruf eines Pflanzenzüchters. Erstelle einen Bericht über mögliche Aufgaben.

6 Vielfalt bei Tieren. **A** Spitzmaus; **B** Maulwurf; **C** Igel

Aufgaben und Versuche Basiskonzepte

A1 Hüpfen bei der Wüstenspringmaus

Aufgaben:

a) Beschreibe anhand der Abbildung die Vorwärtsbewegung der Wüstenspringmaus. Vergleiche den Einsatz der Vorder- und Hinterbeine.

b) Ziehe aufgrund der Abbildung Rückschlüsse auf die Funktion des Schwanzes sowie die der Tasthaare an der Schnauze bei der Vorwärtsbewegung.

c) In der Ruhestellung stützt sich die Wüstenspringmaus auf ihrem Schwanz ab. Eine entsprechende Funktion des Schwanzes findet man bei den Kängurus. Wende aufgrund dieser Informationen das Basiskonzept Struktur und Funktion an.

A2 Rüssel und Ohren beim Elefanten

Elefanten sind die größten zurzeit auf der Erde vorkommenden Landtiere. Der Rüssel ist eine verlängerte Nase und kann für verschiedenste Tätigkeiten eingesetzt werden.

Aufgaben:

a) Nenne einige Funktionen des Elefantenrüssels. Verwende zum Beispiel Beobachtungen, die du bei einem Zoo- oder Zirkusbesuch machen konntest.

b) Stelle Vermutungen an, welche Aufgaben die großen Ohrmuscheln des Afrikanischen Elefanten haben könnten. Beziehe in deine Überlegungen die Aufgabe A3 mit ein.

A3 »Wärmefenster« am Hundebauch

Hunde sind am Bauch fast unbehaart. An dieser Stelle kann der Körper leicht Wärme abgeben, während sonst die Wärmeabgabe durch das dichte Fell behindert wird. Deshalb wird die unbehaarte Stelle als »Wärmefenster« bezeichnet. An heißen Tagen legen sich Hunde mit ausgestreckten Beinen auf die Seite. Bei Kälte rollen sie sich zusammen.

Aufgabe: Erläutere diese Verhaltensweisen und wende das entsprechende Basiskonzept zur Erläuterung des Sachverhalts an.

A4 Pusteblume

Aus der Blüte der Löwenzahnpflanze entwickelt sich die bekannte »Pusteblume«. An den kleinen, silbrig glänzenden »Fallschirmchen« hängen die Samen des Löwenzahns.

Aufgabe: Wende das entsprechende Basiskonzept auf dieses Beispiel an.

Vielfalt von Lebewesen

Wer kennt die Grüne Stinkwanze?

Auf Laubbäumen in Gärten oder an Waldrändern, auch auf Brennnesseln und Disteln findet man häufig die Grüne Stinkwanze.

Zieht begründete Schlussfolgerungen aus dem Namen des Insekts.

Katzen fallen immer auf die Beine

Beschreibe die Bildfolge und erläutere dann die Überschrift. Stelle eine Vermutung auf, inwiefern dieses Verhalten eine Angepasstheit an die Lebensweise einer Katze darstellt.

Falsch oder richtig?

An und unter einem Eichenbaum findet man vielfältiges Leben. In der Abbildung sind einige Fehler versteckt. Sucht die Fehler und begründet eure Entscheidung.

Die Kartoffel – eine Giftpflanze?

Als vor etwa 400 Jahren die ersten Kartoffelpflanzen aus Südamerika nach Europa gebracht wurden, konnten die Menschen wenig mit diesen Pflanzen anfangen. Wegen ihrer hübschen Blüten wurde die Kartoffelpflanze als Zierpflanze geschätzt. Der Versuch, ihre grünen Beeren zu essen, führte zu schweren Vergiftungserscheinungen.

Informiert Euch in Fachbüchern über die Giftwirkung der verschiedenen Teile der Kartoffelpflanze.

Zwei Hunde begegnen sich

Jeder Hundebesitzer kennt diese Situation: Beim »Gassi-gehen« mit seinem Hund trifft er auf einen anderen, ziemlich großen Hund. Der fremde Hund rennt herbei, der eigene Hund wirft sich auf den Rücken und bleibt mit angezogenen Pfoten liegen, während er vom fremden Hund beschnüffelt wird.

Zieht bei Hundebesitzern oder bei einem Tierarzt Erkundigungen über diese Verhaltensweise ein. Sucht Abbildungen, zum Beispiel auch von Wölfen, und gestaltet eine Präsentation zum Thema »Verhalten bei Hunden«.

Die Ragwurzblüte ähnelt einer Hummel

Die Blüte der Hummel-Ragwurz ähnelt im Aussehen und Geruch einer weiblichen Hummel.

Diese Ähnlichkeit zwischen Pflanze und Tier ist kein Zufall. Recherchiert in der Literatur oder im Internet nach weiteren Informationen. Sucht einige weitere, ähnliche Beispiele für derartige Beziehungen und gestaltet in eurer Klasse eine Pinnwand zu diesem Thema.

Die Augen des Taumelkäfers

Der Lebensraum des Taumelkäfers ist die Wasseroberfläche von Teichen und Tümpeln. Man erkennt die bis zu einen halben Zentimeter kleinen Käfer leicht an ihren schnellen, kurvenförmigen Schwimmbewegungen. Besonders merkwürdig ist der Bau ihrer Augen: Durch eine Leiste sind beide Augen in je eine obere und untere Hälfte getrennt, sodass ein Taumelkäfer scheinbar vier Augen aufweist.

Stellt eine begründete Vermutung auf, weshalb Taumelkäfer scheinbar vier statt zwei Augen haben.

1 Pflanzen in der Nachbarschaft

1.1 Lebensräume in der Umgebung

Pflanzen wachsen an vielen Stellen. Ein aufmerksamer Beobachter findet sie sogar an Stellen, an denen man sie gar nicht erwarten würde. Sie wachsen in den Fugen der Gehwegplatten und sogar durch den Straßenbelag auf dem Parkplatz. Bei einem Unterrichtsgang in die Umgebung der Schule kann man viele verschiedene Pflanzenarten entdecken. Dabei fällt auf, dass bestimmte Pflanzenarten nur an ganz bestimmten Stellen wachsen.

Auf alten, teilweise verwitterten Mauern leben Pflanzen, die man auf angrenzenden Wiesen nicht findet. Die Mauer bildet somit den **Lebensraum** ganz bestimmter Pflanzenarten. Typisch für den Lebensraum *Mauer* sind die Weiße Fetthenne, die Mauerraute, der Braune Streifenfarn und das Zymbelkraut.

Die Pflanzen bilden mit den Tieren, die in einem bestimmten Lebensraum vorkommen, eine *Lebensgemeinschaft*. Der Bewuchs einer Mauer wird durch bestimmte Bedingungen, die *Umweltfaktoren*, beeinflusst. Dazu gehören zum Beispiel das Wasser und das Sonnenlicht. Diese beiden Umweltfaktoren sind für das Überleben der Pflanzen besonders wichtig. Aber auch die Temperatur am Wuchsort kann darüber entscheiden, ob eine Pflanzenart in einem Lebensraum wie einer Mauer wachsen, gedeihen und sich fortpflanzen kann. Die Umweltfaktoren verschiedener Lebensräume weichen erheblich voneinander ab, deshalb unterscheiden sich auch die jeweiligen Lebensgemeinschaften.

Die wesentlichen Umweltfaktoren für den Lebensraum Mauer sind extreme Trockenheit und hohe Temperaturen im Sommer. Die Weiße Fetthenne hat kleine, sehr dicke und fleischige Blätter. Presst man diese zusammen, tritt eine wässrige Flüssigkeit aus. Offenbar können die Blätter der Fetthenne Wasser speichern. Dadurch ist die Fetthenne in besonderer Weise an den trockenen Lebensraum Mauer angepasst. Andere Pflanzen, wie die Mauerraute, dringen mit ihren langen Wurzeln zwischen die Mauerritzen, um das wenige dort gesammelte Wasser aufzunehmen.

In einer angrenzenden Wiese wachsen als charakteristische Pflanzen unter anderem die Karthäuser-Nelke,

1 Lebensräume und ihre Charakterpflanzen. A Mauer: Weiße Fetthenne; **B** Trockenwiese: Karthäuser-Nelke;

das Frühlingsfingerkraut, die Zypressenwolfsmilch und der Wiesensalbei. Auf Wiesen gibt es so gut wie keinen Schatten, deshalb sind die dort lebenden Pflanzenarten ganztags dem vollen Sonnenlicht ausgesetzt. Durch die dauerhafte Sonneneinstrahlung können die Temperaturen besonders im Sommer stark ansteigen. Der Boden kann dann mancherorts schnell austrocknen. Kräftige Sonneneinstrahlung und hohe Temperaturen charakterisieren also den Lebensraum *Trockenwiese.* Die Karthäuser-Nelke besitzt kleine, harte Blätter und eine tief reichende Wurzel. Mit ihren Wurzeln erreicht sie das Bodenwasser. Die schmalen Blätter bieten der intensiven Sonneneinstrahlung nur eine kleine Angriffsfläche. So ist die Karthäuser-Nelke gut an die zeitweilige Trockenheit und die kräftige Sonneneinstrahlung im Sommer angepasst.

Typische Pflanzen sumpfiger Wiesen sind die Sumpfdotterblume, die Flatter-Binse, das Schilf und der Igelkolben. Im feuchten Boden sind diese Pflanzen selbst in trockenen Sommermonaten ständig ausreichend mit Wasser versorgt. Sie bilden nur flache Wurzeln aus und müssen auch kein Wasser speichern. Diese Angepasstheiten an einen Überfluss von Wasser sind typisch für die Pflanzen des Lebensraumes *Feuchtwiese.*

In einem angrenzenden Laubwald findet man am Waldboden unter anderem das Buschwindröschen, den Wurmfarn, verschiedene Moosarten sowie das Waldveilchen. Das Waldveilchen wird nur etwa 15 Zentimeter hoch und besitzt verhältnismäßig große und zarte Blätter. Es wächst und blüht im Frühjahr, wenn die Bäume des Waldes noch ohne Laub sind. Mit seinen großen Blättern kann es den hohen Lichteinfall im Frühjahr wirksam für sein Wachstum nutzen. Im Laufe des Frühjahres treiben die Blätter der Bäume aus, sodass immer weniger Licht auf den Waldboden gelangt. Im Sommer ist das Blätterdach der Bäume geschlossen und auf dem Boden ist es relativ dunkel. Nun beendet das Waldveilchen das Wachstum. Licht ist demnach ein wesentlicher Umweltfaktor für die Pflanzen des Lebensraumes *Wald.*

1 Beschreibe die besonderen Umweltfaktoren des Lebensraumes Mauer und erläutere, wie Pflanzen dieses Lebensraumes angepasst sind.

2 Ein Landwirt zieht auf einer Feuchtwiese Entwässerungsgräben. Nenne mögliche Auswirkungen auf die dort vorkommenden Pflanzen.

C Feuchtwiese: Sumpfdotterblume; **D** Wald: Waldveilchen

1.2 Der Hahnenfuß eine häufige Wiesenpflanze

Beim Spaziergang entlang einer Wiese fallen besonders die farbigen **Blüten** auf. Ein häufiges Beispiel einer gelb blühenden Pflanze in einer Blumenwiese ist der Hahnenfuß. Die Blüten kennzeichnen die Hahnenfußpflanze als **Blütenpflanze.** Diese Blüte ist für den Hahnenfuß ein wichtiges **Grundorgan.** Es dient der Pflanze zur Fortpflanzung.

Die **Blätter** sind ein weiteres auffälliges Organ des Pflanzenkörpers. Sie sind meist grün gefärbt und zeigen eine deutliche Äderung. In den grünen Blättern stellen Pflanzen energiereiche Stoffe her, die sie zum Aufbau neuer Zellen und zur Aufrechterhaltung der Lebensvorgänge benötigen. Der Vorgang des Stoffaufbaues erfolgt nur, wenn die Blätter Licht erhalten. Weiterhin benötigen Pflanzen dafür Wasser und Mineralstoffe aus dem Boden sowie einen gasförmigen Stoff aus der Luft, das Kohlenstoffdioxid. Dieses Gas wird über kleine spaltförmige Öffnungen auf der Blattunterseite, die *Spaltöffnungen*, aufgenommen. Über die Spaltöffnungen wird auch Wasserdampf aus der Pflanze nach außen abgegeben.

Die **Wurzel** muss erst frei gelegt werden, damit man sie genauer betrachten kann. Sie ist meist weit verzweigt, weißlich gefärbt und besitzt nahe der Wurzelspitzen zahlreiche feine Härchen. Diese *Wurzelhärchen* vergrößern die Oberfläche der Wurzel und erleichtern damit die Aufnahme von Wasser aus der Erde. Die Wurzel selbst besitzt noch eine weitere Funktion: Mit ihren stabilen Haupttrieben verankert sie die Pflanze im Boden. So wird sie bei starkem Wind nicht fort getragen oder von Tieren herausgerissen. Die Wurzeln verschiedener Pflanzenarten sind teilweise unterschiedlich ausgebildet. Manche Pflanzen bilden Wurzeln, die sehr tief in die Erde reichen, andere hingegen bilden Wurzeln kurz unter der Erdoberfläche aus.

1 Blumenwiese

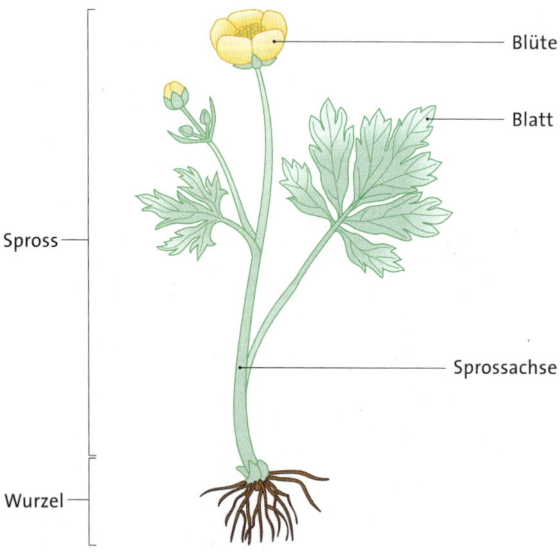

2 Bau einer Blütenpflanze

Oberhalb der Wurzel schließt sich die **Sprossachse** an. Sie ist grün gefärbt und wächst meist senkrecht nach oben. Dadurch hebt sie die Blätter dem Licht entgegen. Schneidet man die Sprossachse quer, so sieht man mit der Lupe kleine Punkte. Bei genauerer Betrachtung dieser Punkte kann man erkennen, dass sie die Querschnitte langer *Leitungsbahnen* darstellen, die die gesamte Sprossachse und Wurzel durchziehen. Über sie werden Stoffe in der Pflanze transportiert und in allen Pflanzenorganen verteilt.

1. Stelle tabellarisch die Grundorgane von Blütenpflanzen und deren Funktionen zusammen.
2. Wurzelhaare dienen der Oberflächenvergrößerung. Erläutere die Bedeutung der Oberflächenvergrößerung.

1.3 Pflanzenorgane wirken zusammen

Schnittblumen, denen die Wurzeln fehlen, verwelken meist nach einigen Tagen, selbst wenn sie mit Wasser versorgt werden. Auch Pflanzen, denen man alle Blätter abschneidet, überleben dies nicht lange. Die Beispiele zeigen, wie wichtig das Zusammenspiel von Blättern und Wurzeln für das Überleben einer Pflanze ist.

Für das Wachstum und den Stoffwechsel einer Pflanze sind sowohl Wasser als auch Mineralstoffe notwendig. Die Versorgung mit Wasser allein reicht also nicht aus. Die Mineralstoffe, welche die Pflanze braucht, sind meist in genügender Menge im Boden vorhanden. Sie lösen sich im Bodenwasser und werden von der Pflanze zusammen mit dem Wasser über die Wurzelhärchen aufgenommen. Das Wasser mit den darin gelösten Mineralstoffen gelangt in die Leitungsbahnen und wird in der Pflanze verteilt. Durch die Spaltöffnungen der Blattunterseiten wird ständig Wasser in Form von Wasserdampf aus den Blättern in die Umgebung abgegeben. Die Wasserabgabe gewährleistet einen ständigen Wasserstrom in der Pflanze und sichert damit auch die Mineralstoffversorgung. Durch die Verdunstung des Wassers entsteht in den Leitungsbahnen der Blätter ein Unterdruck. Wie in einem Strohhalm, mit dem man Flüssigkeit ansaugt, wird deshalb Wasser durch die Leitungsbahnen bis in die Blätter gezogen. Falls durch die Verdunstung zu viel Wasser verloren geht, kann die Pflanze die Spaltöffnungen schließen. So kann zum Beispiel an einem heißen Sommertag das Austrocknen der Pflanze verhindert werden.

Die in den Blättern mit Hilfe des Sonnenlichtes produzierten energiereichen Stoffe werden ebenfalls in Leitungsbahnen transportiert. Im Gegensatz zu Wasser und Mineralstoffen erfolgt der Transport dieser Stoffe von den Blättern in die Wurzel. Auf diese Weise werden die Zellen der Wurzel mit energiereichen Stoffen versorgt, die sie selbst nicht produzieren können. Werden die Leitbündel der Sprossachse wie bei den Schnittblumen durchtrennt, so wird damit auch der Austausch von Stoffen zwischen Blättern und Wurzel unterbrochen.

1 Erläutere, warum Schnittblumen nur einige Tage in einer Vase überleben.

1 Zusammenwirken der Pflanzenorgane
(rote Pfeile = Fotosyntheseprodukte, blaue Pfeile = Wasser)

Wissen kompakt Pflanzenvielfalt in der Nachbarschaft

Name: **Gemeiner Löwenzahn** (Pusteblume)
Lebensraum: fast überall auf Wiesen, an Wegrändern, auf Zierrasen
Besonderheiten: bildet flugfähige Samen, »Blüte« besteht aus vielen kleinen Einzelblüten, Blätter und Spross bilden einen bitteren Milchsaft

Name: **Gänseblümchen** (Maßliebchen)
Lebensraum: auf fast allen Wiesen, an Feldrändern, häufig auch in Gärten auf Zierrasen
Besonderheiten: Blüte verträgt extrem niedrige Temperaturen, deshalb auch im Winter blühend

Name: **Gefleckte Taubnessel**
Lebensraum: an Gewässerufern, in Gebüschen, an Waldrändern
Besonderheiten: Samen werden von Ameisen verbreitet, Spross vierkantig und hohl

Name: **Vogel-Wicke**
Lebensraum: an Waldrändern und Gebüschen
Besonderheiten: Blätter enden in Ranken, mit denen die Pflanze klettern kann

1 Suche in der Umgebung der Schule blühende Pflanzen und versuche diese mit Hilfe von Bestimmungsbüchern zu benennen.

2 Sammelt etwa zehn »Blüten« von Gänseblümchen. Stellt jeweils die Zahl der »Blütenblätter« fest. Wendet den Begriff »Variabilität« an.

Aufgaben und Versuche — Pflanzenorgane wirken zusammen

V1 Blätter und Zweige

Material: drei Hainbuchenzweige; vier Reagenzgläser; Speiseöl; wasserfester Stift; Wasser

Durchführung: Suche drei Hainbuchenzweige von ungefähr gleicher Länge und ungefähr gleicher Blattzahl. Der erste Zweig bleibt unverändert. Entferne nun von dem zweiten Zweig alle Blätter und von dem dritten rund die Hälfte aller Blätter. Stelle nun je einen Zweig in eines der Reagenzgläser. Ein Reagenzglas bleibt ohne Zweig. Fülle in alle Reagenzgläser die gleiche Menge Wasser und gib darauf eine dünne Schicht Speiseöl. Markiere jetzt den Stand des Wassers an den Reagenzglaswänden mit einem wasserfesten Stift.

Aufgaben:

a) Markiere täglich den Wasserstand an den Reagenzglaswänden. Vergleiche den Wasserstand in allen vier Reagenzgläsern über mehrere Tage.

b) Erkläre die beobachteten Veränderungen.

c) Erläutere die Funktion des blattlosen Zweiges und des leeren Reagenzglases.

d) Erläutere die Funktion des Speiseöls in den Versuchsansätzen.

A2 Sturmschäden bei Tief- und Flachwurzlern

Aufgaben:

a) Beschreibe die unterschiedlichen Auswirkungen des Sturms auf die Bäume in der Abbildung. Erläutere die Ursachen, die diesen Auswirkungen zugrunde liegen.

b) Stelle eine Vermutung an, welchen Einfluss die Bodenbeschaffenheit (zum Beispiel Kies, Sand oder Lehm) auf die Ausbildung des Wurzelsystems haben könnte.

A3 Vergleich von Sprossachsen

Aufgaben:

a) Formuliere begründete Vermutungen zur Wuchsform der Sprossachsen der dargestellten Pflanzen.

b) Überprüfe an weiteren Beispielen von Pflanzen aus der Umgebung der Schule deine Vermutung.

1.4 Bau der Blüten

Im Frühjahr bildet ein Kirschbaum viele grüne Knospen aus, die sich später zu weißen Blüten öffnen. Betrachtet man diese näher, so erkennt man an ihnen unterschiedliche Teile. Um den Rand einer becherförmigen Vertiefung, den Blütenboden, stehen einzelne, blattartige Gebilde.

Fünf grüne **Kelchblätter** bilden die schützende Hülle einer Blütenknospe. Man kann an ihnen eine feine Äderung erkennen. Zusammen mit der grünen Färbung verrät diese, dass die Kelchblätter umgebildete Laubblätter sind. Nach dem Entfalten der grünen Blütenknospe zur langstieligen Blüte wird ein Kreis von fünf weißen **Kronblättern** sichtbar. Diese schließen sich innen an die Kelchblätter an und stehen zu diesen auf Lücke. Aufgrund der fünf Kron- und Kelchblätter spricht man auch von einer fünfzähligen Blüte. Die weiße Farbe der Kronblätter lockt Insekten an, wie zum Beispiel Bienen. Auch an den Kronblättern lässt sich eine feine Äderung sehen, sodass sie ebenfalls als Abwandlungen normaler Laubblätter erkannt werden können.

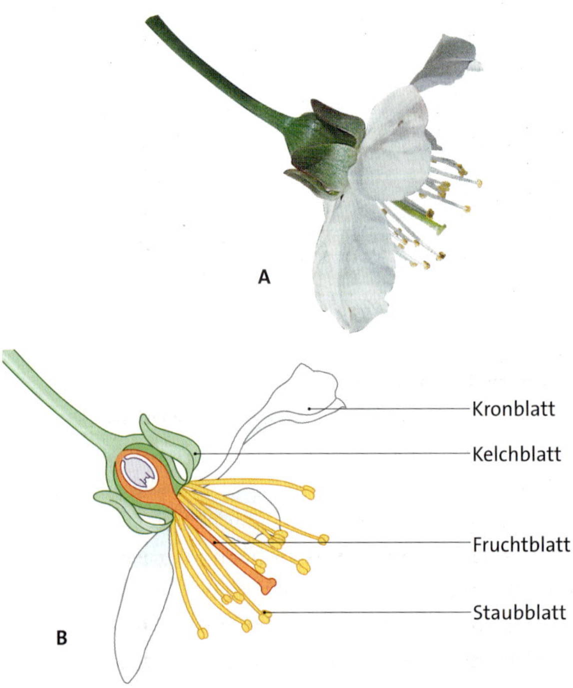

1 Kirschblüte. **A** Foto; **B** Schema

Im Inneren der Blüte, zwischen den Kronblättern, steht ein Büschel feinstieliger **Staubblätter.** Ihre Anzahl schwankt in den einzelnen Kirschblüten meist zwischen 20 und 35. Jedes Staubblatt weist einen feinen *Staubfaden* auf, an dessen oberen Ende der *Staubbeutel* sitzt. Dieser besteht aus vier *Pollensäcken.* Berührt man einen reifen Staubbeutel mit einem Finger, so bleibt gelber *Blütenstaub* daran hängen. Diesen nennt man *Pollen.* Er wird in den Pollensäcken gebildet. Der Blütenstaub besteht aus mikroskopisch feinen *Pollenkörnern,* aus denen sich die männlichen Geschlechtszellen der Blütenpflanzen entwickeln. Staubblätter sind also die männlichen Blütenorgane.

In der Mitte der Blüte, zwischen den feinen Staubblättern, findet man das **Fruchtblatt.** Dieses sieht bei der Kirsche aus wie ein *Stempel* und heißt deshalb auch so. Im unteren, verdickten Teil des Stempels, dem *Fruchtknoten,* liegt die *Samenanlage.* In ihr befindet sich die weibliche Geschlechtszelle, die *Eizelle.* Der deutlich schmalere Mittelteil des Stempels, der *Griffel,* endet in der klebrigen *Narbe.* Fruchtblätter sind die weiblichen Blütenorgane. Während manche Pflanzen nur männliche oder weibliche Blüten besitzen, handelt es sich bei der Kirschblüte um eine *Zwitterblüte.* Eine solche Blüte besitzt sowohl männliche als auch weibliche Blütenorgane.

1 Erläutere, warum man eine Blüte als Organsystem bezeichnen kann.

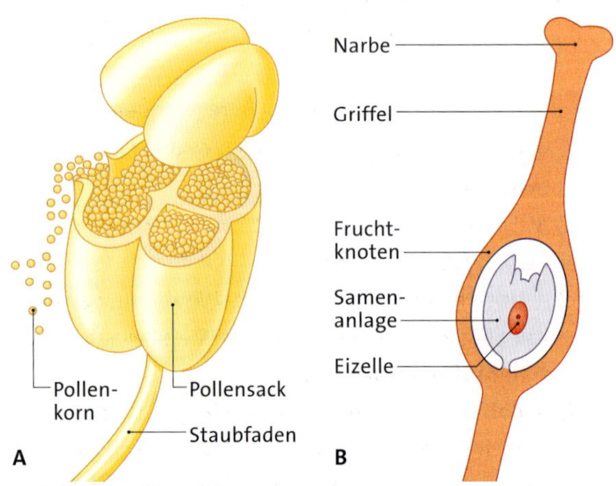

2 Männliche und weibliche Blütenorgane.
A Staubblatt; **B** Fruchtblatt

Aufgaben und Versuche Blüten

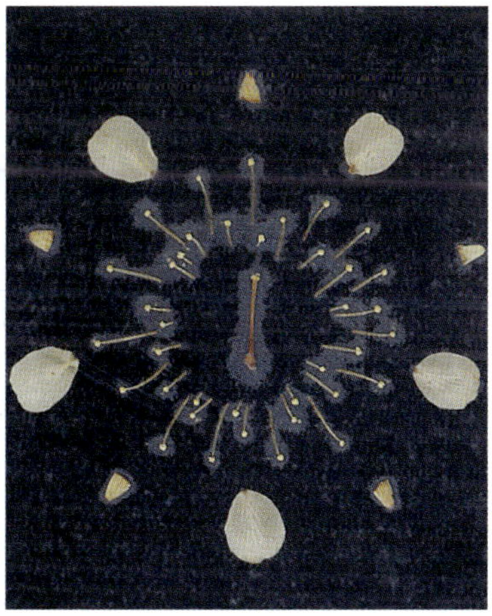

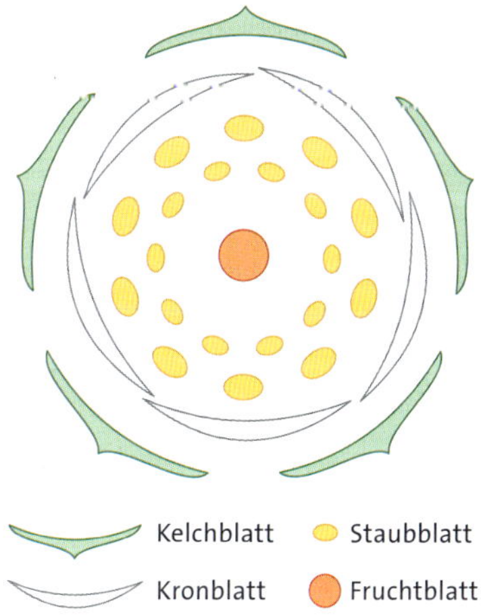

V1 Präparation einer Kirschblüte

Material: Kirschblüte; Lupe; Pinzette; Skalpell; Mikroskop; Objektträger; Deckgläschen

Durchführung: Betrachte den Bau der Kirschblüte mit einer Lupe und identifiziere die einzelnen Blütenteile. Zupfe nun mit der Pinzette nacheinander von der Blüte zuerst die Kronblätter, dann die Kelchblätter, die Staubblätter und schließlich den Stempel mit dem Fruchtknoten ab.

Aufgaben:

a) Vergleiche jeweils die Anzahl, Farbe und Stellung der verschiedenen Teile der Blüte miteinander.

b) Nimm ein Staubblatt und schneide es in Höhe des Staubbeutels mit dem Skalpell quer. Betrachte den Querschnitt mit der Lupe und fertige davon eine beschriftete Zeichnung an.

c) Nimm etwas Blütenstaub auf einen Finger und versuche ihn wegzublasen. Beschreibe die Beobachtung und erläutere sie.

d) Mikroskopiere einige Pollenkörner. Skizziere ein einzelnes Pollenkorn und erläutere.

e) Schneide nun den Fruchtknoten längs und betrachte ihn mit der Lupe. Fertige anschließend eine beschriftete Zeichnung davon an.

f) In den USA starb im Jahr 2007 ein großer Teil der Bienen durch eine Krankheit. Stelle eine begründete Vermutung an, welche Konsequenzen ein derartiges Bienensterben für die Kirschbäume hat.

V2 Legebild einer Kirschblüte

Material: Kirschblüte; Pinzette; Zirkel; schwarzer Zeichenkarton; durchsichtige Klebefolie (zehn mal zehn Zentimeter)

Durchführung:

a) Zeichne auf den Zeichenkarton mit einem Zirkel entsprechend der Abbildung vier unterschiedlich große, ineinanderliegende Kreise.

b) Zupfe nun alle Blütenteile mit der Pinzette von außen nach innen ab und lege sie geordnet entsprechend ihrer Stellung in der Blüte auf die einzelnen Kreisringe. Beginne mit den Kelchblättern und lege diese auf den äußersten Kreisring. Jeder Kreisring dient dabei als Legehilfe. Klebe die einzelnen Blütenteile anschließend mit durchsichtiger Klebefolie fest.

A3 Blütendiagramm

In einem Blütendiagramm werden die einzelnen Teile einer Blüte durch Symbole ersetzt.

Aufgaben:

a) Ziehe auf einem Blatt Papier erneut wie oben beschrieben vier unterschiedlich große, ineinanderliegende Kreise.

b) Zeichne nun alle Blütenteile von innen nach außen mit Hilfe der Symbole aus der Abbildung auf den unterschiedlichen Kreisen ein.

1.5 Von der Kirschblüte zur Kirsche

An einem blühenden Kirschbaum im Mai sieht man viele Bienen von Blüte zu Blüte fliegen. Die Bienen werden durch den Duft der Blüten angelockt.

Der Duft strömt aus Drüsen am Blütenboden. Dort befindet sich eine zuckerhaltige Flüssigkeit, der *Blütennektar.* Von diesem ernähren sich die Bienen, indem sie ihn mit ihrem Rüssel am Blütenboden aufnehmen. Dabei drücken sie die Staubblätter auseinander. Wenn diese reif sind, platzen die Staubbeutel auf und entlassen die Pollenkörner.

Die winzigen, nur unter dem Mikroskop sichtbaren Pollenkörner besitzen an ihrer Oberfläche Haken und Härchen. Damit bleiben die Pollenkörner leicht im Pelz der Bienen hängen. Die Bienen fliegen mit ihnen beladen zu einer anderen Kirschblüte und suchen dort weiter nach Nektar. Dabei bleiben einige Pollenkörner der ersten Blüte an der klebrigen Narbe der zweiten Blüte hängen. Der Vorgang, bei dem Pollenkörner auf die Narbe der gleichen Pflanzenart gelangen, heißt **Bestäubung.** Da im Fall des Kirschbaumes die Bienen als Insekten an der Übertragung der Pollenkörner beteiligt sind, spricht man von **Insektenbestäubung.** Haben die Bienen Kirschblüten einmal als Nahrungsquelle entdeckt, fliegen sie regelmäßig zwischen diesen hin und her. Bienen lernen sehr schnell, an welchen Pflanzenarten es sehr viel Nahrung gibt und suchen deshalb immer wieder Blüten der gleichen Pflanzenart auf. Dies nennt man *Blütenstetigkeit.*

Die Staubblätter und Stempel einer Kirschblüte reifen selten gleichzeitig. Zuerst öffnen sich die Narben und werden klebrig. Etwas später reifen auch die Staubblätter. Die Staubblätter des einen Kirschbaums sind noch geschlossen, während sie bei einem anderen Kirschbaum in der Nähe schon die Pollenkörner entlassen. Auch innerhalb eines Baumes gibt es zeitliche Unterschiede. Bei manchen Blüten sind die Staubblätter zuerst reif, dann folgt die Entfaltung der Narben. Eine Biene, die verschiedene Kirschbäume anfliegt, überträgt also die im Pelz hängenden Pollenkörner des einen Kirschbaumes auf einen anderen Kirschbaum. Daher werden Blüten des einen durch die Pollenkörner des anderen Kirschbaumes *bestäubt.* Diesen Vorgang nennt man **Fremdbestäubung.**

1 Von der Blüte zur Frucht. **A** Kirschblüte mit Biene; **B** Bestäubung;

Nach der Bestäubung verändern sich die auf der Narbe liegenden Pollenkörner. Aus ihnen bilden sich schlauchförmige Ausstülpungen. Diese *Pollenschläuche* wachsen in den Griffel hinein und werden immer länger. Ein Pollenschlauch erreicht schließlich den Fruchtknoten. In diesem entsteht aus dem Zellkern und dem Zellplasma des Pollenkorns eine männliche Geschlechtszelle. Sie wandert in die Spitze des Pollenschlauches.

Im Innern des Fruchtknotens liegt die *Samenanlage.* Sie enthält die weibliche Geschlechtszelle, die Eizelle. Wenn der Pollenschlauch die Samenanlage erreicht hat, öffnet er sich und die männliche Geschlechtszelle verschmilzt mit der Eizelle. Die beiden Zellkerne vereinigen sich zu einem Zellkern. Dieser Vorgang wird als **Befruchtung** bezeichnet.

Nach der Befruchtung fallen die Blütenblätter und wenig später auch die Staubblätter ab und die Fruchtentwicklung setzt ein. Der Fruchtknoten wird dicker, denn das Fruchtknotengewebe nimmt viel Wasser auf und lagert Zucker ein. So entwickelt sich das Fruchtknotengewebe zur Fruchtwand der reifen Kirschfrucht. Dieses saftige rote Fruchtfleisch schließt nach außen mit einer Haut ab. Der innere Teil des Fruchtgewebes wird zu einer steinharten Schicht, die schützend die Samenanlage umschließt. In dieser entwickelt sich die befruchtete Eizelle zu einem **Embryo,** der wiederum zwei winzige, gelb-weiße Keimblätter und eine Keimwurzel ausbildet. Damit ist aus der Samenanlage ein **Samen** hervorgegangen. Der Samen ist eine kleine Pflanze im Ruhezustand. Während sich die Samenanlage zu einem Samen entwickelt, entsteht aus dem Fruchtknoten eine Frucht. Der Reifungsvorgang dauert von Mai bis Mitte Juli. Die reifen Früchte einer Kirsche enthalten jeweils einen einzigen Samen, der von einer harten Steinschicht und von saftigem Fruchtfleisch umgeben ist. Eine solche Frucht wird als **Steinfrucht** bezeichnet. Fällt sie auf einen geeigneten Boden, kann aus ihr ein neuer Kirschbaum wachsen.

1 Definiere die Begriffe Bestäubung und Befruchtung.

2 Beschreibe anhand der Abbildungen, wie sich aus der Kirschblüte eine Frucht entwickelt.

3 Recherchiere weitere Steinfrüchte, die bei der Ernährung des Menschen eine Rolle spielen.

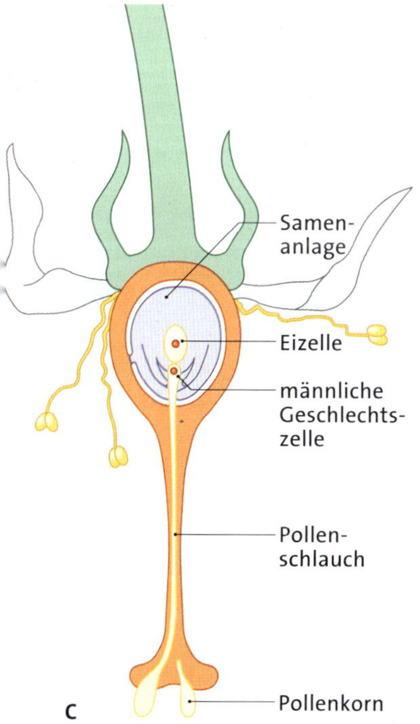

C

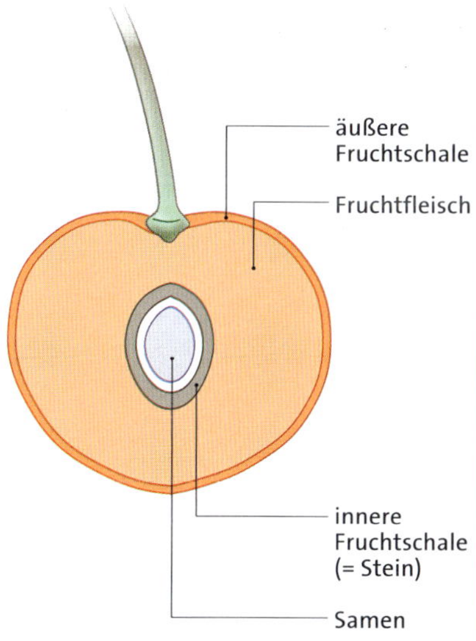

D

E

C Befruchtung; **D** Längsschnitt durch eine Frucht; **E** reife Kirschen an einem Kirschbaum

1.6 Formen der Bestäubung

An einem warmen Sommertag kann man auf den Blüten eines Wiesenkerbels verschiedene Insekten beobachten. Die Blüten senden einen speziellen Duftstoff aus, der vor allem Fliegen und Käfer anlockt. Ein Käfer verweilt auf einer Einzelblüte und kriecht zur nächsten, während eine Schwebfliege über den Blüten schwebt und schließlich landet. Durch das Hin- und Herbewegen zwischen den Einzelblüten findet der Transport der Pollenkörner statt und die Blüten werden bestäubt. In den flachen Blüten des Wiesenkerbels gelangen die Insekten trotz ihrer kurzen Mundwerkzeuge an die Nahrung.

1 Wiesenkerbel mit verschiedenen Insekten

Im Gegensatz zum Wiesenkerbel bleibt der Nektar einer Salbeiblüte für Fliegen und Käfer unerreichbar, da diese Tiere nicht in die Blüte eindringen können. Stattdessen sieht man eine Hummel auf der Unterlippe landen. Die Hummel ist mit ihrer Körperkraft und ihren Mundwerkzeugen in der Lage, an die Nahrung zu gelangen. Die Staubblätter versperren ihr jedoch zunächst den Zugang zum Nektar. Beim Hineinkriechen in die Blüte werden diese nach hinten gedrückt. Dabei schnellen die zwei langen Staubblätter wie Hebel auf den behaarten Hummelrücken herunter, sodass an ihm Pollenkörner hängen bleiben. Fliegt die Hummel zu einer anderen Salbeiblüte, werden die Pollenkörner an deren Narbe abgestreift.

Bei Schlüsselblumen sind die Kronblätter zu einer schmalen Röhre geschlossen. Vergleicht man die Blüten mehrerer Schlüsselblumen, stellt man fest, dass es zwei verschiedene Blütentypen gibt. Bei etwa der Hälfte der Schlüsselblumen sitzen die Staubgefäße ganz oben an der Blütenröhre, während der sehr kurze Griffel tief in der Blütenröhre liegt. Bei den übrigen Schlüsselblumen ragt die Narbe aus der Öffnung heraus und die Staubgefäße sind tief in der Röhre verborgen. Ein Schmetterling, der am ersten Blütentyp nach Nahrung sucht, rollt seinen langen Rüssel aus und holt damit Nektar aus der Tiefe des Blütenbodens. Dabei stößt sein Kopf an die reifen Staubbeutel und Pollenkörner bleiben hängen. Besucht der Schmetterling eine andere Blüte, kann es sein, dass er auf den zweiten Blütentyp der Schlüsselblumen trifft. Die Pollenkörner bleiben dort an der herausragenden Narbe hängen. Daher werden Schlüsselblumen immer fremdbestäubt.

Schon von Weitem kann man männliche und weibliche Weidensträucher an ihrer Farbe unterscheiden. Ein

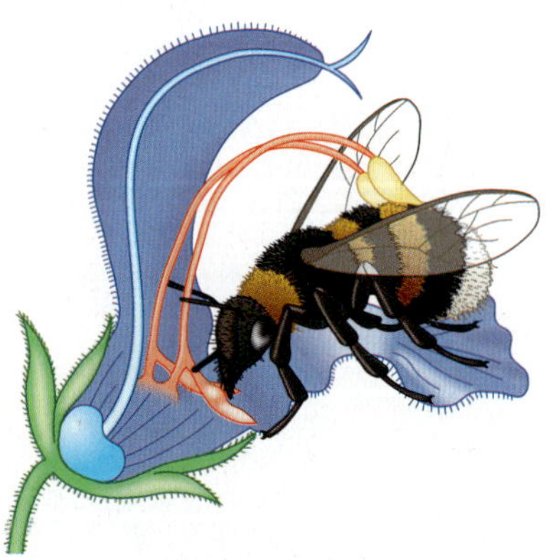

2 Bestäubung eines Salbeis

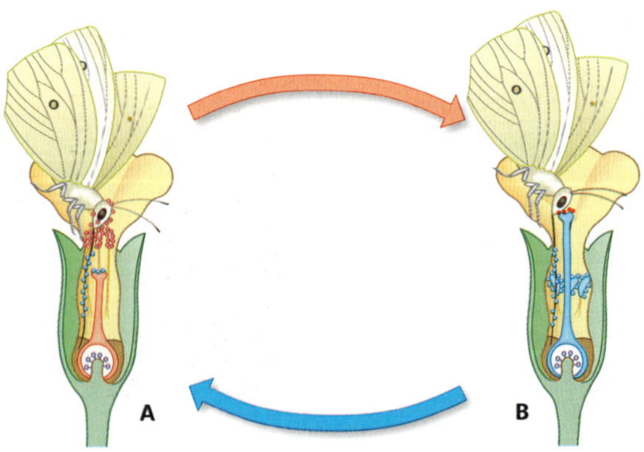

3 Bestäubung einer Schlüsselblume. A Kurzgriffelige Schlüsselblume; **B** langgriffelige Schlüsselblume

Baum, der gelblich aussieht, trägt nur männliche Blüten. Diese bestehen nur aus Staubblättern. Ein Baum mit weiblichen Blüten ist an den grün leuchtenden Stempeln zu erkennen. Weibliche Blüten besitzen nämlich nur Stempel mit Fruchtknoten und Narbe. Männliche und weibliche Blüten sind jeweils zu Blütenständen, den *Kätzchen,* zusammengestellt. Diese männlichen und weiblichen Kätzchen stehen getrennt voneinander, daher bezeichnet man Weiden als **getrenntgeschlechtlich.** Da es männliche und weibliche Bäume gibt, ist die Weide außerdem **zweihäusig.** An den ersten warmen Frühlingstagen fliegen Hummeln und Bienen auf Nahrungssuche zwischen den Kätzchen verschiedener Weiden hin und her. Auf diese Weise werden Weiden fremdbestäubt.

Im Gegensatz dazu befinden sich die männlichen und weiblichen Blüten der Hasel auf demselben Strauch. Der Haselstrauch ist deshalb **einhäusig.** Die männlichen Blüten der Hasel stehen in Kätzchen zusammen, während man die unauffälligen weiblichen Blüten mit Knospen verwechseln kann. Man sieht nur die rötlichen Narben aus einem Hüllblatt hervorragen. Bei der Hasel ist eine andere Bestäubungsform zu beobachten. Wenn sich die reifen Staubbeutel der männlichen Haselblüten Ende Februar öffnen, wehen gelbe Staubwolken bei jedem Windstoß durch die Luft. Diese Staubwolken bestehen aus Pollenkörnern. Sie werden bei der Hasel vom Wind fortgetragen. Bleiben einige Pollenkörner zufällig auf den Narben der weiblichen Blüten hängen, ist die Hasel bestäubt. Eine solche Bestäubung nennt man **Windbestäubung.** Die Pollenkörner sind besonders klein und leicht und kommen in Massen vor. Die klebrigen und behaarten Narben der Stempelblüten sind für das Auffangen der Pollenkörner gut geeignet.

1 Erläutere, wie die Fremdbestäubung bei der Schlüsselblume gesichert wird.

2 Vergleiche wind- und insektenblütige Pflanzen.

4 Bestäubung einer Weide. A Männliche Weide; **B** weibliche Weide; **C** männliche Einzelblüte; **D** weibliche Einzelblüte

5 Bestäubung einer Hasel. A Einhäusige Hasel; **B** männliche Einzelblüte; **C** weibliche Einzelblüte

1.7 Bildung und Aufbau von Früchten

Im Herbst fallen die reifen Früchte vom Kastanienbaum. Beim Aufprall auf den Boden platzt die grüne, mit Stacheln besetzte Frucht auf und ein bis zwei Kastanien rollen heraus. Dabei handelt es sich um die besonders großen, nährstoffreichen Samen des Kastanienbaums. Sie gehen aus je einer Samenanlage hervor. Während der Fruchtreifung werden sie von der Fruchtwand umschlossen, die aus dem Fruchtknoten gebildet wird. Eine Frucht, die aus einer trockenen Fruchtwand und mehreren Fächern besteht, heißt **Kapsel.**

1 Kapseln und Samen der Kastanie

Bei der Hasel verläuft die Fruchtentwicklung anders. Wenn die Haselnüsse am Strauch heranreifen, sind sie noch lange von großen Kelchblättern umgeben. Die Früchte sitzen in Gruppen am Strauch. Bei ihnen entwickelt sich die Fruchtknotenwand durch Verholzung zu einer sehr harten Schale. Sie enthält einen einzigen nährstoffreichen Samen. Der Name der Pflanze deutet an, dass es sich hierbei um eine **Nussfrucht** handelt.

Auch bei der Stachelbeere fallen Frucht und Samen geschlossen vom Strauch. Hier reift die Fruchtknotenwand zu einem saftigen Fruchtfleisch heran. Schneidet man die Frucht auf, kann man viele kleine Samen entdecken, die an feinen, vom Rand der Fruchtwand ausgehenden Stielchen sitzen. Früchte, in deren saftigem Fruchtfleisch mehrere Samen eingebettet sind, nennt man **Beeren.** Die Tomate, die Melone und die Johannisbeere sind ebenfalls *Beeren.*

Im Inneren eines Apfels befinden sich fünf braune Apfelkerne. Dabei handelt es sich um die Samen des Apfelbaumes. Sie liegen in den fünf Fächern, die das Kerngehäuse bilden. Dieses ist aus dem Fruchtknoten hervorgegangen. Der saftige Teil des Apfels entsteht jedoch aus dem Blütenboden. Da nicht alle Teile des Apfels aus dem Fruchtknoten hervorgehen, ist der Apfel eigentlich keine Frucht. Man spricht in diesem Fall von einer **Scheinfrucht.**

1 Untersuche an selbst gesammelten Früchten die Beschaffenheit von Fruchtwand und Samen.

2 Erkläre, warum man den Apfel, die Stachelbeere und auch die Haselnuss als Schließfrüchte bezeichnet.

2 Fruchtformen. A Nussfrucht (Hasel); **B** Beere (Stachelbeere); **C** Scheinfrucht (Apfel)

Wissen kompakt Fruchtformen

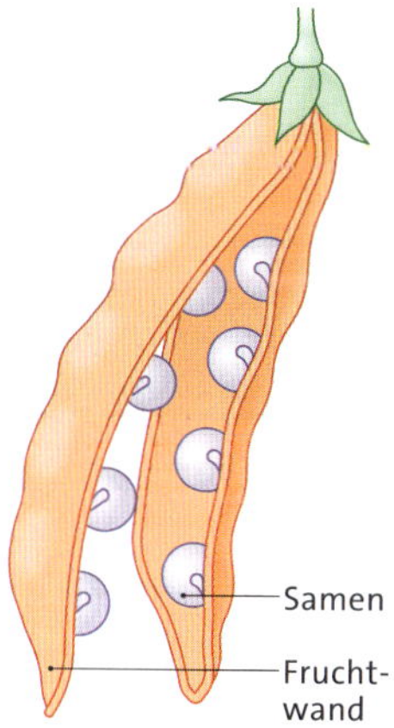

Name: Hülse der Gartenerbse
Beschreibung: wird aus einem lang gestreckten Fruchtblatt gebildet
Fruchtwand: trocken
Samen: mehrere Samen sitzen in einer Reihe an der unteren Naht
Öffnung der Frucht: platzt an der Naht auf

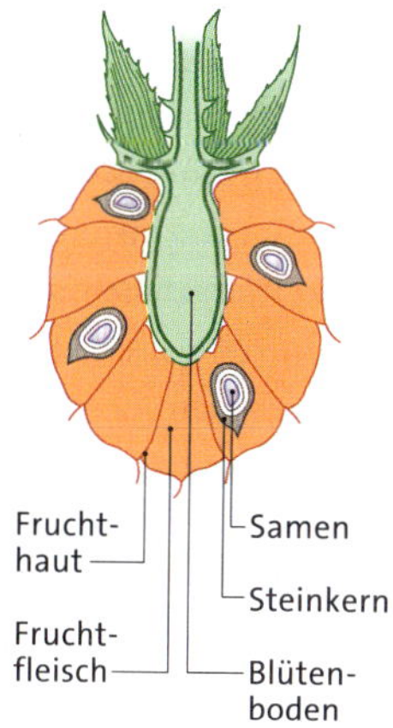

Name: Sammelsteinfrucht der Brombeere
Beschreibung: setzt sich aus mehreren Steinfrüchten zusammen, die um den hervorgehobenen Blütenboden angeordnet sind
Fruchtwand: saftig, dunkelblau, vitaminreich
Samen: in jeder Steinfrucht liegt ein einziger Same
Öffnung der Frucht: bleibt geschlossen

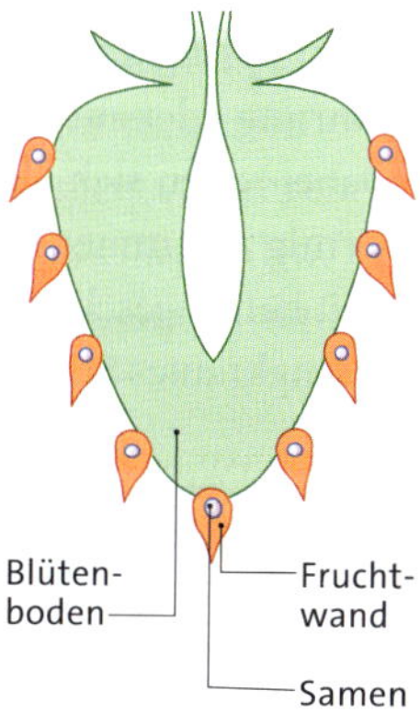

Name: Sammelnussfrucht der Erdbeere
Beschreibung: kleine Nüsschen außen auf der roten, fleischigen Achse, die aus dem Blütenboden hervorgeht
Fruchtwand: hart
Samen: in jedem Nüsschen ein Same
Öffnung der Frucht: bleibt geschlossen

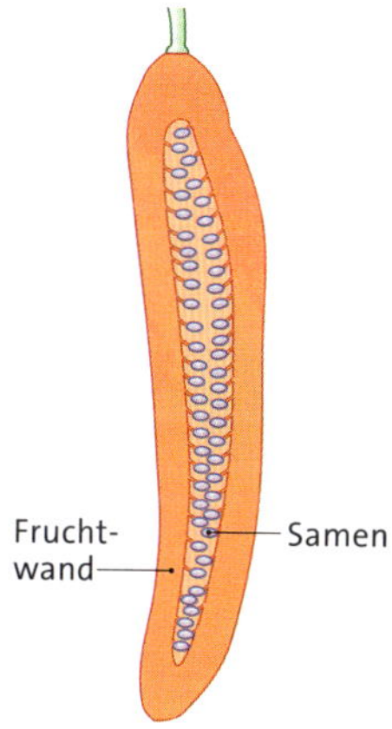

Name: Beere der Gurke
Beschreibung: lang gestreckt, Samen liegen frei im Fruchtfleisch
Fruchtwand: helles, wässriges Fruchtfleisch mit einer grünen Haut
Samen: viele Samen
Öffnung der Frucht: bleibt geschlossen

1 Nenne für Kürbis, Aprikose, Weintraube, Birne, Himbeere, Bohne und Buche jeweils die Fruchtform.

2 Ordne die Früchte auf zwei verschiedene Arten. Wähle dazu jeweils einen anderen Gesichtspunkt.

1.9 Basiskonzept Entwicklung – Keimung und Wachstum

Der Samen einer Feuerbohne ist von einer sehr festen Samenschale umgeben. Diese ist rot und hat schwarze Punkte. Sie hat an der schmalen Seite eine weiße Stelle, an der sie mit der Wand der Hülse verbunden war. Durch die harte Samenschale ist der darin ruhende Keimling gegen ungünstige Außeneinflüsse wie Trockenheit geschützt. Der Samen enthält nämlich kaum Wasser, deshalb finden in ihm praktisch keine Lebensvorgänge statt. Man sagt, er befindet sich in der *Keimruhe.* Der Samen zeigt in dieser Zeit keine sichtbaren Veränderungen. In diesem Zustand kann man den Samen einige Jahre aufbewahren, ohne dass er seine Keimfähigkeit verliert.

Klappt man die beiden Spalthälften auseinander, wird ein kleiner Pflanzenkörper, der Keimling, sichtbar. Als Erstes erkennt man die beiden großen Keimblätter, denn sie nehmen den größten Platz im Samen ein. Die Keimblätter enthalten die Nährstoffe, die für die Entwicklung des Keimlings notwendig sind. Am Rand erkennt man die Keimwurzel, die in den Keimstängel übergeht. An dem Keimstängel sitzen die ersten beiden Laubblätter. Obwohl sie winzig und noch ganz hell sind, kann man sie schon an ihrer Form als Blatt erkennen.

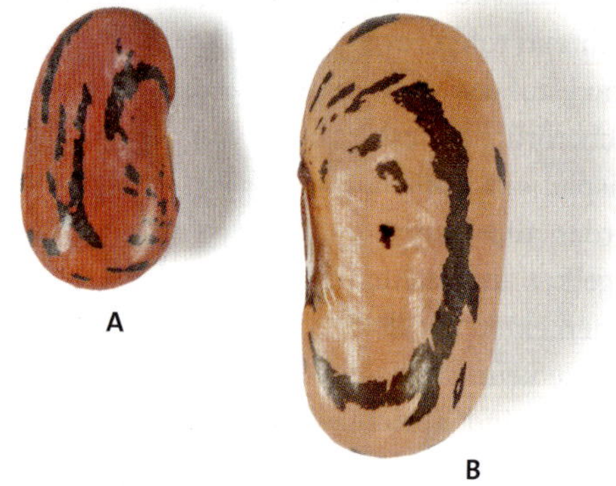

1 Samen einer Feuerbohne. **A** trocken; **B** nach Quellung

Erst wenn man den Bohnensamen in Wasser oder feuchte Erde legt, verändert er sich. Durch die Wassereinlagerungen wird der Samen deutlich größer und schwerer. Dies bezeichnet man als **Quellung.** Die Quellung dauert in der Regel etwa einen Tag. Danach hat der Samen so viel Wasser eingelagert, dass Lebensvorgänge einsetzen und er zu einer jungen Pflanze heranwachsen kann.

Mit der Volumenzunahme bei der Quellung beginnt die **Keimung.** Die Samenschale platzt auf, wenn die Keimwurzel durchbricht. Diese wächst in den Boden. An

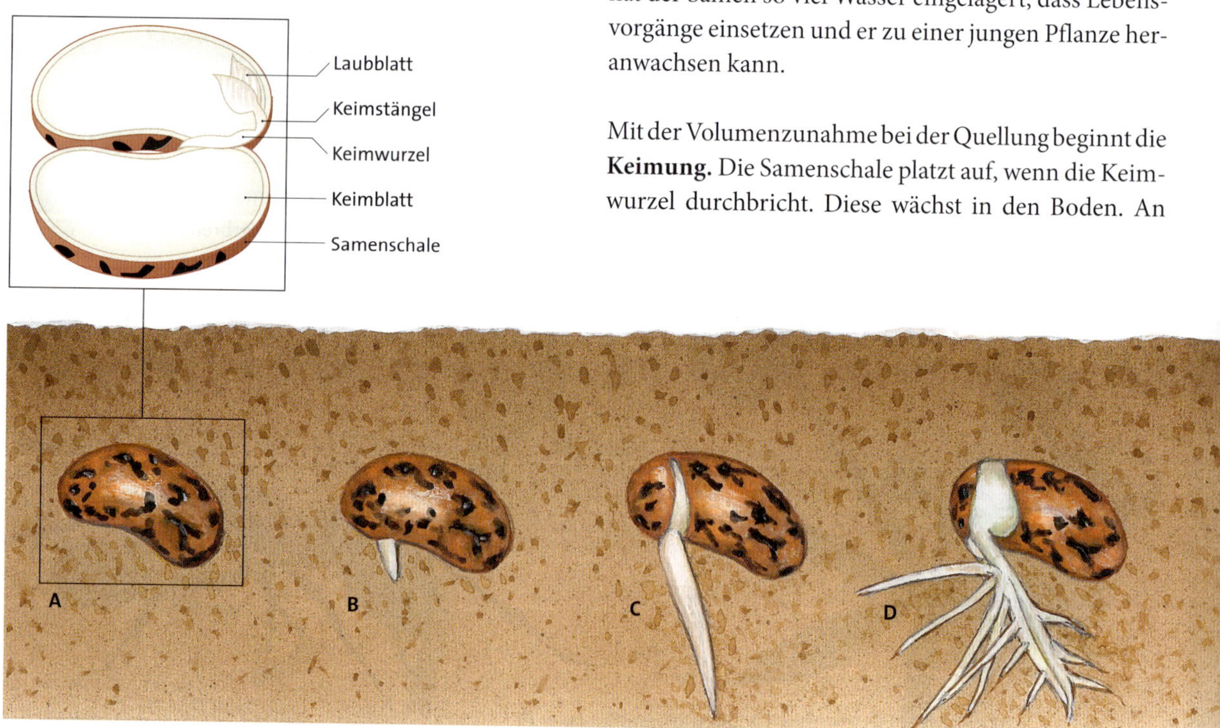

2 Keimung einer Feuerbohne. **A** Gequollener Samen; **B** und **C** Keimwurzel; **D** Keimwurzel mit Seitenwurzeln;

ihrer Spitze befindet sich eine Zone, in der die Wurzel in die Länge wächst. Bald werden auch Seitenwurzeln gebildet, durch die der Keimling im Boden verankert wird. An ihnen wachsen winzige Wurzelhärchen. Sie nehmen Wasser und darin gelöste Mineralstoffe auf. Erst jetzt kommt der Keimstängel aus der Samenschale hervor. Er ist hakig gebogen und hebt die beiden kleinen Laubblätter aus der Erde an das Licht, während die Keimblätter in der Samenschale bleiben. Über der Erde richtet sich der Stängel auf und die zwei Laubblätter entfalten sich. Durch die Einwirkung des Lichts werden Keimstängel und Laubblätter grün, während der Stängel gleichzeitig in die Länge wächst. Inzwischen ist der Nahrungsvorrat der Keimblätter aufgebraucht und der Keimling ernährt sich von nun an über die Fotosynthese seiner grünen Blätter.

Obwohl sich sehr viele verschiedene Samen im Boden befinden, keimen nur die wenigsten zu einer jungen Pflanze heran. Das liegt daran, dass die Bedingungen, unter denen ein Samen keimt, genau eingehalten werden müssen. Ein Samen in einem trockenen Boden wird nicht keimen, denn die Keimung setzt erst nach der Quellung ein. Die Temperatur spielt für die Keimung ebenfalls eine wichtige Rolle. Erst ab einer Temperatur von etwa vier Grad Celsius kann aus einem Samen ein Keimling wachsen. Nährstoffe braucht er dagegen nicht, denn die befinden sich in den Keimblättern. Auch Licht ist während der Keimphase nicht notwendig. Bei Dunkelheit wächst der Stängel immer weiter, ohne grün zu werden. In dem Fall wächst die junge Pflanze so lange weiter, bis die Nährstoffe der Keimblätter aufgebraucht sind. Dann stirbt sie ab. Alle Lebewesen unterliegen während ihres gesamten Lebens mehr oder weniger auffälligen Veränderungen. Diese Veränderungen sind ein Kennzeichen des Lebens und werden durch das **Basiskonzept Entwicklung** erfasst.

1 Manchmal wird behauptet, dass Weizenkörner aus Pharaonengräbern, also nach rund 3500 Jahren, noch keimfähig sind. Recherchiere, ob dieser »Mumienweizen« tatsächlich noch keimfähig ist.

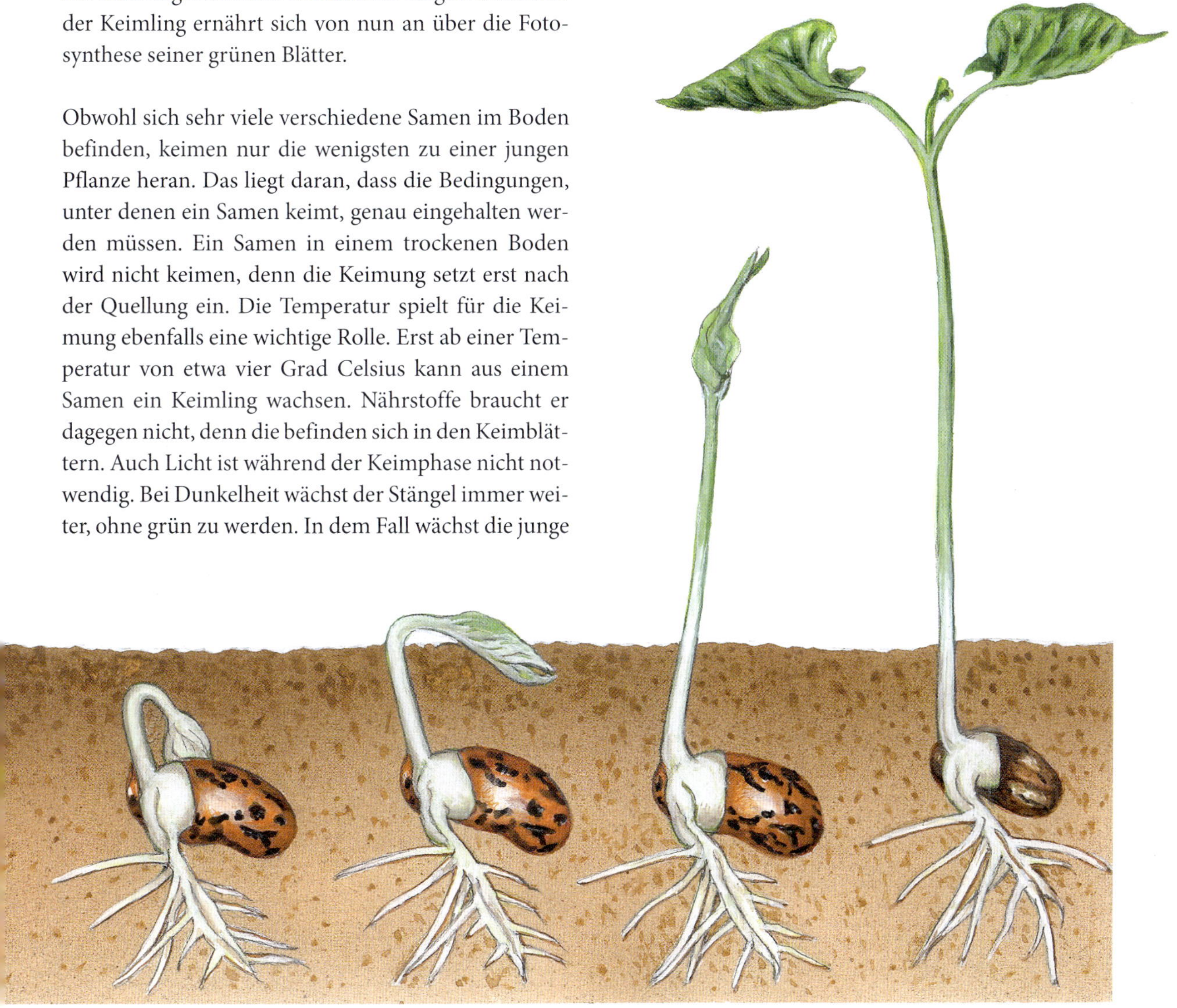

E Keimwurzel mit Keimstängel; **F** und **G** Streckung des Keimstängels; **H** Keimstängel mit Laubblättern

Methode Vergleichen

Garten- und Feuerbohne sind zwei nahe verwandte Pflanzenarten. Bei einem **Vergleich** der beiden Arten werden Gemeinsamkeiten und Unterschiede herausgearbeitet. Dazu wählt man zunächst verschiedene *Gesichtspunkte,* unter denen man vergleichen will. Danach überprüft man die zu untersuchenden Objekte, ob in diesen Gesichtspunkten Gemeinsamkeiten oder Unterschiede bestehen.

Es ist naheliegend, mit äußeren Merkmalen zu beginnen, wie zum Beispiel Form, Größe und Farbe des Samens. In der Form sind sich die Samen von Garten- und Feuerbohne sehr ähnlich: Beide sind oval. In Größe und Farbe unterscheiden sich die Samen der beiden Pflanzen jedoch: Die Samen der Gartenbohne sind kleiner als die der Feuerbohne. Auch im Hinblick auf die Farbe gibt es Unterschiede: Während der Samen der Gartenbohne weiß ist, ist der der Feuerbohne rot mit schwarzen Flecken.

Neben äußeren Merkmalen können auch komplexe Vorgänge, wie zum Beispiel die Keimung, verglichen werden. In diesem Punkt unterscheiden sich Garten- und Feuerbohnenpflanzen deutlich voneinander. Bei der Gartenbohne werden die Keimblätter vom wachsenden Spross aus der Erde herausgehoben, man spricht von überirdischer Keimung. Bei der Feuerbohne sieht man die Keimblätter nie, da sie bei der unterirdischen Keimung in der Erde verbleiben.

Gesichtspunkt	Feuerbohne	Gartenbohne
Form des Samens	oval	oval
Farbe des Samens	rot-schwarz	weiß
Größe des Samens	2,1 cm	1,2 cm
Keimungsart	unterirdisch	oberirdisch
Wuchs	rankend: lang mit dünnem Stängel	buschig, niedriger Wuchs

2 Vergleich von Garten- und Feuerbohne

1 Samen und Keimlinge. A Feuerbohne; **B** Gartenbohne

Die Ergebnisse des Vergleichs können in einer Tabelle dargestellt werden. In die erste Spalte schreibt man die Gesichtspunkte, in die zweite und dritte Spalte die Merkmale der beiden Bohnenpflanzen. Bei einem schriftlichen Vergleich beginnt man in der Regel mit der Darstellung der Gemeinsamkeiten, bevor auf die Unterschiede eingegangen wird.

Der Vergleich zeigt, dass trotz vieler gemeinsamer Merkmale eine sichere Unterscheidung der beiden Bohnenarten aufgrund der Keimung möglich ist.

1 Vergleiche Hund und Katze. Halte die Ergebnisse in einer Tabelle fest.

2 Vergleiche Spitzahorn und Bergahorn. Erkundige dich in einer Staudengärtnerei und erstelle einen kurzen Vortrag zu diesem Thema.

Aufgaben und Versuche Keimung und Wachstum

V1 Versuche mit Erbsensamen

Material: Erbsensamen; Messzylinder (50 ml); Wasser

Durchführung: Ein Messzylinder wird mit trockenen Erbsensamen bis zur 30-Milliliter-Markierung gefüllt. Dann wird Wasser in den Zylinder gegossen, bis die 50-Milliliter-Markierung erreicht ist. Nun lässt man den Messzylinder einen Tag stehen.

Aufgabe: Beschreibe das Ergebnis und erkläre den Vorgang.

A2 Wachstumsverlauf einer Feuerbohne

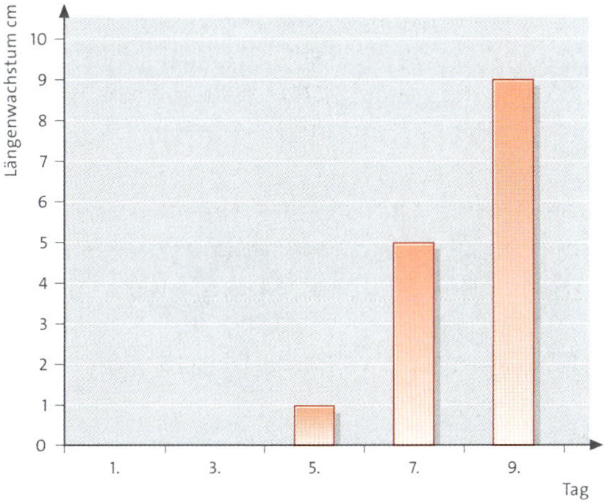

Aufgabe: Beschreibe den Wachstumsverlauf der Feuerbohne anhand des Diagramms.

V3 Keimungsbedingungen

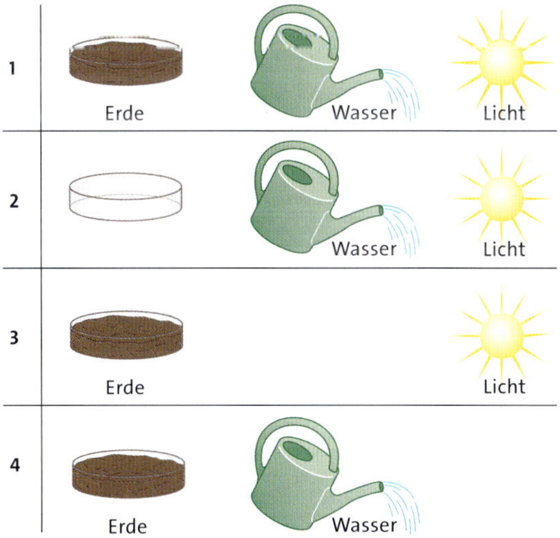

Material: Kressesamen; 4 Petrischalen; Watte; Erde; Wasser

Durchführung: Die vier Petrischalen werden entsprechend der Abbildung bestückt und eine Woche lang beobachtet.

Aufgaben:

a) Notiere die Beobachtungen.

b) Leite aus den Ergebnissen günstige Keimungsbedingungen für die Kressesamen ab.

c) Entwickle eine Versuchsanordnung, um den Faktor Temperatur bei der Keimung zu überprüfen.

V4 Untersuchung eines Pflanzenembryos

Material: gequollener Bohnensamen; Iod-Kaliumiodid-Lösung; Pipette; Pinzette; Zeichenpapier; Bleistift; Lupe

Durchführung: Entferne die Samenschale von einem Bohnensamen. Benutze hierfür die Pinzette. Klappe die beiden Bohnenhälften auseinander.

Aufgaben:

a) Betrachte die beiden aufgeklappten Hälften mit Hilfe der Lupe und zeichne sie. Beschrifte die Zeichnung.

b) Gib einen Tropfen der Iod-Kaliumiodid-Lösung auf eine Bohnenhälfte. Erläutere deine Beobachtung.

1.10 Ungeschlechtliche Fortpflanzung von Samenpflanzen

Bei Walderdbeeren fällt auf, dass man meist nicht eine einzelne Pflanze sieht, sondern viele dicht zusammenstehende Erdbeerpflanzen. Schaut man genauer hin, sind auch Verbindungen zwischen den Einzelpflanzen zu erkennen.

Wächst eine Walderdbeere an einem für sie günstigen Standort, bildet sie auf dem Erdboden kriechende Sprossverzweigungen, die *Ausläufer*. Diese entstehen bereits vor der Blüte. Die Ausläufer bilden an ihren Enden Wurzeln aus und verankern sich im Boden. Dann treiben dort aus den Ausläufern kleine Blätter aus. Man sagt, die Walderdbeere hat einen *Ableger* gebildet. Die neu entstandenen Pflanzen werden von der Mutterpflanze versorgt, bis sie selbstständig Nährstoffe produzieren. Nun vertrocknet der Spross zwischen Mutter- und Tochterpflanze und der Ableger erzeugt selbst Ausläufer, die wiederum zu Tochterpflanzen auswachsen. Diese Form der Fortpflanzung findet ohne Blüten- und Samenbildung statt. Deshalb bezeichnet man sie als **ungeschlechtliche Fortpflanzung.** Das hat den Vorteil, dass bei günstigen Umweltbedingungen eine schnelle Ausbreitung möglich ist. Alle durch Ausläufer gebildeten Nachkommen und die Mutterpflanze haben die gleichen Eigenschaften. Dagegen entstehen bei der *geschlechtlichen Fortpflanzung* Nachkommen, die unterschiedliche Eigenschaften aufweisen, weil elterliche Merkmale neu kombiniert werden. Dies ist von Vorteil, wenn sich Umweltbedingungen ändern. Auch wenn viele der Nachkommen dann zugrunde gehen, gibt es einige wenige, die wegen ihrer Neukombination von Eigenschaften eine erhöhte Überlebenschance haben und sich durchsetzen können.

1 Walderdbeeren

2 Ausläufer der Walderdbeere

Bei Geranien fällt auf, dass die Seitentriebe sehr brüchig sind: Sie fallen leicht ab, wenn man dagegen stößt. Aus dem heruntergefallenen Seitentrieb kann dann eine neue Pflanze wachsen. Viele Balkon- und Gartenbesitzer nutzen diese Eigenschaft der Geranien, um mit wenig Aufwand jedes Jahr wieder prächtig blühende Geranien zu erzeugen. Dazu schneidet man einen etwa fingerlangen Stängel dicht unter einem Blattansatz ab und entfernt die unteren Blätter. Anschließend wird der Trieb etwa drei Zentimeter tief in die Erde gesteckt. Man nennt diesen Trieb daher **Steckling.** Der Blumentopf mit dem Steckling wird auf eine helle Fensterbank gestellt und feucht gehalten. Volle Sonneneinstrahlung muss vermieden werden, da der wurzellose Steckling nicht so viel Wasser aufnehmen kann, wie er über seine Blätter verdunstet. Nach etwa einer Woche bilden sich auf dem abgeschnittenen Stängel einige helle Ausstülpungen, die ersten Wurzeln. In zwei bis drei Wochen bildet der Steckling ausreichend Wurzeln für das Auswachsen zu einer Tochterpflanze. Bald treiben viele Blätter aus und etwas später entwickeln sich die ersten Blüten.

Ungeschlechtliche Fortpflanzung ist bei Pflanzen weit verbreitet. Sie kann über verschiedene Pflanzenteile erfolgen, so kann eine neue Pflanze je nach Pflanzenart aus dem Stängel, dem Blatt oder der Wurzel entstehen.

4 Blühende Geranie

Gärtner ziehen die ungeschlechtliche Fortpflanzung für die Vermehrung vieler Gartenpflanzen, Sträucher und Obstbäume vor.

1 Vergleiche die geschlechtliche und ungeschlechtliche Fortpflanzung. Beurteile die Vor- und Nachteile der Fortpflanzungsarten.

2 Erkläre, warum sich Gärtner der Methode der ungeschlechtlichen Vermehrung bedienen.

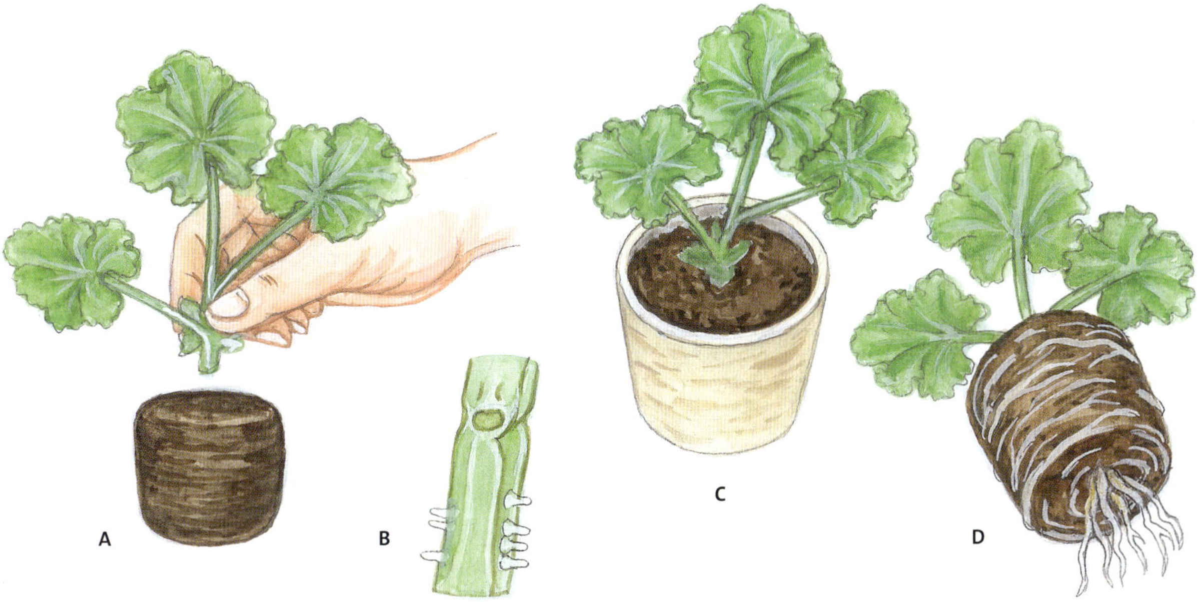

3 Vermehrung durch Stecklinge. **A** Steckling; **B** beginnende Wurzelbildung; **C** Eintopfen; **D** Bewurzelung

2 Tiere in Wald und Teich

2.1 Der Wald als Lebensraum

Tief im Wald steht an einer Wegkreuzung eine knorrige, alte Eiche. An deren Stamm ist ein gelbes Schild mit der Aufschrift »Naturdenkmal« angebracht. Unter der Eiche jagt ein Rotfuchs nach Waldmäusen. Die Eingänge zu seinem Bau befinden sich in der benachbarten Kiefernschonung. Die Spuren im feuchten Boden vor dem Bau beweisen, dass dieser noch von einem Dachs bewohnt wird. Füchse graben ihren Bau meist nicht selbst, sondern quartieren sich gern in Dachsbauten ein. Auch für andere Waldbewohner, deren Spuren man unter der Eiche findet, ist dieser Baum ein Lebensraum. Wildschweine zum Beispiel durchwühlen mit ihrer kräftigen Schnauze den Boden auf der Suche nach Würmern und anderen Kleintieren. Dabei finden sie manchmal auch in der Erde vergrabene Eicheln, die sie sehr gern fressen. Solche Nahrungsvorräte für den Winter legen Eichelhäher und Eichhörnchen an. Wenn unter der Eiche in manchen Jahren besonders viele Eicheln liegen, lockt das auch Rehe und Hirsche an, die sich damit einen Speckvorrat für den Winter anfressen.

Am Stamm zimmert ein Buntspecht seine Bruthöhle. Nach dem Ausfliegen der Jungen bleiben frei werdende Spechthöhlen selten leer. Eine ganze Anzahl von Tierarten ist darauf angewiesen, beispielsweise werden sie von Kohl- und Blaumeisen zum Übernachten und Brüten genutzt. Siebenschläfer und Haselmaus halten ihren Winterschlaf ebenfalls darin. Größere Höhlen, wie sie der Schwarzspecht anlegt, dienen Waldkauz oder Baummarder als Unterkunft. Mehr als die Hälfte der 21 mitteleuropäischen Fledermausarten haben ihre Sommerquartiere ebenfalls in großen Baumhöhlen.

Im Gegensatz zu den größeren Waldbewohnern, die oftmals sehr scheu sind, können Käfer und Schmetterlinge meist genauer beobachtet werden. Ein Maikäfer frisst beispielsweise an einem Blatt. Der Eichenwickler, ein Schmetterling, legt seine Eier dagegen zwischen zusammengesponnene Eichenblätter. Die daraus schlüpfenden Raupen fressen im Schutz dieser Höhlung. Auf manchen Eichenblättern findet man kleine Kugeln von etwa zwei Zentimetern Durchmesser. Urheber

1 Eine Eiche als Lebensraum.
A Rotfuchs; **B** Dachs; **C** Wildschwein; **D** Eichelhäher; **E** Eichhörnchen; **F** Buntspecht; **G** Haselmaus; **H** Waldkauz;

I Baummarder; **J** Maikäfer; **K** Eichenwickler; **L** Blattgallen der Eichengallwespe; **M** Waldameise; **N** Schließmundschnecke

sind die nur vier Millimeter großen Eichengallwespen. Das Weibchen sticht mit einem länglichen Fortsatz am Hinterleib in das Blatt und legt ein Ei darin ab. Die daraus schlüpfende Raupe gibt ein Sekret ab, das diese, als Blattgalle bezeichnete, kugelförmige Wucherung im Blatt auslöst. Darin findet die Raupe Schutz und reichlich Nahrung.

Bei der genaueren Betrachtung des Stammes kann man viele weitere kleinere Tiere entdecken. Waldameisen bewegen sich wie auf einer Straße nach oben in die Baumkrone und schleppen Nahrung nach unten zum Ameisenhaufen. Auch Schnecken kriechen auf der Rinde entlang und hinterlassen silberglänzende Schleimspuren. So weidet die Schließmundschnecke den auf der Rindenoberfläche wachsenden grünen Algenbelag ab.

Je älter die Bäume eines Waldes sind, um so mehr Tierarten finden dort ihren Lebensraum. Spechte benötigen für den Bau ihrer Höhlen dickere Stämme. Auf ehemalige Spechthöhlen ist wiederum eine Vielzahl anderer Tiere angewiesen. Mit zunehmendem Alter findet man am Baum immer mehr tote Äste. Das tote Holz wird von vielen Tieren als Überwinterungs-, Nahrungs- und Brutplatz genutzt. Die Fraßgänge von Borkenkäfern und Bockkäfern erleichtern die Ansiedlung von Baumpilzen. Diese zersetzen das Holz weiter, bis es schließlich zerfällt. Da in bewirtschafteten Wäldern die meisten Bäume schon im Alter von etwa 100 Jahren gefällt werden, ist es sehr wichtig, zumindest einige alte Bäume zu verschonen und gegebenenfalls als Naturdenkmal unter Schutz zu stellen.

1 Erstelle eine Wandzeitung zum Thema »Sehr alte Bäume in der Umgebung«. Recherchiere für jeden Baum dessen Artnamen, Alter, Höhe, Umfang und weitere interessante Informationen.

2 Finde sechs Beispiele für Tierarten, die Nadelwälder bewohnen. Gib jeweils an, wofür sie die Bäume benutzen.

3 Die Verwaltung eines Nationalparks ließ entlang eines Weges mehrere alte Buchen fällen, um die Besucher vor herabstürzenden Ästen zu schützen. Diskutiert das Pro und Kontra dieser Maßnahme in der Klasse.

Methode Exkursion in den Wald

1 Wald

Wildlebende Pflanzen und Tiere lassen sich am besten in ihrem natürlichen Lebensraum erkunden. Einen solchen Erkundungsgang bezeichnet man als **Exkursion**. Ein mögliches Ziel einer Exkursion kann ein Wald sein.

Charakteristisch für einen Wald sind verschiedenartige Bäume und Sträucher. Wenn diese den Boden nicht zu sehr beschatten, wachsen dort zusätzlich noch Kräuter und Moose. Die Kronen der Bäume, die Sträucher und die Pflanzen am Boden bieten vielfältige Lebensmöglichkeiten für Tiere. So ernähren sich bestimmte Raupen von den Blättern mancher Bäume. Die Raupen wiederum sind die Nahrung vieler Vögel. Andere Vögel, wie die Spechte, suchen die Rinde der Baumstämme nach Beutetieren ab. Spechte schlagen außerdem Höhlen in die Baumstämme, die später auch andere Vögel zum Nisten nutzen können. Auf dem Boden bieten blühende Kräuter Nektar für Bienen und Hummeln. Kleine Bodentiere wie Schnecken und Springschwänze nutzen die im Herbst abgeworfenen Blätter der Bäume und Sträucher als Nahrung. Diese Vielfalt von Wechselbeziehungen macht einen Wald zu einem lohnenden Exkursionsziel.

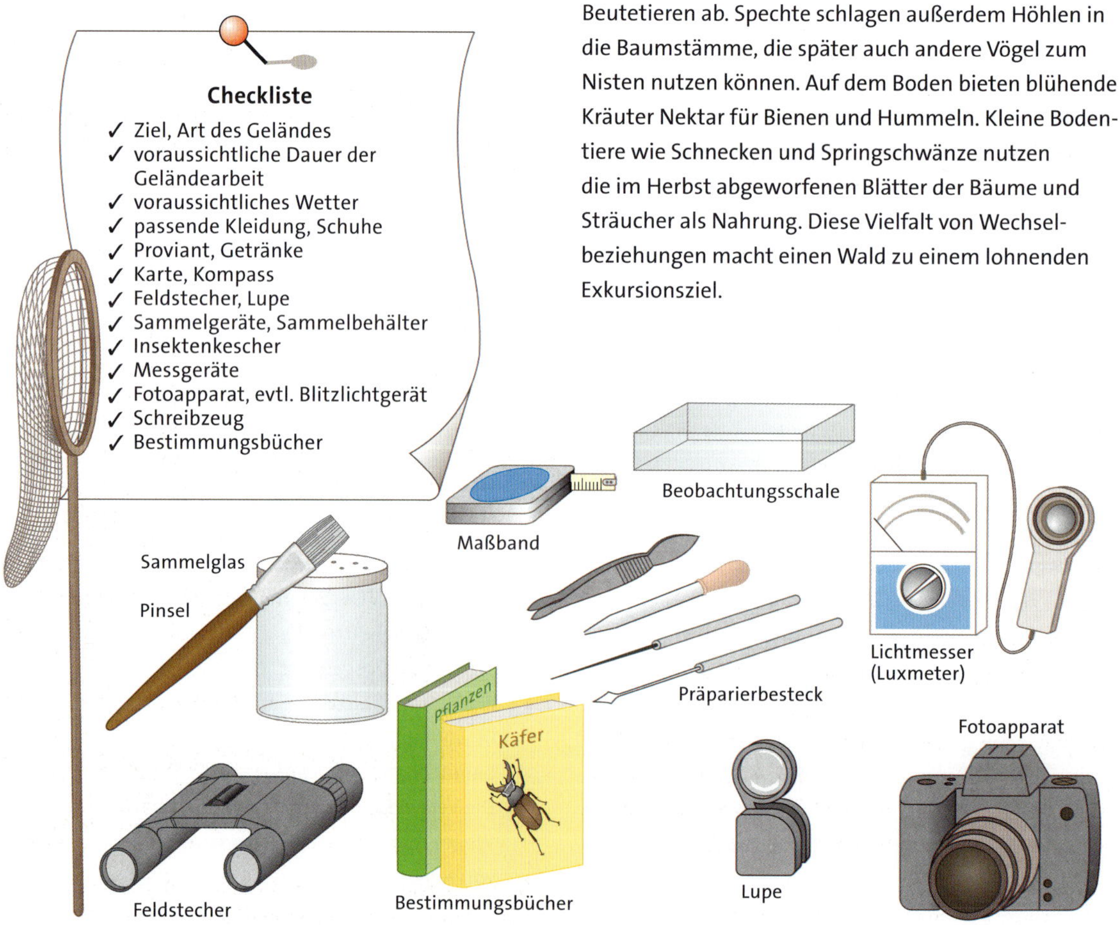

2 Ausrüstung für eine Exkursion

Eine Exkursion erfordert eine genaue Planung. Dabei muss geklärt werden, was untersucht werden soll. Danach wird die für diesen Zweck sinnvolle Ausrüstung zusammengestellt. Um beispielsweise wichtige Umweltfaktoren des Lebensraums Wald zu charakterisieren, verwendet man Messgeräte wie Thermometer und Luxmeter. Mit diesen werden die Temperatur- und Lichtverhältnisse untersucht. Soll die Tierwelt erkundet werden, braucht man geeignete Geräte zum Sammeln kleiner Tiere wie Pinsel und Siebe. Zur eingehenden Untersuchung der gesammelten Tiere sind Sammelgläser, Beobachtungsschalen und Lupen nötig. Die Bestimmung der Pflanzen erfolgt an Ort und Stelle. Hierzu müssen Bestimmungsbücher für Bäume und Kräuter des Walds bereitgestellt werden. Schreibmaterialien ermöglichen die Protokollierung der Untersuchungen.

Am Exkursionsziel angekommen werden nach einer ersten Besichtigung Arbeitsgruppen gebildet und die Untersuchungsaufträge formuliert. Eine Gruppe beispielsweise bestimmt die Kleintiere auf dem Boden des Waldes. Mit Sammelgläsern werden alle Tiere auf einer zuvor markierten Fläche eingesammelt und anschließend bestimmt. Danach werden alle Tiere wieder freigelassen. Eine andere Arbeitsgruppe bestimmt alle Pflanzen, die auf einer bestimmten Fläche des Walds wachsen. Mit Pinsel und Pinzetten sammelt eine weitere Gruppe die Kleintiere am Stamm von Bäumen und bestimmt sie. Eine andere Arbeitsgruppe erfasst die Tiere, die auf den Ästen und Blättern von Sträuchern leben. Dazu werden die entsprechenden Äste über einem ausgebreiteten, weißen Tuch ausgeschüttelt. Wesentlich ist bei allen diesen Untersuchungen stets die Schonung des betreffenden Lebensraums.

Nach Abschluss der Untersuchungen können die einzelnen Ergebnisse vorgetragen und zu einem Informationsplakat zusammengestellt werden. So entsteht ein umfassendes Bild des Lebensraums Wald.

3 Phasen einer Exkursion. **A** Planung; **B** Besichtigung des Lebensraumes; **C** Erfassung der Lebewesen; **D** Auswertung

1 Erstelle eine Stichwortliste zur Vorbereitung einer Exkursion an einen Bach.

2.2 Spechte – Kletterkünstler am Stamm

Hört man im Wald unregelmäßiges Hämmern oder laute Trommelwirbel, sind das Hinweise auf die Anwesenheit eines Buntspechts. Mit hämmernden Schlägen des kräftigen, spitzen Schnabels meißelt ein Specht Löcher in den Stamm. Dadurch gelangt er an Insekten, die unter der Rinde und im Holz leben. Diese Nahrungsquelle macht dem Specht keine andere heimische Vogelart streitig. Der Spechtschnabel wird aufgrund seiner Angepasstheit als **Meißelschnabel** bezeichnet.

Mit ihrer langen, empfindlichen Zunge können Spechte in die freigelegten Insektengänge eindringen und diese abtasten. Spüren sie dabei ein größeres Insekt auf, ziehen sie die Zunge zurück und schleudern sie blitzschnell wieder vor. Die mit Widerhaken versehene Zungenspitze bohrt sich dann wie eine Harpune in den Körper der Beute. Kleinere Tiere bleiben gleich an dem klebrigen Speichel hängen, der die Zunge umgibt. Wegen ihrer besonderen Bewegungsweise bezeichnet man die Zunge als **Schleuderzunge.**

1 Angepasstheiten des Buntspechtes. A Meißelschnabel; **B** Schleuderzunge; **C** Kletterfuß; **D** Stützschwanz

Die spitzen, gebogenen Krallen an den vier Zehen ihrer **Kletterfüße** geben Spechten beim Hämmern und Klettern festen Halt. Je zwei Zehen sind nach vorn beziehungsweise nach hinten gerichtet. Während des Hämmerns stützen sich Spechte auf kräftige Schwanzfedern. Dieser **Stützschwanz** ist ebenfalls eine Angepasstheit der Spechte an das Klettern an senkrechten Baumstämmen.

Spechte sind die meiste Zeit des Jahres Einzelgänger. Zur Fortpflanzung finden sich Männchen und Weibchen bei den meisten Arten durch Rufe und rhythmische Trommelsignale. Zum Trommeln schlagen Spechte schnell hintereinander gegen einen trockenen Ast. Die Bruthöhle wird von beiden Partnern gemeinsam gezimmert. In die fertige Höhle legt das Weibchen auf eine Schicht von Spänen seine weißen Eier. Beide Geschlechter brüten und beteiligen sich an der Aufzucht der Jungen. Nach dem Ausfliegen der jungen Spechte können die alten Höhlen von vielen anderen Tieren als »Nachmieter« genutzt werden.

1 Im Gegensatz zu vielen Singvögeln legen Spechte weiße Eier. Deute diesen Sachverhalt im Hinblick auf die Angepasstheit der Spechte.

2 Buntspecht beim Füttern der Jungen

Wissen kompakt Vögel am Baumstamm

Name: **Gartenbaumläufer**
Lebensraum: Wälder mit alten Laubbäumen
Fortbewegung am Stamm: klettert in Spiralen von unten nach oben
Lautäußerung: Gesang klingt wie »ti ti titiritit«
Nahrung: vor allem Insekten und Spinnen
Nest: hinter abgelöster Rinde, in Baumspalten, in Mauerspalten

Name: **Kleiber**
Lebensraum: Wälder mit alten Laubbäumen
Fortbewegung am Stamm: kann als einziger heimischer Vogel auch kopfüber klettern
Lautäußerung: pfeifende Rufe
Nahrung: Insekten, Spinnen und andere Kleintiere
Nest: Höhle, deren Eingang mit Lehm verkleinert wird

Name: **Mittelspecht**
Lebensraum: Laubwälder mit alten Eichen
Fortbewegung am Stamm: klettert in kleinen Sprüngen von unten nach oben
Lautäußerung: quäkende Balzrufe, trommelt selten
Nahrung: unter der Rinde lebende Insekten und deren Larven
Nest: in selbstgebauten Höhlen in alten Eichen

Name: **Kleinspecht**
Lebensraum: feuchte Laub- und Mischwälder
Fortbewegung am Stamm: klettert in kleinen Sprüngen von unten nach oben
Lautäußerung: mehrere, kurz aufeinander folgende Trommelwirbel
Nahrung: Insekten und andere Kleintiere
Nest: in selbstgebauten Höhlen in Erlen und Birken

1 Recherchiere und erstelle einen Steckbrief für den Grünspecht.

2 Nenne und begründe zwei Schutzmaßnahmen für die auf dieser Seite vorgestellten Vogelarten.

2.3 Wie Vögel fliegen

Ein hungriger Mäusebussard kreist morgens am Waldrand. Das Geräusch von Landmaschinen veranlasst ihn, zu einer frisch gemähten Wiese zu fliegen. Dort lässt er sich auf einem Baum am Wiesenrand nieder und hält Ausschau. Mit seinen scharfen Augen erkennt er eine auf der Wiese herumlaufende Maus. Im Gleitflug stößt der Bussard herab. Im letzten Moment bremst er mit ausgebreitetem Schwanz und wirft seine Beine nach vorn. Dabei stoßen die Krallen wie Dolche in die Beute. Mit Greifbewegungen und einem Biss in den Nacken wird die Beute getötet. Mit der erbeuteten Maus in den Fängen fliegt der Bussard zu einem höher gelegenen Platz, um dort in Ruhe zu fressen.

1 Mäusebussard im Segelflug

Das Oberteil des kräftigen, scharfkantigen Schnabels ist hakenartig nach unten gebogen. Diese Schnabelform ist eine Angepasstheit an die Nahrungsaufnahme, bei der mit dem Schnabel Fleischstücke aus dem Beutetier herausgerissen werden. Unverdauliche Nahrung wie Federn und Haare würgt der Vogel wieder aus dem Magen heraus. Die Verwandten des Mäusebussards greifen ihre Beute ebenfalls mit den Füßen. Man bezeichnet diese Vögel daher als **Greifvögel.**

Bussarde erreichen eine Flügelspanne von etwa einem Meter. Das für ein Tier dieser Größe ziemlich geringe Gewicht von einem Kilogramm begünstigt das Fliegen. Der Vogelkörper ist durch eine Reihe von Angepasstheiten gekennzeichnet, die mit dem Begriff **Leichtbauweise** zusammengefasst werden können. Vögel besitzen insgesamt weniger einzelne Knochen als die Säugetiere. Außer im Bereich des Halses sind alle anderen Wirbel fest zusammengewachsen. Das spart Muskelmasse, die sonst benötigt würde, um den Körper in einer bestimmten Position zu halten. Nimmt man den Oberarmknochen eines Vogels in die Hand, erweist er sich ebenfalls leichter als erwartet. Beim Versuch, ihn zu verbiegen, zersplittert er. Wie die Oberarmknochen sind auch andere Knochen des Vogels innen hohle, mit Luft gefüllte Röhrenknochen. Der Schädel ist sehr

2 Angepasstheiten des Mäusebussards an den Nahrungserwerb.
A Angriffshaltung; **B** Greiffuß; **C** leistungsfähige Augen, scharfkantiger Hakenschnabel

leicht und besteht aus dünnwandigen Knochen. Die dünnen Kiefer enthalten keine Zähne. Sie sind mit einem leichten und dennoch stabilen Hornschnabel umgeben. Aus der gleichen Hornsubstanz bestehen die Federn. Die Flügel als Tragflächen und Antrieb, der Schwanz zum Steuern sowie die Körperbedeckung zum Schutz vor der Witterung sind somit ebenfalls »federleicht«.

Auch die inneren Organe des Vogels zeigen die Leichtbauweise. In den hohlen Knochen und zwischen den Organen verteilt liegen mit den Lungen verbundene Luftsäcke. Sie dienen als Zwischenspeicher für die Atemluft und ermöglichen damit den Austausch der Atemgase sowohl beim Einatmen als auch beim Ausatmen. So sind Vogellungen trotz ihres vergleichsweise geringen Gewichts die leistungsfähigsten Atmungsorgane im ganzen Tierreich. Vögel sind auch deshalb so leicht, weil sie keine Harnblase besitzen, deren schwerer Urin beim Fliegen belasten würde. Stattdessen scheiden sie durch die Kloake zusammen mit dem Kot hoch konzentrierte, weiße Harnsäure aus. Vogelweibchen sparen zudem Gewicht, indem sie nur einen Eierstock ausbilden, der außerhalb der Brutzeit fast völlig zurückgebildet wird.

Nur wenige Vogelarten sind ausgesprochene Pflanzenfresser. Die meisten nehmen Fleisch, Fett, Säfte und Samen auf. Schon eine relativ geringe Menge dieser Nahrung liefert viel Energie.

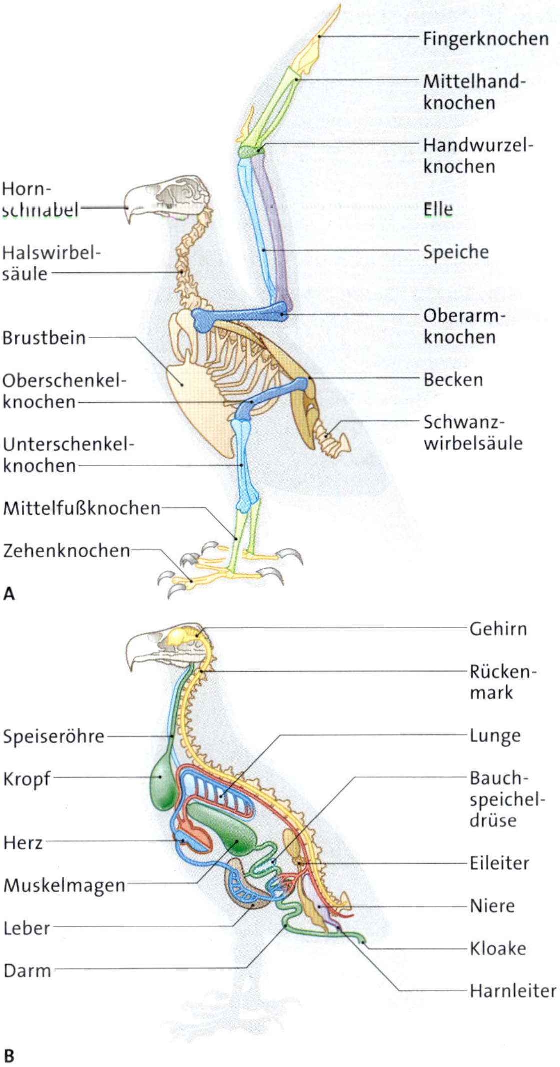

4 Innerer Bau eines Vogels. **A** Skelett; **B** innere Organe

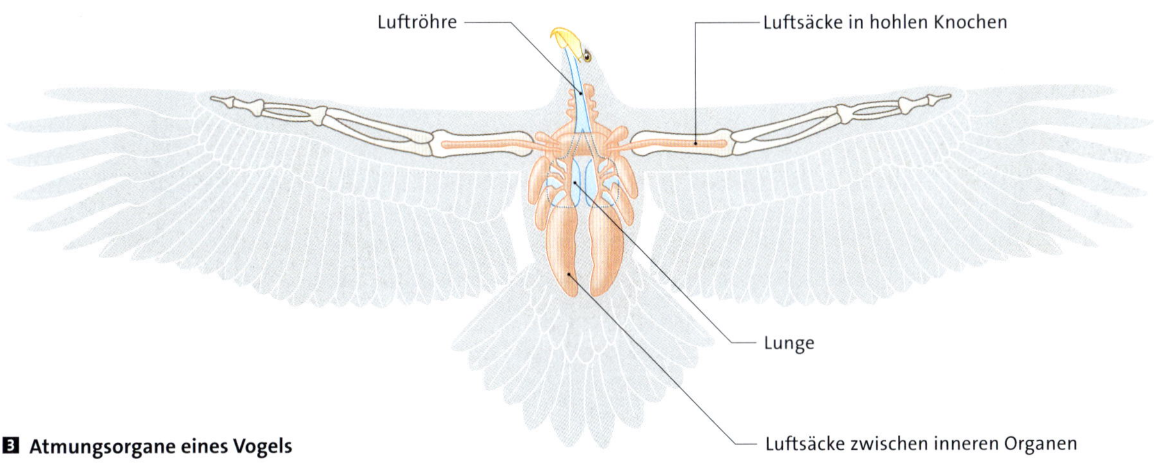

3 Atmungsorgane eines Vogels

Vögel unterscheiden sich von anderen Wirbeltieren durch den Besitz von **Federn.** Es sind sehr leichte, aber auch stabile und elastische Konstruktionen. Unter einer starken Lupe erkennt man die Feinstruktur der Feder. Beiderseits vom Schaft abgehende Äste tragen kleine, dicht stehende Strahlen. Dabei greifen die gezackten Hakenstrahlen eines Astes in die glatten Bogenstrahlen des benachbarten Astes. So bildet die Feder eine wasserdichte Fläche, die auch Luft nur schlecht durchlässt.

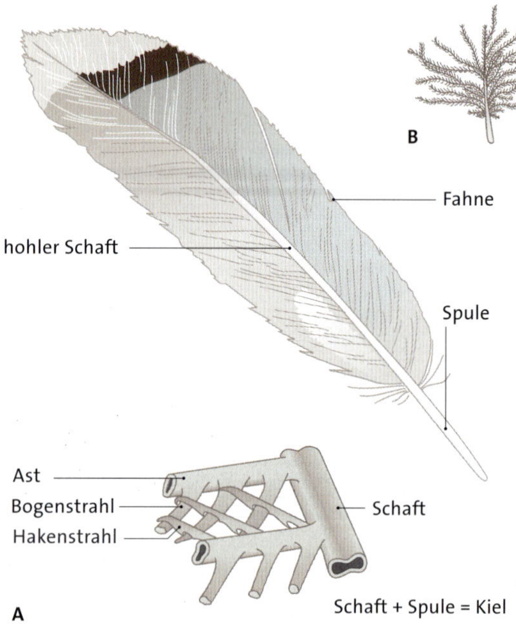

5 Bau der Federn. **A** Schwungfeder; **B** Daunenfeder

Aufgrund ihres Baus lassen sich verschiedene Federtypen unterscheiden. Eine Schwungfeder aus der Flügelfläche, eine Steuerfeder des Schwanzes sowie eine den Vogelkörper schützende Deckfeder besitzen undurchlässige Fahnen. Dadurch unterscheiden sie sich von einer Daunenfeder, deren einzelne Federstrahlen nicht miteinander verhakt sind. Daunen findet man daher im wärmenden Untergefieder erwachsener Vögel oder als Körperbedeckung von Jungvögeln, die sich bei schlechtem Wetter unter dem Federkleid der Eltern schützen können.

Die Schwungfedern bilden an den zu Flugorganen umgebildeten Vordergliedmaßen der Vögel den Hauptteil der Flügelfläche. Die Flügel werden durch eine kräftige Muskulatur bewegt. Sie besteht aus dem großen und dem kleinen Brustmuskel. Das Brustbein mit seinem nach unten ragenden Kiel dient als Ansatzstelle für diese Muskeln. Zieht sich der große Flugmuskel zusammen, schlägt der Flügel nach unten. Das Zusammenziehen des kleinen Flugmuskels bewirkt das Heben des Flügels. Flügelfläche und Stellung der Schwungfedern sind genau auf diese Arbeitsweise der Flugmuskulatur abgestimmt. Beim Abschlag werden die Flügel gestreckt. Die Schwungfedern der Flügel werden dabei von der Luft gegen die Nachbarfedern gedrückt. Die nun übereinanderliegenden Federn lassen fast keine Luft durch. Beim Aufschlag verringert sich dagegen der Luftwiderstand, weil der Flügel angewinkelt wird Federn wie die verstellbaren Lamellen einer Jalousie die Luft hindurchlassen.

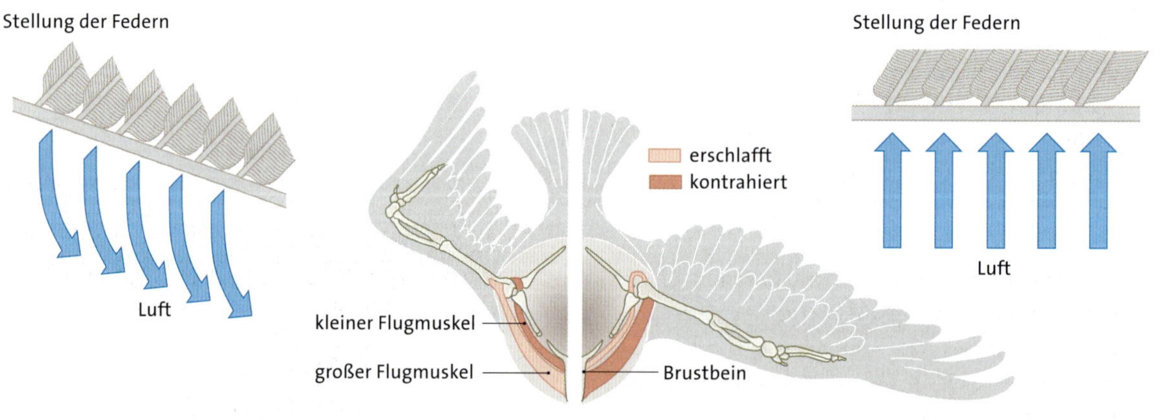

6 Zusammenwirken der Strukturen beim Flügelschlag. **A** Aufschlag; **B** Abschlag

Mit ausgebreiteten Flügeln und ohne Flügelschlag lässt sich ein Adler abwärtsgleiten. Dieser **Gleitflug** ist die einfachste und wahrscheinlich auch die älteste Form des Fliegens. Je stärker die Flügel beim Gleiten angewinkelt werden, umso schneller und steiler geht es nach unten. Die Energie dafür liefert die Schwerkraft.

Größere Vögel wie Adler und Störche nutzen oft aufsteigende Luftströmungen, um Höhe zu gewinnen. Sie breiten ihre brettartigen Flügel weit aus und fächern den Schwanz. So kann die aufsteigende Luftströmung beim **Segelflug** voll ausgenutzt werden. Handelt es sich um aufsteigende Warmluft, wie sie über Städten oder Feldern entsteht, lassen sich die Vögel spiralförmig in die Höhe tragen. An Berghängen findet man gleichfalls Aufwinde. Besonders gut kann man diese Flugart an Meeresengen, wie zum Beispiel am Bosporus oder an der Straße von Gibraltar, die zwischen Europa und Afrika liegt, beobachten. Dort schrauben sich während des Vogelzuges manchmal Hunderte Greifvögel und Störche gleichzeitig in einer Warmluftsäule segelnd in die Höhe. So können sie in der anschließenden Gleitflugphase durch die kühlere Meeresluft das entgegengesetzte Ufer erreichen. Beim Gleiten und Segeln spart der Vogel Energie, weil er dabei die Flügel kaum bewegen muss.

Anders ist das bei der dritten grundlegenden Flugart, dem **Ruderflug.** Hier wird viel Energie für die Bewegung der Flugmuskulatur aufgewendet. Der Flügelschlag hält das Tier in der Luft und bewegt es vorwärts. Der Ruderflug ist die variantenreichste Form des Fliegens. Eine Möglichkeit ist der geradeaus führende *Streckenflug*, wie er von Kleinvögeln durchgeführt wird, zum Beispiel von Meisen. Nach Mäusen jagende Turmfalken verharren oft im *Rüttelflug* an einer Stelle in der Luft. Dabei werden die Flügel vor- und zurückgeschlagen. Ähnlich verhält sich ein Kolibri, der im *Schwirrflug* vor einer Blüte schwebt.

1 Kanadagänse bewegen sich meist im Ruderflug, während Gänsegeier häufig segeln. Beide Tiere besitzen die gleiche Körpergröße. Stelle eine begründete Vermutung an, welche dieser Vogelarten einen größeren Brustbeinkiel besitzt.

2 Ordne die drei grundlegenden Flugarten nach steigendem Energieverbrauch und begründe.

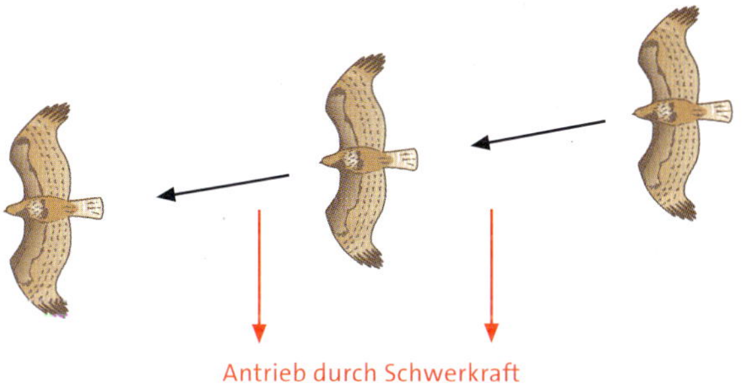

7 Gleitflug

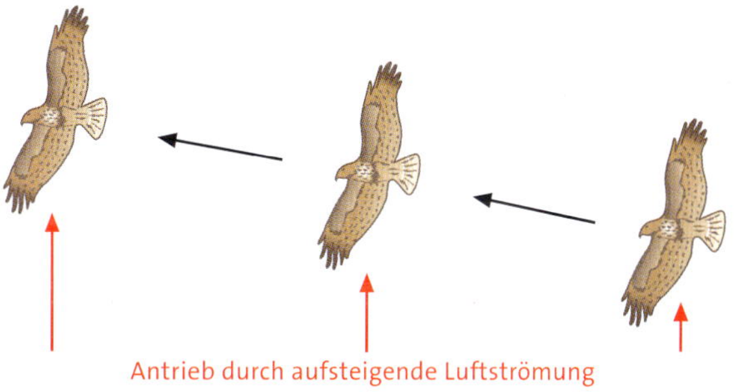

8 Segelflug

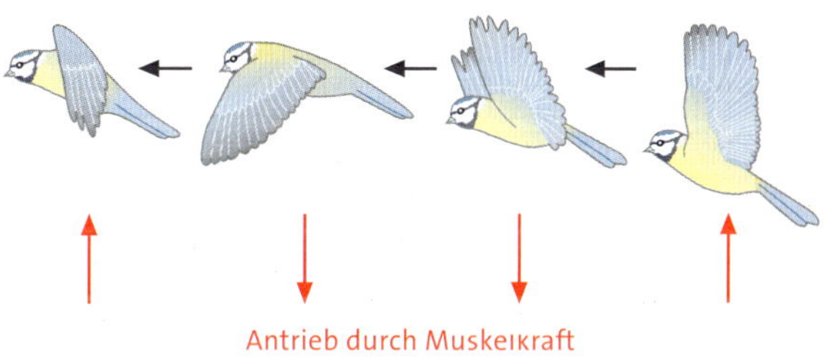

9 Ruderflug am Beispiel des Streckenfluges

10 Turmfalke beim Rütteln, einer Form des Ruderfluges

Streifzug durch die Physik | Auftrieb beim Fliegen

1 Airbus A 380-800

Bevor ein Airbus in Serienfertigung geht, werden seine Tragflächen im Prüflabor einer Belastung ausgesetzt, die vielen Tausenden Flugstunden entspricht. Würden sie während des Fluges auseinanderbrechen, fiele das Flugzeug wie ein Stein zu Boden. Die Ursache dafür ist die zum Erdmittelpunkt gerichtete Schwerkraft. Um in der Luft zu bleiben, wird eine Kraft benötigt, die der Schwerkraft entgegen nach oben wirkt. Bewegt sich die Tragfläche durch die Luft, strömen die Luftteilchen an der Ober- und Unterseite vorbei. Wäre der Flugzeugflügel wie ein Brett ausgebildet, würden beide Teilchenströme in der gleichen Zeit auch den gleichen Weg zurücklegen. Sie hätten die gleiche Geschwindigkeit. Die Tragflächenwölbung führt aber dazu, dass dieser Weg auf der Oberseite etwas länger ist als auf der Unterseite. Die Luft strömt folglich schneller über die Tragfläche hinweg als unter ihr durch. Deshalb sind auf ihrer Oberseite die Abstände zwischen den Luftteilchen größer. Es entsteht ein Unterdruck. Seine Kraft zieht die Tragfläche nach oben. An der Unterseite stauen sich dagegen die langsameren Luftteilchen. Der dabei entstehende Überdruck drückt den Flugzeugflügel nach oben. Zugkraft und Druckkraft zusammen ergeben die **Auftriebskraft.** Sie wirkt der Schwerkraft entgegen und ermöglicht das Fliegen von tonnenschweren Jumbojets genauso wie von Vögeln, weil deren Flügel das gleiche Profil wie die Tragfläche besitzen.

Damit der Pilot die Kontrolle über sein Flugzeug behält, muss er in allen Phasen des Fluges darauf achten, dass diese gleichmäßigen Strömungen an der Tragfläche und somit der Auftrieb erhalten bleiben. Beim Flugzeug sorgen Klappen an der Vorderkante des Flügels auch bei niedrigen Geschwindigkeiten dafür. Die gleiche Funktion besitzen die Federn am Daumen des Vogels. Im Experiment wurde festgestellt, dass an den Spitzen der Tragflächen die auf deren Unterseite gestaute Luft seitlich nach oben strömt. Dadurch entstehen Wirbel, die das Flugzeug bremsen und den Treibstoffverbrauch erhöhen. Nach oben gebogene Tragflächenenden, sogenannte Winglets, verringern diese Wirbelbildung.

1 Beschreibe die Entstehung des Auftriebes am Vogelflügel.

2 Vergleiche mit Hilfe von Präparaten und der Abbildung 3 die Auftriebseigenschaften der Flügel von Vogel und Fledermaus.

2 Tragflächenmodell im Windkanal

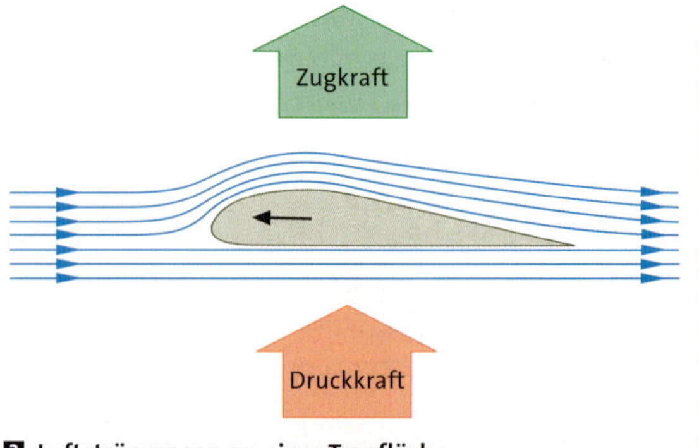

3 Luftströmungen an einer Tragfläche

Aufgaben und Versuche Fliegen

V1 Gleitflugeigenschaften

Am 12. 7. 2000 ging dem abgebildeten Airbus A 310 auf dem Flug von Kreta nach Hannover in einer Höhe von 2500 Metern der Treibstoff aus. Im Gleitflug legte er die verbleibenden 20 Kilometer, also das Achtfache seiner Ausgangshöhe, bis zur Notlandung auf dem Wiener Flughafen zurück.

Material: Maßband, 1 Blatt DIN-A4

Durchführung: Falte einen Papierflieger. Ermittle im Flugversuch die Starthöhe und Flugweite deines Fliegers. Beachte, dass der Flieger nur mit geringer Kraft geworfen wird (Gleitflug!).

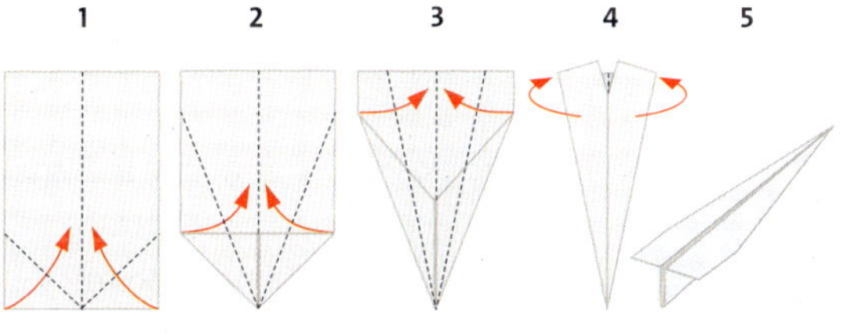

Aufgaben:

a) Vergleiche die Flugleistung des Papierfliegers mit der des Airbus und beurteile sie.

b) Nenne Gründe für eventuelle Unterschiede. Überlege, wie du die Gleitflugeigenschaften deines Papierfliegers verbessern könntest.

V2 Papierbewegung im Luftstrom

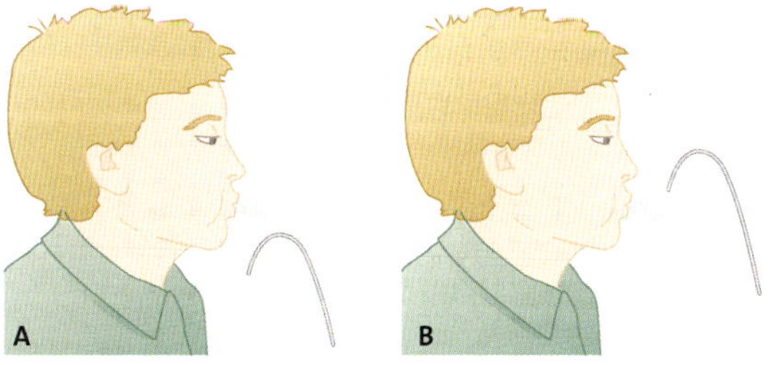

Material: 1 Blatt DIN-A4

Durchführung: Ein Papierblatt wird an zwei Ecken erfasst und entsprechend der Abbildung an den Mund gehalten. Anschließend wird kräftig gepustet.

Aufgaben:

a) Vermute, wie sich das Blatt jeweils bewegen wird.

b) Führe den Versuch durch und vergleiche die Beobachtungen mit deiner Vermutung.

A3 Landemanöver bei Gänsen

In der abgebildeten Flughaltung lassen sich Gänse aus größerer Höhe schnell auf einem Gewässer nieder. Erst kurz über dem Wasser drehen sie sich wieder in die Waagerechte.

Aufgabe: Stelle eine Vermutung für dieses Verhalten auf.

A4 Flugarten beim Mäusebussard

Ein Mäusebussard fliegt zu seinem Horst.

Aufgabe: Benenne die zu den einzelnen Wegabschnitten gehörenden günstigsten Flugarten und begründe.

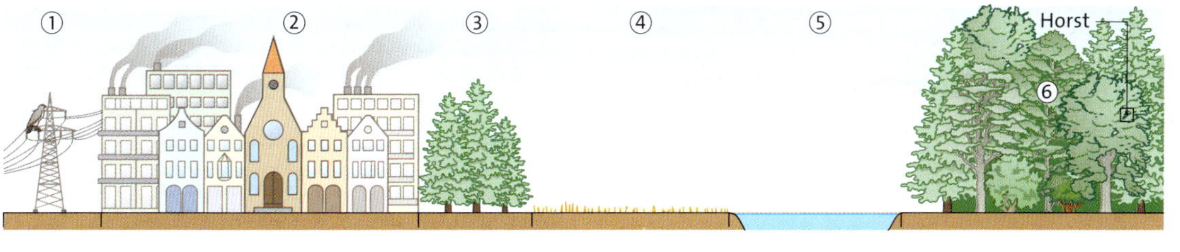

2.4 Der Borkenkäfer lebt unter der Baumrinde

Nach einem Orkan ist für Förster und Waldbesitzer höchste Eile geboten. Die vielen umgestürzten Bäume müssen möglichst schnell verarbeitet werden, denn sie sind die Brutstätte von Borkenkäfern. Das Männchen des Borkenkäfers höhlt unter der Rinde einen kleinen Raum aus, in dem später die Paarung stattfindet. Es lockt mit speziellen Duftstoffen zwei bis drei Weibchen an. Nach der Begattung frisst jedes Weibchen von diesem Raum aus einen Gang mit kleinen Nischen in das Holz. In jede Nische wird jeweils ein Ei abgelegt. Aus den Eiern schlüpfen weiße, beinlose Larven mit gelbbraunem Kopf. Sie nagen ihre Larvengänge unterhalb der Borke, wie die äußerste Rindenschicht bezeichnet wird. Dadurch entsteht ein charakteristisches Fraßbild. Die Larven ernähren sich von dem energiereichen, zuckerhaltigen Baumsaft. Wenn sie herangewachsen sind, verpuppen sich die Larven. Als Puppe durchläuft der Käfer ein Ruhestadium, in dem sich die Larve zum Käfer umbildet. Aus den Puppen schlüpfen schließlich die Käfer. Diese nagen sich eine Öffnung ins Freie und suchen ihrerseits nach geeigneten Brutbäumen. Bis zu zwei, bei sehr günstigen Bedingungen auch drei Generationen von Borkenkäfern können sich auf diese Weise pro Jahr entwickeln.

Normalerweise behindern Bäume die Vermehrung der Borkenkäfer, indem sie Harz abgeben, welches die Käfer und deren Gänge verklebt. Deshalb bevorzugen Borkenkäfer geschwächte oder frisch umgestürzte Bäume mit geringer oder fehlender Harzproduktion, die aber noch genügend zuckerhaltigen Baumsaft besitzen. Kommen die Tiere allerdings in Massen vor, befallen und schädigen sie auch gesunde Bäume. Deshalb werden Borkenkäfer bekämpft. Paarungsbereite Käfer werden mit Hilfe ihrer arteigenen Duftstoffe in Fallen gelockt. So kann man aber nur einen geringen Teil der Borkenkäfer eines Waldgebietes bekämpfen. Soll kein Gift eingesetzt werden, bleibt nur die konsequente Entfernung der von Borkenkäfern befallenen Stämme. Die verschiedenen Borkenkäferarten haben sich jeweils auf bestimmte Baumarten spezialisiert. Deshalb ist es für diese Tiere in einem artenreichen Wald schwieriger, neue Brutbäume zu finden.

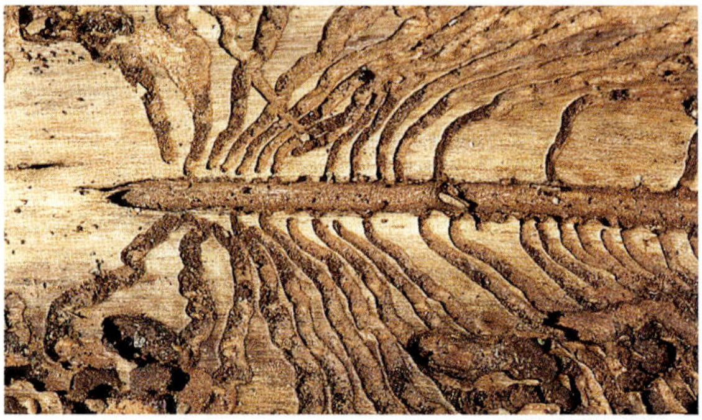

1 Fraßbild eines Borkenkäfers

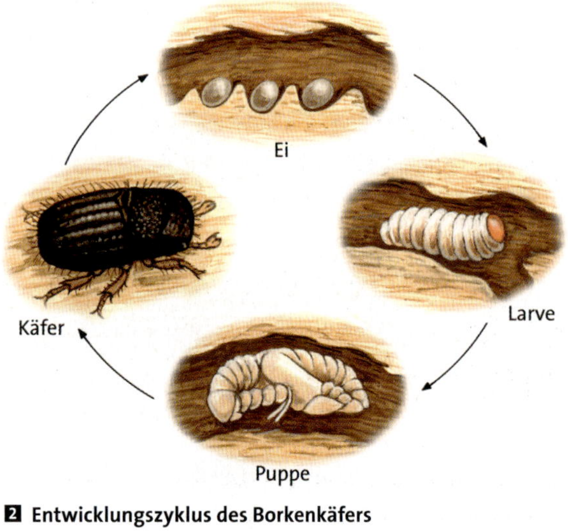

2 Entwicklungszyklus des Borkenkäfers

1 Begründe, warum der Borkenkäfer gerade in frisch vom Wind umgeworfenen Bäumen sehr gute Fortpflanzungschancen hat. Erkläre in diesem Zusammenhang zwei Vorteile eines Mischwaldes gegenüber einem monotonen Forst.

3 Durch Borkenkäfer gefährdeter Wald

2.5 Auch im Boden gibt es Leben

Im herbstlichen Wald muss man manchmal durch eine dicke Schicht abgefallenen Laubes waten. Besucht man die gleiche Stelle im Frühjahr wieder, ist diese Laubschicht deutlich dünner. Eine genauere Untersuchung zeigt, dass die meisten Blätter mehr oder weniger große Löcher aufweisen. Oft ist nur noch das Netz der Blattadern erhalten. Unter und zwischen dem Laub wimmelt es von kleinen Tieren. So leben in einem Stück Waldboden von der Größe dieses Lehrbuches mehr Organismen, als es Menschen auf der Erde gibt. Nur ein Bruchteil von ihnen ist größer als zwei Millimeter. Welche Rolle spielen diese, mit bloßem Auge sichtbaren Bodentiere bei der schrittweisen Zersetzung herabgefallener Blätter?

In einem ersten Schritt fressen winzige, flügellose Tiere wie Springschwänze und Bodenmilben die weiche Pflanzensubstanz zwischen den Blattadern. So wird die widerstandsfähige Blatthaut an mehreren Stellen geöffnet. Solche »Fenster« bieten wiederum Angriffsmöglichkeiten für Schnakenlarven und Asseln. Sie können mit ihren kräftigeren Mundwerkzeugen nicht nur das weiche Material, sondern auch die härteren Teile dünner Blattadern abbeißen. Auf diese Weise entstehen größere Löcher. Schnecken und Tausendfüßer wie der Saftkugler fressen das Blatt so weit auf, dass nur noch einige skelettartige Reste der großen Blattadern verbleiben. Diese werden zusammen mit Erde von Regenwürmern aufgenommen. Durch Verdauungsprozesse entsteht der fruchtbare Regenwurmkot, welcher an der Bodenoberfläche abgegeben wird.

Jeder dieser Abbauschritte vergrößert gleichzeitig auch die Oberflächen, an denen sich mikroskopisch kleine Bakterien und Pilze festsetzen können. Durch ihre Lebenstätigkeit wandeln sie auch die letzten Reste des ursprünglichen Blattes in Mineralsstoffe um, die wieder von Pflanzen aufgenommen werden können. Für den optimalen Ablauf der Zersetzungsprozesse sind ausreichend Wärme und Feuchtigkeit nötig. Sogar im Winter geht der Abbau der Laubschicht weiter, denn vor allem durch die Lebenstätigkeit der Bakterien wird ständig Wärme freigesetzt.

1 Kiefernnadeln werden wesentlich langsamer abgebaut als Buchenblätter. Stelle eine begründete Vermutung zu der Ursache auf.

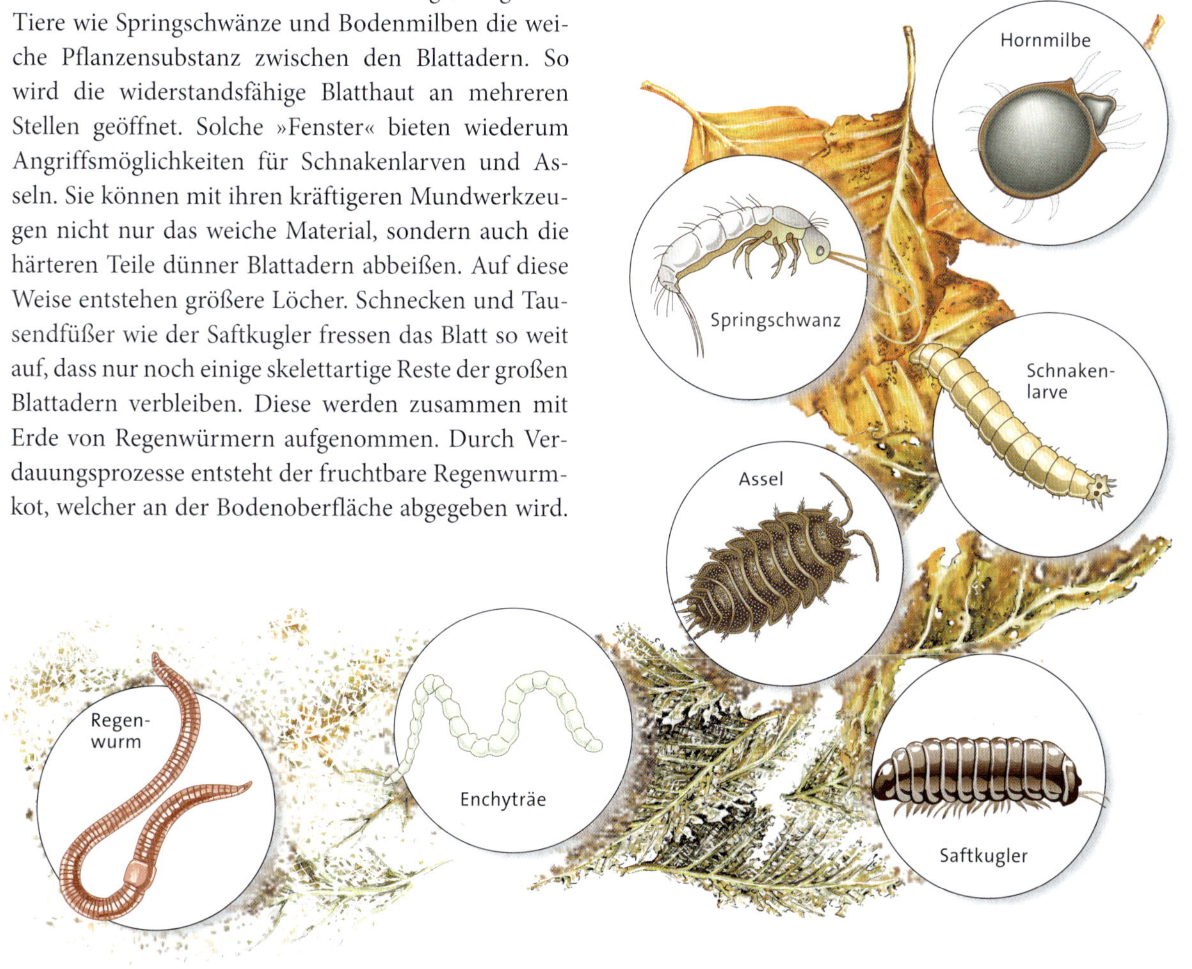

1 Abbau eines Buchenblattes. **A** Fensterfraß; **B** Lochfraß; **C** Skelettfraß; **D** Vermischung mit dem Boden

2.6 Rotwild

Rothirsche lebten ursprünglich in Laub- und Mischwäldern mit offenen Flächen. Heute kommen sie meist nur noch dort vor, wo sie ohne Konflikte mit Land- und Forstwirtschaft leben können, zum Beispiel in den höheren Lagen der Mittelgebirge. Üblicherweise würden sie im Winter in die Täler ziehen. Dieser Weg ist den Rothirschen heute jedoch durch die dichte Besiedlung meist versperrt, sodass sie in den höheren Lagen bleiben müssen. In diesen kargen Gebieten ist im Winter eine zusätzliche Fütterung notwendig.

Rothirsche sind dämmerungsaktive Tiere, die tagsüber in der Dickung verharren. Sie sind scheu und meiden den Kontakt mit Menschen. Weibchen und Junghirsche leben in Herden, ältere Männchen als Einzelgänger. Im Herbst werden die **Hirschkühe** paarungsbereit. Ein starkes Männchen übernimmt die Leitung einer Herde und wird zum **Platzhirsch.** Vielfach kommt es mit anderen Männchen zu Streitigkeiten und Kämpfen um eine Herde. Der Platzhirsch ist das einzige Männchen, das sich mit den Weibchen paart. Dies geschieht im Spätherbst. Das Hirschkalb wird im nächsten Mai oder Juni geboren und bleibt zuerst an einem festen Platz. Dort wird es drei bis vier Monate lang gesäugt.

1 Herde von Rothirschen

Rothirsche sind reine Pflanzenfresser mit derselben Zahnformel wie Rinder und ebenfalls Wiederkäuer. Sie nehmen Gräser, Kräuter und Knospen auf, im Herbst kommen Bucheckern, Eicheln und Kastanien hinzu. Mit diesem **Mastfutter** fressen sich die Rothirsche eine Speckschicht als Wintervorrat an. Nur die Männchen bilden ein Geweih aus. Je älter der Rothirsch ist, desto größer ist die Zahl der ausgebildeten Geweihenden. Hirsche haben in Deutschland kaum natürliche Feinde. Luchse können ab und zu ein Kalb erjagen. Die Größe des Hirschbestandes wird wie bei den Rehen im Wesentlichen durch den Menschen bei der Jagd reguliert. Hirsche sind auch Paarhufer und Fluchttiere.

2 Geweihentwicklung eines Rothirschs im Jahresverlauf

1 Beschreibe die Geweihentwicklung beim Hirsch im Jahresverlauf. Stelle einen Zusammenhang zur Lebensweise her.

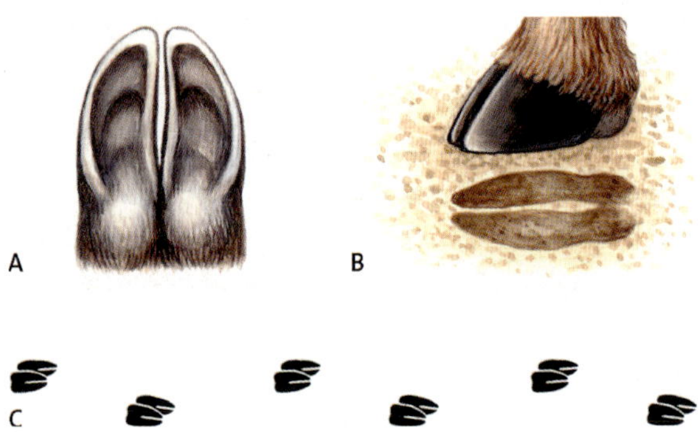

3 Rothirsch. **A** Vorderfuß; **B** Trittsiegel; **C** Fährte

2.7 Dachs und Waschbär

In einem Laub- oder Mischwald kann man in der Abenddämmerung Tiere sehen, die man tagsüber nicht antrifft. Dazu gehören Dachse. Diese fuchsgroßen Tiere sind mit dem silbriggrauen Fell und dem schwarz-weiß gestreiften Kopf in der Dunkelheit oder im Dämmerlicht gut getarnt. Dachse haben einen gedrungenen Körper mit kurzen, stämmigen Beinen. Ihre Augen und Ohren sind klein, ihre Schnauze lang und rüsselartig. Am Tag halten sich Dachse in ihrem Bau auf. Im Gegensatz zum Fuchs, der häufig in einen verlassenen Dachsbau einzieht, graben Dachse ihren Bau selber. Dazu wühlen sie mit ihrer Nase im Boden und scharren mit ihren mit langen Krallen besetzten Vorderpfoten in der Erde. Um die Erde aus dem Bau zu transportieren, gehen Dachse rückwärts zum Baueingang und schieben die Erde mit dem Hinterteil nach draußen.

Dachse sind Allesfresser. Sie ernähren sich sowohl von pflanzlicher als auch von tierlicher Nahrung. Mithilfe ihres gut ausgeprägten Geruchssinnes suchen Dachse den Boden ab, indem sie ihre Nase schnüffelnd hin- und herschwenken. Im Frühjahr werfen Dachsweibchen nach dreieinhalb Monaten Tragzeit zwei bis fünf weiße, blinde Junge. Sie werden etwa vier Monate im Bau gesäugt und beginnen dann selbstständig nach Nahrung zu suchen.

Auch Waschbären sind in der Dunkelheit aktiv. Die etwa ein Meter großen Tiere sehen aus, als hätten sie eine Maske auf. Das graubraune Fell am Körper und der geringelte Schwanz tarnen die Tiere gut. Waschbären haben einen ähnlichen Speiseplan wie Dachse. Sie prüfen die Beschaffenheit der Nahrung mit der Nase und den Pfoten, bevor sie diese fressen. An den Fingern sind Sinneshaare, mit denen Waschbären besonders gut tasten können. Da sie auch im Wasser nach Nahrung suchen, sieht das Abtasten unter Wasser aus, als würden Waschbären die Nahrung waschen. Diese Eigenschaft hat ihnen zu ihrem Namen verholfen.

Waschbärweibchen bringen nach neun Wochen Tragzeit im Frühsommer ein bis sieben Junge zur Welt. Als Aufzuchtplatz für die Jungen, aber auch als Ruhe- und Schlafplatz dienen verlassene Dachsbauten oder Baumhöhlen. Obwohl Waschbären im Wald leben, kann man sie auch in Gärten, Parks, Dachböden oder sogar in Kanalröhren finden. Ursprünglich kommen Waschbären aus Amerika. In Europa wurden sie früher auf Pelztierfarmen gehalten, aus denen immer wieder Tiere entwichen sind. Manche Waschbären wurden auch bewusst freigesetzt. Sie vermehrten sich stetig und breiteten sich so in weiten Teilen Europas aus.

1 Vergleiche Dachs und Waschbär. Gehe dabei vor allem auf die Angepasstheiten an ihren Lebensraum ein.

1 **Dachs und Dachsfährte**

2 **Waschbär und Waschbärfährte**

2.8 Der Teich als Lebensraum

An warmen Sommertagen kann man in Ufernähe eines Teiches manchmal ein ganz besonderes Schauspiel beobachten: Zwei Männchen der Großen Königslibelle kämpfen in schnellen Flugmanövern mit raschelnden Flügeln um ein Revier. Dort warten sie auf Weibchen, die nur zur Eiablage an den Teich kommen.

Über dem Wasser kann man aber nicht nur Libellen beobachten. Mücken bilden kleine Schwärme und frisch geschlüpfte Schlammfliegen starten ihren ersten Flug. Direkt auf der Wasseroberfläche leben Wasserläufer und Taumelkäfer, die auf dem Wasser zu laufen scheinen und erstaunlicherweise nicht untergehen. Knapp unter der Oberfläche schweben winzig kleine Algen und Wasserflöhe, die man nur mit einer Lupe oder einem Mikroskop beobachten kann.

Am Gewässergrund suchen Karpfen, Flussbarsche und Kaulquappen nach Nahrung. Dort bauen auch Schlammröhrenwürmer ihre Behausungen, in die sie sich bei Gefahr zurückziehen können. Sie ernähren sich von abgestorbenen Pflanzenresten, die auf den Boden sinken. Auch Teichmuscheln leben auf dem Gewässergrund. Der Schlamm riecht immer etwas faulig. Dies weist auf die Lebenstätigkeit von Bakterien hin.

1 **Teich im Sommer**

2 **Pflanzen und Tiere eines Teiches.**
A Karpfen; **B** Flussbarsch; **C** Schlammröhrenwürmer; **D** Teichmuschel; **E** Teichrose; **F** Laichkraut; **G** Kleinlibelle;

In einigem Abstand zum Ufer bedecken Teichrosenblätter die Wasseroberfläche. Ihre meterlangen Sprosse stellen die Verbindung zwischen den Wurzeln im Bodenschlamm und den Blättern an der Wasseroberfläche her. Das Laichkraut bildet ebenfalls Schwimmblätter aus, in welche Kleinlibellen ihre Eier ablegen. Zwischen den Schwimmblättern lauern Wasserfrösche auf vorbeifliegende Libellen. Hin und wieder tauchen Schwimmwanzen und Gelbrandkäfer an der Wasseroberfläche auf, um ihren Luftvorrat aufzufüllen.

Zahlreiche Wasserpflanzen wachsen unter der Wasseroberfläche wie zum Beispiel das Tausendblatt und die Wasserpest. An ihren Sprossen und Blättern leben Schnecken, winzige Glockentierchen und Stabwanzen. Im Uferbereich gründeln Stockenten nach Wasserpflanzen und Kleintieren. Am Grunde leben Krebse, die sich von Kleintieren und Aas ernähren.

In einem Teich leben also viele verschiedene Pflanzen- und Tierarten. Diese Arten haben dort ihren Lebensraum. Alle Pflanzen und Tierarten, die gemeinsam in einem Lebensraum vorkommen, bilden eine Lebensgemeinschaft.

1 Erläutere, wodurch das Nebeneinander vieler verschiedener Arten in einem Lebensraum möglich ist.

H Königslibelle; **I** Wasserfrosch; **J** Schwimmwanze; **K** Stabwanze; **L** Gelbrandkäfer; **M** Tausendblatt; **N** Wasserpest; **O** Glockentierchen; **P** Rohrkolben; **Q** Krebs; **R** Stockente

2.9 Libellen – Insekten am Wasser

Am Ufer eines Teiches sitzt eine Libelle auf einem Ast. Sie schillert farbenprächtig in der Sonne. Ihr Körper ist deutlich in Kopf, Brust und Hinterleib unterteilt. Außerdem besitzen die Libellen drei Beinpaare und zwei Flügelpaare, die am Brustteil sitzen. Dieser Körperbau ist ein typisches Merkmal der **Insekten.** Diese unterscheiden sich von den nah verwandten Spinnen, die vier Beinpaare und niemals Flügel aufweisen. Wie bei allen anderen Insekten auch besteht die Körperhülle der Libellen aus dem Stoff Chitin. Durch diesen festen *Panzer* sind die Insekten vor Verletzungen und anderen äußeren Einflüssen geschützt.

Libellen sind Insekten, die meist in der Nähe von Gewässern leben. Dies hängt mit ihrer Fortpflanzungsweise zusammen. Manchmal kann man im Sommer zwei Libellen beobachten, die miteinander verbunden sind: Das Männchen besitzt am Hinterleib zangenartige Fortsätze, mit denen es das Weibchen am Kopf festhält. Zur Paarung biegt das Weibchen seinen Hinterleib nach vorne zum Begattungorgan des Männchens. So sind die beiden Partner zum typischen *Paarungsrad* der Libellen verbunden. Das Weibchen legt die befruchteten Eier an Pflanzenmaterial oder direkt in das Wasser ab. Aus den Eiern schlüpfen kleine **Larven,** die sich in ihrem Aussehen deutlich von den ausgewachsenen Tieren unterscheiden. Die Larven leben vorerst ausschließlich im Wasser und ernähren sich von kleinen Wassertieren. Dabei wachsen sie schnell heran. Die Atmung erfolgt mit dem Hinterleib. Dazu wird Wasser in den Enddarm eingesaugt. Dieser ist von zahlreichen dünnen Häutchen ausgekleidet, über die der Sauerstoff aus dem Wasser aufgenommen wird.

1 Libelle auf einem Ast

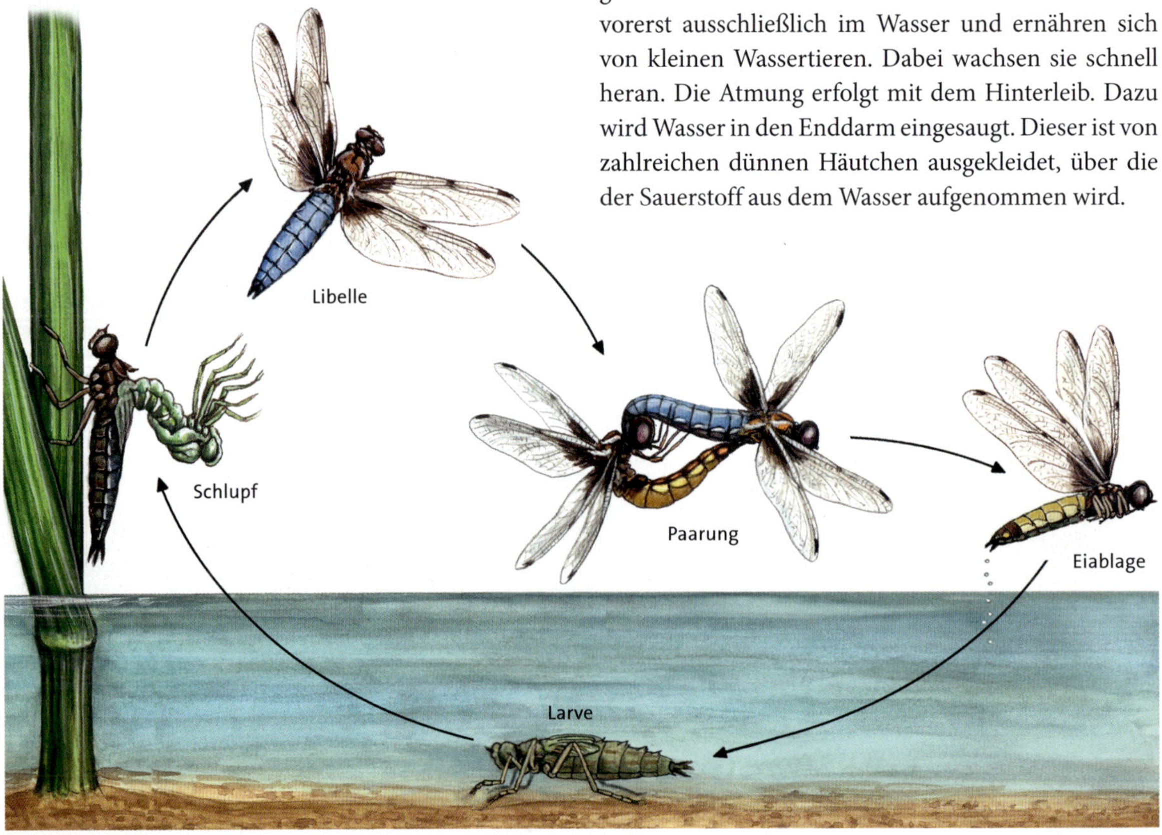

2 Entwicklung einer Libelle

Während der Entwicklung der Larven erweist sich der Chitinpanzer als Hindernis: Er wächst nicht mit. Deshalb müssen sich die Libellenlarven von Zeit zu Zeit häuten. Vor der **Häutung** bilden die Larven unter dem alten einen neuen Chitinpanzer aus. Wenn die alte Haut aufplatzt und abgestreift wird, dehnt sich die neue aus und erhärtet langsam. Insgesamt verbringen Libellenlarven bis zu vier Jahre im Wasser und häuten sich dabei mehrmals. Am Ende der Entwicklung klettern die ausgereiften Libellenlarven aus dem Wasser und häuten sich ein letztes Mal. Aus der Larvenhülle kriecht dann eine Libelle heraus, entfaltet die Flügel und fliegt davon.

Die fertig entwickelten Insekten werden auch Vollinsekt oder **Imago** (lateinisch Abbild) genannt. Bei vielen Insekten, wie zum Beispiel Käfern und Schmetterlingen, folgt nach dem Larvenstadium noch ein zusätzliches, längeres Ruhestadium, die **Puppe.** Auch das Puppenstadium wird durch eine letzte Häutung beendet.

Körper und Flügel der Insekten werden über ein feines Röhrensystem, die **Tracheen,** mit Sauerstoff versorgt. Die Luft gelangt über kleine, seitliche Körperöffnungen in diese Tracheen. Der Sauerstoff wird also nicht über das Blut im Körper verteilt. Auch der Blutkreislauf der Insekten zeigt eine Besonderheit: Ein schlauchförmiges Herz pumpt Körperflüssigkeit von hinten nach vorne durch den Körper. An der Kopfseite verlässt die Flüssigkeit das Herz und fließt frei durch den Körper. Man spricht deshalb von einem **offenen Blutkreislauf.**

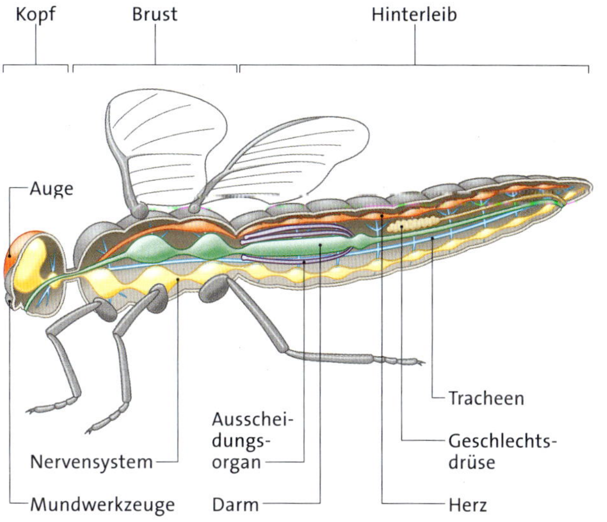

4 Grundaufbau eines Insektes

Der Chitinpanzer der Insekten erfüllt neben dem Schutz noch eine weitere wichtige Funktion. Insekten haben kein innen liegendes Knochenskelett, die Chitinhaut übernimmt diese Funktion mit. Deshalb spricht man auch von einem **Außenskelett.** Die Muskeln der Insekten setzen entsprechend auch von innen am Chitinpanzer an.

1 Beschreibe den Körperaufbau einer Libelle. Stelle dabei die typischen Merkmale eines Insektes heraus.

2 Erkläre, warum man früher ein Insekt und die zugehörige Larve oft als ganz verschiedene Tierarten angesehen hat.

3 Beurteile die Vorteile und Nachteile des Chitinpanzers.

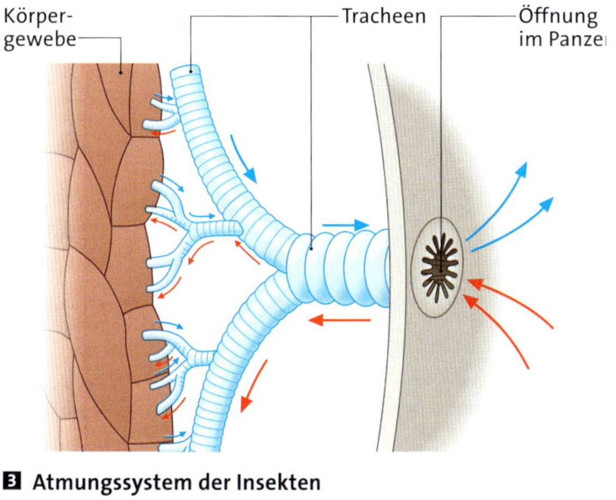

3 Atmungssystem der Insekten

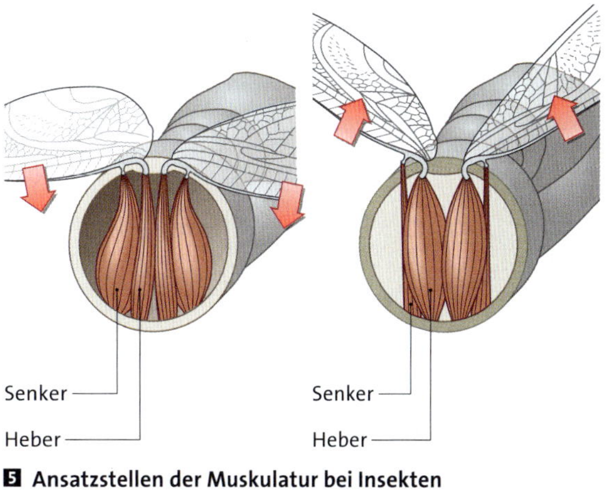

5 Ansatzstellen der Muskulatur bei Insekten

2.10 Körperbau und Fortpflanzung von Fischen

In Teichen und Seen sieht man oft Karpfen, die langsam zwischen den Wasserpflanzen schwimmen. Sie können bis zu einen Meter lang werden und besitzen einen **spindelförmigen,** hinten gut beweglichen Körper. Zur Fortbewegung im Wasser dienen Flossen. Wie die meisten Fische besitzen Karpfen eine große Schwanzflosse am Körperende, paarige Brust- und Bauchflossen, sowie jeweils eine langgestreckte Rücken- und eine kleine Afterflosse. Die Schwanzflosse sorgt für den Vortrieb, die andern Flossen dienen eher zum Steuern oder sie stabilisieren die Körperlage.

Die Haut der Karpfen ist mit einer Schleimschicht überzogen, wodurch die Reibung beim Schwimmen im Wasser verringert wird. Zusätzlich liegen in der Haut von Karpfen knöcherne Schuppen. Als hauptsächlich nachtaktive Tiere sind Karpfen mit besonderen Sinnesorganen ausgestattet. Am Maul sitzen kleine Fäden mit Tastorganen, die Barteln. Seitlich am Körper liegen in der Haut die **Seitenlinienorgane.** Mit ihrer Hilfe können Karpfen sehr genau die Strömungsverhältnisse in ihrer Umgebung wahrnehmen. So können sie sich auch in trübem Wasser und in der Nacht gut orientieren.

1 Karpfen

Fische entnehmen den zum Leben nötigen Sauerstoff dem Wasser. Dafür besitzen sie besondere Atmungsorgane, die **Kiemen.** Diese sitzen seitlich hinter dem Kopf in Kiemenhöhlen und werden außen durch Kiemendeckel geschützt. In jeder Kiemenhöhle verlaufen vier Kiemenbögen, an denen zarte und stark durchblutete Kiemenblättchen sitzen. Diese nehmen den Sauerstoff aus dem Wasser auf und lassen ihn in das Blut übertreten. Das mit Sauerstoff angereicherte Blut wird den anderen Organen zugeführt. Damit genügend Sauerstoff aufgenommen werden kann, muss ständig Wasser an den Kiemenblättchen vorbei strömen. Dazu nimmt der Karpfen Wasser mit dem Maul auf und presst dieses bei geöffneten Kiemendeckeln durch die Kiemenhöhle nach außen. An den Kiemenbögen sitzen Kämme mit zahlreichen Borsten, die Kiemenreusen. Diese fangen wie ein Filter die festen Teilchen im Wasser ab, welche die Kiemenblättchen verletzen könnten.

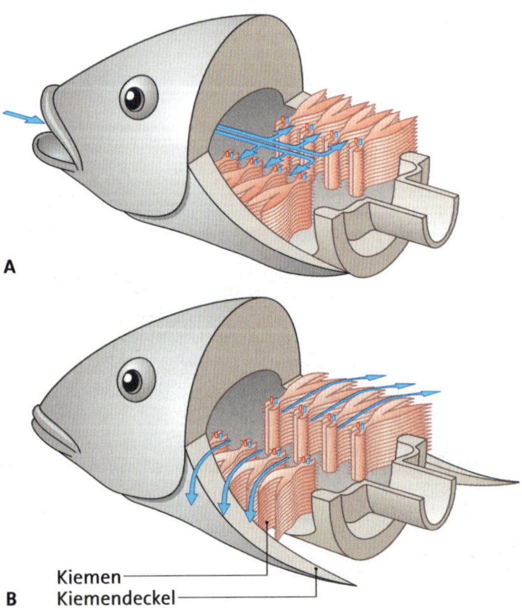

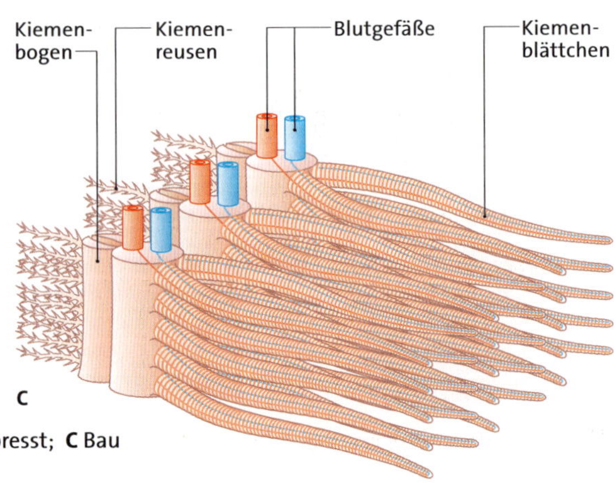

2 Kiemen. **A** Wasser strömt ein; **B** Wasser wird nach außen gepresst; **C** Bau

In schnell fließenden Bächen kann man gelegentlich lang gestreckte, sehr schnell schwimmende Fische beobachten, die Bachforellen. Diese werden meist mit drei bis vier Jahren geschlechtsreif. Die Weibchen suchen zur Fortpflanzung Kiesbänke im flachen Wasser auf. Dabei werden sie von Männchen begleitet. Mit kräftigen Schlägen der Schwanzflosse gräbt das Weibchen mehrere längliche Laichgruben in den kiesigen Bachgrund. In diese Gruben laicht das Weibchen etwa 1000 bis 1500 Eier ab. Sofort nach der Eiablage schwimmt das Männchen über die Laichgrube und gibt seine Spermien ab. Diese verteilen sich als milchige Wolke über den Eiern. Dabei können Spermien und Eizellen verschmelzen. Diesen Vorgang bezeichnet man als Befruchtung. Da die Befruchtung außerhalb des Körpers des Weibchens stattfindet, spricht man von einer **äußeren Befruchtung.** Wenig später wird die Eigrube durch Schwanzschläge teilweise wieder mit Kies bedeckt.

Aus den befruchteten Eiern entwickeln sich in den nächsten Wochen Fischembryonen. Nach etwa drei Monaten schlüpfen die jungen Forellenlarven. Auf ihrer Bauchseite ist noch der Dottersack zu erkennen. Er enthält Nährstoffe, die in der Folgezeit für die weitere Entwicklung gebraucht werden. Nach etwa drei Monaten sind die Nährstoffe aufgebraucht und der Dottersack verschwindet. Die Jungforellen haben nun die typische Körperform der erwachsenen Tiere und ernähren sich selbstständig von kleinen Wassertieren. Viele der Jungforellen fallen anderen Räubern zum Opfer. Nur wenige erreichen die Geschlechtsreife.

1 Stelle eine begründete Vermutung auf, weshalb Fische außerhalb des Wassers ersticken.

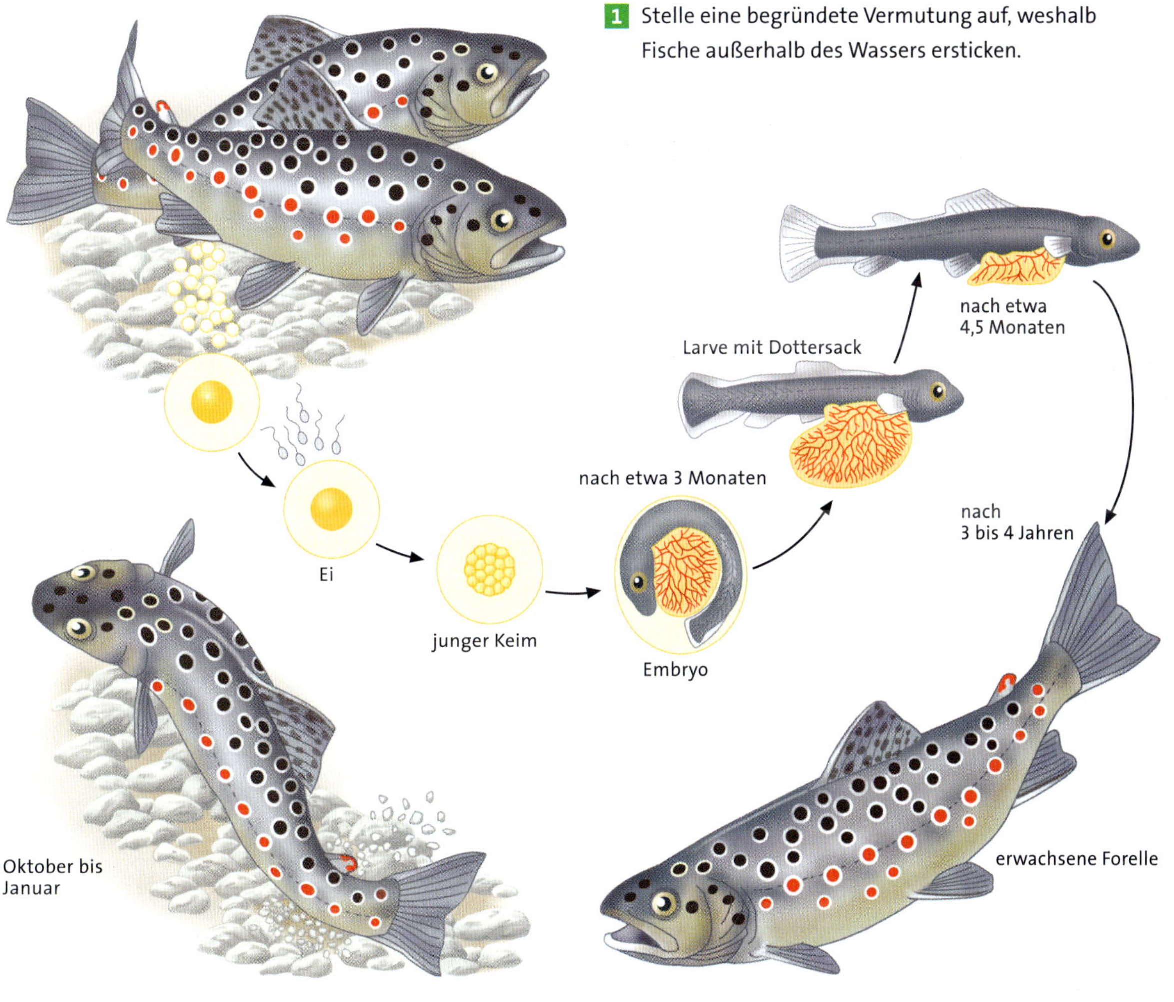

3 Fortpflanzung bei der Bachforelle

Methode Sezieren und Präparieren eines Fisches

Die äußere Gestalt und Gliederung von Lebewesen kann man bereits durch Betrachtung erfassen, während der innere Aufbau erst sichtbar wird, nachdem das Lebewesen mit geeigneten Werkzeugen geöffnet wurde. Diese Methode bezeichnet man als **Sezieren.** Zur näheren Betrachtung einzelner kleinerer Strukturen wird eine Lupe verwendet.

Zu Beginn der Sektion wird der Fisch in eine Wachsschale gelegt und betrachtet. Bekannte Strukturen werden benannt. Danach betastet man den Fisch und beschreibt die Beschaffenheit von Haut, Flossen und Kiemendeckeln. Diese Ergebnisse werden notiert.

Nachdem man sich mit dem äußeren Aufbau des Fisches vertraut gemacht hat, beginnt man mit der Sektion. Zur Betrachtung der Kiemen hebt man vorsichtig den harten Kiemendeckel mit einer Pinzette an. Nun **präpariert** man diesen mit der Schere vom Körper ab. Man darf dabei die zarten Kiemenblättchen nicht beschädigen. Dann legt man den Kiemendeckel mit den Kiemenblättchen in eine mit Wasser gefüllte Petrischale. Nun kann man den Feinbau der Kiemenblättchen mit einer Lupe genauer betrachten.

Nach Betrachtung der Kiemen öffnet man den Fisch entsprechend der in der Abbildung gezeigten Schnittlinien mit einer spitzen Schere. Beim Aufschneiden des Fisches ist darauf zu achten, dass man nicht zu tief schneidet, um keine Organe zu zerstören. Der durch die Schnitte entstandene Hautlappen wird nach oben geklappt und vom restlichen Körper etwa auf mittlerer Höhe mit der Schere abgetrennt. Danach betrachtet man die freigelegten Organe. Eventuell müssen diese behutsam mit etwas Zellstoff trocken getupft werden. Man untersucht die Organe vorsichtig mit der Pinzette und den Präpariernadeln.

Nach Beendigung der Sektion des Fisches werden die Geräte und der Arbeitsplatz gesäubert; der Fisch wird gemäß der Anweisung des Biologielehrers entsorgt.

1 Seziere einen Fisch nach der Anleitung.

2 Fertige eine Zeichnung zum Aufbau der Kiemen an und beschrifte diese.

3 Zeichne den sezierten Fisch und beschrifte die Zeichnung. Die Zeichnung sollte etwa handgroß sein und mit einem Bleistift angefertigt werden.

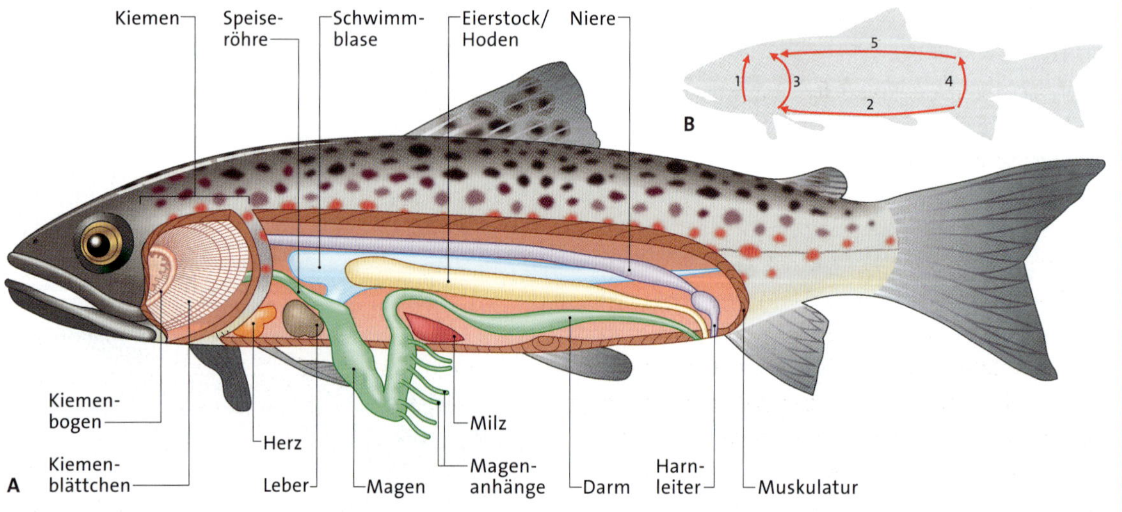

1 **Fischkörper.** **A** Innere Organe; **B** Schnittführung

Streifzug durch die Physik Auftrieb im Wasser

Füllt man einen Luftballon mit etwas Luft und drückt ihn dann unter Wasser, spürt man einen Widerstand. Der Luftballon drängt an die Oberfläche zurück. Diese Kraft, die dem Luftballon beim Herunterdrücken entgegenwirkt, bezeichnet man als **Auftrieb.** Dabei ist die *Auftriebskraft* so groß wie die *Gewichtskraft* der verdrängten Wassermenge.

Drückt man den Luftballon noch tiefer in das Wasser, kann man beobachten, dass er kleiner wird. Der Grund hierfür ist die über dem Ballon zunehmende Wassermasse, die einen zunehmenden Druck ausübt. Lässt man den Ballon los, steigt der Ballon wieder Richtung Wasseroberfläche, der Wasserdruck sinkt und das Volumen wird wieder größer.

Hängt man nun an einen halb aufgeblasenen Ballon ein Gewichtsstück, das so schwer ist, dass der Ballon im Wasser schwebt, sind Ballon und Gewichtsstück zusammen genauso schwer wie das verdrängte Wasser. Fügt man dem Ballon Luft zu, wird dieser größer und steigt nach oben, da Ballon und Gewichtsstück jetzt leichter sind als die verdrängte Wassermenge. Saugt man dem Ballon Luft ab, wird er kleiner und sinkt nach unten. Ballon und Gewichtsstück sind nun schwerer als die verdrängte Wassermenge.

Fische sind in der Lage, sich in unterschiedlichen Wassertiefen aufzuhalten, ohne ihre Flossen zu bewegen. Auch die äußere Form der Fische verändert sich nicht. Wie gelingt ihnen dies?

Nimmt ein Fisch Gas aus der Schwimmblase ins Blut auf, wird die Schwimmblase kleiner. Dadurch wird der Fisch schwerer als das verdrängte Wasser und sinkt in tiefere Regionen. Gibt dagegen der Fisch Gas aus dem Blut in die Schwimmblase ab, wird diese größer. Der Fisch wird leichter als das verdrängte Wasser und steigt nach oben. Im Schwebezustand befindet sich gerade so viel Gas in der Schwimmblase, dass das Gewicht des Fischkörpers genauso schwer ist wie das des verdrängten Wassers.

1 »Der in diesem Streifzug beschriebene Luftballonversuch dient als Modell zur Veranschaulichung der Bewegung von Fischen im Wasser.«
Diskutiert diese Aussage in der Gruppe. Beschreibe, welche Strukturen eines Fisches durch den Modellaufbau dargestellt werden.

2 Erkläre mit Hilfe des Modellversuchs, warum ein Fisch, der aus sehr großer Meerestiefe schnell nach oben gezogen wird, sofort stirbt.

3 Ein Teil der Schwimmblasenwand ist von einem feinen Netz aus Blutgefäßen durchzogen. Stelle eine begründete Vermutung über die Funktion dieses Kapillarnetzes an.

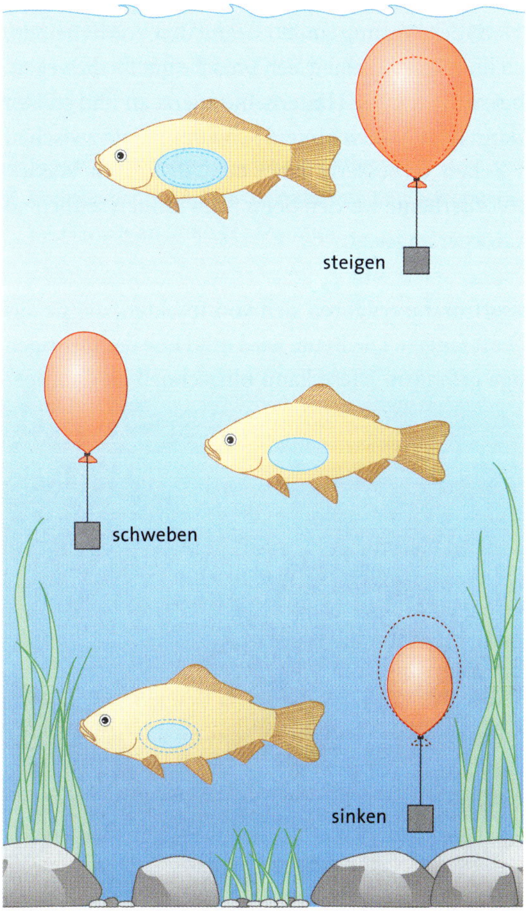

1 **Auftrieb im Wasser**

Methode Arbeiten mit einem Bestimmungsschlüssel

1 **Amphibien**

Für viele Fragestellungen wie beispielsweise, ob ein bestimmter Lebensraum als Naturschutzgebiet geschützt werden soll, ist es von Interesse, welche Arten dort vorkommen. Dazu müssen diese Arten bestimmt werden.

Betrachtet man die nebenstehend abgebildeten Amphibien, erkennt man an ihrer Körperform leicht zwei unterschiedliche Typen: Amphibien mit einem Schwanz, nämlich B und D, und solche ohne Schwanz, also A und C. Die beiden Arten ohne Schwanz unterscheiden sich außerdem im Bau ihrer Körperhaut. Bei A ist diese glatt, bei C ist sie warzig. Auch die beiden Amphibien mit einem Schwanz unterscheiden sich: B besitzt einen runden Schwanz, dagegen ist der Schwanz von D flach. Will man die abgebildeten Amphibien A bis D bestimmen, müssen zu den wichtigsten, unterschiedlichen Merkmalen Fragen formuliert und beantwortet werden. Die Fragen sind so gestellt, dass nur zwei Antworten möglich sind. Eine solche Frage könnte beispielsweise lauten: Besitzt das betreffende Amphibium einen Schwanz? Die Antworten können ja oder nein sein. Durch die Antwort wird man zur nächsten Frage geleitet. Hat man diese Frage beantwortet, folgt die nächste. So wird man zu immer weiteren Merkmalsunterschieden geleitet. Am Ende einer solchen Kette von Fragen steht der Name der Art. Sie ist somit bestimmt worden. Man spricht daher von einem **Bestimmungsschlüssel.**

Damit ein Bestimmungsschlüssel leichter zu benutzen ist, kann man ihn auch als Grafik darstellen. Ein Bestimmungsschlüssel in Deutschland vorkommender Amphibienarten ist nebenstehend abgebildet. Dabei entsprechen den Fragen mit ihren Antworten jeweils Wegverzweigungen. Je nach Antwort weisen die Verzweigungen den weiteren Weg. Bei der Benutzung startet man mit der ersten Frage und geht auf dem entsprechenden Weg zur nächsten Frage über. Dieses Vorgehen wird wiederholt, bis man bei einer Art angekommen ist.

1 Bestimme die nebenstehend abgebildeten Amphibien und beschreibe den Weg im Bestimmungsschlüssel.

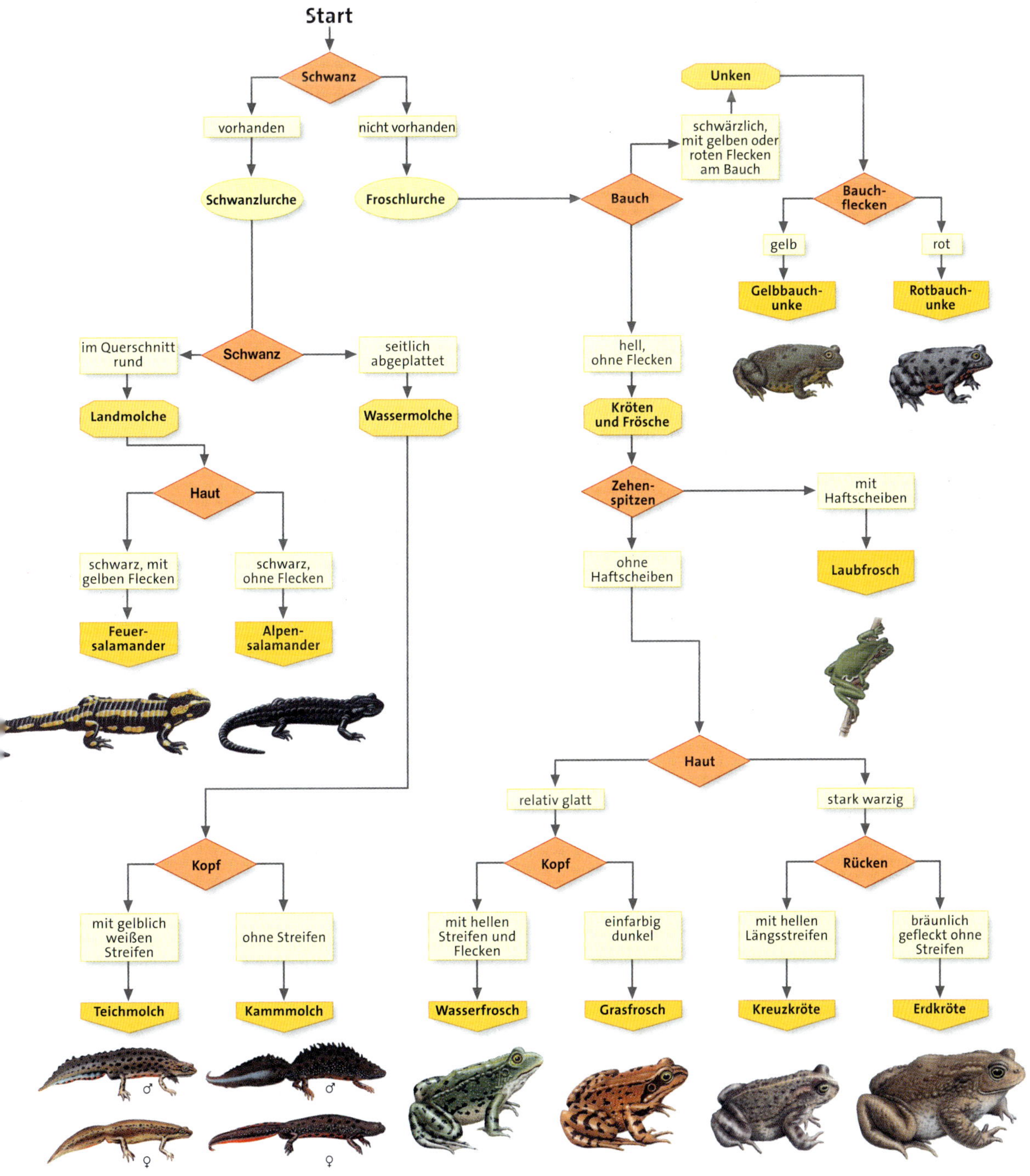

2 Bestimmungsschlüssel zur Bestimmung einiger einheimischer Amphibien

Aufgaben und Versuche Leben im Teich

V1 Beobachtungen im Lebensraum

Bei ruhigem Wasser lassen sich Fische, Lurche und Insektenlarven im Uferbereich durch die Wasseroberfläche beobachten. Noch bessere Beobachtungen gelingen mit einem einfachen Hilfsmittel.

Material: Plastikrohr oder kleiner Farbeimer, bei dem der Boden herausgeschnitten wurde (Durchmesser mindestens 15 cm, Länge etwa 30 cm); Haushaltsfolie; Gummiband; Gewebeband

Durchführung: Das Rohr wird an einer Seite mit der Folie straff bespannt, das Gummiband hält die Folie vorübergehend. Mit dem Gewebeband werden die Ränder der Folie am Rohr angeklebt, sodass kein Wasser eindringen kann, wenn das Rohr unter Wasser getaucht wird. Nun kann man im flachen Wasser stehend das so vorbereitete Rohr mit der Folienseite wenige Zentimeter unter die Wasseroberfläche drücken und durch die Öffnung den Gewässergrund beobachten.

Aufgaben:

a) Suche den Grund nach Pflanzen und Tieren ab und protokolliere die Beobachtungen in Form einer Artenliste.

b) Recherchiere die Lebensweisen der beobachteten Bewohner des Teiches.

V2 Wasserläufer

Auf der Wasseroberfläche von Teichen und langsam strömenden Flüssen kann man sehr oft Wasserläufer beobachten. Dies sind Wasserwanzen, die sich von Insekten ernähren, die auf die Wasseroberfläche gefallen sind. Sie laufen sehr schnell über das Wasser. Wie auf einer dünnen Haut sinken sie zwar etwas ein, aber ihre Beine durchstoßen nicht die Wasseroberfläche.

Material: große Glas- oder Kunststoffschale mit Wasser; Büroklammern; Spülmittel; Filtrierpapier

Durchführung: Lege die Büroklammern vorsichtig auf die Wasseroberfläche.

Tipp: Manchmal hilft es, die Büroklammern auf ein schwimmendes Filtrierpapier zu legen und dieses vorsichtig unter Wasser zu drücken, bis es von selbst abtaucht.

Aufgaben:

a) Beschreibe deine Beobachtungen. Betrachte vor allem die Wasseroberfläche unter der Büroklammer.

b) Gib einige Tropfen Spülmittel in das Wasser. Beschreibe wieder deine Beobachtungen.

c) Diese Experimente erklären modellhaft, auf welche Weise sich Wasserläufer auf der Wasseroberfläche bewegen können. Stelle eine begründete Vermutung über die Bewegungsweise der Wasserläufer auf.

d) Beurteile nun die Auswirkungen des Einleitens von Spülmitteln aus Haushalten in Gewässer.

V3 Ein Teich ist voller Kleinorganismen

Material: Planktonnetz; 3 Proberöhrchen mit Deckel; Trichter; passendes Filterpapier; Becherglas (250 ml); Plastikbecher (250 ml); Mikroskop; Objektträger; Deckglas; Pipette; Lanzettnadel; Pinzette

Durchführung: Am Gewässer werden drei Proben genommen: Zunächst wird das Planktonnetz, ohne den Boden zu berühren, mehrmals in einer Schleifenbewegung durch das freie Wasser gezogen. Mit der Lanzettnadel wird ein kleiner Teil des im Netz befindlichen Rückstandes entnommen und mit einigen Tropfen Teichwasser in ein Proberöhrchen überführt (Probe A). Anschließend schöpft man mit dem Plastikbecher vom Gewässergrund Teichwasser. Der Becher wird für etwa 15 Minuten abgestellt. Nachdem sich die Schwebstoffe abgesetzt haben, gießt man das klare überstehende Wasser ab. Der zurückbleibende Bodensatz wird in das Becherglas filtriert. Ein Teil der im Filter zurückbleibenden Probe wird in ein Proberöhrchen überführt (Probe B), die Flüssigkeit im Becherglas wird weggeschüttet. Zum Schluss werden mit der Pinzette von einer Wasserpflanze einige Blättchen abgezupft und mit Wasser in ein Proberöhrchen überführt (Probe C).
In der Schule werden die drei Proben dann jeweils in einem Tropfen Leitungswasser mikroskopiert.

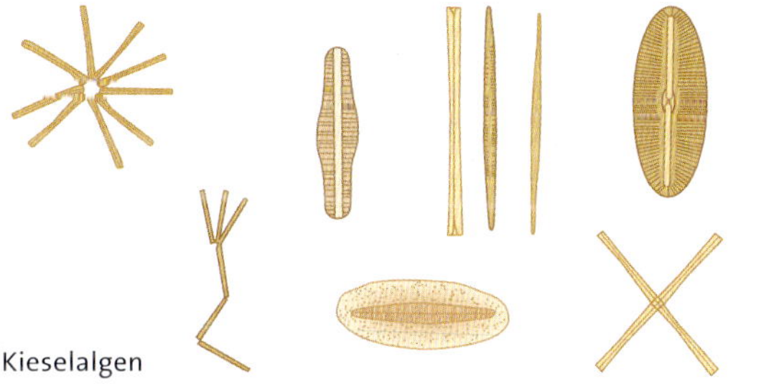

Kieselalgen

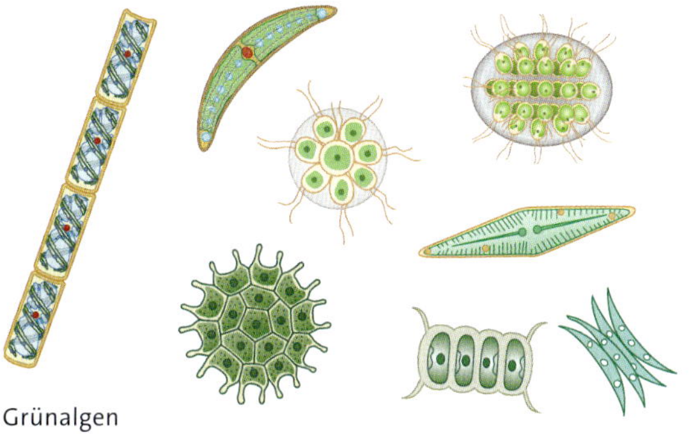

Grünalgen

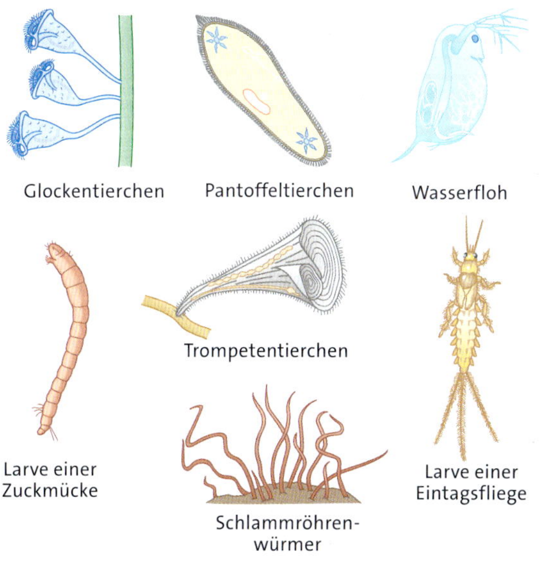

Aufgaben:

a) Skizziere einige der in den Proben nachgewiesenen Lebewesen.

b) Ordne die Organismen anhand der Abbildungen zu.

c) Erstelle Steckbriefe zu drei der nachgewiesenen Lebewesen und recherchiere ihre Lebensweise.

2.12 Basiskonzept System – Nahrungsbeziehungen im Teich

Bewegungslos steht ein Hecht zwischen Wasserpflanzen. Mit einem kräftigen Flossenschlag schnellt er plötzlich aus seiner Deckung und schnappt nach einem kleinen Fisch, zum Beispiel einer Rotfeder. Mit seinen nadelartigen, spitzen Zähnen hält der Hecht die zappelnde Beute sicher fest. Die Rotfeder wird im Stück verschlungen.

Hechte sind *Raubfische*, die sich vor allem von *Friedfischen* ernähren. Friedfische wie die Rotfeder fressen keine anderen Fische, sondern Kleintiere und Pflanzen. Zu ihrer Nahrung gehören unter anderem auch Larven von Kleinlibellen. Diese leben räuberisch und fangen vorbeischwimmende Wasserflöhe. Wasserflöhe ernähren sich ihrerseits von kleinen, im Wasser schwebenden Algen. Wie man sieht, sind die Organismen eines Teiches über Nahrungsbeziehungen miteinander verbunden. Im Beispiel bilden Hecht, Rotfeder, Libellenlarve, Wasserfloh und Alge eine **Nahrungskette.** In einer Nahrungskette bildet eine Art jeweils die Nahrungsgrundlage für eine andere Art.

1 **Hecht beim Beutefang**

Am Anfang jeder Nahrungskette stehen Pflanzen: Sie nehmen keine Nahrung auf wie Tiere, sondern produzieren die zum Leben notwendigen Stoffe selbst. Pflanzen wie die Algen werden deshalb als **Produzenten** bezeichnet. Organismen, welche wie die Tiere Nährstoffe aufnehmen müssen, nennt man dagegen **Konsumenten.** Das letzte Glied einer Nahrungskette ist der Endkonsument. Dies kann auch der Mensch sein.

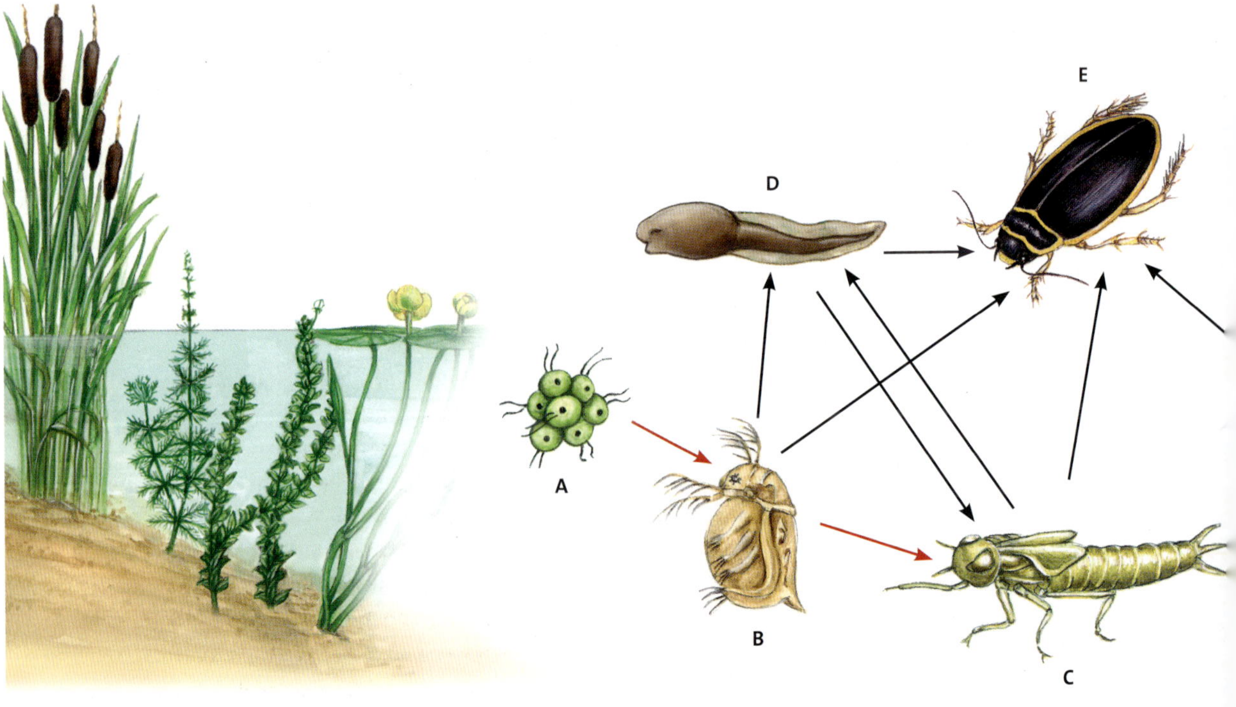

2 **Nahrungsbeziehungen in einem Teich.** **A** Alge; **B** Wasserfloh; **C** Libellenlarve; **D** Kaulquappe; **E** Gelbrandkäfer;

Ein Tier wie der Hecht ist Bestandteil mehrerer Nahrungsketten: Denn er frisst nicht nur Rotfedern, sondern auch andere Friedfische, Frösche und Insektenlarven. Werden all diese Nahrungsketten zusammenfügt und miteinander verbunden, entsteht ein **Nahrungsnetz.** Innerhalb eines Nahrungsnetzes sind die Tiere nicht auf eine einzige Beuteart angewiesen. Sie können auch auf andere Arten ausweichen, wenn zum Beispiel durch Umwelteinflüsse eine Beuteart seltener wird. Dadurch bleibt das artenreiche Leben im Teich auch dann erhalten, wenn sich die Bedingungen geringfügig ändern.

3 Wasserwanzen. **A** Stabwanze; **B** Rückenschwimmer

Die beiden Wasserwanzen Rückenschwimmer und Stabwanze ernähren sich bevorzugt von anderen Insekten. Sie suchen ihre Nahrung aber in verschiedenen Bereichen des Teiches: Während der Rückenschwimmer seine Beutetiere vor allem im Bereich der Wasseroberfläche fängt, lauert die Stabwanze zwischen Wasserpflanzen im Uferbereich auf geeignete Nahrung. Durch die Nutzung unterschiedlicher Bereiche des Teiches für die Nahrungssuche haben sowohl der Rückenschwimmer als auch die Stabwanze Vorteile. Durch die unterschiedliche Ernährungsweise fressen sie sich nämlich nicht gegenseitig die Beutetiere weg. Dadurch wird der Wettbewerb, die **Konkurrenz,** zwischen beiden Arten weitgehend vermieden. So können Arten mit ähnlichen Nahrungsansprüchen nebeneinander im gleichen Lebensraum existieren.

Alle Beziehungen der Lebewesen im Lebensraum Teich zueinander und zu ihrer Umwelt mit all ihren vielschichtigen Wechselbeziehungen kann man in dem Begriff *Ökosystem* zusammenfassen. Jedes Lebewesen für sich stellt wiederum ein eigenes System dar. Für ein Lebewesen spielen sowohl der Kontakt zu seiner Umwelt, die Versorgung des Organismus mit Nährstoffen, die Arbeitsweise seiner Organe als auch der Aufbau seiner Gewebe und Zellen eine Rolle für das Überleben. Jeder einzelne Bereich stellt für sich ein unterschiedlich komplexes System dar. Die Biologie charakterisiert diese verschiedenen Systemebenen, die vom **Basiskonzept System** beschrieben werden.

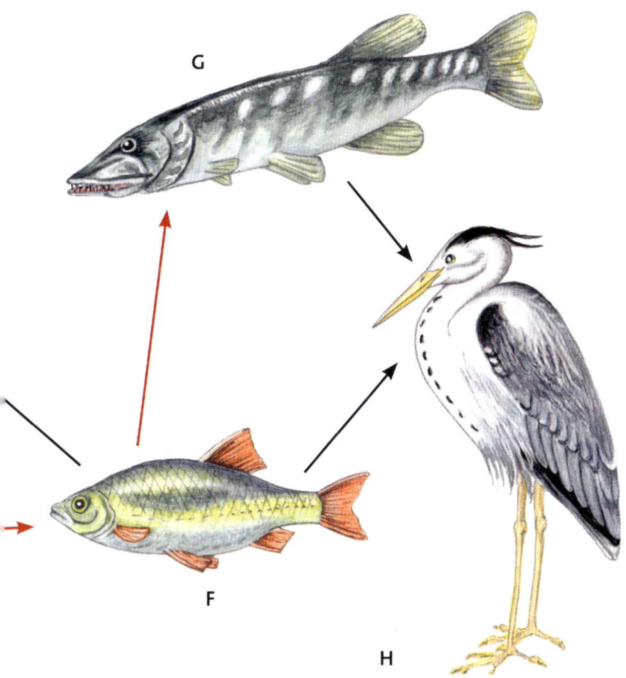

F Rotfeder; **G** Hecht; **H** Graureiher

1 Vergleiche Nahrungskette und Nahrungsnetz hinsichtlich selbst gewählter Kriterien.

2 Der Besitzer eines Gartenteiches beseitigt mit einem Algenvernichtungsmittel alle Algen. Beurteile dieses Vorgehen.

3 In einem Gartenteich, in dem Rückenschwimmer leben, wird eine weitere Insektenart eingesetzt, die sich auf dieselbe Art ernährt wie der Rückenschwimmer. Diskutiert in der Gruppe, welche Wechselwirkungen zwischen den Organismen des Nahrungsnetzes auftreten werden.

2.13 Vergleich Wirbeltiere – Wirbellose

Eine Amsel und eine Stubenfliege haben eine Gemeinsamkeit: Sie haben Flügel und können fliegen. Aber bereits der Bau der Flügel und die Art des Fliegens zeigen wesentliche Unterschiede. Noch deutlicher sind die Unterschiede im Körperbau. Bei der Amsel unterscheidet man den Kopf und den Rumpf, an dem die beiden Flügel und die beiden Beine ansetzen. Alle Körperteile werden von einem innen liegenden Skelett aus Knochen mit einer zentralen Wirbelsäule gestützt. Diesen Aufbau findet man bei allen Vögeln, aber auch Fischen, Lurchen, Kriechtieren und Säugetieren. Deshalb fasst man diese Tiere zur großen Gruppe der **Wirbeltiere** zusammen.

Bei der Stubenfliege dagegen fehlt ein solches Innenskelett. Stattdessen wird der Körper von einem harten Panzer aus Chitin umschlossen. Dieses Außenskelett schützt vor Umwelteinflüssen und verleiht zusätzlich Stabilität. Alle Tiere ohne Innenskelett werden in der großen Gruppe der **Wirbellosen** zusammengefasst. Hierzu gehören so unterschiedliche Tiere wie zum Beispiel Schnecken, Würmer und Quallen, aber auch Krebse, Spinnen und Insekten.

Der Flug von Stubenfliege und Amsel folgt denselben physikalischen Grundgesetzen: Durch die Auf- und Abwärtsbewegung der Flügel wird die Auftriebskraft erzeugt, die zum Abheben und Fliegen notwendig ist. Aber die Konstruktion der Flügel ist deutlich verschieden. Während die Flügel der Fliege aus einer harten, durchsichtigen, von Adern durchzogenen Haut bestehen, weisen die Flügel der Amsel in ihrem Inneren ein Knochenskelett auf und werden von Federn gebildet.

Für die Bewegung der Beine gelten bei Wirbellosen und Wirbeltieren ebenfalls die gleichen physikalischen Gesetze. Durch die Tätigkeit von Muskeln werden Skelettteile gegeneinander bewegt. Bei einem Wirbeltier wie der Amsel sind die Knochen in den Gelenken gegeneinander beweglich. Die Muskeln, welche die Bewegungen hervorrufen, sind über Sehnen mit den Knochen verbunden. Bei der Stubenfliege bestehen die Gliedmaßen aus mehreren röhrenförmigen Abschnitten. Dünne Gelenkhäute zwischen den Abschnitten ermöglichen die Beweglichkeit. Die Muskeln befinden sich innerhalb der Röhren und setzen von innen an deren Wänden an. Alle Tiere, die solche gegliederten Beine haben, nennt man **Gliederfüßer.**

Sowohl Amsel als auch Stubenfliege benötigen zum Leben Sauerstoff aus der Luft. Die Amsel atmet mit Lungen. Die Stubenfliege hat stattdessen ein Tracheensystem. Dabei handelt es sich um ein fein verzweigtes System von dünnen Röhren, das den ganzen Körper durchzieht und alle Gewebe mit Sauerstoff versorgt. Das Blut der Amsel wird vom Herzen in geschlossenen Adern durch den Körper gepumpt. Es liegt also ein geschlossener Blutkreislauf vor. Die Stubenfliege hat keine Adern. Hier pumpt ein röhrenförmiges Herz die dem Blut ähnliche Körperflüssigkeit frei in den Körper. Dies bezeichnet man als einen **offenen Blutkreislauf.**

1 Stelle begründete Vermutungen zur Leistungsfähigkeit der Atmungssysteme von Stubenfliege und Amsel an.

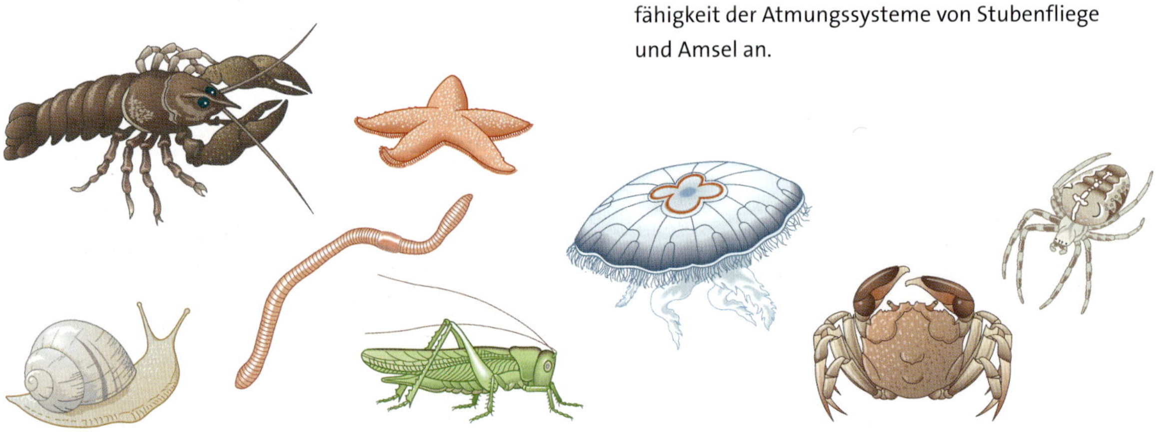

1 Wirbellose (Beispiele)

Amsel (Wirbeltiere) | **Stubenfliege (Wirbellose)**

Aussehen

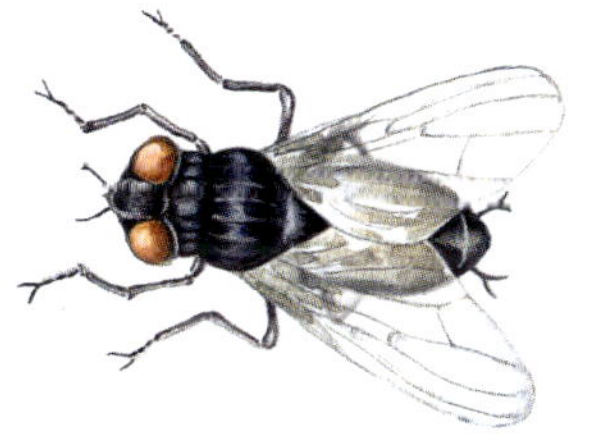

Skelett

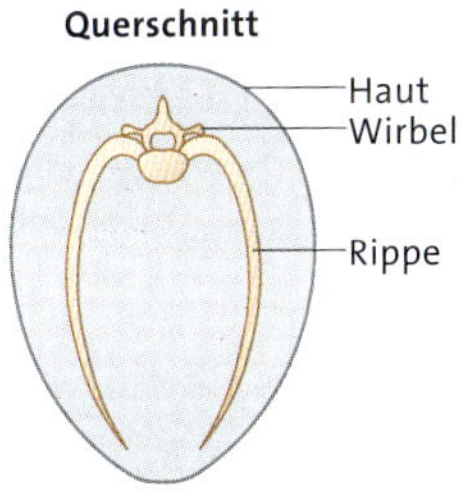

Innenskelett

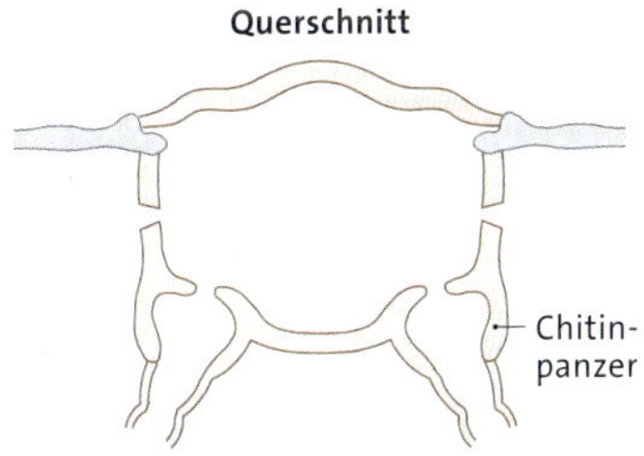

Außenskelett

Gelenke und Muskeln

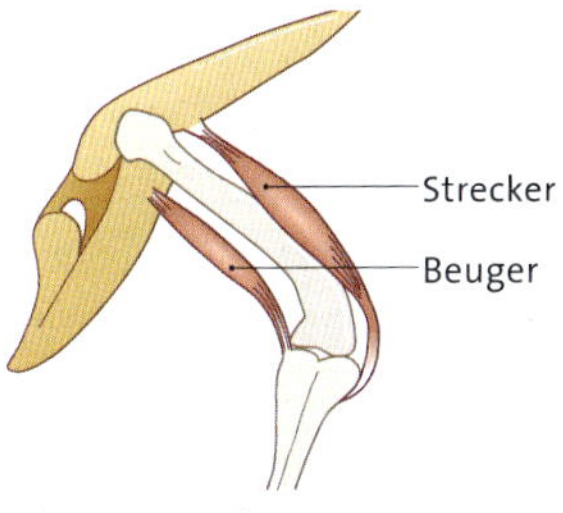

Muskelansatz außen am Knochen

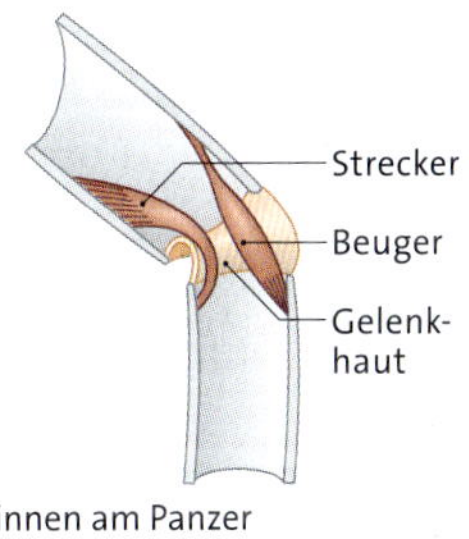

Muskelansatz innen am Panzer

Atmung

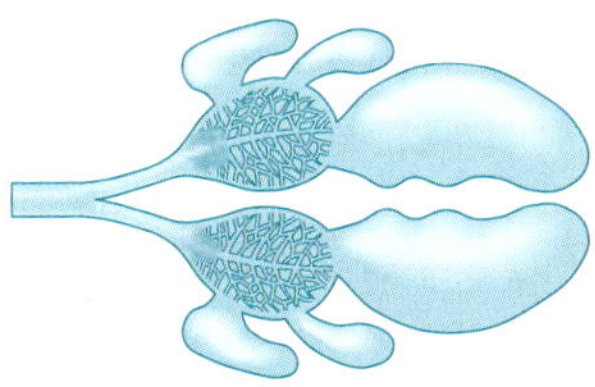

Lungenatmung

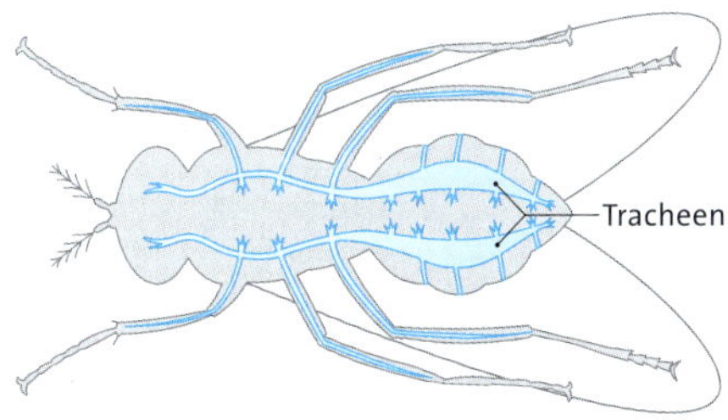

Tracheenatmung

Blutkreislauf

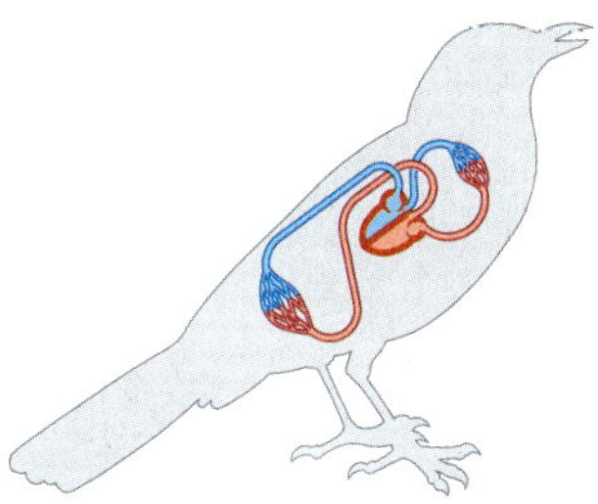

geschlossener Blutkreislauf

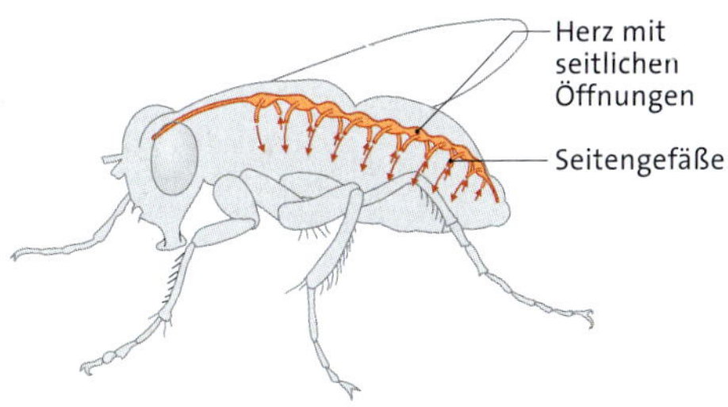

offener Blutkreislauf

2 **Vergleich von Amsel und Stubenfliege**

3 Der Mensch nutzt Pflanzen

3.1 Basiskonzept Reproduktion und Vererbung – Kohl als wichtige Nutzpflanze

Viele Gartenbesitzer sind stolz auf ihren Gemüsegarten. Hier können sie nach eigenen Vorstellungen düngen, auf Spritzmittel verzichten und über viele Monate frisches Gemüse ernten. In kaum einem Gemüsegarten fehlen Kohlpflanzen wie zum Beispiel Rosenkohl, Kohlrabi, Wirsing, Blumenkohl oder Weißkohl. Der gemeinsame Name Kohl zeigt, dass alle diese Gemüsesorten etwas miteinander zu tun haben.

1 Gemüsegarten

So unterschiedlich die Kohlsorten auch sind, sie haben gemeinsame Merkmale: Zum Beispiel entwickeln sie gleich gebaute Blüten. Diese weisen immer vier, in Form eines Kreuzes angeordnete Blütenblätter auf. Die Blütenblätter sind nicht grün, sondern gelb. Auch andere Blütenteile zeigen weitgehende Übereinstimmungen. Daran kann man erkennen, dass die Kohlsorten eng miteinander verwandt sind. Heute weiß man, dass alle Kohlsorten vom Menschen aus einer ursprünglichen Kohlart, dem Wildkohl, gezüchtet wurden. Dies ist eine unscheinbare Pflanze, die auf Wiesen zu finden ist. Blätter, Stängel und Wurzel des Wildkohls sind recht klein und unscheinbar gebaut.

Eine einzelne, isolierte Wildkohlpflanze entwickelt zwar gelbe Blüten, die aber bald verwelken und abfallen. Pflanzt man dagegen mindestens eine weitere Wildkohlpflanze daneben, entwickeln sich aus den Blüten längliche Früchte, die man als *Schoten* bezeichnet. Die Schoten enthalten kleine, runde Körnchen, die **Samen.** In feuchter Erde keimen die Samen im folgenden Jahr und es entstehen wieder Wildkohlpflanzen. Da zur Bildung der Samen zwei Elternpflanzen notwendig sind, spricht man von *geschlechtlicher Fortpflanzung.*

2 Wildkohl

3 Blüten beim Broccoli

Eine Pflanze, die Samen bildet, wird als *Mutterpflanze* bezeichnet. Aus den Samen gehen die *Tochterpflanzen* hervor. Bei vielen Kräutern sterben die Elternpflanzen im Herbst ab und die Samen überdauern den Winter. Die Fortpflanzung hat also zwei Aufgaben: Einerseits sichert sie den **Fortbestand der Art** auch über ungünstige Jahreszeiten hinweg. Andererseits gehen aus einer Mutterpflanze viele Tochterpflanzen hervor. Es erfolgt somit eine *Vermehrung*. Diese bezeichnet man auch als **Reproduktion.**

Die Tochterpflanzen sehen aus wie die Elternpflanzen. In einem Samen sind also die notwendigen Informationen für alle Merkmale der Tochterpflanzen enthalten. Solche Merkmale sind zum Beispiel die Farbe der Blütenblätter, die Form der Blätter oder der Bau der Frucht. Die Informationen über die Ausprägung der Merkmale nennt man **Erbanlagen.** Die Weitergabe dieser Informationen von Generation zu Generation bezeichnet man als **Vererbung.** Die grundlegenden Aspekte der Reproduktion und Vererbung sind für alle Lebewesen gleich. Man spricht daher auch vom **Basiskonzept Reproduktion und Vererbung.**

Aber nicht alle Wildkohlpflanzen sind genau gleich. Pflanzen mit unterschiedlichen Merkmalen enthalten unterschiedliche Erbanlagen. Über Jahrhunderte hinweg haben Pflanzenzüchter solche unterschiedlichen Pflanzen herangezogen, um ganz gezielt neue Kombinationen von Merkmalen zu erreichen. So sind die vielen Sorten des Gemüsekohls entstanden. Dabei wurden immer Eigenschaften ausgewählt, die für den Menschen besonders wichtig waren, wie zum Beispiel besonders große, essbare Blätter.

Bei Rotkohl, Weißkohl, Grünkohl und Wirsing wurden möglichst große und dicht zusammenstehende Blätter gezüchtet. Die Abstände an der Sprossachse, wo die Blätter ansetzen, sind im Vergleich zum Wildkohl sehr verkürzt. Deshalb bilden Weißkohl und Rotkohl einen kugelförmigen »Kohlkopf«. Beim Grünkohl und beim Wirsing sind die Blätter stark gekraust. Für den Rosenkohl sind mehrere kleine, aus Blättern gebildete »Köpfchen« typisch, die direkt am Stängel sitzen. Blumenkohl und Broccoli haben viele fleischig verdickte Blütenknospen, die zu einem »Kopf« zusammengefasst sind. Beim Kohlrabi ist der untere Teil des Stängels zu einer runden Knolle verdickt, an der die Blätter mit langen Stielen ansetzen.

1 Aus Rotkohl wird sowohl Blaukraut als auch Rotkraut hergestellt. Recherchiere den maßgeblichen Unterschied in der Herstellung. Führe ein Interview mit einem Chemielehrer.

4 **Aus dem Wildkohl sind durch Züchtung viele Kohlsorten entstanden**

3.2 Pflanzen in Garten und Feld

Schon von Weitem fällt ein Bauerngarten mit seinen in allen Farben blühenden Sommerblumen auf. Beim Näherkommen erkennt man den blau blühenden Rittersporn und die Sommeraster, die gelb blühende Schafgarbe sowie die violett blühende Lupine und den rot blühenden Gartenmohn. Diese Pflanzen und viele weitere gefallen durch ihre Blütenpracht und werden daher als Zierpflanzen bezeichnet. Geschickt nach Farben und Wuchshöhe geordnet, ergeben sie einen **Ziergarten.**

Nebenan, getrennt durch einen schmalen Gartenweg, wachsen Spinat, Salat und Möhren in kleinen Beeten. Daneben kann man Erdbeerpflanzen und die auf dem Boden kriechenden Sprosse von Zucchini- und Gurkenpflanzen erkennen. Bei ihnen sind schon die kleinen, grünen Früchte zu sehen. Am Rand dieses Gartenteils klettern die Ranken von Gartenbohnen und Tomaten an Stützen. In diesem Gartenbereich wachsen auch die Himbeerstauden mit ihren roten Früchten. Die Pflanzen in diesem Gartenteil bilden meist wenig auffällige Blüten. Sie werden vor allem wegen ihrer nutzbaren Teile angebaut. Man nennt sie Nutzpflanzen, den entsprechenden Garten bezeichnet man als **Nutzgarten.** Bei der Möhre nutzt der Mensch die nährstoffreiche Wurzel. Beim Salat und dem Spinat werden die Blätter verwendet. Bei den Zucchinipflanzen und den Himbeerstauden sind es die Früchte, die vom Menschen verzehrt werden.

Zier- und Nutzpflanzen gibt es in vielfältigen Varianten. Aus den entsprechenden Wildpflanzen wurden im Verlauf von Jahrhunderten vom Menschen veränderte Formen gezüchtet, die größere Früchte tragen oder auffälligere Blüten bilden. Bisweilen sind die Blüten von Zierpflanzen so umgestaltet, dass sich die Pflanzen auf natürliche Weise nicht mehr fortpflanzen können. Manche züchterischen Veränderungen sind mit einer erhöhten Anfälligkeit für Krankheiten verbunden. Da Wildpflanzen meist robuster sind und auch schneller wachsen, muss der Mensch zugunsten der Zier- und Nutzpflanzen eingreifen. Einfache Schutzmaßnahmen im Garten sind das Jäten oder das Zurückschneiden von unerwünschten Wildpflanzen. Die Wildformen vieler Zier- und Nutzpflanzen stammen ursprünglich nicht aus Mitteleuropa. Daher müssen bestimmte Gartenpflanzen im Winter durch Einschlagen mit Strohmatten vor Frost geschützt werden.

1 Zier- und Nutzgarten

Ein Nutzgarten dient vornehmlich der Selbstversorgung. Er liefert meist nur so viel Gemüse, wie vom Eigentümer des Gartens selbst verbraucht werden kann. Sollen größere Erträge erzielt werden, werden Nutzpflanzen auf Feldern angebaut. Ein **Feld** ähnelt einem Nutzgarten, bietet jedoch eine viel größere Anbaufläche und kann daher auch mit Hilfe von Maschinen bearbeitet werden. Hieraus ergeben sich für die Nutzpflanzen, die auf Feldern wachsen, besondere Anforderungen: So sollen die Pflanzen dicht und gleichmäßig wachsen. Für eine maschinelle Ernte sollten die Früchte außerdem zum gleichen Zeitpunkt reif, gut zugänglich und einheitlich in Form und Größe sein. Es gibt nur wenige Pflanzen, welche die Bedingungen für den Einsatz von Landmaschinen weitgehend erfüllen. So trifft man auf Feldern vergleichsweise wenige Pflanzenarten an. Daher sind Felder im Gegensatz zu Gärten wenig abwechslungsreich.

Die wichtigsten Feldpflanzen hierzulande sind die verschiedenen Getreidesorten, Kartoffeln, Sonnenblumen, Raps, Zuckerrüben und Kohl. Bei Sonnenblumen und beim Raps werden die reifen Samen maschinell geerntet und zur Gewinnung von Speiseöl weiterverarbeitet. Aus Zuckerrüben wird ein zuckerhaltiger Saft gewonnen und zu Haushaltszucker weiterverarbeitet. Beim Kohl werden die Blätter zur Herstellung von Kraut, insbesondere Sauerkraut, genutzt.

Durch die große Anzahl gleichartiger Pflanzen auf einem Feld können Krankheiten leicht von einer Pflanze auf benachbarte übertragen werden und sich so schnell ausbreiten. Dies macht im Vergleich zum Nutzgarten einen höheren Aufwand beim Pflanzenschutz erforderlich. Da einfache Maßnahmen wie Jäten bei großen Feldern zu aufwändig sind, werden unerwünschte Wildpflanzen beispielsweise durch Mischkulturen ferngehalten. Hierbei werden unterschiedliche Nutzpflanzen nebeneinander auf demselben Feld angebaut, was die Ausbreitung von Krankheiten erschwert. Bisweilen müssen Wildpflanzen aber auch chemisch bekämpft werden.

1 Erläutere, welche Pflanzenteile beim Schnittlauch beziehungsweise beim Kohlrabi genutzt werden.

2 Erstelle eine Tabelle von Pflanzen, die in einem Ziergarten, Nutzgarten oder auf Feldern wachsen.

3 Erläutere die Schutzmaßnahmen für Garten- und Feldpflanzen und beurteile sie anschließend.

2 Sonnenblumenfeld

3.3 **Getreidearten als Kulturpflanzen**

Bei Getreidepflanzen wie beispielsweise der Gerste fallen die zahlreichen Übereinstimmungen mit wild wachsenden Gräsern sofort auf. Typisch für die Familie der **Gräser** sind der schlanke Wuchs, die schmalen, harten Blätter sowie die unscheinbaren Blüten.

Grasblüten besitzen nur kleine, harte Schuppen anstelle von auffällig gefärbten Kronblättern. Die Schuppen werden als *Spelzen* bezeichnet und tragen am oberen Ende oft Borsten mit kleinen Haken, die *Grannen.* Ansonsten findet man bei den Blüten der Gräser die typischen Bauteile wie Stempel und Staubblätter. Grasblüten sind oft zu größeren Blütenständen vereint. Häufig bilden drei Einzelblüten ein Ährchen, welches dann mit anderen Ährchen eine *Ähre* wie beim Roggen oder eine *Rispe* wie beim Wiesenschwingel ausbildet.

Bei trockenem Wetter öffnen sich die Spelzen und die meist drei Staubblätter hängen aus der Blüte heraus. Der vorbeistreichende Wind kann dann die sehr kleinen Pollen über große Entfernungen verbreiten. Mit der gefächerten, klebrigen Narbe werden die Graspollen aufgefangen. Gräser werden also durch den Wind bestäubt. Nach der Befruchtung entwickelt sich aus dem Fruchtknoten und aus Teilen der Spelzen jeweils eine Frucht, das Graskorn.

Der Stängel der Graspflanze, der Halm, ist weitgehend hohl. Nur im Bereich der verdickten Knoten, die in regelmäßigen Abständen auftreten, finden sich Querwände. Im Bereich der Knoten setzen auch die schmalen Blätter an, die mit einer Blattscheide den Halm umfassen. Durch diesen besonderen Bau ist der Grashalm gleichermaßen biegsam und stabil.

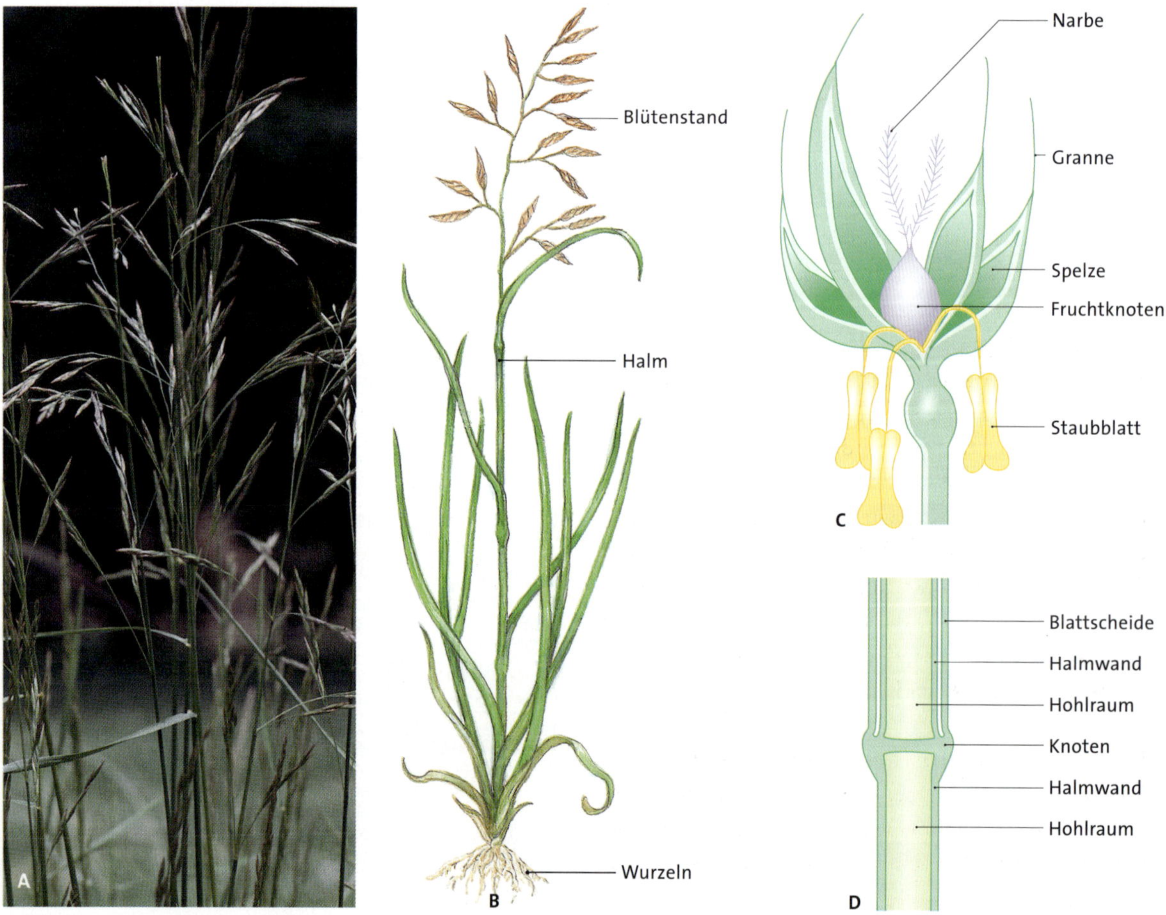

1 Gras. **A** Wiesenschwingel; **B** Bau eines Grases; **C** Grasblüte; **D** Grashalm

Im Gegensatz zu den Getreidepflanzen weisen Wildgräser schlankere Halme auf, die sich im Wind leicht biegen. Häufig zerfallen die Fruchtstände bei Wildgräsern in die einzelnen Früchte. Die reifen Körner bleiben meist noch fest von den Spelzen umschlossen. Mit Haken an den Grannen der Spelzen können die Körner im Fell von Tieren hängen bleiben. Dies alles dient der leichteren Verbreitung der Grasfrüchte.

Getreidepflanzen besitzen hingegen meist dickere und kürzere Halme als Wildgräser. Daher knicken sie weniger leicht um. Außerdem bleiben bei den meisten Getreidearten die Fruchtstände bei der Reife zusammen. Häufig sind auch die Spelzen verkleinert oder fehlen völlig. So können die Ähren als Ganzes geerntet werden und der Aufwand, die Spelzen zu entfernen, entfällt. Diese Eigenschaften der Getreidepflanzen erleichtern die maschinelle Ernte.

Der auffälligste Unterschied zwischen Wildgräsern und Getreidearten betrifft die Größe der Körner. Diese sind bei den Getreidearten um ein Mehrfaches größer als die von Wildgräsern. Daher ist die Menge an erwünschten Inhaltsstoffen wie Stärke in den Körnern größer als bei den Wildgräsern.

Diese Unterschiede zwischen Getreidepflanzen und Wildgräsern sind erst nach und nach im Verlauf von einigen Jahrtausenden durch Auswahl des Menschen entstanden. Ursprünglich haben die Menschen die Samen von Wildgräsern nur gesammelt. Mit der Entwicklung des Ackerbaus gingen die Menschen dazu über, die Pflanzen mit besonderen, für den Menschen nützlichen Merkmalen zu kultivieren. Für den weiteren Anbau wurden solche Graspflanzen mit besonders großen Früchten und stabilen Halmen bevorzugt. So nahm die Größe der Körner und die Stabilität der Halme im Laufe der Zeit immer mehr zu. Durch diese *Auslesezüchtung* entstanden die heute bekannten Getreidearten als **Kulturpflanzen.**

Bei der Züchtung der Kulturpflanzen sind wichtige Merkmale der Wildgräser teilweise verloren gegangen. Kulturpflanzen benötigen oft eine bessere Bodenbeschaffenheit und sind weniger widerstandsfähig gegenüber Krankheiten, wie beispielsweise gegen Pilzerkrankungen.

Außerdem wachsen Kulturpflanzen häufig langsamer als ihre wilden Verwandten. Um sie gegen die Konkurrenz durch anspruchslose und schneller wachsende Wildpflanzen, aber auch vor Pilzerkrankungen zu schützen, sind besondere Schutzmaßnahmen wie der Einsatz von chemischen Mitteln nötig. Andererseits wird bei der Züchtung neuer Getreidesorten auch versucht, günstige Merkmale der Wildgräser wie Anspruchslosigkeit und Widerstandsfähigkeit auf die neuen Sorten zu übertragen.

1 Stelle in einer Tabelle die wesentlichen Unterschiede zwischen Getreidepflanzen und Wildgräsern zusammen.

2 Erläutere das Vorgehen bei der Züchtung von Kulturpflanzen am Beispiel des Weizens.

2 Roggen. **A** Blütenstand; **B** Fruchtstand

Wissen kompakt Getreidearten

Name: Weizen
Blüten/Blütenstand: Ähre mit Ährchen aus zwei bis fünf einzelnen Blüten, teilweise ohne Spelzen oder kleine Spelzen mit sehr kurzen Grannen
Anbaugebiete: mildes, warmes Klima, mineralstoffreicher Boden
Verwendung: Herstellung von Mehl

Name: Hafer
Blüten/Blütenstand: Rispe mit Ährchen aus zwei Blüten, Ährchen lang gestielt, Spelzen ohne Grannen
Anbaugebiete: feuchtes gemäßigtes Klima
Verwendung: Herstellung von Haferflocken, Viehfutter

Name: Gerste
Blüten/Blütenstand: Ähre mit Ährchen aus einer einzelnen Blüte, Spelzen mit sehr langen Grannen, Frucht mit Spelzen verwachsen
Anbaugebiete: kühles Klima, geringe Ansprüche an den Boden
Verwendung: Viehfutter, Herstellung von Bier

Name: Reis
Blüten/Blütenstand: Rispe mit Ährchen aus einzelnen Blüten, teilweise Spelzen ohne Grannen
Anbaugebiete: feuchte, warme Gebiete, überwiegend Südostasien
Verwendung: Herstellung von Mehl und Körnerreis

1 Recherchiere im Internet, welche Getreidepflanzen in Deutschland am häufigsten angebaut werden. Schreibe einen kurzen Bericht.

2 Erstelle ein Herbar mit verschiedenen Getreidearten.

3.4 Die Kartoffel

Die Kartoffel ist in Europa eine der bedeutendsten Kulturpflanzen. Ursprünglich stammt sie aus Südamerika. Die Spanier lernten die zur Familie der Nachtschattengewächse gehörende Kartoffel bei ihren Eroberungszügen durch Südamerika kennen. Um 1555 brachten sie die ersten Pflanzen wegen ihrer schönen, violetten Blüten nach Europa. Die Bedeutung der Knollen als wertvolles Nahrungsmittel wurde erst später erkannt.

Die Kartoffelpflanze wächst mehrjährig. Aus einer unterirdischen Knolle treiben im Frühjahr die reich beblätterten Triebe. Die Blätter sind gefiedert, die sternförmigen Blüten violett oder weiß gefärbt. Als Früchte bilden Kartoffeln vielsamige, etwa kirschgroße Beeren. Die Früchte enthalten wie alle oberirdischen Teile der Kartoffelpflanze einen Giftstoff, das Solanin.

An den Kartoffelknollen gibt es sichtbare Vertiefungen, die als »Augen« bezeichnet werden. In diesen Vertiefungen sitzen Seitenknospen, aus denen sich Sprosse mit Blättern entwickeln. Daher werden die Knollen der Kartoffel auch als *Sprossknollen* bezeichnet. Wenn Kartoffelpflanzen wachsen, bilden sie zahlreiche unterirdische Sprossausläufer aus, die sich zu neuen Knollen verdicken. Bevor die oberirdischen Pflanzenteile im Herbst absterben, werden in den Knollen Reservestoffe, hauptsächlich Stärke, gespeichert. Die Knollen der Kartoffel sind demnach *Speicherorgane.*

Der Anbau von Kartoffelpflanzen erfolgt durch das Ausbringen der Knollen. Kartoffeln benötigen für ihr Wachstum ein gemäßigtes Klima und eine ausreichende Bodenfeuchte. Weltweit gibt es etwa 5000 Kartoffelsorten, in Deutschland werden davon etwa 150 Sorten angebaut. Man unterscheidet Frühkartoffeln und lagerfähige Spätkartoffeln sowie festkochende und mehlige Sorten. Völlige Dunkelheit ist für die Lagerung von Kartoffeln besonders wichtig, denn schon bei geringfügiger Belichtung entwickeln die Knollen grüne Stellen, die das giftige Solanin enthalten.

1 Um 1840 wurde in Europa die Kartoffelkrautfäule eingeschleppt. Etwa zur gleichen Zeit kam es in Irland zu einer Auswanderungswelle nach Amerika. Erläutere mögliche Zusammenhänge.

1 Kartoffel. **A** Kartoffelpflanze; **B** Blüten; **C** Früchte; **D** Knollen

4 Der Mensch nutzt Tiere

4.1 Der Hund – das älteste Haustier des Menschen

Geht man mit einem Hund regelmäßig spazieren, fallen bestimmte Verhaltensweisen auf. Lässt man ihn zum Beispiel auf einer Wiese frei laufen, scheint er etwas zu suchen: Mit der Nase dicht am Boden folgt er offensichtlich einer unsichtbaren Spur. Hunde haben einen sehr feinen Geruchssinn und können Duftspuren erkennen, die der Mensch nicht wahrnehmen kann. Man bezeichnet Hunde deshalb als **Nasentiere.** Menschen nutzen diese Fähigkeit, indem sie Hunde beispielsweise bei der Suche nach Drogen oder Sprengstoffen einsetzen. Hunde können sogar noch menschliche Geruchsstoffe erfassen, die durch die Sohle eines Schuhes abgegeben werden. Sie werden deshalb auch bei der Suche nach vermissten oder verschütteten Personen eingesetzt.

Entfernt sich ein Hund bei seiner Suche zu weit, kann sein Besitzer ihn mit einer Hundepfeife zurückrufen. Diese erzeugt sehr hohe Töne, die außerhalb des menschlichen Wahrnehmungsvermögens liegen. Der Hund kann diese Töne jedoch noch hören: Er stellt die Ohren auf und dreht den Kopf in Richtung der Geräuschquelle. Wegen ihres empfindlichen Hörsinns werden Hunde auch als **Ohrentiere** bezeichnet. Diese außerordentlichen Sinnesleistungen der Hunde nutzen Menschen schon seit langer Zeit. Knochenfunde aus Zentralrussland belegen, dass Hunde bereits seit mehr als 14 000 Jahren in der Nähe des Menschen oder in seiner Obhut leben.

1 **Schäferhund**

Hunde sind ausdauernde und schnelle Läufer. Dies wird durch den Bau ihrer Beine und Füße ermöglicht. Während Menschen beim Gehen mit den ganzen Fußsohlen den Boden berühren, treten Hunde nur mit den Zehen auf. Man bezeichnet sie daher als **Zehengänger.** Die Krallen an den Zehen sind kurz und stumpf. Sie können nicht eingezogen werden und ermöglichen ein sicheres Abstoßen beim Laufen. Der Rumpf eines Hundes wird von der langen und biegsamen Wirbelsäule gestützt. Die Vordergliedmaßen sind über den Schultergürtel und die Hintergliedmaßen über das Becken mit der Wirbelsäule verbunden.

2 **Einsatzbereiche von Hunden. A** Spürhund; **B** Suchhund

Entdeckt ein Hund während eines Spazierganges einen Hasen, wird er ihm in großen Sprüngen hinterher hetzen. Dabei zeigt der Hund große Ausdauer. Man bezeichnet diese Jagdweise als Hetzjagd und den Hund als **Hetzjäger.** Er wird deshalb auch zur Gruppe der Landraubtiere gerechnet.

Ein erbeutetes Tier wird mit den langen, dolchartigen Eckzähnen, den **Fangzähnen,** festgehalten. Die sechs kleineren Schneidezähne, die zwischen den Fangzähnen stehen, dienen lediglich dazu, Fleischreste von Knochen abzuzupfen. Die Vorbackenzähne und Backenzähne sind spitz und scharf. In Ober- und Unterkiefer fällt auf jeder Seite jeweils ein besonders großer, deutlich gezackter Zahn auf: Im Oberkiefer ist es der letzte Vorbackenzahn, im Unterkiefer der erste Backenzahn. Diese **Reißzähne** gleiten beim Zubeißen wie die beiden Teile einer Schere aneinander vorbei und zerbrechen und zerschneiden die Beute in kleinere Stücke. Man nennt solch ein Gebiss ein **Raubtiergebiss.**

Die Angaben zu den Zähnen können auch übersichtlicher in einer **Zahnformel** erfolgen. Dabei schreibt man die Zähne des Oberkiefers auf einen Bruchstrich und die des Unterkiefers darunter. Die linke und die rechte Kieferhälfte sind jeweils spiegelbildlich aufgebaut. Deshalb werden in der Zahnformel auch nur die Zahnfolgen einer Kieferhälfte in der Reihenfolge

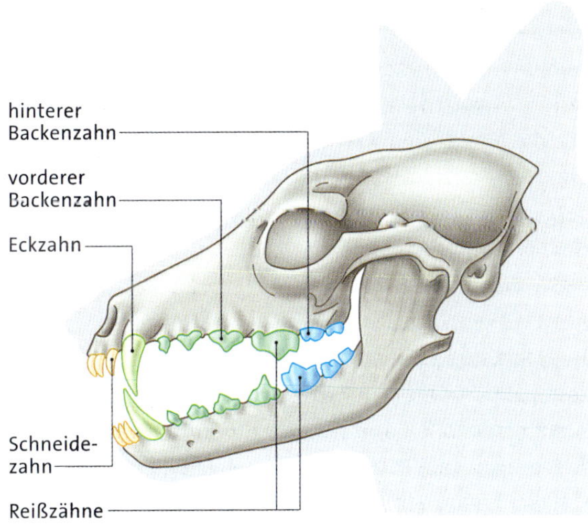

4 Schädel des Hundes

Schneide-, Eck-, Vorbacken- und Backenzahn angegeben. Die Zahnformel der Hunde lautet also:

$$\frac{3 \quad 1 \quad 4 \quad 2}{3 \quad 1 \quad 4 \quad 3}$$

Im Mundraum wird der Nahrung Speichel aus den Speicheldrüsen zugesetzt. Dadurch kann sie leichter geschluckt werden und gelangt über die Speiseröhre in den Magen. Durch den säurehaltigen Magensaft werden Krankheitserreger abgetötet, die mit der Nahrung aufgenommen wurden. Gleichzeitig beginnt durch die

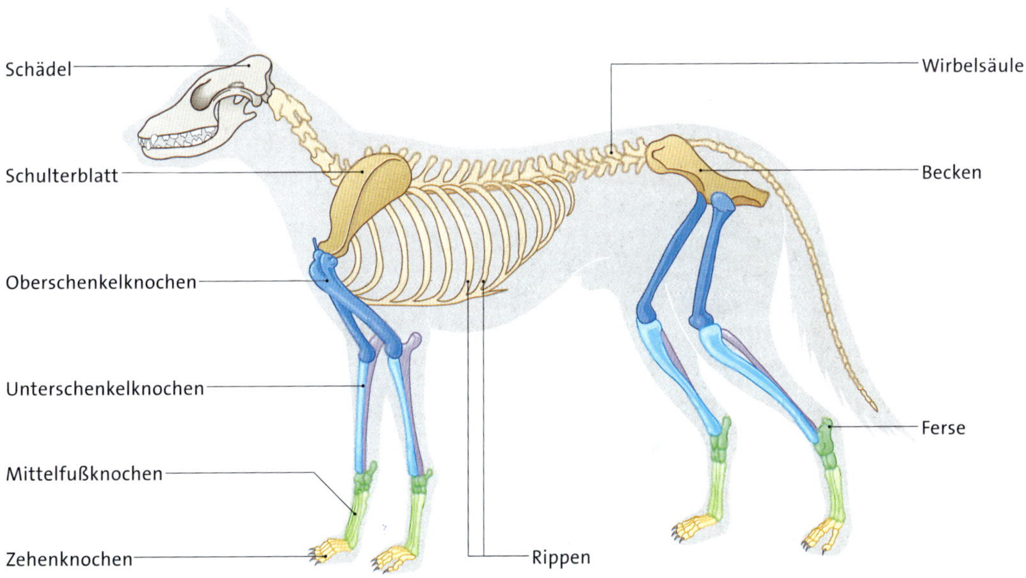

3 Skelett des Hundes

Einwirkung der Magensäure die Verdauung. So bezeichnet man die Zerlegung der Nahrung in ihre Bausteine. Aus dem Magen gelangt die Nahrung in den Darm. Durch den Darmsaft wird sie weiter zerlegt. Die freigesetzten Bausteine werden in die Darmwand aufgenommen. In ihr befinden sich feine Blutgefäße, deren Wände so dünn sind, dass die Bausteine der Nahrung durch sie hindurch in das Blut gelangen können. Mit dem Blutstrom werden sie im Körper verteilt. Im Darm verbleiben nur unverdauliche Nahrungsreste. Ihnen wird ein Großteil des enthaltenen Wassers entzogen. Dadurch werden sie eingedickt und in Kot umgewandelt. Dieser wird über den After ausgeschieden. Die fleischliche Nahrung des Hundes enthält viele Nährstoffe, die sehr schnell ins Blut gelangen können. Deshalb ist der Abschnitt des Darmes, in dem die Nährstoffe aufgenommen werden, nicht sehr lang.

Im Körper werden aus den Bausteinen der Nahrung körpereigene Stoffe aufgebaut, die *Baustoffe.* Andere Stoffe, die *Betriebsstoffe,* sind für die Aufrechterhaltung der Körperwärme oder für die Ausführung von Muskelbewegungen sowie weiterer Lebenstätigkeiten erforderlich. So enthält die Milch, die zum Säugen der Jungen in den Milchdrüsen einer Hündin gebildet wird, eine große Menge beider Stoffarten.

Für die Lebensvorgänge ist neben den Betriebsstoffen ein in der Luft enthaltenes Gas notwendig, der Sauerstoff. Dieser gelangt durch das Maul und die Nase in die Luftröhre und weiter in die Lungen. Dort tritt der Sauerstoff durch die dünnen Wände der Lungen in feine Blutgefäße über. Über das Blut wird er im Körper verteilt. Im Gegenzug wird das im Körper entstandene Kohlenstoffdioxid an die Atemluft abgegeben.

Von den Sinnesorganen wie Augen und Ohren werden Informationen über Nerven an das Gehirn geleitet. Dort werden die Meldungen verarbeitet. Der Hauptnervenstrang, der vom Gehirn entlang der Wirbelsäule verläuft, wird als *Rückenmark* bezeichnet. Über das Rückenmark werden auch Befehle vom Gehirn an die Muskeln übertragen.

1 Vergleiche die Zahnformel des Hundes mit einem Hundeschädel aus der Sammlung oder der obigen Abbildung.

2 Beobachte und beschreibe, wie ein Hund einen Knochen bearbeitet.

3 Erläutere den Begriff Hetzjäger.

4 Beschreibe den Weg der Nahrung durch den Körper des Hundes.

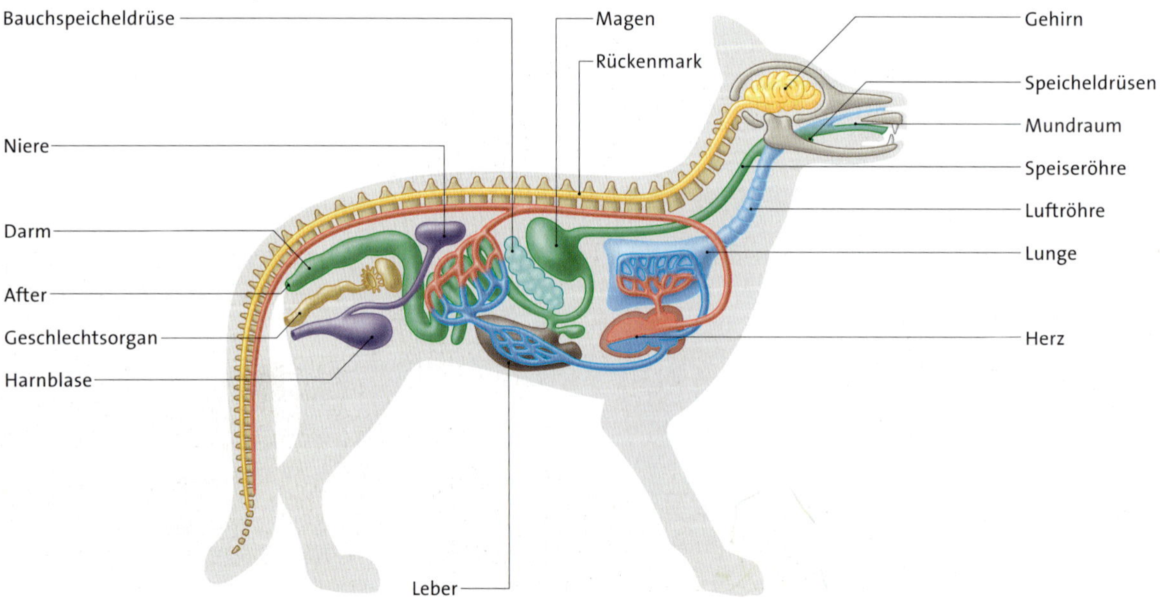

4 **Wichtige innere Organe des Hundes**

4.2 Hunde stammen vom Wolf ab

In den meisten Zoologischen Gärten findet man bei den Raubtieren ein Gehege für Wölfe. Betrachtet man diese Tiere, fallen sofort große Übereinstimmungen in Körperbau, Aussehen und Verhalten zwischen Wölfen und Hunden auf.

Hunde sind im Laufe von einigen Jahrtausenden aus Wölfen hervorgegangen. Anfangs dürften Wölfe den umherziehenden, jagenden Menschengruppen wahrscheinlich nur in größeren Abständen gefolgt sein, weil sie auf Nahrungsreste hofften. Die Wölfe kamen dann wohl immer näher und einige blieben schließlich beim Menschen. Dieser hat sie dann weitergezähmt und zur Jagd, zur Bewachung oder zum Schutz der Siedlungen eingesetzt. Die Menschen begannen, die Tiere entsprechend ihrer Eigenschaften auszuwählen und zu züchten. So entstanden im Laufe der Zeit unterschiedlich aussehende Formen, die man als **Rassen** bezeichnet. Man nennt diesen Prozess **Domestikation.**

Wölfe leben in einem **Rudel,** in dem eine strenge **Rangordnung** herrscht. Jedes Rudelmitglied nimmt einen bestimmten Platz ein. An der Spitze der Rangordnung steht der **Leitwolf,** der das Rudel anführt. Er hält die Rudelordnung aufrecht, übernimmt die Führung beim Jagen und legt das **Jagdrevier** fest. Ein Wolfsrudel grenzt ein gemeinsames Jagdrevier mit Urin und Kot sowie Lautäußerungen ab. Dieses Verhalten ist ein Teil des Revierverhaltens. Wenn zwei Rudel aufeinandertreffen, kann es zu heftigen Kämpfen kommen.

Besonders auffällig wird die Verwandtschaft zwischen Hund und Wolf im Verhalten von Hunden untereinander. Beispielsweise nähert sich ein rangniedriger Hund einem ranghöheren meist in geduckter Haltung von der Seite. Rüden heben häufig ihr Bein, um kleine Mengen Urin auszuscheiden. Mit dieser Duftmarke grenzen sie auf Nasenhöhe der Artgenossen ihr eigenes Territorium ab.

1 Beschreibe Vorteile, die Wölfe durch die Nähe zum Menschen haben.

2 Erkläre, wie ein Wolfsrudel sein großes Revier gegen fremde Wolfsrudel abgrenzen kann.

1 Heulendes Wolfsrudel

2 Wölfe mit erlegtem Hirsch

3 Lebensbild aus der Steinzeit

Wissen kompakt Hunderassen

Name: Dalmatiner
Schulterhöhe: 50 bis 60 cm
Aussehen: kurzhaarig, weiß mit schwarzen oder braunen Punkten, schlank und hochbeinig
Verwendung: in England früher als Begleithund, anhänglicher Familienhund

Name: Labrador
Schulterhöhe: 60 bis 65 cm
Aussehen: kurzhaarig, schwarz, gelb oder schokoladenfarben, muskulös
Verwendung: apportier- und wasserfreudiger Jagdhund, auch als Such- oder Blindenhund, anhänglicher Familienhund

Name: Dackel oder Teckel
Schulterhöhe: 23 bis 25 cm
Aussehen: je nach Rasse kurz- bis langhaarig, schwarz bis rotbraun, kurzbeinig
Verwendung: für die Jagd in Fuchs- und Dachsbauten, auch als Stöber- und Spürhund, Familienhund mit Hang zum eigenständigen Handeln

Name: Yorkshire Terrier
Schulterhöhe: 20 bis 24 cm
Aussehen: langhaarig, zierlich
Verwendung: Begleithund, sehr temperamentvoll, eine der kleinsten Rassen

1 Erläutere am Beispiel der Hunderassen das Phänomen der Vielfalt.

4.3 So verhalten sich Hunde

Hunde sind ausgesprochen lernfähig und können für Menschen kaum wahrnehmbare Körpersignale sicher deuten. Aufgrund dieser Eigenschaften sind sie in der Lage, Menschen zu verstehen und in enger Gemeinschaft mit ihnen zusammenzuleben.

Hunde zeigen ähnliche Verhaltensweisen wie Wölfe. Die Menschen, mit denen sie zusammenleben, stellen ihr »Rudel« dar. Herrchen oder Frauchen sehen sie meist als Leittier an. Durch konsequente Erziehung bringt man sie dazu, auch die übrigen Familienmitglieder als höherrangig anzusehen.

Nicht nur Gerüche und Lautäußerungen stellen wichtige Signale für das Leben der Hunde dar. Auch mit der Körpersprache können Hunde sich vielfältig ausdrücken. So können sie durch verschiedene Körperstellungen ihren Platz in der Rangordnung und ihre jeweilige Stimmung nach außen deutlich machen. Besonderes Augenmerk kommt dabei dem Schwanz und den Ohren zu. Ein selbstbewusstes Tier, das in der Rangordnung weit oben steht, trägt seinen Schwanz aufrecht. Je tiefer die Stellung in der Rangordnung ist, desto tiefer wird der Schwanz getragen. Ein sehr ängstliches Tier hält den Schwanz zwischen den Beinen eingeklemmt unter dem Bauch.

Ähnlich verhält es sich mit den Ohren. Ranghohe, aufmerksame Tiere stellen die Ohren aufrecht, rangniedere und ängstliche Tiere klappen die Ohren flach nach hinten. Unterwirft sich ein rangniederes Tier, legt es sich auf den Rücken und zeigt dem Ranghöheren seine schutzlose Kehle. Dieses Verhalten sollten Hunde auch den Familienmitgliedern gegenüber zeigen.

Aber auch andere Verhaltensweisen zeigen die Verwandtschaft des Hundes mit dem Wolf. So markieren männliche Hunde genauso wie Wölfe ihr Revier mit Urin. Hunde drehen sich auch im Haus auf der Stelle mehrfach um sich selbst, bevor sie sich niederlegen. Wölfe richten sich so im hohen Gras einen Schlafplatz her.

1 Berichte von weiteren Verhaltensweisen, die die Verwandtschaft der Hunde mit den Wölfen belegen.

2 Beschreibe den Gesichtsausdruck der Hunde in der Abbildung.

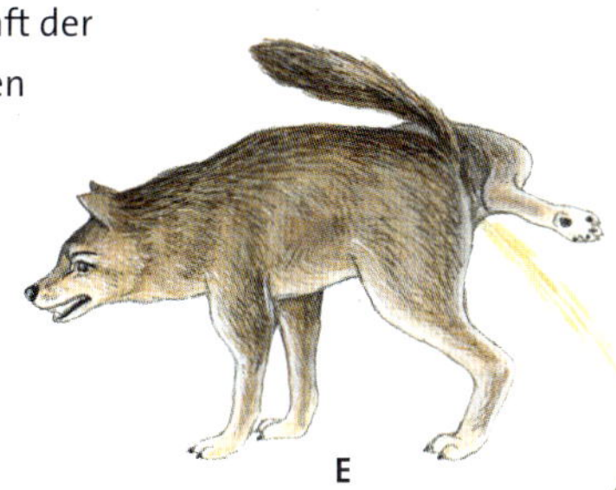

1 Körpersprache des Hundes. **A** Demutshaltung; **B** ängstliches Drohen; **C** aggressives Drohen; **D** Imponieren; **E** Markieren

4.4 Hunde säugen ihre Jungen

Im Frühjahr und Herbst neigen männliche Hunde, die **Rüden**, zum Streunen. »Da ist sicher eine **Hündin** läufig«, meint der entnervte Hundebesitzer und legt seinen Rüden an die Leine.

Auch eine Hündin verändert in dieser Zeit ihr Verhalten. Sie ist unruhig und will ständig ins Freie. Diese Läufigkeit dauert etwa drei Wochen. Für Züchter sind diese Tage wichtig: Denn nur während dieser Zeit lässt sich eine Hündin mit einem Rüden paaren. Während der Paarung gibt der Rüde seine Spermien in die Scheide der Hündin ab. Dadurch können mehrere Eizellen durch jeweils ein Spermium **befruchtet** werden. Dann ist die Hündin trächtig. So bezeichnet man eine Schwangerschaft bei Tieren.

Nach etwa neun Wochen bringt die Hündin meist sechs bis zehn Junge zur Welt, die **Welpen.** Bei der Geburt sind die Jungen noch von einer Fruchtblase umgeben. Die Hündin zerreißt diese und beißt die Nabelschnur durch, mit der die Welpen mit dem Körper der Mutter verbunden sind. Das tut den Welpen nicht weh, denn die Nabelschnur ist nicht schmerzempfindlich. Anschließend leckt die Mutter ihre Jungen ab und säubert sie so. Zwischen den Geburten der einzelnen Welpen können Minuten oder Stunden liegen. Die Jungen sind zunächst vollkommen hilflos. Die Augen und Ohren, die anfangs noch durch Hautfalten verschlossen sind, werden erst nach etwa zwei Wochen geöffnet. Die Welpen können auch nur unbeholfen kriechen und weder gehen noch stehen. Deshalb werden sie als **Nesthocker** bezeichnet.

Auf der Bauchseite der Hündin liegen die Milchdrüsen oder **Zitzen** in zwei Reihen. Mit pendelnden Bewegungen des Kopfes werden diese von den Jungen gesucht. Haben die Welpen eine Zitze gefunden, saugen sie kräftig an ihr und treten mit den Vorderpfoten gegen das *Gesäuge*. Dieser Milchtritt fördert den Fluss der **Milch.** In den folgenden zwei Monaten werden die Jungen gesäugt. Erst allmählich gewöhnen sie sich an feste Kost. Während dieser Zeit werden die Welpen von der Mutter auch weiter verteidigt, gewärmt und gesäubert. Ohne diese **Brutpflege** könnten die Welpen nicht überleben.

1 Beschreibe die unterschiedlichen Brutpflegehandlungen einer Hündin.

2 Erkläre, warum die Brutpflege für die Welpen lebensnotwendig ist .

1 **Basset-Hündin säugt ihre Jungen**

4.5 Hundehaltung

In vielen Familien kommt früher oder später der Wunsch nach einem Hund auf. Dies ist nicht verwunderlich, da Hunde gesellige und treue Haustiere sind und die Welpen zudem niedlich aussehen. Die Entscheidung für einen Hund setzt Tierliebe und Verantwortungsbewusstsein voraus. Vor der Anschaffung eines Hundes sollte man bedenken, dass der Hund wahrscheinlich zehn bis zwölf Jahre leben wird, in Ausnahmefällen können Hunde sogar zwanzig Jahre alt werden. Für die Familie bringt die Haltung eines Hundes große Veränderungen mit sich. Vieles muss berücksichtigt werden, will man den Hund tiergerecht halten.

Der neue Hausbewohner braucht Platz. Steht dieser nicht ausreichend zur Verfügung, kann sich die Familie keinen Hund zulegen. Hunde wollen auch nicht den ganzen Tag in der Wohnung gehalten werden. Sie brauchen viel Bewegung und müssen dreimal bis viermal täglich ausgeführt werden. Hunde sind Rudeltiere und wollen daher nicht allzu lange alleine bleiben. Sie müssen selbstverständlich jeden Tag gefüttert werden, deshalb müssen entsprechende Kosten berücksichtigt werden.

Eine Haftpflichtversicherung und die Hundesteuer sind jährlich fällig und verursachen weitere Kosten. Auch Halsband, Hundeleine und Korb müssen mit eingeplant werden. Wichtig sind Besuche beim Tierarzt: Hundekrankheiten wie Tollwut und Hundebandwurm sind auch für Menschen gefährlich. Außerdem müssen regelmäßig Impfungen und Wurmkuren durchgeführt werden. Auch der Anschaffungspreis ist zu berücksichtigen: Während Hunde aus dem Tierheim relativ preiswert sind, sind Rassehunde oft teuer.

Mit einem Hund hat man noch weitergehende Verpflichtungen: Will man am Wochenende wegfahren oder länger verreisen, muss man den Hund mitnehmen oder in gute Hände geben. Bei der Neuanschaffung eines Hundes muss man auch viel Zeit für die Erziehung aufwenden. Der Welpe wird in den ersten Nächten oft jaulen, weil er die Nähe seiner Mutter gewöhnt ist und nicht alleine sein will. Außerdem muss er stubenrein werden. Der Hund muss lernen, alle Familienmitglieder als ranghöher anzuerkennen. Dies gilt besonders gegenüber schwächeren Kleinkindern.

1 Zeige an den Beispielen der Abbildungen (A bis K), wie man Hunde tiergerecht halten sollte. Begründe die Maßnahmen.

1 Tiergerechte Hundehaltung

4.6 Die Katze – ein Schleichjäger

Eine Katze schleicht lautlos über eine Wiese. Aufmerksam stellt sie die Ohren auf und sieht in eine bestimmte Richtung. Sie hat eine Maus entdeckt. Tief geduckt und regungslos verharrt sie und fixiert ihre Beute. Das Zittern ihrer Schwanzspitze zeigt, wie aufmerksam die Katze ist. Mit einem Mal drückt sie sich mit den kräftigen, muskulösen Hinterbeinen vom Boden ab und schnellt hoch und nach vorn. Während dieses Sprungs streckt die Katze ihre Vorderbeine und die Pfoten. Dabei fährt sie ihre Krallen aus und kann so die Maus festhalten und fangen. Mit einem Biss in den Nacken tötet sie die Maus. Bei der Jagd auf ein Beutetier machen Katzen so gut wie keine Geräusche, sie treten nur mit den weichen, samtartigen Zehenballen auf. Deshalb bezeichnet man Katzen auch als **Schleichjäger.** Ihr Skelett ist an diese Jagdweise gut angepasst. So ist die Wirbelsäule sehr beweglich und die Anordnung der Gelenke ermöglicht eine weiche Abfederung.

Selbst in der Dämmerung sind Katzen erfolgreiche Jäger. Das Auge ist das empfindlichste Sinnesorgan der Katzen. Durch die Pupille gelangt Licht in das Auge. Am Tage ist die Pupille zu einem schmalen Schlitz verengt und in der Dämmerung öffnet sich die Pupille. So wird die einfallende Lichtmenge durch die Größe der Pupille reguliert. Katzenaugen enthalten eine besondere Schicht, die das einfallende Licht ähnlich wie bei einem Spiegel von der Hinterwand des Auges zurückwirft. Dadurch leuchten Katzenaugen, wenn sie in der Dunkelheit von Licht angestrahlt werden. Durch diese reflektierende Schicht können Katzen auch geringe Lichtmengen optimal nutzen und sehen deshalb in der Dämmerung und bei Nacht wesentlich besser als ein Mensch. Jagen Katzen im hohen Gras, können sie ihre Beute nicht sehen. Mit ihren beweglichen, trichterförmigen Ohrmuscheln peilen sie die Stelle an, von der die Geräusche kommen, und können so die Beute orten.

Betrachtet man eine Katzenschnauze, fallen die langen **Schnurrhaare** an der Oberlippe und die **Tasthaare** über den Augen auf. Diese Sinneshaare sind fester und länger als die Körperhaare und helfen Katzen, sich räumlich zu orientieren. Mit ihrer Hilfe können sie Gegenstände ertasten. Berühren die Sinneshaare einen Gegenstand, schließen die Katzen sofort ihre Augen und schützen sie so vor Verletzungen. Katzen können einen Gegenstand aber auch ohne direkte Berührung wahrnehmen. Die Sinneshaare reagieren nämlich auch auf Strömungs- und Luftdruckunterschiede, die von Gegenständen ausgehen. So sind Katzen in der Lage, selbst in völliger Dunkelheit Hindernisse zu erkennen oder die Position eines Beutetieres festzustellen. Die Stellung und Fächerung der Schnurrhaare weist außerdem auf die Stimmung einer Katze hin: Breit gefächerte Schnurrhaare signalisieren Aufmerksamkeit und Aktionsbereitschaft. Seitwärts gerichtete Schnurrhaare signalisieren Ruhe und schmal zurückgelegte drücken Zurückhaltung aus.

Beim Laufen sind die Krallen der Vorderpfoten in eine Falte zwischen den Fußballen eingezogen. Erst beim Ausstrecken der Vorderpfoten werden kleine Muskeln

1 Jagdverhalten der Katze. **A** Anschleichen; **B** Vorbereitung zum Absprung; **C** Absprung; **D, E** Sprungphase; **F** Landung

aktiviert, die über Sehnen mit den Krallen verbunden sind: Durch den Zug der Sehnen werden die scharfen Krallen ausgefahren. So können sie beim Beutefang zum Ergreifen der Beute eingesetzt werden.

Mit den spitzen, dolchartigen Eckzähnen, den Fangzähnen, halten Katzen ein Beutetier fest. Die großen Backenzähne zerschneiden das Fleisch des Beutetiers. Besonders groß sind die jeweils dritten Backenzähne des Ober- und Unterkiefers. Mit ihnen reißen Katzen Fleisch aus dem Beutetier heraus. Daher werden diese Zähne Reißzähne genannt. Die spitzen kleinen Schneidezähne sind gut geeignet, Fleisch von Knochen abzunagen. Das Gebiss der Katze ist typisch für ein Raubtier. Katzen fressen neben Mäusen auch Ratten, nestjunge Vögel, junge Kaninchen, Frösche, Eidechsen und Blindschleichen.

Ähnliche Verhaltensweisen wie beim Jagen ausgewachsener Katzen lassen sich auch beim Spiel junger Katzen beobachten. Jungtiere lernen spielerisch das Anschleichen, Lauern, Anspringen und Greifen der Beute. Sind Katzen nicht sehr hungrig, spielen sie oft mit ihrer Beute, bevor sie diese töten und fressen. Nach dem Fressen lecken Katzen ihr Fell mit der rauen Zunge ab. An dieser bleiben Schmutz, ausgefallene Haare, aber auch Ungeziefer kleben und werden heruntergeschluckt.

1 Beschreibe mithilfe der Abbildungen A bis E das Jagdverhalten der Katze.

2 Erstelle die Zahnformel für das Katzengebiss.

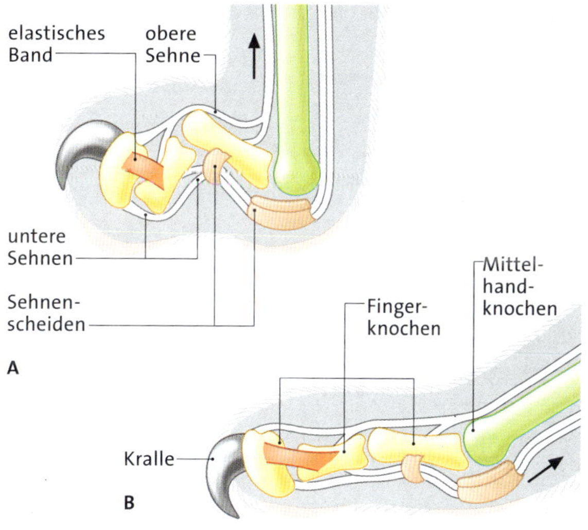

2 Krallenbewegung bei Katzen

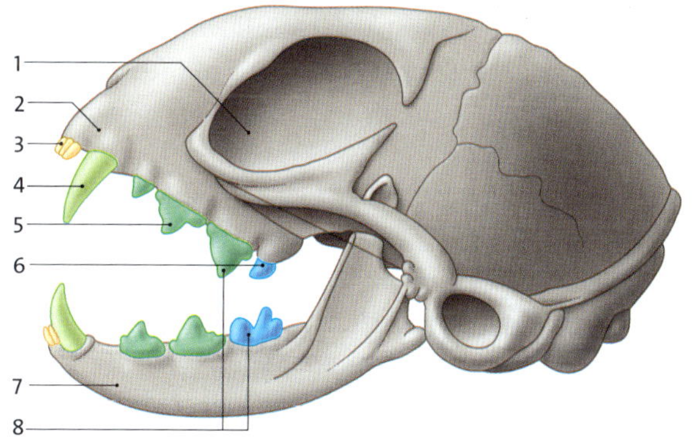

3 Schädel einer Katze. **1** Augenhöhle, **2** Oberkiefer, **3** Schneidezahn, **4** Eckzahn/Fangzahn, **5** vorderer Backenzahn, **6** hinterer Backenzahn, **7** Unterkiefer, **8** Reißzähne

4.7 Katzen haben viele Verwandte

Die Hauskatze mit ihren vielen durch Züchtung entstandenen Rassen stammt von der afrikanischen Falbkatze ab. In Vorderasien und Nordafrika gibt es auch heute noch Falbkatzen, die allerdings zunehmend seltener werden. Falbkatzen sind schlanke, kleine Tiere mit großen Ohren, einem schmalen Kopf und einem langen Schwanz. Ihr Fell ist, wie das der Hauskatze, kurz, dicht, fest und glänzend. Sie können gefleckt, getigert oder mehrfarbig sein. Falbkatzen wurden von den Ägyptern vor mehr als 3000 Jahren als heilig angesehen. Als Haustiere wurden sie erst von den Römern eingeführt, um Vorratsräume von Mäusen und Ratten frei zu halten.

1 Falbkatze

Eine nahe Verwandte von Falbkatze und Hauskatze ist die europäische Wildkatze, die in Wäldern der Mittelgebirge anzutreffen ist. Wildkatzen haben ebenfalls einen schlanken Körper und einen runden Kopf mit großen Ohren, sind aber größer und schwerer als Hauskatzen. Neben der Körpergröße ist vor allem der buschige hell-dunkel gestreifte Schwanz ein charakteristisches Merkmal der Wildkatzen. Ihr Fell ist kurz, von grau-brauner Farbe und getigert. Sie sind menschenscheu, ruhen tagsüber in ihrem Lager, zum Beispiel in einem hohlen Baum, unter Wurzeln, in Felsspalten oder in einem verlassenen Fuchsbau. Erst zu Beginn der Dämmerung gehen sie auf die Jagd. Wildkatzen verpaaren sich hin und wieder mit streunenden Hauskatzen. Reine Wildkatzen werden in der Natur immer seltener.

Der Luchs ist eine weitere heimische Katzenart. Mit einer Schulterhöhe von etwa 60 Zentimetern sind Luchse im Vergleich zu Hauskatzen deutlich größer. Als besonderes Kennzeichen haben sie Fellbüschel an den Ohren. Das kurze dichte Fell ist von brauner Farbe mit schwarzen Flecken. Luchse haben außerdem einen Stummelschwanz mit einer meist schwarzen Schwanzspitze. Sie ernähren sich von Rehen, Hasen, Kaninchen und kleinen Nagern. Weltweit gibt es vier bekannte Luchsarten, die sich in Größe und Fellfärbung voneinander unterscheiden. Zur Familie der Katzen gehören auch Großkatzen wie Löwe, Tiger, Puma oder Leopard.

1 Vergleiche die Hauskatze mit der europäischen Wildkatze.

2 Europäische Wildkatze

3 Luchs

Methode Erstellen eines Steckbriefes

In einem Steckbrief werden Tier- oder Pflanzenarten kurz beschrieben. Der Leser erhält in Kurzform alle wichtigen Informationen, die erforderlich sind, um anhand der Beschreibung das Lebewesen zu erkennen. Meist ist ein Steckbrief mit einer Abbildung versehen.

Zunächst muss überlegt werden, welche Informationen zu dem betreffenden Lebewesen wichtig sind und in welcher Reihenfolge sie in dem Steckbrief aufgeführt werden sollen. Wichtige Informationen sind zum Beispiel das Aussehen und die Körpermaße der Tier- oder Pflanzenart. Das Vorkommen der Art sollte ebenso beschrieben werden wie ihre Lebens- und Ernährungsweise. Möglicherweise sind spezielle Kennzeichen oder Besonderheiten zu nennen. Die Informationen können aus Filmen, Büchern oder Zeitschriften und dem Internet gesammelt werden. In einer anschließenden Gliederung werden sie inhaltlich sortiert und ihre Reihenfolge auf dem Steckbrief festgelegt.

Soll zum Beispiel ein Steckbrief für den Tiger erstellt werden, wird zuerst der Name genannt. Er kann mit der fachwissenschaftlichen Bezeichnung ergänzt werden. Dazu sollte die Familienzugehörigkeit genannt werden. Tiere, die derselben Familie angehören, haben gemeinsame Merkmale, wie zum Beispiel die Anordnung der Zähne oder den Körperbau. Um den Tiger von anderen Katzenarten unterscheiden zu können, sind weitere Informationen erforderlich, zum Beispiel das Aussehen und die Körpermaße, eventuell besondere Merkmale. Ein solches Merkmal des Tigers ist neben seiner Größe sein charakteristisch gefärbtes Fell. Beim Löwenmännchen wäre ein solches Merkmal die buschige Mähne. Anschließend werden der Lebensraum und die Lebensweise beschrieben. Zum Schluss werden mögliche Besonderheiten aufgeführt. Danach wird der Steckbrief mit einer Zeichnung oder einem Foto versehen.

1 Erstelle den Steckbrief eines Löwen, Geparden, Leoparden, Jaguars oder Pumas.

Name: Tiger *(Panthera tigris)*

Familie: Katzen

Vorkommen: Asien (Russland, Indien, Südost-Asien)

Körpermaße: Länge bis zu drei Metern; Gewicht bis zu 280 Kilogramm. Der Sibirische Tiger ist die größte lebende Katze.

Aussehen: braun-gelb gefärbtes Fell mit dunklen Streifen am Rumpf, Schwanz und den Beinen

Lebensweise: Einzelgänger, ernährt sich von Wildrindern, Hirschen, aber auch von kleineren Tieren wie Fröschen und Fischen. Tiger können in einer Jagdnacht etwa 30 Kilometer zurücklegen. Im Gegensatz zu allen anderen Katzen lieben Tiger das Wasser und können hervorragend schwimmen.

Besonderheit: Der Sibirische Tiger ist vom Aussterben bedroht.

Tiger

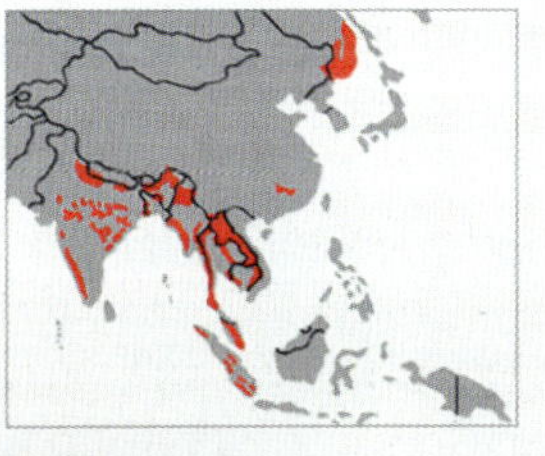

1 Steckbrief eines Tigers

Aufgaben und Versuche Vergleich von Hund und Katze

A1 Auf die Pfote kommt es an

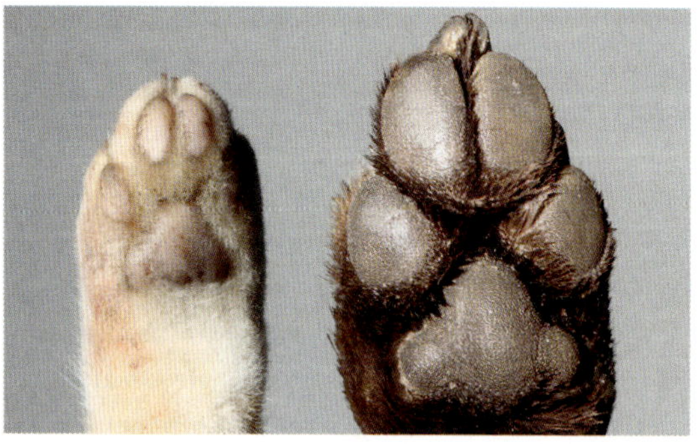

Aufgaben:

a) Beschreibe die beiden Pfoten. Zeige Gemeinsamkeiten und Unterschiede auf.

b) Entscheide und begründe, welche der beiden Pfoten einer Katze und welche einem Hund gehört.

c) Erläutere am Beispiel von Katzen- und Hundepfote den Zusammenhang zwischen Struktur und Funktion.

V2 Ausziehbare Krallen

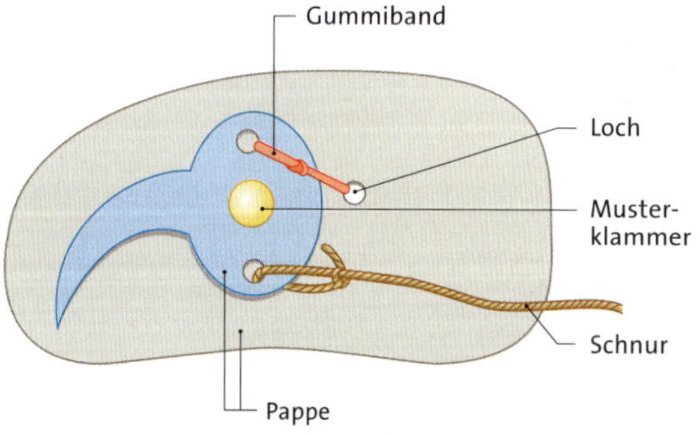

Material: Pappe (DIN-A4), Schere, Schnur, Musterklammer, Gummiband

Durchführung: Zeichne den Umriss von Katzenpfote (hellgrau) und Kralle (dunkelgrau) nebeneinander auf die Pappe. Versehe die Kralle entsprechend der Abbildung mit drei Löchern und die Pfote mit einem Loch. Schneide Pfote und Kralle aus und verbinde sie durch die Musterklammer miteinander. Befestige die Schnur an der Kralle und verbinde Kralle und Pfote mit dem Gummiband.

Aufgaben:

a) Ziehe vorsichtig an der Schnur und lasse sie dann wieder los. Notiere deine Beobachtungen.

b) Vergleiche das Modell mit der echten Katzenpfote. Lege dazu eine Tabelle an.

A3 Revierverhalten von Katze und Wolf

Katzen beanspruchen wie Hunde ein festes Revier. Die obige Abbildung zeigt drei typische Verhaltensweisen, mit denen Katzen ihr Revier markieren.

Aufgaben:

a) Stelle eine begründete Vermutung an, was die Katze jeweils gerade macht und worin die Reviermarkierung besteht.

b) Beschreibe Verhaltensweisen des Wolfes, mit denen ein Revier abgegrenzt wird.

A4 Auf der Jagd

Aufgaben:

a) Beschreibe das Jagdverhalten von Hauskatzen und Hunden vergleichend. Verwende die beiden Abbildungen.

b) Stelle einen Bezug zur Lebensweise von Hauskatzen und Wölfen her.

c) Erkläre, warum sich erwachsene Hunde und Katzen nicht »verstehen«, wenn sie nicht miteinander aufgewachsen sind.

A5 Körpersprache von Katzen und Hunden

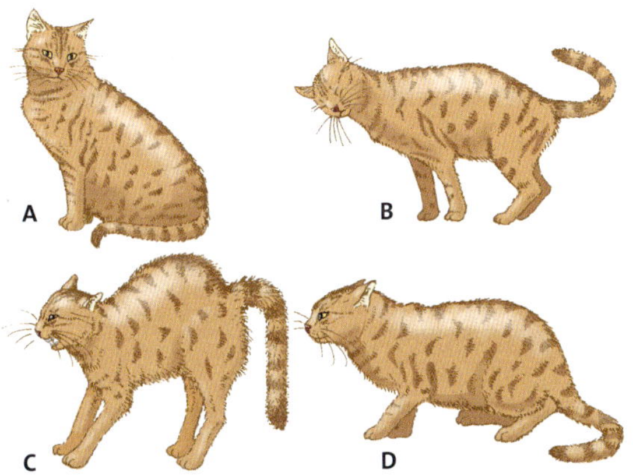

Die »Stimmungslage« einer Katze kann man an ihrer Körpersprache erkennen. Die Abbildung zeigt jeweils eine Katze kurz vor dem Angriff, bei Erkundungsverhalten, im Zustand großer Erregung sowie in Ruhe und Sicherheit.

Aufgaben:

a) Ordne den genannten vier Stimmungslagen jeweils eine der Abbildungen A bis D zu.

b) Beschreibe das Aussehen eines Hundes bei den entsprechenden Stimmungslagen.

A6 Fellpflege

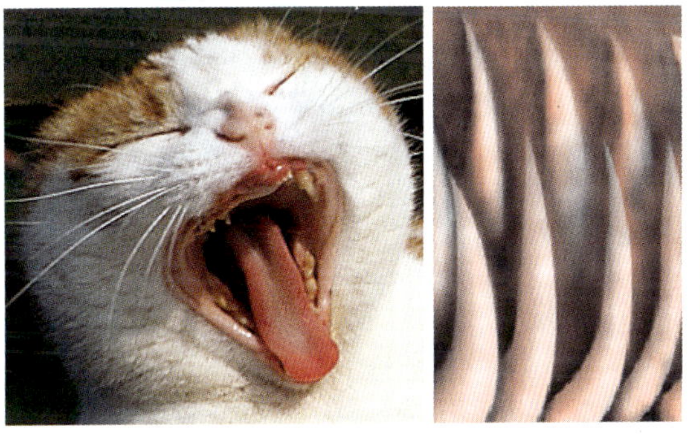

Die Oberfläche einer Katzenzunge ist rau. Dies liegt an hornigen Stacheln, die auf der Zunge sitzen und nach hinten gerichtet sind. Zur Fellpflege leckt sich die Katze ausgiebig.

Aufgaben:

a) Erläutere die Struktur der Katzenzunge und stelle einen Zusammenhang zur Funktion her.

b) Stelle begründete Vermutungen an, wie die Struktur der Katzenzunge auch die Nahrungsaufnahme erleichtert.

A7 Katzenaugen verändern sich

Aufgaben:

a) Vergleiche die beiden Abbildungen.

b) Erkläre deine Beobachtungen.

4.8 Das Rind – das wichtigste Nutztier

Mit dem Einsatz von Traktoren wurde die Nutzung der Rinder als Zugtiere überflüssig. Die **Dreinutzungsrinder**, die neben Milch und Fleisch auch Arbeitskraft liefern, gibt es daher heute so nicht mehr. Die Landwirte konzentrierten sich auf zwei neue Zuchttypen: **Milchrinder** und **Fleischrinder.** Es wurden jeweils die Rinder mit dem höchsten Milch- oder Fleischertrag miteinander verpaart. So konnte die jährliche Milchleistung eines Milchrindes von etwa 2000 Litern im Jahre 1937 auf über 10 000 Liter im Jahr 2006 gesteigert werden. Fleischrinder dagegen haben eine gute Mastfähigkeit, nehmen also beim Wachsen sehr schnell zu. Es gibt auch Rinderrassen, die sowohl Milch als auch Fleisch liefern, sogenannte **Zweinutzungsrinder.**

Viele Menschen essen heute mehr Fleisch als früher und möchten dieses gerne preisgünstig kaufen. Solch ein Verbraucherverhalten zwingt die Landwirte, kostengünstiger zu produzieren. So sind viele Landwirte zur **Massentierhaltung** und damit zur **Stallhaltung** übergegangen. Bei der *Anbindehaltung* stehen die Rinder angekettet eng nebeneinander. Die Kälber werden gleich nach ihrer Geburt von der Mutter getrennt, damit diese mehr Milch gibt. Sie werden mit einem Milchersatz ernährt. In modernen *Boxenlaufställen* können Milchrinder sich frei bewegen. Dabei können sie untereinander Kontakt aufnehmen, was den Herdentieren sehr liegt. Viele Landwirte halten ihre Rinder im Sommer auf der Weide. Von Betrieben mit ökologischer Landwirtschaft wird diese **Freilandhaltung** fast ausschließlich praktiziert. Sie lassen die Kälber in der Herde bei den Müttern. So können die Rinder **artgerecht** leben. Durch das Laufen auf der Weide nehmen die Rinder aber nicht so schnell zu, was den Preis des Rindfleischs verteuert.

1 Moderner Melkstand

1 Beurteile die Freiland- und die Stallhaltung von Rindern bezüglich einer artgerechten Tierhaltung.

2 Formuliere aus Verbrauchersicht Erwartungen an die Landwirte. Berücksichtige auch die Konsequenzen.

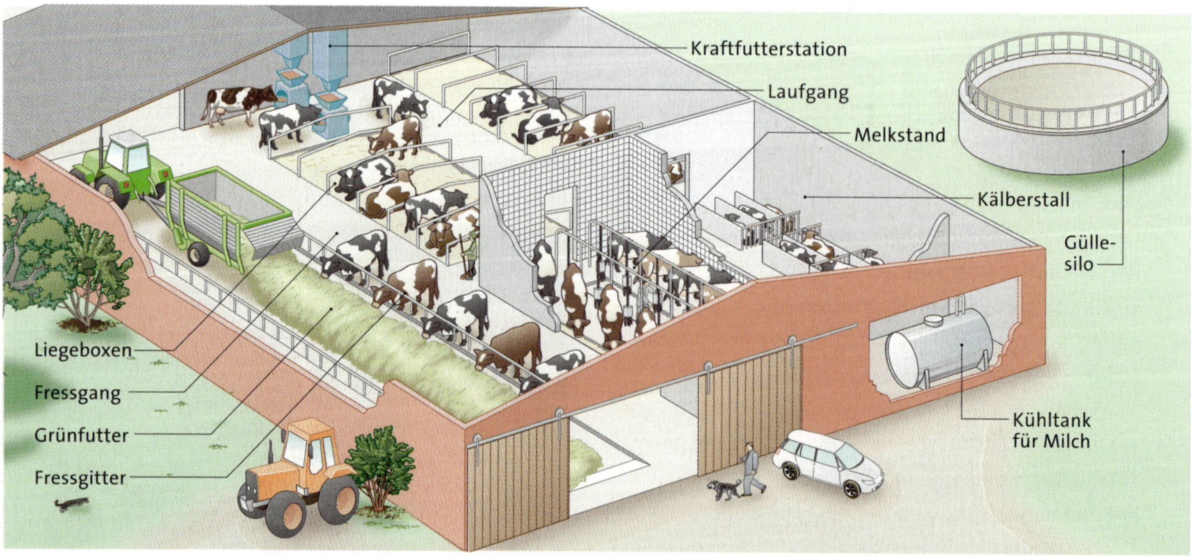

2 Rinderhaltung im Boxenlaufstall

4.9 Rinder stammen vom Wildrind ab

Seit der Eiszeit vor etwa 15 000 Jahren lebten in Europa und Asien zwei Wildrindarten, der **Auerochse** und der **Wisent.** Der Auerochse, auch **Ur** genannt (Abkürzung für »urzeitlicher Ochse«), muss ähnlich ausgesehen haben wie das heutige Parkrind aus England, nur dass sein Fell dunkel war. Auerochsen und Wisente lebten in Herden und bewohnten gebüschreiche, lichte Wälder. Sie ernährten sich von Blättern, Trieben, Zweigen und Rinde sowie von Gräsern und Kräutern. Im Herbst fraßen die Wildrinder Beeren, Eicheln und andere Früchte sowie Pilze. Mit dieser energiereichen Kost bauten sie Fettreserven auf, von denen sie während der frostigen, nahrungsarmen Wintermonate zehren konnten.

Die Steinzeitmenschen jagten die Wildrinder, weil sie deren schmackhaftes Fleisch und wärmende Felle zu schätzen wussten. Malereien in den Felshöhlen von Lascaux in Südfrankreich oder den Höhlen von Altamira in Nordspanien zeigen die Tiere zur damaligen Zeit. Mit der Veränderung der Lebensweise des Menschen vom Jäger und Sammler zum Ackerbauern wurden immer mehr Wälder gerodet. Durch die Zerstörung ihres Lebensraumes und die zunehmende Jagd auf die Wildrinder wurden die Auerochsen bis zum Beginn des siebzehnten Jahrhunderts ganz ausgerottet. Auch die Bestände der Wisente gingen in Europa so weit zurück, dass die Art fast ausstarb. Durch planmäßige Züchtung der wenigen verbliebenen Tiere konnten die Wisente wieder vermehrt und später in einem polnischen Nationalpark ausgewildert werden. Daher gibt es heute wieder frei lebende Wisente in Osteuropa.

Im Gegensatz zum Wisent wurden die Auerochsen vor etwa 6000 Jahren von den damaligen Ackerbauern als Nutztier entdeckt. Auerochsen waren gut für die Haustierhaltung geeignet: Die Milch der Kühe stellte eine eiweißreiche Nahrungsquelle dar und die Kraft der Rinder wurde zum Ziehen schwerer Lasten oder zum Pflügen der Felder genutzt. Die Tiere waren so wertvoll, dass sie nur selten und meist erst in hohem Alter geschlachtet wurden. Durch Weiterzüchtung von Rindern mit besonderen Eigenschaften entstanden im Laufe der Jahrhunderte immer neue **Rinderrassen.** So unterschiedlich diese heute auch aussehen – alle europäischen Rinderrassen lassen sich auf den Auerochsen als Stammform zurückführen.

1 Recherchiere in Büchern oder im Internet die steinzeitlichen Höhlenmalereien. Benutze Stichworte wie »Höhlenmalerei«, »Lascaux« oder »Altamira«. Vergleiche die auf den Fels gezeichneten Rinder mit dem Englischen Parkrind.

2 Erläutere Maßnahmen, mit denen der Mensch das Überleben der Wisente in der freien Natur sichern kann.

3 Informiere dich über Körperbau, Lebensweise und Geschichte des nordamerikanischen Bisons. Halte einen kurzen Vortrag zu diesem Thema.

1 **Wisent**

2 **Englisches Parkrind**

4.10 Das Rind ist ein Wiederkäuer

Geht man an einer Rinderweide entlang, so sieht man einige Rinder im Stehen grasen, während andere ruhig im Gras liegen und die Kiefer kauend bewegen, ohne dabei Nahrung aufzunehmen. Rinder sind **Pflanzenfresser.** Sie umfassen beim Fressen mit ihrer rauen Zunge ganze Grasbüschel, reißen sie ab und schlucken sie unzerkaut hinunter. Auf diese Weise können sie in kurzer Zeit viel Nahrung in ihren Magen aufnehmen.

Zunächst wird die Nahrung im Maul gut eingespeichelt. Dazu können Rinder pro Tag bis zu 150 Liter Speichel bilden. Die eingespeichelte Nahrung gelangt über die Speiseröhre in den *Pansen.* Dies ist der erste von vier Teilen des Rindermagens. Er kann bis zu 200 Liter fassen. Hier wird die Nahrung eingeweicht und mit Hilfe von Bakterien und einzelligen Wimperntierchen für die Verdauung vorbereitet. Durch ständige Bewegungen der Magenwand wird die Nahrung im Pansen gut durchmischt und gelangt dabei in den *Netzmagen.* Dieser Magenteil hat eine netzartige Wandstruktur, wodurch die Nahrung zu kleinen Nahrungsportionen geformt wird. Diese werden über die Speiseröhre wieder ins Maul des Rindes befördert. Nun zerkaut das Tier das Pflanzenmaterial erst richtig, meist 30 bis 60 Minuten nach der Nahrungsaufnahme. Deshalb bezeichnet man Rinder als **Wiederkäuer.**

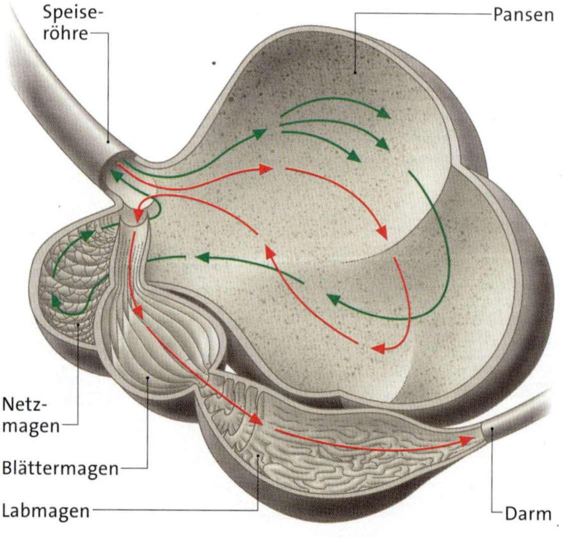

2 Der Weg der Nahrung durch den Magen eines Rindes

1 Rinder auf der Weide

Nach dem Wiederkäuen rutscht der Speisebrei wieder in den Pansen. Durch die Magenbewegung gelangt feines Material in den *Blättermagen,* während das grobe im Pansen verbleibt. Die Wand des Blättermagens enthält zahlreiche Falten, wodurch dessen Oberfläche stark vergrößert wird. Durch diese große Kontaktfläche wird dem Nahrungsbrei das überschüssige Wasser entzogen. Es gelangt durch die Magenwand in den Blutkreislauf und steht dem Tier damit unter anderem wieder für die Speichelproduktion zur Verfügung. Vom Blättermagen wird der eingedickte Nahrungsbrei in den *Labmagen* befördert. Hier findet die eigentliche Verdauung statt. Inzwischen haben nämlich die Bakterien und Wimpertierchen des Nahrungsbreis die Nährstoffe weitgehend in ihre Bausteine zerlegt. Nun werden im Labmagen die Bakterien und Wimpertierchen abgetötet und die Bausteine freigesetzt. Im anschließenden Darmtrakt werden diese durch die Darmwand in das Blut des Rindes aufgenommen. Der unverdauliche Rest wird über den After als Kot ausgeschieden. Gras ist verhältnismäßig nährstoffarm und schwer verdaulich. Deshalb müssen Rinder täglich große Mengen Grünfutter fressen, um ihren Bedarf an Bau- und Betriebsstoffen zu decken. Rinder besitzen einen 50 bis 60 Meter langen Darm. Über diese große Austauschfläche gelingt es, die geringe Nährstoffmenge des Grases weitgehend aufzunehmen.

Mit Hilfe ihres Gebisses können Rinder die pflanzliche Nahrung gut aufnehmen und weiterverarbeiten. In jeder Hälfte des Unterkiefers befinden sich drei große Schneidezähne und ein ebenso großer Eckzahn. Diese

Zähne fehlen im Oberkiefer. Hier befindet sich stattdessen eine verhornte Kauplatte. Kurze Gräser werden wie mit einer Zange zwischen den Schneidezähnen des Unterkiefers und der Hornplatte eingeklemmt und mit einem Ruck abgezupft. Das Zerkleinern der unzerkaut verschluckten Nahrung erfolgt beim Wiederkauen mit den sechs Backenzähnen in jeder Ober- und Unterkieferhälfte. Diese Backenzähne bestehen aus unterschiedlich harten Substanzen, dem harten Zahnschmelz sowie den weicheren Zahnbein und Zahnzement. Da diese Substanzen sich beim Kauen unterschiedlich stark abnutzen, bilden sich scharfe Kanten, die Schmelzfalten. Damit zermahlen Rinder die harten Gräser. Solche Mahlzähne sind typisch für ein **Pflanzenfressergebiss.**

Am Schädel der Rinder befinden sich zwei Knochenzapfen, auf denen die beiden Hörner sitzen. Diese bestehen aus dem gleichen Material wie Haare und Hufe, nämlich aus dem Eiweißstoff Horn. Die großen Augen sitzen seitlich im Schädel. Dadurch haben Rinder eine gute Rundumsicht und können Feinde aus allen Richtungen kommend erkennen. Allerdings können Rinder nicht alle Farben sehen und sind gegenüber Rottönen nahezu blind. Stiere können daher beim Stierkampf nur von der Bewegung des Tuches provoziert werden.

Rinder können bis zu 1300 kg wiegen. Dieser schwere Körper wird von vier stämmigen Beinen getragen. Betrachtet man ein Rinderbein, so scheinen die Gelenke an der falschen Stelle zu sitzen. Das liegt daran, dass ein Teil des Beins von dem massigen Körper verdeckt wird und Rinder auf den Spitzen ihrer Zehen laufen: Sie sind *Zehenspitzengänger.* Wie bei den meisten Säugetieren besteht auch das Vorderbeinskelett eines Rindes aus Oberarmknochen, Elle und Speiche, Handwurzelknochen, Mittelhandknochen und Fingerknochen. Jedoch sind beim Rind Elle und Speiche sowie die Mittelhandknochen jeweils zusammengewachsen, was die Stabilität des Beins erhöht. An jedem Fuß sind zwei Finger besonders kräftig entwickelt und an der Spitze jeweils von einer *Klaue* aus hartem Horn umgeben. Wegen dieser beiden Klauen nennt man Rinder **Paarhufer.** Zwei weitere Zehen sind verkümmert; sie heißen *Afterklauen*. Beim Auftreten auf den Boden spreizen sich die Klauen auseinander. Dies verhindert, dass ein Rind auf weichem Untergrund zu tief einsinkt.

1 Ein Rind frisst täglich 50 bis 100 kg Grünfutter. Erläutere die Verdauung dieser großen Nahrungsmenge.

2 Vergleiche die Backenzähne eines Rindes mit denen einer Katze.

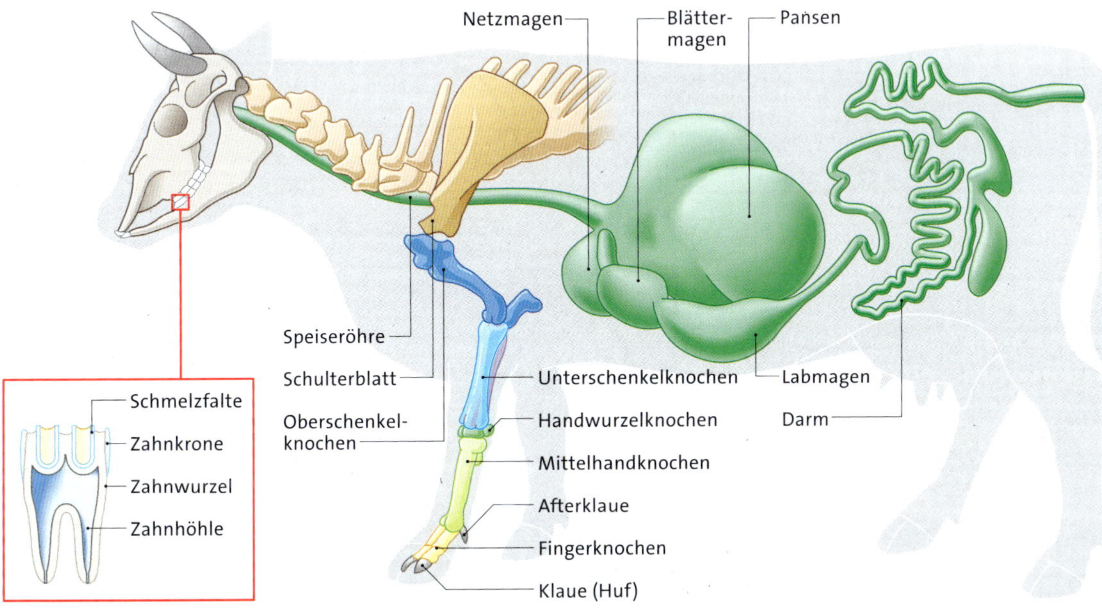

3 Skelett und Verdauungsorgane beim Rind

Methode Erstellung einer Mindmap

Eine **Mindmap** ist eine gute Methode, um Gedanken und Überlegungen zu einem Thema zu sammeln und zu strukturieren. Alle Gedanken, die einem zur Gliederung dieses Themas einfallen, werden notiert. Dabei muss zunächst keine strenge Reihenfolge eingehalten werden. Mit dieser Sammlung von Gedanken (engl. = mind) oder Überlegungen kann eine Art Karte (engl. = map) zu einem Thema entwickelt werden.

In die Mitte eines Papiers, einer Pappe, Folie oder Tafel wird der zentrale Begriff oder das zu bearbeitende Thema geschrieben, zum Beispiel »Verwertung eines Rindes«. Von diesem Thema ausgehend werden Verzweigungen gezeichnet, die *Hauptäste*. Diese gliedern das Thema in einzelne Bereiche und fächern es gleichzeitig auf. Jeder Ast wird mit einem Stichwort beschriftet, das für einen Gedanken oder Gliederungspunkt steht. Dabei sollten nur Substantive verwendet werden, zum Beispiel »Haut« oder »Haare«. Die Hauptäste können wiederum in *Nebenäste* aufgefächert werden, die ebenfalls mit Stichworten oder Symbolen zu beschriften sind, beispielsweise mit »Lederwaren«. Auch dieser Nebenast kann noch einmal untergliedert werden, womit dann die verschiedenen Produkte der Lederwarenindustrie aufgezeigt werden können. Besonders anschaulich wird eine Mindmap, wenn für die Äste unterschiedliche Farben verwendet werden oder wenn sie mit Bildern versehen wird. Ganz einfach geht dies mit einem entsprechenden Computerprogramm.

Eine Mindmap kann besonders gut in Partner- oder Gruppenarbeit erstellt werden. Sie eignet sich sehr gut zur Erarbeitung eines Referates. Auf diese Weise kann man sich zunächst eine Übersicht über die verschiedenen Teilbereiche eines Themas verschaffen. Das erleichtert die Gliederung des Referates.

Diese Methode bietet aber nicht nur die Möglichkeit der Gedankenstrukturierung in der Findungsphase. Sie eignet sich auch gut zur anschaulichen Darstellung von Arbeitsergebnissen. Eine Mindmap stellt also auch eine gute Präsentationsmöglichkeit dar.

1 Erstelle in einer Gruppe eine Mindmap zum Thema »Milch und Milchprodukte«.

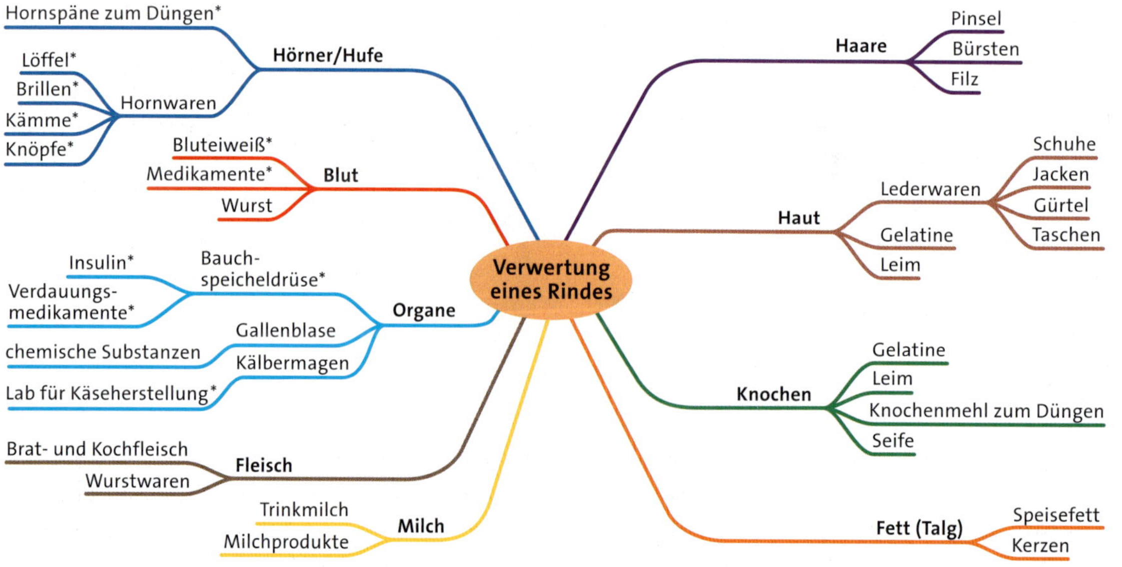

1 **Mindmap zum Thema »Verwertung eines Rindes« (* = früher)**

Wissen kompakt Rinderrassen in der deutschen Landwirtschaft

Name: Holstein-Friesian
Gewicht: Kuh: 650–750 kg, Bulle: 1000–1200 kg
Milchleistung der Kühe: bis 10 000 Liter pro Jahr
Nutzung: Milchrindrasse
Verbreitung: Nord- und Mitteldeutschland

Name: Deutsches Gelbvieh, Frankenvieh
Gewicht: Kuh: 750–850 kg, Bulle: 1100–1300 kg
Milchleistung der Kühe: bis 5500 Liter pro Jahr
Nutzung: fleischbetonte Zweinutzungsrasse
Verbreitung: vorwiegend Niederbayern

Name: Rotes Höhenvieh, hier: Harzer Rotvieh
Gewicht: Kuh: 500–700 kg, Bulle: 750–950 kg
Milchleistung der Kühe: bis 4000 Liter pro Jahr
Nutzung: Zweinutzungsrasse, ehemalige Dreinutzungsrasse
Verbreitung: deutsche Mittelgebirge, hier: Harz

Name: Deutsches Fleckvieh
Gewicht: Kuh: 700–850 kg, Bulle: 1100–1300 kg
Milchleistung der Kühe: bis 7000 Liter pro Jahr
Nutzung: milchbetonte Zweinutzungsrasse
Verbreitung: überwiegend Süddeutschland

1 Vergleiche den Körperbau eines Milchrindes, eines milchbetonten und eines fleischbetonten Zweinutzungsrindes. Analysiere den Zusammenhang zwischen Nutzung und Körperbau der Tiere.

2 Recherchiere im Internet oder in der Literatur, welche Wildrindarten in Nordamerika, Afrika und Asien gehalten und wie sie genutzt werden. Trage die Arten und ihre Nutzung in eine Tabelle ein.

4.13 Das Schwein – ein Allesfresser

Bei einem Waldspaziergang sieht man manchmal stark zerwühlte Bodenflächen. Solche Spuren sind Hinweise auf **Wildschweine.** Die Stammform der Hausschweine lebt auch heute noch in unterholzreichen Laub- und Mischwäldern. Hier finden die Wildschweine ausreichend Nahrung und Deckung. Sie bevorzugen feuchtes, morastiges Gelände mit schlammigen Tümpeln, in denen sie sich wälzen können. Durch dieses *Suhlen* wird die Haut der Schweine mit einer Schlammkruste überzogen, die von lästigem Ungeziefer befreit und davor auch schützt.

Die Wahrscheinlichkeit, einem Wildschwein im Wald zu begegnen, ist recht gering. Diese Tiere sind nachtaktiv und halten sich tagsüber meist versteckt. Sie leben in Familienverbänden, den *Rotten*, zusammen. Eine Rotte besteht aus mehreren Weibchen und ihren Jungen. Wildschweinweibchen werden **Bachen** und ihre Jungen **Frischlinge** genannt. **Keiler** sind geschlechtsreife Wildschweinmännchen. Sie sind Einzelgänger und gesellen sich nur während der Paarungszeit im Spätherbst zu einer Rotte.

1 Bache mit Frischlingen

2 Frischling und Frischlingsspur

3 Kämpfende Keiler

Eine Bache bringt im Frühjahr vier bis zwölf Frischlinge zur Welt. Sie haben auf ihrem braunen Fell helle Längsstreifen, die sich mit zunehmendem Alter verdunkeln. Ausgewachsene Wildschweine zeigen eine grau-braun-gelbliche Fellfärbung mit langen, schwarzen Borsten, weshalb sie auch als Schwarzwild bezeichnet werden.

Wildschweine besitzen, wie alle Schweine, eine rüsselartig verlängerte Schnauze. Diese ermöglicht ihnen eine vielfältige Nahrungssuche. Sie wühlen den Boden nach Wurzeln, Würmern, Insekten, Mäusen oder Maulwürfen um, fressen aber auch Gras und Waldfrüchte wie Kastanien, Eicheln, Bucheckern und Pilze. Im Gebiss der Wildschweine sind die Schneidezähne schräg nach vorn gestellt. So können Wildschweine leicht Gras abzupfen. Auch die hinteren Backenzähne mit ihrer stumpfen Oberfläche dienen der Zerkleinerung pflanzlicher Nahrung. Die vorderen Backenzähne

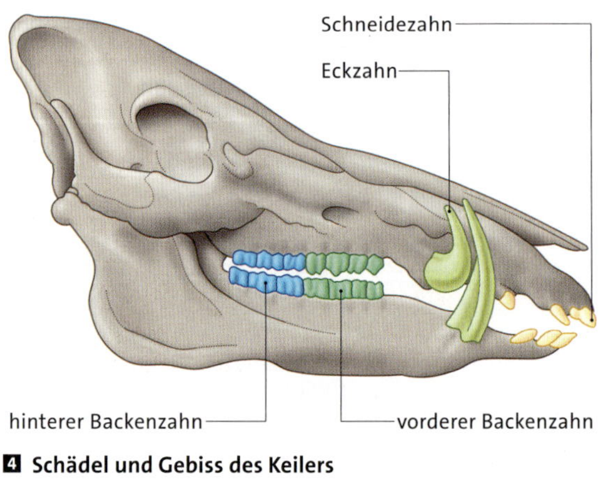

4 Schädel und Gebiss des Keilers

dagegen weisen spitze Kanten auf und ähneln denen eines Raubtiergebisses. Mit diesem Gebiss kann sowohl pflanzliche Nahrung als auch Fleisch zerbissen und gekaut werden. Wildschweine sind **Allesfresser** und ihr Gebiss wird als *Allesfressergebiss* bezeichnet. Eine Besonderheit in diesem Gebiss sind die seitlich aus dem Maul herausragenden, nach oben gerichteten Eckzähne. Sie sind bei Keilern besonders stark ausgeprägt und können bis zu 30 Zentimeter lang werden. Diese *Hauer* arbeiten wie Wetzsteine gegeneinander und wachsen ständig nach. Sie dienen Wildschweinen zum Aufbrechen des Bodens bei der Nahrungssuche oder zum Zerreißen von Fleischteilen. Keiler benutzen sie im Kampf um ein Weibchen auch als Hiebwaffen.

Wildschweinfrischlinge, die von Menschen aufgezogen werden, sind in der Regel sehr zutraulich und an die Pflegeperson gebunden. So fiel es leicht, Schweine in der Nähe des Wohnplatzes zu halten. Die Domestikation der Schweine begann vor etwa 8000 Jahren. Früher wurden die Schweine eines Dorfes oft in den Wald getrieben, um sie Waldfrüchte fressen zu lassen. Die Stallhaltung begann erst später. Im schützenden Stall kann eine **Sau** zwei Mal im Jahr Junge werfen. Die **Ferkel** können unmittelbar nach der Geburt laufen und nach vierwöchiger Säugezeit selbst Nahrung suchen.

Trotz jahrhundertelanger Züchtung des Schweins zum Haupt-Fleischlieferanten haben sich seine Verhaltensweisen nur wenig verändert. Im Freien durchwühlen Hausschweine den Boden und suhlen sich im Schlamm. Die Nahrung der Stalltiere besteht heute

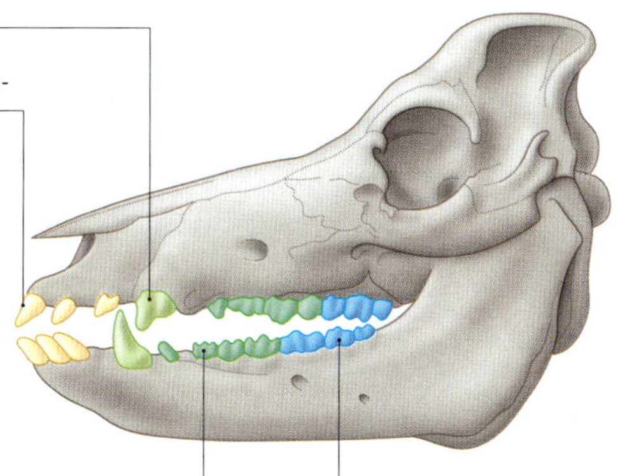

5 Schädel des Hausschweins

6 Sau mit Ferkeln

meist aus Kraftfuttermischungen. Dies führt zu einer schnelleren Gewichtszunahme. Unterstützt wird dies durch den Bewegungsmangel der Mastschweine, die oft in engen Boxenställen gehalten werden.

Schädel- und Gebissform des Hausschweins unterscheiden sich – ebenso wie die Körperform – von der des Wildschweins. Zur Gewinnung weiterer Koteletts wurden Mastschweine mit bis zu fünf weiteren Rippen gezüchtet, wodurch sich ihr Körper verlängerte. Im Gegensatz zur Körperlänge wurden die Beine im Verlauf der Züchtungen immer kürzer und dicker. Schweine laufen auf ihren Zehenspitzen. Da die zwei mit Hufen versehenen Zehen besonders stark ausgeprägt sind, nennt man sie auch **Paarhufer.**

1 Stelle die unterschiedlichen Körpermerkmale von Wild- und Hausschwein in einer Tabelle gegenüber.

2 Stelle Zusammenhänge zwischen Struktur und Funktion der Zähne des Wildschweins her.

3 Fertige eine Mindmap zum Thema »Verwertung des Hausschweins« an.

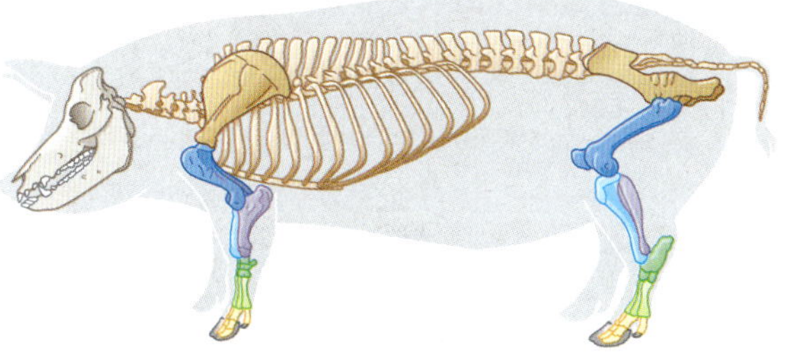

7 Skelett des Hausschweins

4.14 Hühnerhaltung

Mit der Entstehung erster Dörfer im südostasiatischen Verbreitungsgebiet der Bankivahühner begann vor über 5000 Jahren die Geschichte des Haushuhns. In den lichten Wäldern, wie sie in der Nähe von menschlichen Siedlungen entstanden, fanden die Hühner ideale Lebensbedingungen. Die Menschen boten ihnen einerseits reichlich Nahrung und Schutz vor Feinden, entnahmen andererseits aber auch Eier aus den Nestern. Dabei wurde festgestellt, dass die Hühner verloren gegangene Eier durch Nachlegen ersetzen können. Wurden Küken sofort nach dem Schlüpfen vom Menschen aufgezogen, gewöhnten sie sich an ihn. Die Hühner lebten nun ständig im Dorf und wurden in Gehegen und Ställen untergebracht. So konnte man sich einfach mit Fleisch und Federn versorgen, ohne auf die Jagd gehen zu müssen. Diese **Hühnerhaltung** ermöglichte es auch, die Fortpflanzung der Hühner zu kontrollieren und neue Hühnerrassen zu züchten.

Man unterscheidet heute drei Möglichkeiten der Hühnerhaltung. Bei der **Freilandhaltung** werden die Hühner unter Bedingungen gehalten, die ihrer ursprünglichen Lebensweise ziemlich nahekommen. Im großen Auslauf kann die Hühnerschar im Boden nach Nahrung scharren oder im Sand baden. Einzelne Sträucher und Bäume bieten Schutz und Versteckmöglichkeiten. In den auf dem Auslauf verteilten Nestern können die Hennen ihre Eier ablegen. Bei schlechtem Wetter und über Nacht suchen die Tiere den Stall auf. Auch hier gibt es Nester und Scharrmöglichkeiten. Tränken sowie Futterplätze sind ebenfalls vorhanden. Die Hühner schlafen auf erhöht angebrachten Sitzstangen, unter denen sich die Kotgrube befindet. Eine Heizung sorgt bei Kälte für die richtige Temperatur im Stall. Durch den großen Platzbedarf und hohen Arbeitsaufwand ist diese Haltungsmethode mit hohen Kosten verbunden. Außerdem kann die Aufnahme von Krankheitserregern aus der Umwelt nicht verhindert werden.

Aufgrund der stark wachsenden Bevölkerung der Industrieländer stieg die Nachfrage nach Eiern und Hühnerfleisch. Deshalb begannen die Bauern im letzten Jahrhundert, mehr Hühner auf gleichem Raum zu halten. Der Auslauf fällt bei dieser **Bodenhaltung** weg und die Tiere sind das ganze Jahr über im Stall, in dem sie sich frei bewegen können. Der Boden ist zumindest teilweise mit Stroh und Sägespänen bedeckt. Diese Schicht dient den Hühnern zum Scharren, Picken und Staubbaden. Etwa die Hälfte der Stallfläche nimmt der mit einem Drahtgitter bespannte Kotkasten ein. Über ihm sind Sitzstangen angebracht, auf denen die Hühner schlafen und ruhen. Zur Eiablage suchen die Hennen Nester in Holzkästen auf. Der Arbeitsaufwand für das Einsammeln der Eier und das Reinigen des Stalles ist hoch.

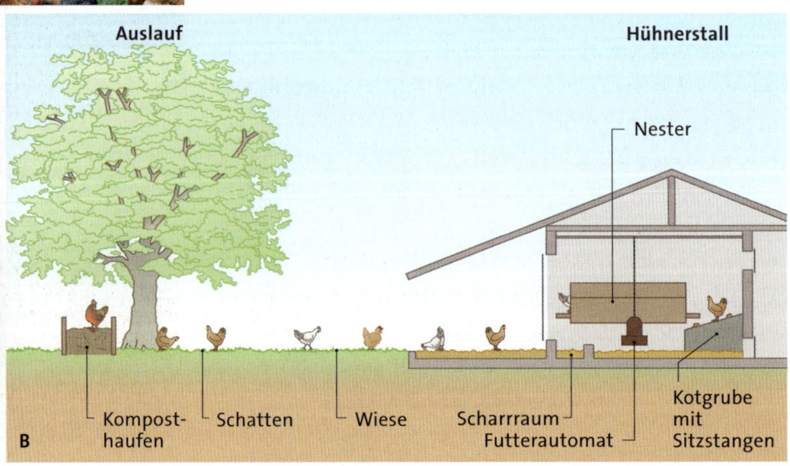

1 Freilandhaltung. **A** Foto; **B** Schema

Die **Käfighaltung** wurde entwickelt, um möglichst preiswert Eier und Hühnerfleisch zu produzieren. Vier Tiere werden in einem 45 Zentimeter hohen Drahtkäfig gehalten, dessen Grundfläche etwa doppelt so groß ist wie dieses aufgeschlagene Lehrbuch. Die Käfige stehen in geschlossenen, fensterlosen Ställen in mehreren Etagen übereinander. Licht, Lufttemperatur und Luftfeuchtigkeit werden reguliert. Nahrung bekommen die Hühner von einem Förderband und Wasser erhalten sie, indem sie gegen ein Röhrchen picken, aus dem dann kurz ein kleiner Strahl rinnt. Der Kot fällt durch den Gitterboden auf ein Förderband. Ein drittes Band transportiert die auf dem schrägen Käfigboden nach vorn rollenden Eier ab. Die Hühner legen etwas mehr Eier und wachsen schneller als unter den anderen Haltungsbedingungen, da die mit der Nahrung aufgenommenen Stoffe und deren Energie kaum für Bewegungen genutzt werden. Dennoch ergeben sich bei der Käfighaltung zahlreiche Probleme. In den engen Käfigen nutzen sich die Federn an den Gittern ab. Außerdem kommt es zu Verletzungen, wenn sich die zusammengedrängt lebenden Hennen gegenseitig bepicken. Durch das Stehen auf dem Drahtgitter können sich die Krallen verformen und Geschwüre an den Zehenballen bilden. Im Vergleich zur Freilandhaltung ist bei der Boden- und bei der Käfighaltung das Risiko einer Infektion mit Krankheitserregern aus der Umwelt deutlich geringer. Bei der Käfighaltung entfällt außerdem die Möglichkeit einer Ansteckung über die Bodenstreu.

Massive Kritik an der nicht artgerechten Käfighaltung führte in den letzten Jahren zur Einführung der **Kleinvolierenhaltung.** Bei dieser Haltungsform teilen sich etwa 30 Hühner einen Käfig, der jedem von ihnen ungefähr zwei Handflächen mehr Platz bietet als die Käfighaltung. Der Gitterboden ist teilweise mit einer Matte bedeckt, die dem Kunstrasen auf Fußballplätzen ähnelt. Darauf sind Holzspäne verstreut, in denen die Hühner scharren und ein »Sandbad« nehmen können. Die Käfighöhe von 60 Zentimetern macht es möglich, erhöhte Sitzstangen anzubringen. Die anderen Bedingungen, wie zum Beispiel fehlende Flugmöglichkeiten, sind ähnlich wie bei der Käfighaltung.

1 Vergleiche die Lebensbedingungen der Hühner bei der Käfighaltung und der Freilandhaltung.

2 Formen der Hühnerhaltung. A Bodenhaltung; **B** Käfighaltung; **C** Kleinvolierenhaltung

4.15 Das Haushuhn – Fortpflanzung und Entwicklung bei Vögeln

Der Hahn lockt eine Henne zu sich, indem er kräht, mehrmals mit den Füßen scharrt, zurücktritt und auf den Boden pickt. Dieses Verhalten macht die Henne aufmerksam. Sie kommt heran und sucht nach dem vom Hahn angezeigten Futter. Diese Situation nutzt der Hahn für die **Paarung** aus, die mit der Begattung abgeschlossen wird. Dabei pressen beide ihre Kloaken aufeinander, sodass die Spermien vom Männchen in das Weibchen übertragen werden können.

1 **Hahn lockt Henne an**

Im Eierstock der Henne reifen Eizellen heran, die eine große Menge an Nährstoffen enthalten, den gelben *Dotter.* Das Eigelb eines Vogeleis entspricht einer einzigen großen Zelle, der Eizelle. Sobald diese Dotterkugeln in den Eileiter gelangen, können sie befruchtet werden. Im Lauf der weiteren Entwicklung entsteht durch Zellteilung aus einem Teil des Dotters eine Keimscheibe. Aus dieser Keimscheibe entwickelt sich der Embryo, der zum jungen Vogel heranwächst. Auch wenn ein Ei nicht befruchtet wurde, gelangt es für etwa zwölf Stunden in einen besonders drüsenreichen Abschnitt des Eileiters. Hier wird ihm ein zweites Nährstoffdepot mitgegeben, das *Eiklar.* In dieses Eiklar sind feste Eiweißfäden eingelagert, die man als *Hagelschnüre* bezeichnet. Sie halten die Dotterkugel in der Mitte des Eies.

Am Ende des Eileiters wird das Ei von zwei Schalenhäuten umgeben, die am stumpfen Ende eine Luftkammer zwischen sich einschließen. Abschließend erhält das Ei in der Schalendrüse eine stabile Kalkschale. Diese weist über 10 000 winzige Poren auf, durch die der Embryo Sauerstoff und Kohlenstoffdioxid mit seiner Umwelt austauscht.

In die Schale können zusätzlich Farbstoffe eingelagert werden. Bei wildlebenden Vogelarten treten dabei Angepasstheiten auf: Spechte und Eisvögel, die geschützt in Höhlen brüten, legen reinweiße Eier. Möwen und Watvögel, die am Boden nisten, haben Eier, die auf bräunlichem Grund dunkel gefleckt sind.

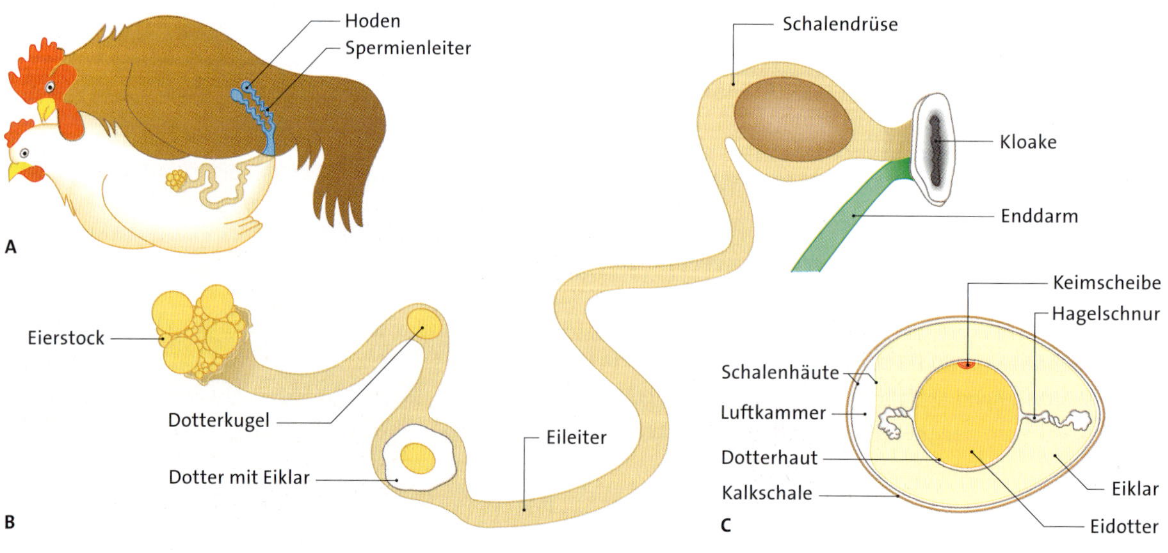

2 **Entstehung eines Eies.** **A** Begattung; **B** Bildung des Eies; **C** Längsschnitt durch das fertige Ei

Etwa 20 Stunden nach der Befruchtung wird das Ei im Nest abgelegt, wo es geschützt ist. Entfernt man das Ei nicht, so legt die Henne jeden Tag ein weiteres, bis das *Gelege* mit etwa 14 Eiern vollständig ist.

Für die weitere Entwicklung des Embryos muss das Ei ständig warm gehalten werden. Die Glucke, so nennt man die Mutterhenne, sitzt dabei fast ununterbrochen auf dem Gelege und wärmt es mit ihrem Körper. Dieses Verhalten wird als *Brüten* bezeichnet. Damit die Eier nicht von unten her auskühlen, werden sie von der Glucke regelmäßig gewendet. Dabei dreht sich die an den Hagelschnüren hängende Dotterkugel immer so, dass die Keimscheibe nach oben zum warmen Bauch der Glucke zeigt.

Sechs Tage nach der Eiablage hat ein Netz von Blutgefäßen den Dotter umwachsen. In ihnen transportiert das vom Schlag des winzigen Herzens in Bewegung gesetzte Blut die Nährstoffe des Dotters zum Embryo. Ab dem dritten Tag der Bebrütung wird das Eiklar als weiterer Nährstoffspender genutzt. Vom siebten Tag an fallen am Kopf die verhältnismäßig großen Augen auf. Am 14. Tag wiegt das Küken schon zehn Gramm. Flügel und Beine sind gut sichtbar, auch die Federn sind herangewachsen.

Ab dem 20. Tag ist das Küken bereit zum Schlüpfen. Es nimmt die letzten Reste des Dotters als Nährstoffvorrat für die ersten Tage nach dem Schlupf in seinen Körper auf. Mit einem harten Höckerchen auf dem Oberschnabel, dem *Eizahn,* zerreißt das Küken am 21. Tag die beiden Schalenhäute und ritzt von innen die Kalkschale an. Durch Picken vergrößert es das entstandene Loch und drückt gegen die Schale, bis diese aufbricht.

Das Küken ist mit einem dichten Flaum aus gelben Daunenfedern bedeckt. Es folgt sofort den Rufen der Glucke und pickt nach der von ihr freigescharrten Nahrung. Hühner sind, genau wie Enten und Gänse, Nestflüchter. Schnell lernt das Küken von der Mutter, Fressbares von Ungenießbarem zu unterscheiden. Auch lernt es die Lage der Orte, an denen viel Nahrung zu finden ist. Die Glucke beschützt das Küken vor Feinden und nimmt es bei Kälte und Nässe unter ihr Gefieder.

1 Stelle die Entwicklung des Eies im Huhn in einer Tabelle dar. Verwende dafür die Spaltenüberschriften Ort und Vorgang.

2 Begründe, warum das Küken die Eierschale am stumpfen und nicht am spitzen Pol durchbricht.

3 Heutzutage werden die meisten Hühner in Brutapparaten ausgebrütet. Nenne drei Bedingungen, auf die dabei geachtet werden muss. Begründe jeweils die Bedeutung der Bedingungen.

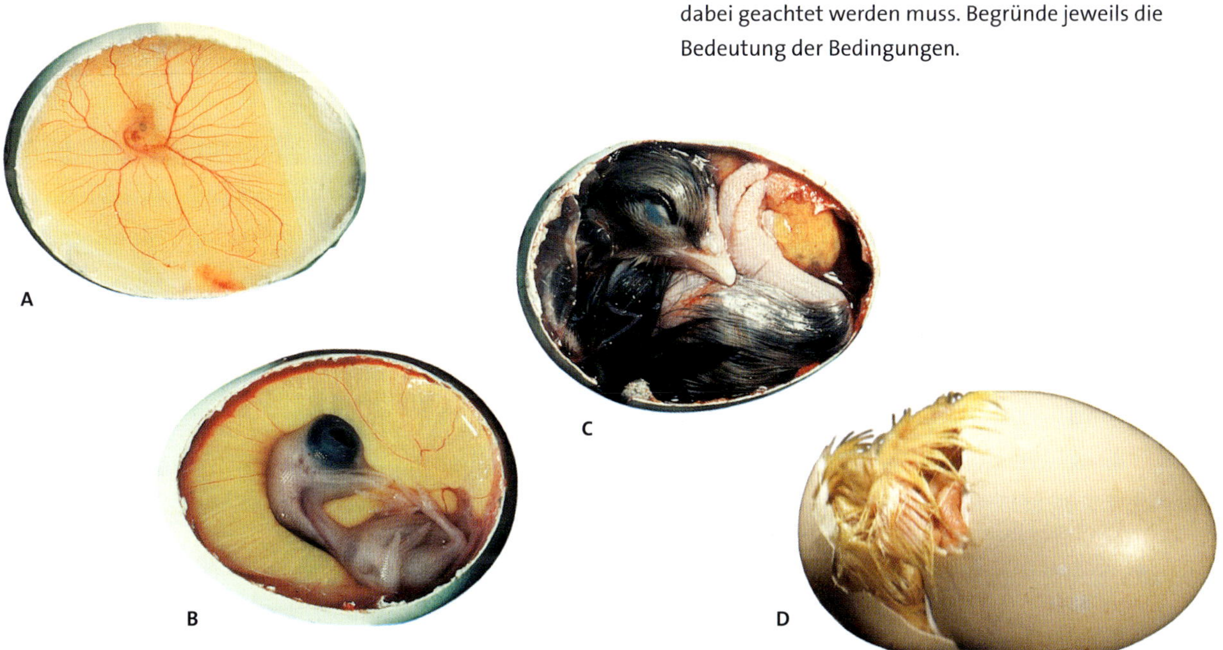

3 Hühnchenentwicklung. **A** 6. Tag; **B** 14. Tag; **C** 20. Tag; **D** Schlupf am 21. Tag

Aufgaben und Versuche Haus- und Nutztiere

A1 Schädel- und Gebissformen

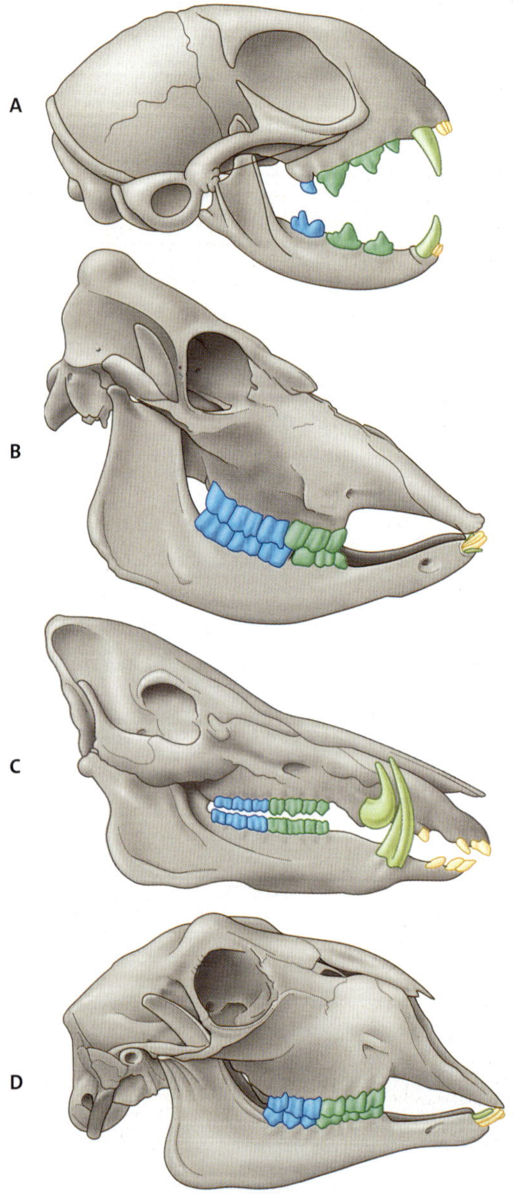

Aufgaben:

a) Ordne die Abbildungen A bis D den vier Säugetierarten Schwein, Katze, Ziege und Rind zu. Nenne die jeweiligen Gebisstypen.

b) Vergleiche in einer Tabelle Struktur und Funktion der Zahnformen und der Gebisse.

A2 Trittsiegel

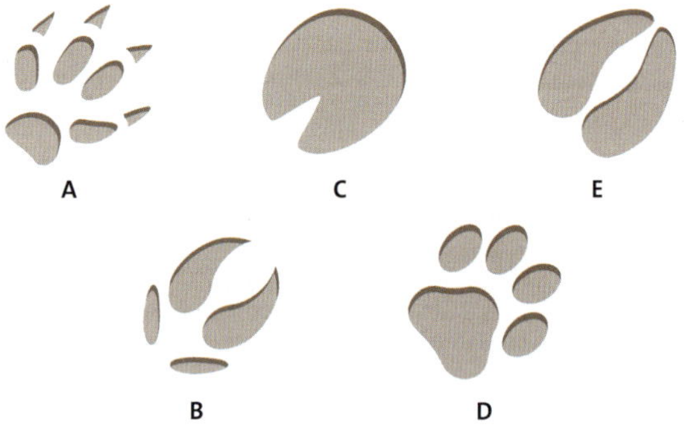

Aufgabe: Die Abbildung zeigt die Fußabdrücke, auch Trittsiegel genannt, der Säugetierarten Hund, Katze, Rind, Pferd und Schwein. Ordne sie den entsprechenden Tierarten zu und begründe die Zuordnung.

A3 Fortbewegungsweise von Säugetieren

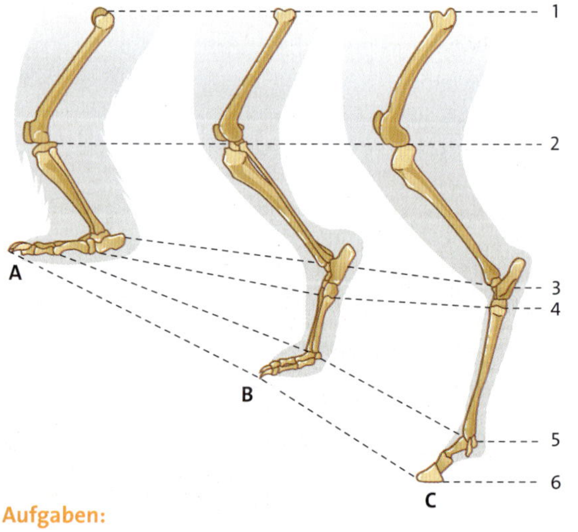

Aufgaben:

a) Ordne die Beinskelette den Säugetierarten Hund, Bär und Pferd zu.

b) Benenne die Knochen, die sich jeweils zwischen den Linien 1 bis 6 befinden, und vergleiche ihre Lage zueinander.

c) Sohlengänger wie der Mensch berühren beim Gehen den Boden mit dem ganzen Fuß. Erkläre die Fortbewegungsweise der abgebildeten Säugetierarten.

A4 Verdauung bei Säugetieren

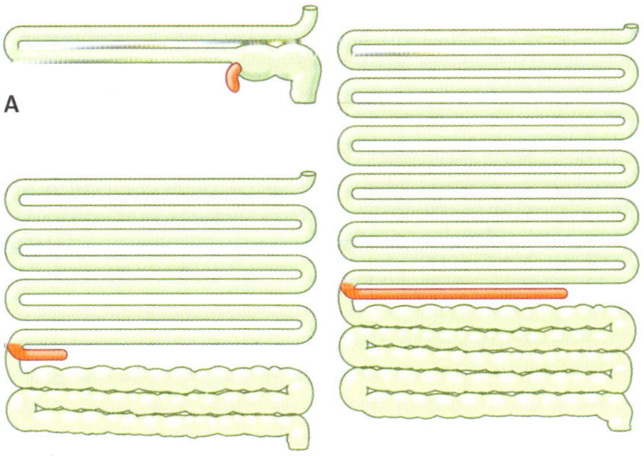

Aufgaben:

a) Die Abbildungen A bis C zeigen den Darm der Säugetierarten Katze, Rind und Schwein. Ordne die Abbildungen den entsprechenden Tierarten zu und begründe deine Zuordnung.

b) Vergleiche Ernährung und Verdauung bei Rind und Pferd. Erläutere Übereinstimmungen und Unterschiede.

A5 Brutpflege bei Säugetieren

Aufgaben:

a) Recherchiere die Brutpflege der Wildschweine und beschreibe sie.

b) Vergleiche die Jungenaufzucht von Wildschweinen und Katzen.

c) Stelle in einer Tabelle die beiden Formen der Brutpflege bei Säugetieren gegenüber und nenne jeweils einige Beispiele.

A6 Dressur von Säugetieren

Aufgaben:

a) Tiger sind natürliche Feinde der Pferde. Diskutiert in der Gruppe, welche Verhaltensweisen den beiden Tieren in der Abbildung abdressiert werden mussten, um diese Zirkusnummer zu ermöglichen.

b) Säugetiere eignen sich unterschiedlich gut zur Dressur. So lassen sich Katzen nur schlecht abrichten, Pferde dagegen gut. Stelle eine begründete Vermutung auf.

A7 Eier legende Wollmilchsau

Aufgaben:

a) Die Abbildung zeigt ein Fabeltier, das die positiven Eigenschaften einiger Nutztiere des Menschen in sich vereint. Nenne die Eigenschaften dieses Fabeltieres, die der Mensch nutzen könnte.

b) Stelle Überlegungen an, ob die Züchtung eines solchen Tieres möglich wäre und erläutere.

4.16 Säugetiere lassen sich ordnen

Auf Expeditionen in unerforschte Regionen der Erde werden auch heute noch hin und wieder unbekannte Säugetiere gefunden. So entdeckte man in den neunziger Jahren des letzten Jahrhunderts eine relativ große neue Art in Vietnam und Laos in Südostasien. Die Wissenschaftler standen vor dem Problem, die neue Art in die Vielfalt schon bekannter Arten einzuordnen. Die Teildisziplin der Biologie, die das leistet, ist die **Systematik.**

Das Ordnungsprinzip besteht darin, dass man Merkmale sucht, in denen verschiedene Lebewesen übereinstimmen. So ist es für Säugetiere typisch, dass sie ihre Jungen nach der Geburt säugen, daher haben sie auch ihren Namen. Die Gruppe der Säugetiere wird als **Klasse** bezeichnet. Auch die neu gefundene Art säugt ihre Jungen und gehört deshalb zu den Säugetieren. Daneben gibt es noch weitere Klassen wie die Vögel oder Fische.

1 Neu entdeckte Tierart in Vietnam

Innerhalb einer Klasse unterscheidet man mehrere **Ordnungen,** deren Mitglieder jeweils wieder gemeinsame Merkmale zeigen. Rinder, Hirsche und Rehe haben an jedem Fuß zwei Zehen mit einem Huf. Pferde, Esel und Zebras haben jeweils nur eine Zehe mit einem Huf.

Aufgrund dieses Merkmals unterscheidet man die beiden Ordnungen der Paarhufer und Unpaarhufer. Die neue Art tritt jeweils mit zwei verhornten

2 Einordnung der neu gefundenen Tierart in die Klasse der Säugetiere

Zehen auf, sie gehört deshalb zu den Paarhufern. Bei den Paarhufern sind die Unterschiede zwischen den einzelnen Tierarten augenfällig. Reh und Rothirsch tragen beispielsweise ein Geweih, während die Rinder Hörner haben. Daher unterscheidet man innerhalb einer Ordnung kleinere Untergruppen, die **Familien.** Rothirsch und Reh gehören zum Beispiel zur Familie der Hirsche, während das Rind zur Familie der Hornträger gehört. In der Ordnung der Paarhufer gibt es noch weitere Familien wie die der Schweine, der Kamele und der Giraffen. Bei den Unpaarhufern hingegen haben alle Tiere einen ähnlichen Körperbau. Deshalb besteht diese Ordnung nur aus einer einzigen Familie, den Pferdeartigen. Die neu gefundene Art trägt Hörner und gehört zur Familie der Hornträger.

Auch innerhalb dieser Familie gibt es wieder kleinere Gruppen, die sich in ihren Merkmalen jeweils ähnlicher sind. Sie werden als **Gattungen** bezeichnet. So gibt es die Gattung der Rinder, die der Bisons und so weiter. Die neue Art konnte keiner bekannten Gattung zugeordnet werden, deshalb wurde für sie die neue Gattung der Waldrinder aufgestellt. Innerhalb einer Gattung unterscheidet man wiederum einzelne **Arten** voneinander. Dabei versteht man unter einer Art alle Lebewesen, die miteinander fruchtbare Nachkommen zeugen können. Die neu entdeckte Art wurde nach ihrem Herkunftsgebiet als Vietnamesisches Waldrind oder *Saola* bezeichnet. Die Systematik beruht jedoch nicht nur auf Ähnlichkeiten. Vielmehr liegt ihr die Annahme zugrunde, dass diejenigen Arten, die sich ähneln, auch näher miteinander verwandt sind. Demnach sind Arten einer Gattung eng miteinander verwandt, während Arten verschiedener Ordnungen einer Klasse nur noch entfernt miteinander verwandt sind.

- Klasse: Säugetiere
  - Ordnung: Paarhufer
    - Familie: Hornträger
      - Gattung: Waldrinder
        - Art: Vietnamesisches Waldrind
      - Gattung: Rinder
        - Art: Ur
          - Rasse: Hausrind
      - Gattung: Bisons
        - Art: Wisent
        - Art: Bison
    - Familie: Hirsche
      - Gattung: ....
    - Familie: Schweine
      - Gattung: ....

3 Ordnung der Paarhufer im System der Säugetiere

Es bereitet mitunter Schwierigkeiten, Haus- und Nutztiere in das System der Tiere einzuordnen. An welcher Stelle sollte beispielsweise das Hausrind eingeordnet werden? Es ist keine natürliche Art, sondern durch Züchtung aus der Stammart Wildrind oder Ur entstanden. In manchen Systematiken wird es deshalb als *Unterart* des Ur geführt. Dabei gibt es *das* Hausrind als solches gar nicht. Schwarzbuntes Niederungsvieh oder Fleckvieh werden als *Rassen* bezeichnet. Dieser Begriff wird auch auf alle anderen Haus- und Nutztierformen angewendet, die durch Züchtung entstanden sind.

1 Erstelle für Gepard, Leopard, Puma, Löwe, Jaguar und Serval einen Ordner entsprechend dem der Paarhufer.

5 Naturschutz

5.1 Gefährdung einheimischer Arten

Einmal im Jahr suchen geschlechtsreife Erdkröten die Gewässer auf, in denen sie selbst aufgewachsen sind, und laichen dort ab. Häufig befinden sich diese Laichgewässer aber nicht in der direkten Nachbarschaft zu ihren Winterquartieren und den Lebensräumen im Sommer. Daher unternehmen Kröten oft ausgedehnte Wanderungen. Müssen sie dabei Straßen überqueren, sind sie besonders gefährdet. Wegen ihrer langsamen Fortbewegung und ihrem Verhalten, sich bei Gefahr auf den Boden zu ducken, werden sie leicht Opfer des Straßenverkehrs.

Die größte Gefahr für die einheimischen Amphibien besteht in der Veränderung der Landschaft durch die Menschen. So wurden in der Vergangenheit Kleingewässer und Feuchtgebiete trockengelegt, um diese Flächen landwirtschaftlich nutzen zu können. Dadurch wurden den Kröten auch mögliche Laichgewässer genommen. Als Folge einer intensiven Landwirtschaft in der Nähe der wenigen verbliebenen Gewässer gelangen Stoffe in das Wasser, die die Entwicklung der Larven stören. Daher sind alle einheimischen Amphibien stark gefährdet und besonders geschützt.

Ebenso wie Erdkröten bringt die Große Moosjungfer, eine Libelle, mehrere Jahre ihrer Entwicklung in Kleingewässern zu. Die Männchen tragen auf dem sonst dunklen Hinterleib einen charakteristischen, zitronengelben Fleck. Bei den Weibchen ist der Hinterleib mit mehreren großen, dottergelben Flecken gezeichnet. An diesen Flecken erkennen sich Männchen und Weibchen. Das Weibchen legt die befruchteten Eier im Flug auf die freie Wasseroberfläche ab. Aus den Eiern schlüpfen räuberische Larven, die sich in den nächsten zwei Jahren im dichten Uferbewuchs des flachen Wassers aufhalten. Am Ende ihrer Entwicklung verlassen die Larven das Wasser und klettern an Pflanzenhalmen hoch. Dort schlüpfen aus den Larven die flugfähigen Libellen.

Die Erdkröte und die Große Moosjungfer sind in gleichem Maße gefährdet. Werden nämlich die Lebensräume, die sie für ihre Entwicklung benötigen, durch Entwässerung oder durch Schadstoffeinträge nachhaltig verändert, so verschwinden beide Arten. Nur Schutzmaßnahmen wie die Pflege und die Schaffung von geeigneten Kleingewässern sowie der Verzicht auf intensive Landwirtschaft in der Gewässernähe ermöglicht es ihnen zu überleben.

1 Gefährdete Tiere. **A** Laichgewässer; **B** Laichendes Erdkrötenpaar; **C** Moosjungfer

Bei den Pflanzen ist die Situation ähnlich: Beispielsweise ist der Frauenschuh, eine heimische Orchidee, ebenfalls stark gefährdet. Er besitzt außergewöhnlich große Blüten, die in strahlendem Gelb und Rot leuchten. Lichte Buchenwälder mit kalkhaltigen Böden sind der Lebensraum des Frauenschuhs. Nur hier gedeihen im Boden auch bestimmte Pilze, die der Frauenschuh zum Wachstum benötigt.

Wegen der schönen Blüten wurde der Frauenschuh in der Vergangenheit häufig ausgegraben, um ihn im eigenen Garten zu pflanzen. Seine Überlebenschancen dort sind jedoch gering, da die entsprechenden Bodenpilze fehlen. Für den deshalb stets notwendigen Nachschub an Frauenschuh plünderten Hobbygärtner die natürlichen Bestände.

Noch schwerwiegender für den Frauenschuh ist der zunehmende Verlust seiner natürlichen Lebensräume. Diese Pflanzenart ist wegen ihres hohen Lichtbedarfs auf helle Wälder angewiesen. Heute sind diese weitgehend verschwunden. Vor allem das Aufforsten mit dicht gepflanzten Fichten und Kiefern ändert den Charakter des Waldes. Anspruchsvolle Waldpflanzen wie der Frauenschuh finden in solchen Wäldern keine geeigneten Lebensräume mehr und verschwinden.

Wie der Frauenschuh ist auch eine andere Orchidee, die Vogel-Nestwurz, sehr selten geworden. Ihre Blüten sind sehr unscheinbar. Sie wird daher kaum von Hobbygärtnern gesammelt. Trotzdem ist auch sie stark gefährdet. Entscheidend für ihr Verschwinden ist, dass diese Pflanze ähnlich wie der Frauenschuh nur in hellen, lichten Wäldern wächst, die immer seltener werden.

Will man stark gefährdete Pflanzen und Tiere bei uns erhalten, ist eine Vielzahl von Maßnahmen erforderlich. Zum einen werden diese Lebewesen durch Aufnahme in die so genannte Rote Liste gesetzlich unter besonderen Schutz gestellt. Dies bedeutet, dass das Pflücken und Ausgraben geschützter Pflanzen verboten ist. Geschütze Tiere dürfen nicht gestört oder aus ihren Lebensräumen entfernt werden. Daneben ist es aber ebenso wichtig, geeignete Lebensräume für geschützte Arten langfristig zu erhalten. Dazu werden die betreffenden Lebensräume auch unter Schutz gestellt. Häufig versucht man auch, geeignete Lebensräume neu zu schaffen.

1 Erkundige dich beim örtlichen Förster oder bei Naturschutzorganisationen, welche Pflanzen und Tiere in der Umgebung deines Wohnortes geschützt sind.

2 Gefährdete Pflanzen. **A** Orchideenwald; **B** Frauenschuh; **C** Vogel-Nestwurz

1 Anlegen eines Schulteiches als Laichgewässer

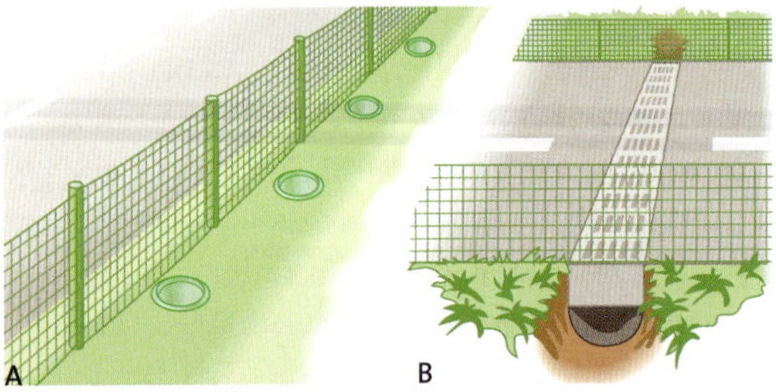

2 Krötenzaun und Krötentunnel

3 Schutzmaßnahmen bei der Krötenwanderung

5.2 Schutz von Lurchen

Wird im Herbst ein Schulteich angelegt, so kann man mit etwas Glück im folgenden Jahr die Paarung von Lurchen wie zum Beispiel Erdkröten beobachten. Die erwachsenen Tiere besiedeln im Frühjahr auf der Suche nach geeigneten Laichgewässern auch ohne Hilfe des Menschen neue Gewässer.

Die natürlichen Lebensräume von Lurchen werden im Siedlungsgebiet des Menschen immer seltener. Deshalb sind künstliche Kleingewässer eine wichtige Maßnahme zum Schutz dieser Tiere. Oft finden Erdkröten und Molche schon in sehr kleinen Teichen gute Bedingungen für die Fortpflanzung und die Entwicklung ihrer Larven. Aber auch der Erhalt vorhandener Laichgewässer kann das Überleben der gefährdeten Arten in einem Gebiet sichern. Die Vermeidung von Wasserverschmutzungen und ein gleich bleibender Wasserstand sind Grundvoraussetzungen dafür, dass Erdkröten ein Gewässer zur Fortpflanzung nutzen können.

Kleine Teiche müssen regelmäßig gepflegt werden. So ist es zum Beispiel wichtig, aufkommenden Pflanzenwuchs von Zeit zu Zeit vorsichtig zu entfernen, damit der Teich nicht zuwächst. Pflegemaßnahmen an einem Laichgewässer müssen meist in mühevoller Handarbeit geleistet werden, da der Einsatz von Maschinen die dort lebenden Tiere beeinträchtigen würde.

Neben dem Schutz der Lebensräume kann den gefährdeten Arten auch direkt geholfen werden. Die Naturschutzgesetze verbieten die Störung und die Entnahme von Amphibien und deren Larvenstadien aus ihren Lebensräumen. Somit ist auch das Einsetzen von Lurchen in einen neu angelegten Teich streng untersagt. Durch den Einbau von Krötentunneln kann man Amphibien die sichere Querung von Straßen ermöglichen. An Straßen, welche die Wanderrouten durchschneiden, werden Krötenzäune aufgestellt. Sie verhindern, dass die Tiere unkontrolliert auf die Fahrbahn geraten. Die Lurche können entlang der Schutzzäune mit Eimerfallen gefangen, regelmäßig eingesammelt, gezählt, bestimmt und über die Straße getragen werden.

1 Erläutere, warum Lurche nicht durch den Menschen in neue Gewässer umgesiedelt werden dürfen.

5.3 Fledermäuse müssen geschützt werden

An warmen Sommerabenden verlassen Fledermäuse bei Anbruch der Dunkelheit ihre Verstecke und begeben sich auf ihren Beutefang. Ihre Nahrung, hauptsächlich Nachtfalter, erbeuten sie stets im Flug. Fledermäuse sehen schlecht. Sie orten ihre Beute mit Ultraschallrufen. Dazu stoßen sie für den Menschen unhörbare Schreie aus, die von Hindernissen als Echo zurückgeworfen werden. Nach Ende des Beuteflugs kehren sie wieder in ihre Verstecke zurück und verbringen dort die helle Tagzeit. In diesen Tagesverstecken bringen die Weibchen auch jeweils ein Junges zur Welt. Die kalte Jahreszeit überbrücken Fledermäuse durch einen Winterschlaf. Dazu suchen sie im Herbst in frostsichere Höhlen auf.

Fledermäuse brauchen für ihre Jagd freies Gelände mit zahlreichen, in der Nacht fliegenden Insekten. Durch den Einsatz von Giften in der Landwirtschaft werden die Beuteinsekten der Fledermäuse stark dezimiert. Außerdem benötigen sie für den Tag und die Aufzucht ihrer Jungen sowie für den Winterschlaf geeignete Versteckmöglichkeiten. Durch die Modernisierung von Gebäuden und das Verschließen von geeigneten Höhlen sowie alten Kellergewölben gibt es immer weniger derartiger Versteckmöglichkeiten. Fledermäuse sind in Deutschland daher selten geworden und gelten als stark gefährdet.

1 Graues Langohr

Der Mangel an Sommerquartieren lässt sich einfach beheben. So kann man durch Aufhängen von speziellen Fledermauskästen oder durch Öffnungen und Spalten im Dachbereich von Gebäuden einen Ersatz für fehlende Baumhöhlen schaffen. Höhlen, die Fledermäusen bekanntermaßen als Winterquartier dienen, kann man durch Vergitterung der Eingänge wirksam vor unerwünschten Besuchern schützen. Auf Ruhestörungen im Winter reagieren Fledermäuse besonders empfindlich. Sie wachen auf und verbrauchen dabei einen Teil ihrer für den Winterschlaf notwendigen Fettreserven.

1 Beschreibe mögliche Schutzmaßnahmen für Fledermäuse und erkundige dich bei örtlichen Naturschutzgruppen nach durchgeführten Maßnahmen.

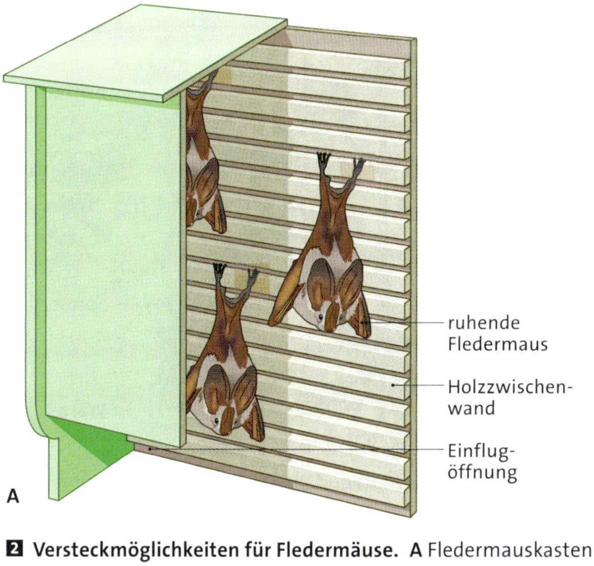

2 Versteckmöglichkeiten für Fledermäuse. **A** Fledermauskasten; **B** Sommerquartier

Wissen vernetzt Vielfalt von Lebewesen

A1 Kaninchen in Australien

Seitdem Australien von den Europäern besiedelt wurde, sind dort insgesamt 20 Beuteltierarten und 16 Vogelarten ausgestorben. Weitere Arten sind entweder gefährdet oder stehen unmittelbar vor dem Aussterben. Der Grund dafür liegt unter anderem in der Einfuhr fremder Arten nach Australien.

Als besonders schädlich erwies sich das Europäische Wildkaninchen, von dem 1859 zehn Exemplare als zusätzliches Jagdwild freigelassen wurden. Man schätzt, dass sich die Kaninchen im frühen 20. Jahrhundert bereits auf 500 Millionen Tiere vermehrt hatten. Zu diesem Zeitpunkt waren die Kaninchen zu einem ernsthaften Futterkonkurrenten der riesigen Schafherden geworden und die australischen Schaffarmer beschlossen, die Kaninchenplage mit einer weiteren europäischen Art einzudämmen, dem Fuchs. Also wurden einige Füchse importiert und freigelassen. Sie gediehen in ihrer neuen Heimat prächtig, ohne dass die Zahl der Kaninchen abnahm. Dafür wurden nach kurzer Zeit am Boden brütende Vögel sowie kleine Beuteltiere selten.

Aufgaben:

a) Stelle begründete Vermutungen an, warum sich die Wildkaninchen in Australien in den ersten Jahren explosionsartig vermehren konnten.

b) Erläutere, was sich die australischen Schafzüchter von der Einbürgerung des Fuchses versprachen.

c) Begründe, warum die Schafzüchter von falschen Voraussetzungen ausgingen, als sie den Fuchs in Australien einführten.

d) Erkläre mit Hilfe des Basiskonzepts System die Veränderungen in der australischen Tierwelt, die durch Einführung von Wildkaninchen und Fuchs auftraten.

A2 Das Geheimnis der Vanille

Die Vanille ist eine Orchidee, deren Früchte als Gewürz sehr begehrt sind. Ursprünglich wuchs die Vanille nur in Mittelamerika. Als die Spanier Amerika entdeckt hatten, erkannten sie schnell den großen wirtschaftlichen Wert der Vanille und verboten den Export von Pflanzen. Trotzdem gelang es holländischen Kaufleuten einige Pflanzen nach Indonesien zu schmuggeln, wo die Vanille auch prächtig gedieh und blühte. Trotzdem entwickelten sich keine Früchte. Erst später entdeckte man, dass die Vanilleblüten in ihrer ursprünglichen Heimat regelmäßig von Kolibris und einer bestimmten Bienenart besucht wurden, die es nur in Mittelamerika gibt. Diese beiden Arten konnte man in Indonesien nicht heimisch machen, sodass der Anbau der Vanille vorerst scheiterte.

Aufgaben:

a) Beschreibe den Vorgang, der bei Blütenpflanzen stattfinden muss, damit diese Früchte bilden.

b) Erläutere die Bedeutung von Kolibris und Bienen für Vanille Pflanzen.

c) Beurteile den Versuch, Vanille Pflanzen in Indonesien anzubauen. Wende das Basiskonzept System an.

A3 Entwicklung von Molchen und Libellen

Die Abbildung zeigt die Entwicklung eines Molches und die Entwicklung einer Libelle vom Ei bis zum ausgewachsenen Tier.

Aufgaben:

a) Beschreibe die Entwicklung eines Molches und einer Libelle.

b) Stelle die Unterschiede und Gemeinsamkeiten in der Entwicklung der beiden Lebewesen in einer Tabelle zusammen.

c) Vergleiche die Entwicklung von Molch und Libelle abschließend mit der Entwicklung von Säugetieren.

A4 Damhirsche als Nutztiere?

In Deutschland werden viele kleine Bauernhöfe nicht mehr hauptberuflich bewirtschaftet. Dadurch gibt es ungenutzte Grünflächen in direkter Umgebung der Höfe. In den letzten Jahren werden diese zunehmend im Nebenerwerb als Gehege für Wildtiere genutzt. Das Fleisch der Wildtiere wird dann über Metzgereien vermarktet. Besonders häufig wird Damwild gehalten. Allein in Bayern waren das im Jahr 2000 schon rund 50 000 Tiere. Die ursprünglich in Kleinasien lebenden Damhirsche wurden von den Römern in Deutschland eingeführt. Damhirsche leben ähnlich wie Rotwild in Herden bis zu 30 Tieren mit Brunftkämpfen im Herbst.

Aufgaben:

a) Stelle Vermutungen zu einer sinnvollen Zusammenstellung der Herde an, zum Beispiel zur Anzahl der Tiere und der Geschlechterverteilung.

b) Leite aus den natürlichen Lebensbedingungen des Damwilds weitere Vorgaben für die Haltung als Nutztier ab. Berücksichtige dabei auch die Ernährung sowie die Ausgestaltung der Gehege.

Bau und Leistungen des menschlichen Körpers

Warum Elle und Speiche?

Menschen haben im Oberarm nur einen langen Knochen, den Oberarmknochen. Im Unterarm sind es dagegen zwei, nämlich Elle und Speiche. Warum ist das so?

Stellt anhand der Abbildung eine Vermutung auf. Überprüft diese am Menschenskelett aus der Biologiesammlung. Betrachtet dann die Anordnung der Knochen im Beinskelett und stellt euch selbst weiterführende Fragen.

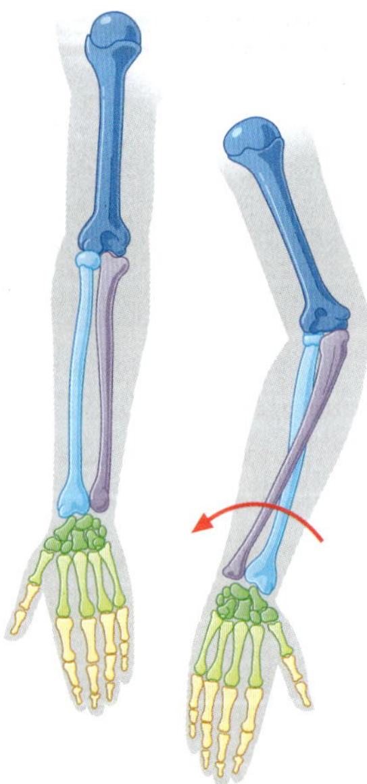

Eine Kerze brennt

Führt das Experiment wie abgebildet durch. Beschreibt die Ergebnisse. Stellt selbst Fragen und sucht Erklärungen. Stellt einen Zusammenhang zwischen diesem Experiment und der Atmung her.

Kann man sich von Schokolade allein ernähren?

Vergleicht die beiden Kreisdiagramme. Versucht, die in der Überschrift gestellte Frage zu beantworten. Formuliert auf Grund der Kreisdiagramme weitere Fragen und sucht Antworten.

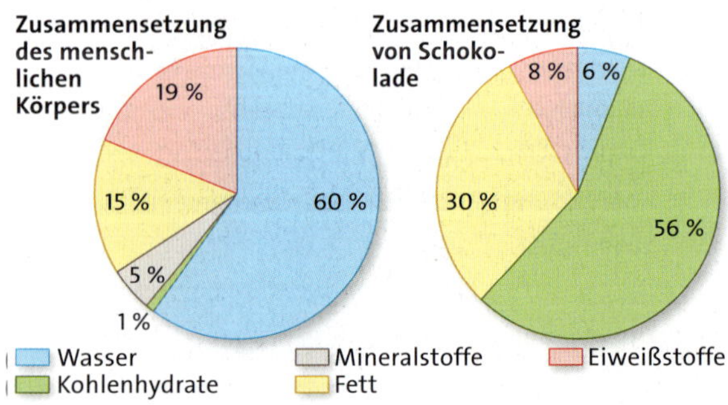

Jim Hawkins versteckt sich in dem Apfelfass

In dem berühmten Piratenroman von Robert L. Stevenson »Die Schatzinsel« belauscht der junge Jim Hawkins auf dem Deck des Segelschiffes die Piraten mit ihrem Anführer, den einbeinigen John Silver.

»Now, just after sundown, when all my work was over, and I was on my way to my berth, I thought that I'd like an apple. I ran on deck. ...

I climbed into the apple barrel, and found out that there were only few apples left; but when I was sitting down there in the dark, I heard the sound of the waters and felt the rocking movement of the ship. I had either fallen asleep, or was going to do so, when a heavy man sat down next to the barrel. It shook when he leaned his shoulders against it, and I just wanted to jump up when the man began to speak. It was Silver's voice, and I lay there listening and shaking, out of curiosity and fear.«

berth: Koje; **barrel:** Fass; **rocking:** schaukelnd; **movement:** Bewegung; **either or:** entweder oder; **heavy:** schwer; **voice:** Stimme; **curiosity:** Neugierde; **fear:** Angst; **depend on:** abhängen von

Übersetzt in Partnerarbeit den Text, vielleicht sogar im Englisch-Unterricht. Besprecht in der Gruppe, aus welchem Grund damals auf dem Deck von Segelschiffen eine »apple barrel« stand. Recherchiert im Internet und in der Literatur.

Rückenschwimmen ist besonders gesund

Sportmediziner bezeichnen das Rückenschwimmen als eine für die Gesunderhaltung des Körpers besonders geeignete Sportart. Informiert euch in Fachbüchern und begründet diese Aussage. Interviewt auch Sportlehrkräfte und tragt eure Ergebnisse in der Gruppe vor.

Die kleine Meerjungfrau

Eine Meerjungfrau ist ein Fabelwesen, das wie eine junge, hübsche Frau aussieht, aber statt der Beine einen Fischschwanz hat.

Welche Besonderheiten im Körperbau müsste eine Meerjungfrau aufgrund ihrer Lebensweise haben? Diskutiert diese Frage in eurer Gruppe. Überlegt auch, wie sich das Skelett der Meerjungfrau vom Skelett eines Menschen unterscheiden müsste.

1 Der Körper des Menschen

Jeder Mensch ist unverwechselbar. Selbst eineiige Zwillinge gleichen sich nicht aufs Haar. Das Gesicht, die Körpergröße sowie die Haut- und Haarfarbe machen jeden Menschen einzigartig. Trotzdem stimmen alle Menschen in den wesentlichen Merkmalen des Körperbaus überein. Egal ob Junge oder Mädchen, Europäer, Asiat oder Afrikaner: Alle Menschen haben den gleichen **Bauplan:** Sie gehören zur gleichen biologischen Art. Welche Merkmale kennzeichnen den menschlichen Bauplan?

Schon in der äußeren Gestalt ähneln sich alle Menschen. Der Körper gliedert sich in *Kopf*, *Rumpf* und *Gliedmaßen*. Der Rumpf setzt sich aus Hals-, Brust- und Bauchabschnitt zusammen. Im Brust- und Bauchabschnitt des Rumpfes sind die meisten inneren *Organe* angeordnet. Der Halsabschnitt des Rumpfes trägt den Kopf, wobei Hals und Kopf beweglich miteinander verbunden sind. Am Rumpf befinden sich die Vorder- und Hintergliedmaßen, die beim Menschen als Arme und Beine bezeichnet werden. Die Gliedmaßen zeigen Besonderheiten im Bau und können deshalb verschiedene Aufgaben erfüllen. Die beschriebene *Körpergliederung* weist viele Gemeinsamkeiten zu anderen Säugetieren auf.

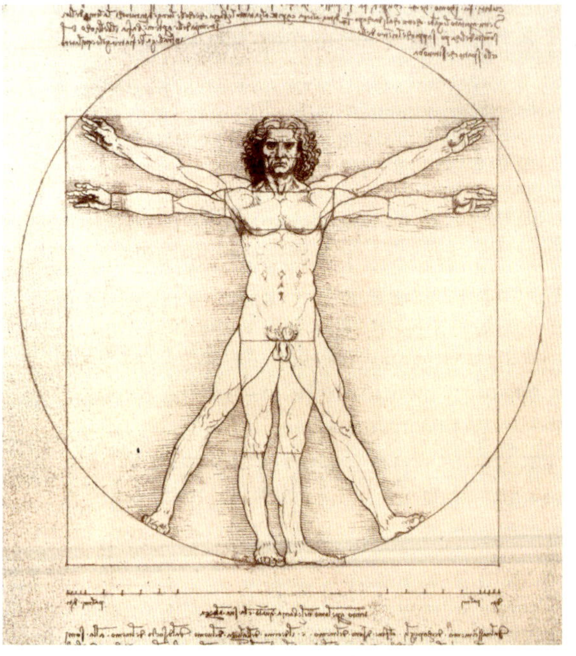

1 Der äußere Körperbau des Menschen nach Leonardo DA VINCI

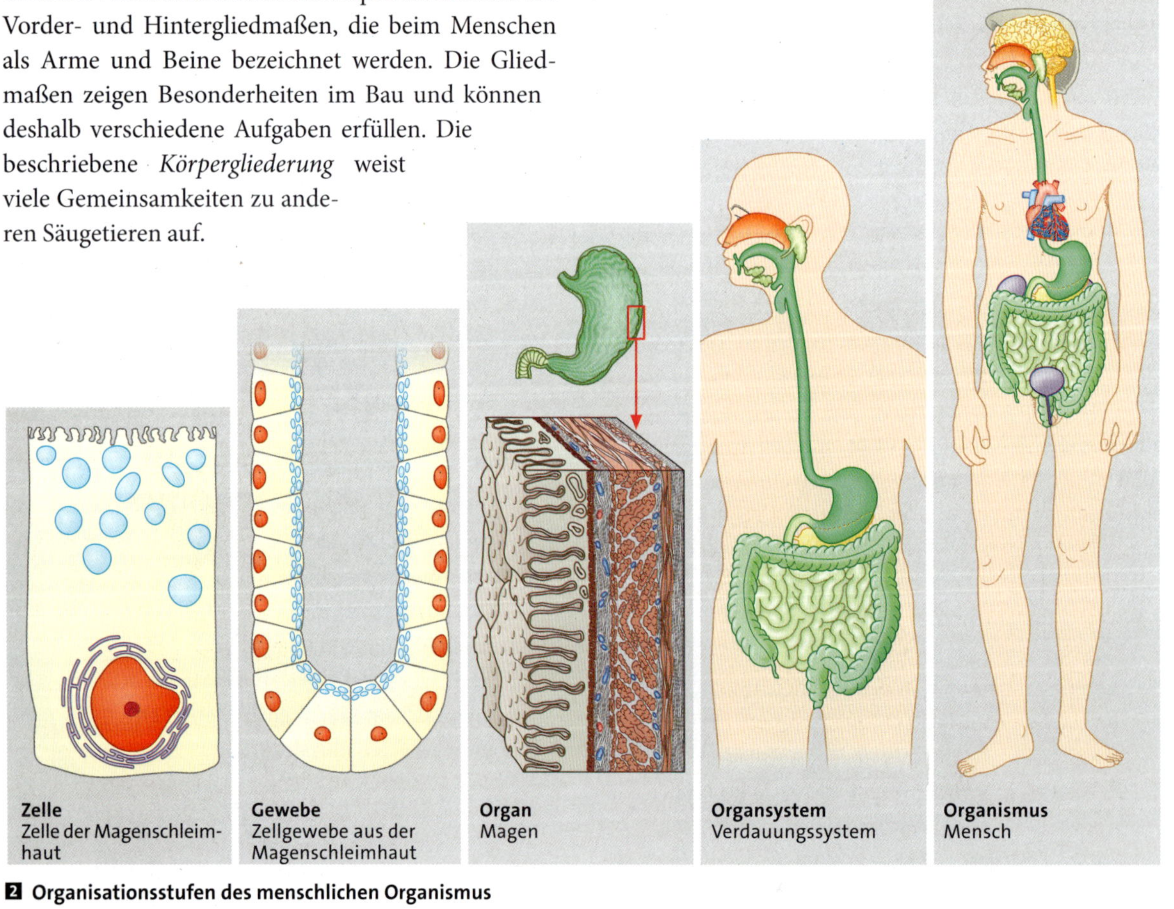

2 Organisationsstufen des menschlichen Organismus

Neben den Gemeinsamkeiten in der Körpergliederung stimmt der *innere Bau* überein. Wie alle Lebewesen ist auch der menschliche Körper aus Zellen aufgebaut. Ein Mensch besteht aus etwa 60 000 Milliarden Zellen. Jede Zelle erfüllt ganz bestimmte Funktionen. Zusammen mit ihren Nachbarzellen, die in Struktur und Funktion übereinstimmen, bildet sie ein *Gewebe*. So bestehen große Teile des Gehirns aus Geweben von Nervenzellen. Mit ihrer Hilfe werden zum Beispiel Informationen aus der Umwelt verarbeitet und mit bestimmten Befehlen beantwortet. Andere Gewebe des Gehirns sichern die Versorgung mit Nährstoffen oder schützen die empfindlichen Nervenzellen. Ein Organ besteht immer aus mehreren verschiedenen Geweben. Nur zusammen können sie die Funktionen des Organs erfüllen.

Der Kehlkopf, die Luftröhre und die beiden Lungenflügel dienen der Atmung des Menschen. Diese Organe bilden ein *Organsystem*, weil sie gemeinsam eine wichtige Lebensfunktion gewährleisten. Sie versorgen den Körper mit Sauerstoff.

Speiseröhre, Magen und verschiedene Darmabschnitte dienen der Verdauung. Die Nieren nehmen im Stoffwechsel entstandene, oft giftig wirkende Abfallprodukte aus dem Blut auf, die zunächst in der Harnblase gesammelt und mit dem Urin ausgeschieden werden. Das Herz und die Blutgefäße transportieren und verteilen Stoffe in alle Teile des Körpers. In der Milz entstehen bestimmte Bestandteile des Blutes. Vor allem ist sie an der Abwehr von Krankheiten beteiligt.

Organsysteme können immer nur einen Teil der im menschlichen Körper ablaufenden Funktionen erfüllen. Deshalb ergänzen sich mehrere Organsysteme in ihren Funktionen. Der Ausfall jedes einzelnen Systems ist lebensbedrohlich. Alle Organsysteme zusammen bilden den *Organismus*.

1 Suche die inneren Organe am Rumpfmodell der Schulsammlung und zeige ihre Lage an deinem eigenen Körper.

2 Stelle den Zusammenhang zwischen folgenden Begriffen her: Zelle, Gewebe, Organ, Organsystem und Organismus.

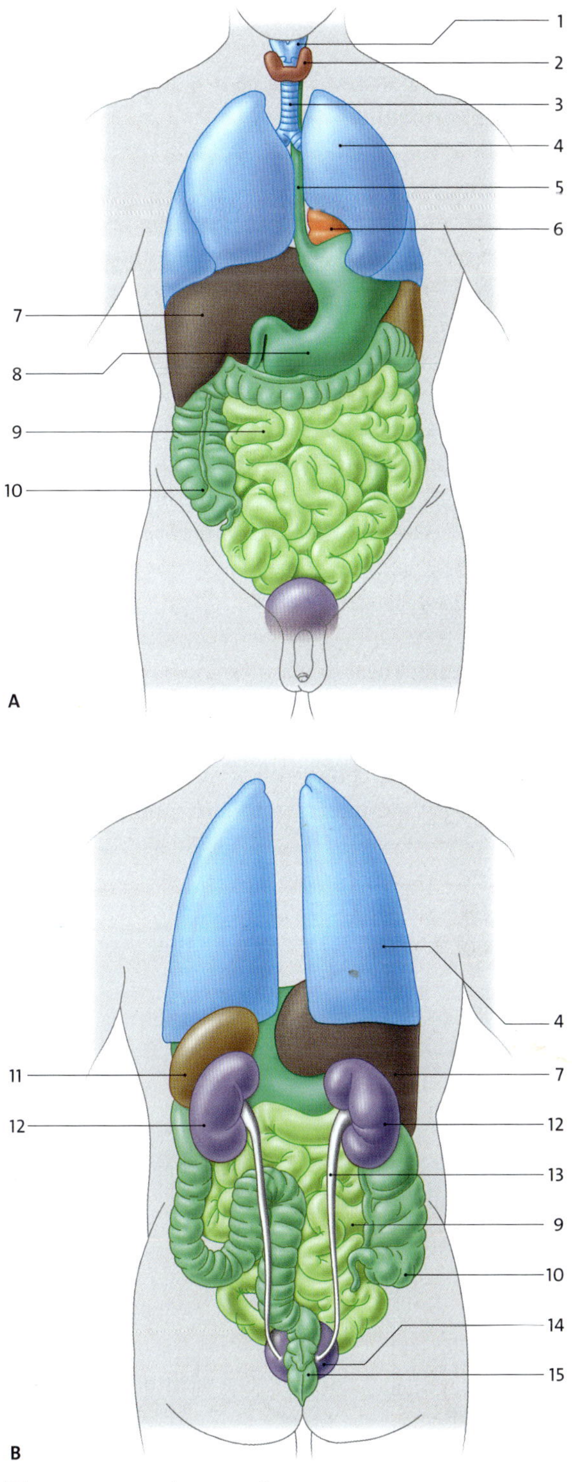

3 Innere Organe des Menschen.
A Vorderansicht; **B** Rückenansicht; **1** Kehlkopf; **2** Schilddrüse; **3** Luftröhre; **4** Lunge; **5** Speiseröhre; **6** Herz und Blutgefäße; **7** Leber; **8** Magen; **9** Dünndarm; **10** Dickdarm; **11** Milz; **12** Niere; **13** Harnleiter; **14** Harnblase; **15** After

2 Ernährung und Verdauung

2.1 Nahrungsmittel und Nahrungsbestandteile

In den Regalen eines Supermarktes ist eine Vielzahl an Waren zu finden. Von besonderer Bedeutung sind Lebensmittel, die der menschlichen Ernährung dienen und deren Frische und Qualität ständig geprüft werden muss. Daher ist auf den Verkaufspackungen stets ein Mindesthaltbarkeitsdatum angegeben. Auf den Etiketten sind außerdem die Inhaltsstoffe des jeweiligen Lebensmittels aufgeführt. So kann man auf der Packung einer Buchstabensuppe lesen, welche Stoffe und wie viel davon in einer zubereiteten Suppe zu finden sein werden. Bei anderen Produkten beziehen sich die Angaben nicht auf die zubereitete Speise, sondern auf die eingepackte Ware selbst.

Der Hauptanteil der Inhaltsstoffe wird bei fast allen Lebensmitteln von drei Stoffgruppen gebildet: den **Kohlenhydraten,** den **Eiweißstoffen** und den **Fetten.** Weil diese Stoffe den wichtigsten Beitrag für die Ernährung leisten, bezeichnet man sie als **Nährstoffe.**

1 Vielfältiges Angebot an Lebensmitteln

Kohlenhydrate sind besonders in pflanzlichen Nahrungsmitteln wie Getreideprodukten, Kartoffeln, Gemüse und Obst zu finden, aber auch in Süßigkeiten, Kuchen, Eis und Limonaden. Das ist nicht verwunderlich, denn auch der *Zucker*, der diese Speisen und Getränke süß schmecken lässt, ist ein Kohlenhydrat. Kartoffeln, Hülsenfrüchte, Reis und Getreideprodukte wie Haferflocken, Brot und Nudeln schmecken nicht süß. Sie enthalten ein anderes Kohlenhydrat, die *Stärke*.

Der Mensch deckt seinen Bedarf an *Eiweißstoffen* hauptsächlich über tierische Lebensmittel wie Fisch, Eier, Fleisch und Wurstwaren sowie durch Milch und

A

B

Nährwerte	pro 100 ml	pro Teller (250 ml)
Brennwert (Energiegehalt)	162 kJ	405 kJ
Eiweißstoffe	1,4 g	3,5 g
Kohlenhydrate	7,1 g	17,8 g
Fette	0,5 g	1,3 g

2 Buchstabensuppe. A Teller mit Suppe; **B** Angaben auf einer Packung Buchstabensuppe

3 Nahrungsmittel. A Hoher Gehalt an Kohlenhydraten; **B** hoher Gehalt an Eiweißstoffen; **C** hoher Gehalt an Fetten

Milchprodukte. Auch in pflanzlichen Produkten, wie zum Beispiel Bohnen, Erbsen, Linsen und Sojabohnen, sind größere Mengen an Eiweißstoffen enthalten. Mais und Getreidekörner sowie die daraus hergestellten Vollkornwaren liefern ebenfalls Eiweißstoffe.

Fette finden sich sowohl in tierischen als auch in pflanzlichen Produkten. Speck, Schmalz, Butter, Sahne, Käse und Wurst bestehen überwiegend aus Fett oder sind zumindest sehr fetthaltig. Doch auch Nüsse, Oliven und Sonnenblumenkerne besitzen hohe Anteile an Fetten. Speiseöle und Margarine werden aus fetthaltigen Pflanzensamen oder Samenschalen gewonnen. Hohe Fettgehalte weisen auch Nahrungsmittel auf, bei denen man dies nicht sofort vermutet; man spricht hier von »versteckten« Fetten. So finden sich zum Beispiel in Pommes frites und Chips erhebliche Mengen an Fett, da sie in heißem Öl frittiert werden.

Außer den Nährstoffen und **Wasser** sind in Nahrungsmitteln noch andere Bestandteile zu finden. So enthalten Salate, Gemüse, Obst und Vollkornprodukte Substanzen, die vom menschlichen Körper nicht oder kaum verwertet werden können. Dabei handelt es sich um Faserbestandteile der Pflanzen, zum Beispiel die Zellulose, die als **Ballaststoffe** bezeichnet werden. Diese Stoffe sind jedoch keineswegs überflüssig, sondern erfüllen wichtige Aufgaben bei der Ernährung und bei der Verdauung. Sie quellen auf ihrem Weg durch Magen und Darm auf und regen durch ihr vergrößertes Volumen die Muskeln und Drüsen der Verdauungsorgane zu verstärkter Tätigkeit an. Damit tragen sie wesentlich zu einem Sättigungsgefühl bei, verkürzen den Aufenthalt des Speisebreis im Darm und beugen Verstopfungen vor. Darüber hinaus mindern sie das Risiko für eine Reihe von Erkrankungen des Darms und des Blutkreislaufs und binden Schadstoffe, die dann mit dem Kot ausgeschieden werden.

Ferner finden sich in vielen Lebensmitteln noch zwei weitere Stoffgruppen, die dem Körper zwar keine Energie liefern, aber dennoch lebensnotwendig sind. Dies sind die **Vitamine** und die **Mineralstoffe.** Sie werden für sehr viele Vorgänge im Körper benötigt und sind deshalb für die Gesundheit unverzichtbar. Insbesondere Obst, Gemüse und Vollkornprodukte sowie Milch und Milcherzeugnisse tragen zu einer ausreichenden Versorgung mit diesen Stoffen bei.

1 Schneide aus mindestens fünf Lebensmittelverpackungen die Angaben zu den Inhaltsstoffen und den Nährwerten aus und klebe sie in deine Mappe. Schreibe dazu, von welchen Lebensmitteln sie stammen. Vergleiche die Angaben miteinander. Berechne jeweils den Wassergehalt der Lebensmittel. Vergleiche dazu Abbildung 4.

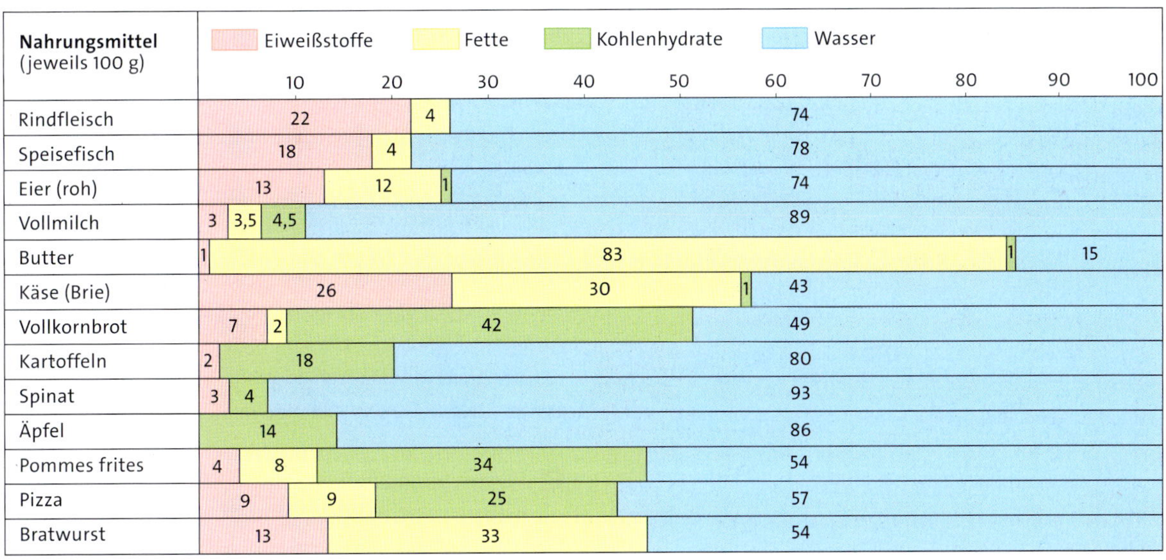

4 Bestandteile von Nahrungsmitteln

Streifzug durch die Chemie Nährstoffe

Vera bastelt gerne Modeschmuck. Besonders gut gelingen ihr Ketten. Sorgsam reiht sie dabei Perle an Perle auf eine Schnur. Mal verwendet sie gleichartige Kugeln aus Glas oder Kunststoff, mal kombiniert sie verschiedene Materialien, Formen und Farben. Selbst an Ohranhängern versucht sie sich gelegentlich, bei denen sie ein gemeinsames Merkmal vielfältig variiert: An einem waagerechten Träger hängen drei kleine Kettchen unterschiedlicher Länge, Form und Farbe.

Auch in Lebewesen sind komplexe Stoffe oft aus einfachen Bausteinen aufgebaut. Dies gilt zum Beispiel für Nährstoffe, wie Kohlenhydrate, Eiweißstoffe und Fette. So ist Stärke aus vielen gleichartigen Teilchen von *Traubenzucker* (Glucose) zusammengesetzt, die perlschnurartig miteinander verbunden sind. Stärke ist somit ein Vielfachzucker. Andere Kohlenhydrate bestehen aus verschiedenen Zuckerteilchen: Aus der Verknüpfung von je einem Teilchen Traubenzucker und *Fruchtzucker* (Fructose) ergibt sich ein Zweifachzucker, die *Saccharose*. Sie ist als Haushaltszucker bekannt.

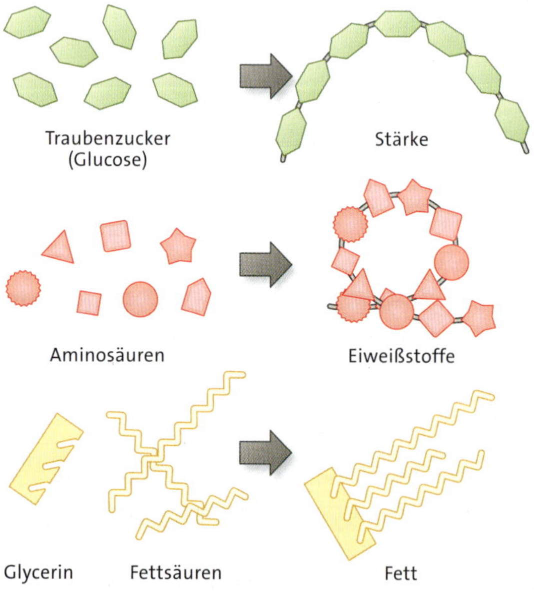

2 Aufbau der drei Nährstoffgruppen aus einfachen Bausteinen (Schema)

1 Basteln mit Modeschmuck

Ähnlich verhält es sich mit den Eiweißstoffen, die auch als *Proteine* bezeichnet werden. Sie sind ebenfalls aus einer Vielzahl von einzelnen Bausteinen aufgebaut, den *Aminosäuren*. Es gibt bis zu 20 unterschiedliche Aminosäuren, die zu verschieden langen Proteinketten verknüpft werden. Entsprechend groß ist die Vielfalt der daraus entstehenden Verbindungen.

Der Körper enthält viele verschiedene Eiweißstoffe, die sich in der Kettenlänge, der Zahl der beteiligten Aminosäuren und ihrer jeweiligen Abfolge unterscheiden. Nur in Ausnahmefällen liegen die Proteine wie eine gestreckte Perlenkette vor. Meist sind Eiweißstoffe zusätzlich auch noch gefaltet, gewunden und ineinander verschlungen, ganz so, als würde man eine lange Kette in der Hand zusammenknüllen. Dadurch bekommen die Eiweißstoffe charakteristische Eigenschaften.

Fette sind ebenfalls aus Bausteinen zusammengesetzt, allerdings gleicht ihr Bau eher dem der Ohranhänger: An einem Teilchen *Glycerin* hängen meist drei *Fettsäuren*, die gleich oder verschieden sein können. Somit ergibt sich auch bei Fetten eine relativ große Vielfalt.

1 Vergleiche den Aufbau von Protein- und Kohlenhydratketten.

2 Erläutere, wie die Vielfalt von Fetten entsteht.

Aufgaben und Versuche — Nachweis von Nährstoffen

V1 Nachweis von Stärke

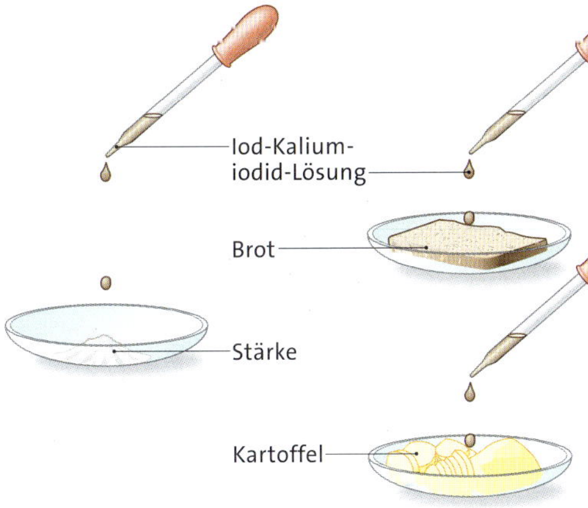

Material: Iod-Kaliumiodid-Lösung; Pipette; mehrere Glasschälchen; Spatel; Stärke; Weißbrot; Traubenzucker; Eiklar; Butter; weitere Lebensmittel

Durchführung: Gib eine Spatelspitze Stärke in ein Glasschälchen und betropfe sie mit Iod-Kaliumiodid-Lösung. Wiederhole den Versuch mit Weißbrot, Traubenzucker, Eiklar und Butter.

Aufgaben:

a) Notiere deine Beobachtungen und ziehe Schlussfolgerungen.

b) Untersuche ebenso weitere Lebensmittel wie Kartoffelscheiben, Haferflocken, Nudeln, Reis, Bananen und Fleisch. Werte deine Ergebnisse aus.

V2 Nachweis von Glucose (Traubenzucker)

Material: Glucose-Teststreifen; Bechergläser (50 ml oder 100 ml); Leitungswasser; Spatel; Glasstab; Traubenzucker; verschiedene Lebensmittel

Durchführung: Fülle zwei Bechergläser etwa halbvoll mit Wasser. Gib in eines davon eine Spatelspitze Traubenzucker und rühre mit dem Glasstab gut um. Tauche in beide Gläser jeweils kurz einen Teststreifen ein. Untersuche in gleicher Weise verschiedene Obst- und Gemüsesäfte sowie Limonaden auf Traubenzucker.

Aufgabe: Notiere deine Beobachtungen und ziehe Schlussfolgerungen.

V3 Nachweis von Eiweißstoffen

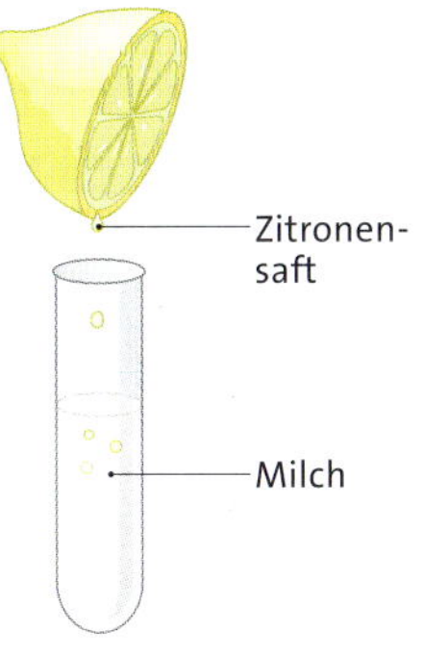

Material: Reagenzgläser; Stopfen, Eiweiß-Teststreifen; Milch; Zitrone oder Speiseessig; Eiklar; Wasser

Durchführung: Fülle drei Reagenzgläser zu gut einem Drittel mit Milch. Versetze die Milch im ersten Reagenzglas mit Zitronensaft oder Speiseessig. Verschließe das zweite Reagenzglas mit einem Stopfen und schüttele es kräftig. Halte in die Milch im dritten Reagenzglas einen Eiweiß-Teststreifen. Wiederhole alle drei Versuche jeweils mit Leitungswasser beziehungsweise mit verdünntem Eiklar.

Aufgabe: Notiere deine Beobachtungen und ziehe Schlussfolgerungen. Werte deine Ergebnisse aus.

V4 Nachweis von Fetten

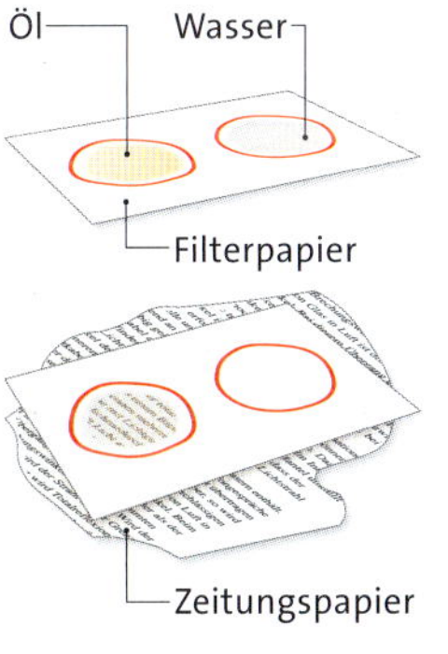

Material: Filterpapier; Öl; Wasser; Glasstab; Bleistift; Zeitungspapier; verschiedene Lebensmittel wie Nüsse und Kuchen

Durchführung: Gib mit dem Glasstab etwas Öl auf das Filterpapier und umrande den entstandenen Fleck mit dem Stift. Gib einen Tropfen Wasser daneben und markiere auch diese Stelle. Lass das Papier trocknen.

Aufgaben:

a) Halte das Filterpapier vor und nach dem Trocknen gegen das Licht und lege es auf eine bedruckte Zeitungsseite. Notiere deine Beobachtungen und ziehe Schlussfolgerungen.

b) Zerdrücke kleine Mengen Nüsse, Kuchen und andere Lebensmittel auf dem Filterpapier und werte deine Beobachtungen wie unter a) aus.

2.2 Basiskonzept Stoffe und Energie – Nahrung liefert Energie

Eine Schülergruppe zeigte im Rahmen einer Projektwoche mit dem Thema »Ernährung« eine erstaunliche Präsentation: Sie hatte entsprechende Mengen all der Lebensmittel auf einem Tisch zusammengetragen, die ein Mitglied ihrer Gruppe in den letzten 30 Tagen verzehrt hatte.

Angesichts der großen Menge an festen und flüssigen Lebensmitteln, die der Schüler in den 30 Tagen als Nahrung aufgenommen hatte, ist es erstaunlich, dass sich sein Körpergewicht in diesem Zeitraum kaum veränderte. Selbstverständlich hat er während dieser Zeit auch große Mengen an Kot und Wasser ausgeschieden, Letzteres vor allem in Form von Urin und Schweiß. Aber selbst wenn es möglich gewesen wäre, alle Ausscheidungen gewichtsmäßig zu erfassen, würde im Vergleich zu der aufgenommenen Nahrungsmenge noch ein erheblicher Teil fehlen.

Mit der Nahrung werden dem Körper Stoffe zugeführt, die er in körpereigene Substanzen umwandelt. So werden zum Beispiel die Eiweißstoffe aus den Nahrungsmitteln dazu verwendet, neue Muskulatur zu bilden, die etwa 40 Prozent der Körpermasse ausmacht. Zu reichlich aufgenommene Fette und Kohlenhydrate werden nach ihrer Umwandlung in den Fettzellen des Körpers gespeichert. Für diese und alle übrigen Wachstums- und Aufbauvorgänge benötigt der Körper neue **Baustoffe.** Außerdem finden ständig Umbau- und Reparaturvorgänge statt. So werden die äußeren Hautschichten einmal pro Monat vollständig erneuert.

1 **Nahrungsmittel für einen Monat**

Manche Darmzellen werden nur ein bis zwei Tage alt, während Leberzellen nach zehn bis zwanzig Tagen absterben. Diese Zellen werden in entsprechender Zahl ersetzt. Auch Haare und Fingernägel wachsen fortwährend nach: Haare etwa einen Zentimeter, Nägel etwa zwei Millimeter pro Monat.

Der weitaus größere Teil der aufgenommenen Stoffe wird jedoch dazu verwandt, dem Körper Energie zur Verfügung zu stellen, die er für vielfältige Lebensfunktionen benötigt. Diese energiereichen Stoffe halten den Betrieb des Körpers aufrecht, daher werden sie auch als **Betriebsstoffe** bezeichnet.

Selbst im Schlaf braucht der Körper ständig Energie, um alle Grundvorgänge, die ihn am Leben erhalten – Atmung, Herzschlag, Verdauung, Hirntätigkeit – ausführen zu können. Bei intensiver Bewegung wird für

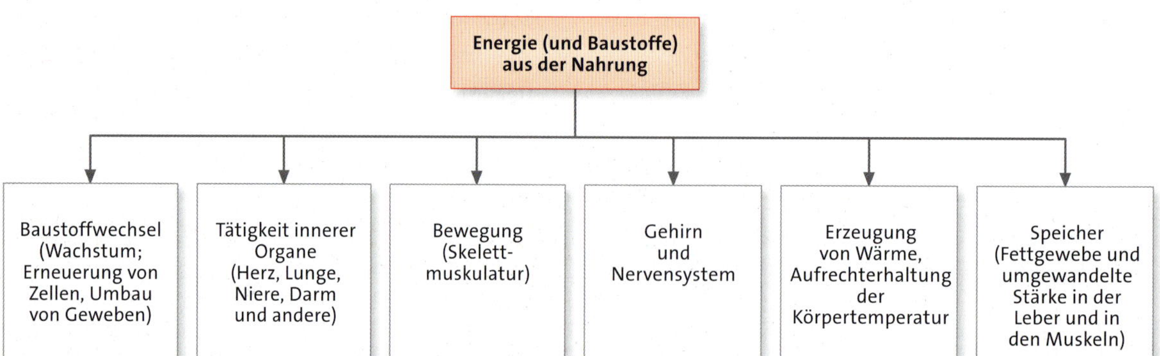

2 **Verwendung der Nährstoffe und der in ihnen gespeicherten Energie im Körper**

die Tätigkeit der Muskeln erst recht viel Energie benötigt. Diese kann kurzfristig aus körpereigenen Reserven aufgebracht werden. Auf lange Sicht jedoch muss die notwendige Energie mit der Nahrung zugeführt werden.

Nährstoffe werden im Zuge der Verdauung zerkleinert und mit dem Blut in alle Zellen des Körpers transportiert. Alle Nährstoffe sind unter anderem aus Kohlenstoff aufgebaut, der hier in einer Form vorliegt, die viel Energie gespeichert hat. In den Zellen wird dieser Kohlenstoff mithilfe von eingeatmetem Sauerstoff zu Kohlenstoffdioxid umgewandelt. Dabei entsteht auch Wasser. In diesem Prozess wird die chemisch gebundene Energie freigesetzt; man bezeichnet den Prozess als *Zellatmung*. Die Energie steht nun für alle Lebensvorgänge zur Verfügung und erwärmt gleichzeitig den Körper auf konstant 37 Grad Celsius. Das entstandene energiearme Kohlenstoffdioxid wird mit dem Blut zur Lunge befördert und dort ausgeatmet. Obwohl dieses Gas sehr leicht ist, enthält es doch den Kohlenstoff, der vorher in den Nährstoffen einen wesentlichen Teil des Gewichts ausgemacht hat. Da rund um die Uhr ohne Unterbrechung geatmet wird, werden so mit der Zeit beträchtliche Mengen des in der Nahrung enthaltenen Kohlenstoffs an die Umgebungsluft abgegeben. Bezogen auf die Nahrungsmenge, die der Schüler in den 30 Tagen aufgenommen hatte, kommen auf diese Weise viele Kilogramm zusammen.

Der Energiegehalt der Nahrungsmittel variiert stark. Er hängt zum einen davon ab, aus welchen Nährstoffen die Lebensmittel zusammengesetzt sind, und zum anderen vom Wasseranteil, da das Wasser keine Energie bereitstellt. Auf Lebensmittelverpackungen sind neben den enthaltenen Nährstoffen meist auch die Energiegehalte aufgeführt. Sie werden in Kilojoule (kJ) angegeben und manchmal auch als Brennwert bezeichnet. Die energiereichsten Nährstoffe sind die Fette. Sie enthalten pro Gramm 39 Kilojoule. Kohlenhydrate und Eiweißstoffe liefern dagegen nur 17 Kilojoule an Energie pro Gramm.

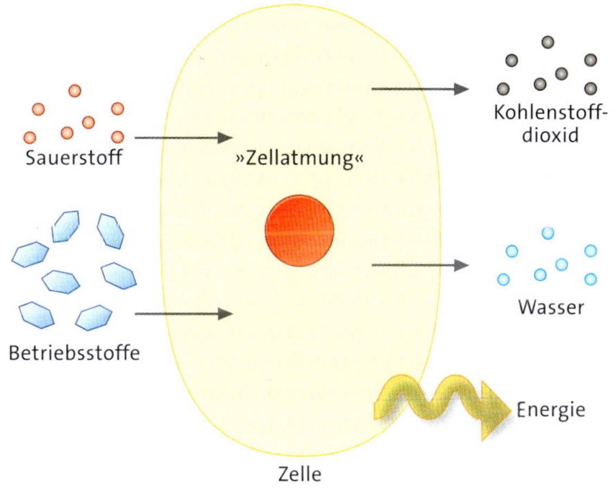

4 Vereinfachtes Schema zur Zellatmung

Der Bedarf an Nahrung und Energie ist von Mensch zu Mensch sehr unterschiedlich. Er ist abhängig von der körperlichen Tätigkeit, vom Alter, vom Geschlecht und von Größe und Gewicht. Der **Grundumsatz** dient der Aufrechterhaltung der lebensnotwendigen Körperfunktionen und wird im Liegen bei Raumtemperatur gemessen.

3 Energiegehalte verschiedener Nahrungsmittel in Kilojoule bei mittleren Größen beziehungsweise Portionen

Er liegt zwischen 5000 und 8000 Kilojoule pro Tag. Schon im Sitzen ist der Energieumsatz etwas höher. Durch jede Tätigkeit erhöht sich der Energiebedarf. Die über den Grundumsatz hinaus benötigte Energie wird als **Leistungsumsatz** bezeichnet. Bei sehr schwerer körperlicher Arbeit oder bei extrem anstrengender sportlicher Aktivität kann der Leistungsumsatz auf Werte von über 4000 Kilojoule pro Stunde ansteigen. Eine solch intensive Beanspruchung des Körpers kann selbstverständlich nicht über längere Zeit aufrechterhalten werden. Der **Gesamtumsatz** als Summe aus Grund- und Leistungsumsatz liegt bei maximal 38 000 Kilojoule pro Tag.

Liegt der Energiegehalt der aufgenommenen Nahrung unter dem Gesamtenergieumsatz, wird auf Energievorräte im Körper zurückgegriffen. So ist etwa in der Leber Traubenzucker in einer speziellen Form gespeichert, auf die der Körper bei Belastung schnell zurückgreifen kann. Ist die Nährstoffzufuhr über längere Zeit zu gering, werden die Fettreserven im Körper abgebaut. Als Folge davon sinkt das Körpergewicht. Der Körper signalisiert diesen Mangel durch ein ausgeprägtes Hungergefühl. Solche Situationen entstehen unfreiwillig bei Nahrungsknappheit oder gewollt bei einer Diät.

Umgekehrt hat eine über einen längeren Zeitraum anhaltende, zu hohe Nahrungsaufnahme ebenfalls Konsequenzen: Die überschüssigen Stoffe, aus denen der Körper keine Energie freisetzt, werden als Fett eingelagert. Dies geschieht vor allem bei einer zu hohen Aufnahme von Fetten und Kohlenhydraten. Übergewicht und ein erhöhtes Krankheitsrisiko können hier die Folgen sein.

Nicht nur der Mensch, sondern alle Lebewesen nehmen Stoffe aus der Umgebung auf, wandeln sie zum Teil in

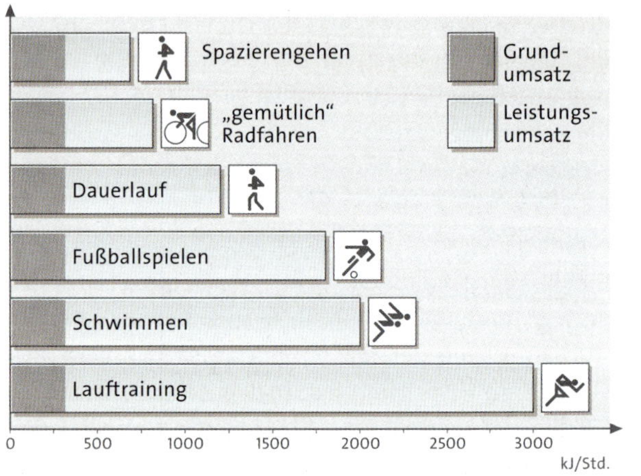

6 Durchschnittlicher Energieaufwand eines Schülers (45 Kilogramm) für verschiedene Tätigkeiten

körpereigene Stoffe um und geben nicht nutzbare Stoffe oder Endprodukte an die Umgebung ab. Dieser als **Stoffwechsel** bezeichnete Vorgang ist ein *Kennzeichen von Lebewesen.* Solche Stoffumwandlungen sind stets mit dem »Verlust« beziehungsweise dem »Gewinn« – genauer mit der Umwandlung – von Energie verbunden. Hier zeigt sich das Basiskonzept **Stoffe und Energie.** Ohne Energiezufuhr und den damit verknüpften Stoffumbau ist kein Leben möglich.

1. Berechne, wie lange du Rad fahren oder schwimmen müsstest, um die Energie aus einer Tafel Vollmilchschokolade umzuwandeln. Rechne sowohl mit als auch ohne Grundumsatz.
2. Nenne und erläutere Beispiele aus Natur und Technik, bei denen Stoffumsetzungen mit einer Freisetzung von Energie gekoppelt sind.
3. Diskutiert, ob durch »Energydrinks« oder »Powerdrinks« merkliche Steigerungen der sportlichen Leistungen zu erwarten sind. Vergleicht dazu deren Inhaltsstoffe mit denen einer Apfelsaftschorle. Bedenkt, dass Ärzte bei Kindern vom Koffeingenuss abraten.

A

B

5 »Treibstoffe«. **A** Für Autos; **B** für Menschen

Streifzug durch die Physik Energie

1 Haus mit Solarzellen auf dem Dach

Auf vielen Dächern findet man Solarzellen. Diese können das Sonnenlicht in elektrischen Strom umwandeln. Den Strom nutzen die Hausbewohner, um eine Reihe elektrischer Geräte zu betreiben. Die Solarzellen auf dem Dach ahmen einen Vorgang nach, den es in der Natur schon seit über einer Milliarde Jahren gibt: Grüne Pflanzen sind in der Lage, das Licht der Sonne im Zuge der Fotosynthese zu verwerten und den hergestellten Traubenzucker zu speichern.

Licht, elektrischer Strom, Wärme und Bewegung sind unterschiedliche Formen von **Energie,** die – wie im Fall des Traubenzuckers – auch chemisch gebunden vorliegen kann. Die Energie selbst kann nicht wahrgenommen werden; ihre Erscheinungsformen sind allerdings sehr wohl bekannt: die Wärme des Feuers, die Bewegung eines fahrenden Autos, das Licht einer Lampe oder der Sonne.

Menschen nutzen die Energie in vielfältiger Weise. Dabei verwenden sie in aller Regel *Energieträger* wie Erdöl, Erdgas oder Kohle. Diese Stoffe entstanden vor sehr langer Zeit aus abgestorbenen Pflanzen und Kleinstlebewesen. In ihnen ist somit Sonnenenergie gespeichert. Man bezeichnet sie als fossile Energieträger. Öfen, die bei der Verbrennung von Kohle Wärme freisetzen, oder Autos, die die chemisch gebundene Energie des Benzins in Bewegungsenergie überführen, sind *Energiewandler.* Sie wandeln eine Form von Energie in eine oder mehrere andere Formen um. Energie kann also weder neu erschaffen noch vernichtet werden. Wenn man im Alltag davon spricht, dass Energie »erzeugt« wird, dann wird die vorhandene Energie, zum Beispiel die Bewegungsenergie von Wasser oder Luft, in nahezu universell einsetzbare elektrische Energie umgewandelt. Ist vom »Energieverbrauch« die Rede, wird zum Beispiel die Energie des elektrischen Stroms in Licht umgewandelt. In der Summe ist die vor und nach dem »Energieverbrauch« vorhandene Energie gleich. Beim Beheizen der Wohnung treten allerdings »Wärmeverluste« auf, da Wärme zum Beispiel durch Fenster und Wände an die kältere Umgebung abgegeben wird. Auch beim Transport von Strom durch Überlandleitungen geht ein Teil der Energie durch erwärmte Kabel an die Luft »verloren«. Da dieser Teil der Energie nicht mehr vom Menschen genutzt werden kann, spricht man von *Energieentwertung.*

1 Beschreibe die abgebildete Energieumwandlungskette.

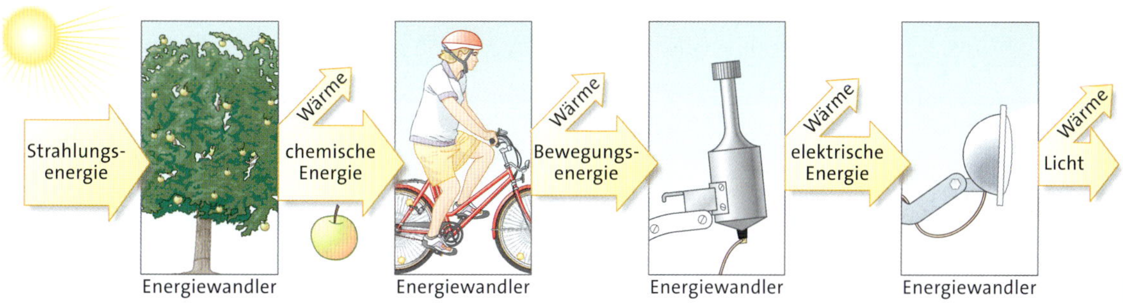

2 Beispiel einer Energieumwandlungskette

2.3 Zähne zerkleinern die Nahrung

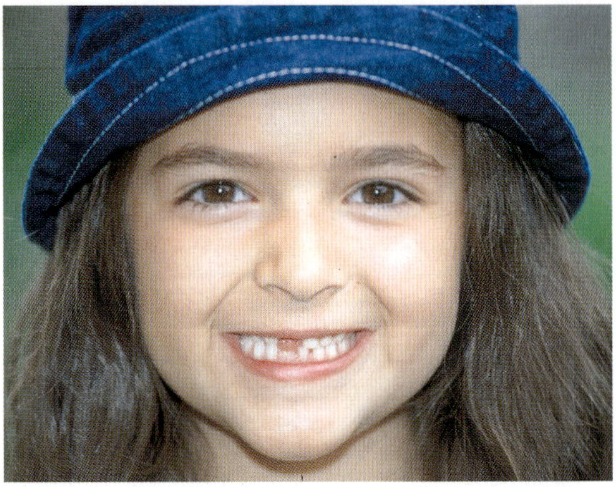

1 **Lücken im Milchgebiss**

Bei Schulkindern sind Zahnlücken ein vertrauter Anblick. In diesem Alter ist der Verlust von Zähnen nicht schlimm, sondern Bestandteil des natürlichen Zahnwechsels beim Menschen.

Im Vorderkiefer eines Kleinkindes bricht etwa ein halbes Jahr nach der Geburt der erste kleine Milchzahn durch. In den nächsten 18 Monaten kommen 19 weitere Zähne hinzu. Diese 20 Zähne bilden dann für einige Jahre das **Milchgebiss.**

Ab dem sechsten Lebensjahr erscheinen die ersten bleibenden Zähne. Diese sind nicht nur größer und härter, sondern auch fester verankert als die Milchzähne. In den folgenden acht Jahren fallen alle Milchzähne aus und werden durch bleibende Zähne ersetzt. Zusätzlich wachsen weitere Backenzähne. Das vollständige **Dauergebiss** besteht aus 32 Zähnen. Oft brechen die hintersten Backenzähne spät oder überhaupt nicht durch. Diese »Weisheitszähne« liegen nicht selten quer im Kiefer. Verursachen sie Schmerzen oder führen sie zu falschen Zahnstellungen, müssen sie gezogen werden.

Die Zähne sind beim Kauen sehr starken Belastungen ausgesetzt. Damit feste Nahrung nicht zu Schäden am Zahn führt, ist der sichtbare Teil mit einer harten Substanz überzogen, dem Zahnschmelz. Unter dem Zahnschmelz befindet sich das Zahnbein. Es birgt in seinem Inneren das Zahnmark mit Blutgefäßen und Nervenfasern. Deshalb ist es im Gegensatz zum Zahnschmelz schmerzempfindlich. Die Zahnwurzeln stecken in Höhlungen des Kiefers und sind dort mit Zahnzement bedeckt. Der Zahnzement ist über die Wurzelhaut und Haltefasern mit dem umgebenden Kieferknochen verbunden.

1 Erfühle mit der Zunge die Form deiner Zähne. Stelle Vermutungen über die jeweilige Funktion an.

2 Ermittle die Zahnformeln für Milch- und Dauergebiss.

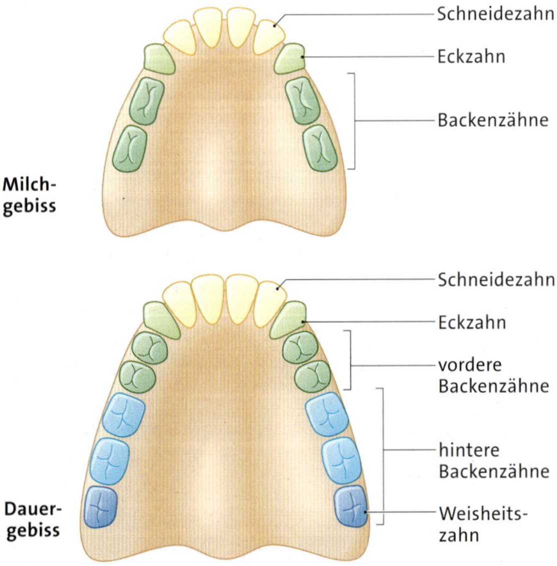

2 **Milchgebiss und Dauergebiss**

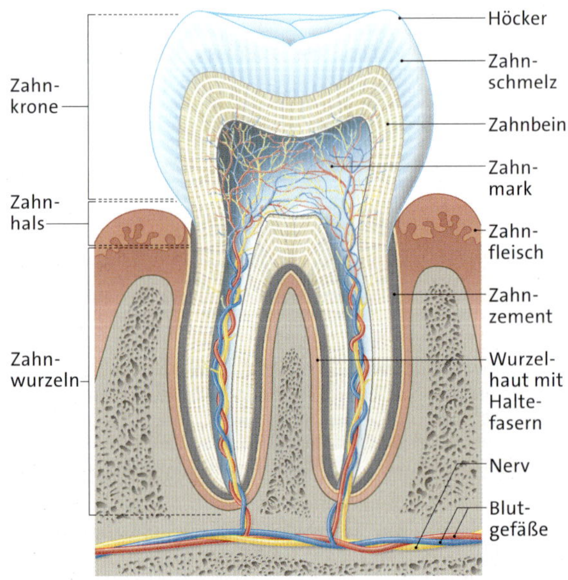

3 **Aufbau eines Backenzahnes**

Streifzug durch die Medizin Zahnpflege

Obwohl der Zahnschmelz das härteste Material im Körper des Menschen darstellt, kann es unter bestimmten Umständen zu Schäden an den Zähnen kommen. Die häufigste Zahnerkrankung ist die **Karies** oder Zahnfäule. Vor allem Zucker in Speisen und Getränken begünstigt das Wachstum von Bakterien auf den Zähnen. Bei mangelhafter Zahnpflege bildet sich mit der Zeit ein fester Belag, die Plaque. Sie ist fast unsichtbar und besteht aus Bestandteilen der Nahrung und des Speichels sowie aus Milliarden von Bakterien. Diese verwerten den Zucker und bilden dabei Säuren, die den Zahnschmelz angreifen. Im Laufe der Zeit wird der Zahnschmelz zerstört und es entstehen Löcher im Zahn, die sich ohne zahnärztliche Behandlung rasch vergrößern und durch das Zahnbein bis in die Markhöhle vordringen. Dabei treten oft große Schmerzen auf. Ist das Loch noch nicht zu groß, kann es ausgebohrt und mit einer Füllung verschlossen werden. Stark geschädigte Zähne müssen gezogen werden.

Eine andere häufige Erkrankung des Gebisses ist die Zahnbettentzündung, die **Parodontitis.** Sie wird ebenfalls durch die Plaque verursacht. Die in ihr enthaltenen Bakterien scheiden nicht nur Säuren, sondern auch noch andere schädliche Substanzen aus. Diese können zwischen Zahnfleisch und Zahn vordringen und Entzündungen hervorrufen. Das Zahnfleisch wird langsam abgebaut. Auch die Wurzelhaut und der Kieferknochen bilden sich zurück. Damit verlieren die betroffenen Zähne ihren Halt und fallen aus.

Zur wirkungsvollen Vorbeugung gegen beide Erkrankungen gehört regelmäßige und richtige Zahnpflege. Am besten nach jeder Mahlzeit, mindestens aber morgens und abends sollten die Zähne unter Beachtung einiger Regeln gründlich gereinigt werden. Eine fluorhaltige Zahncreme härtet dabei den Zahnschmelz.

1 Nenne weitere Möglichkeiten, wie Zähne gesund erhalten werden können.

2 Recherchiere und erläutere die »Saugerflaschenkaries«.

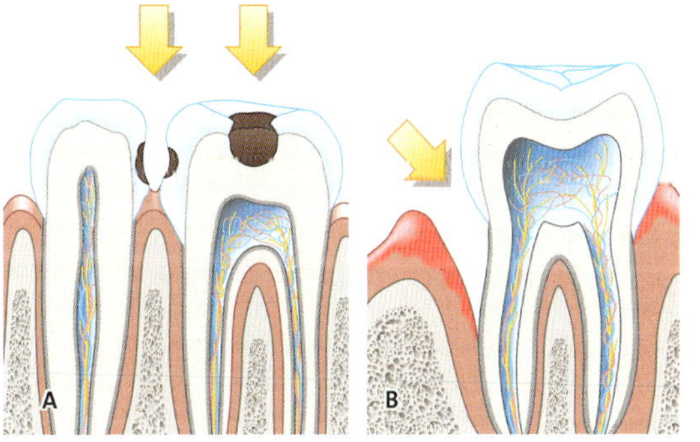

1 Zahnerkrankungen. **A** Karies; **B** Parodontitis

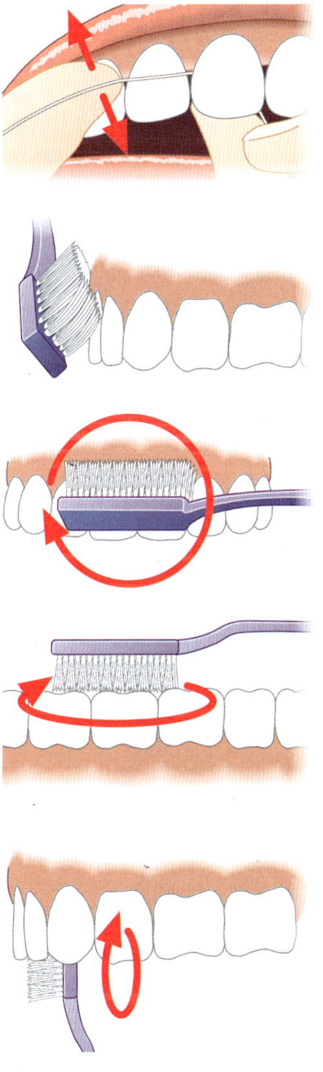

Zahnseide über die Daumen oder die Zeigefinger spannen und zwischen die Zähne schieben; jeweils einige Male auf und ab bewegen

Mund gründlich ausspülen; Bürste leicht schräg am Zahnfleisch ansetzen

Außenflächen mit kreisenden Bewegungen reinigen; vom Zahnfleisch Richtung Zahn (von »Rot« nach »Weiß«) mit größerem Druck putzen

bei den Kauflächen die Zahnbürste senkrecht zur Zahnoberfläche stellen, auch hier mit kreisenden Bewegungen und leichtem Druck arbeiten

zur Säuberung der Innenseiten Bürste senkrecht ansetzen; kleine kreisende Bewegungen mit größerem Druck von »Rot« nach »Weiß«; nach dem Putzen Mund spülen

2 Regeln für die Zahnreinigung

2.4 Der Weg der Nahrung durch den Körper

Eine Pausenmahlzeit besteht oft aus einem mit Wurst belegten Brötchen. Nach dieser kleinen Mahlzeit fühlt man sich gesättigt und sowohl körperlich als auch geistig wieder leistungsfähig.

Mit der Nahrung erhält der Körper lebensnotwendige Stoffe, darunter die als Energielieferanten besonders schnell verfügbaren Kohlenhydrate. Die Zellen des Körpers können natürlich nicht mit Brötchen, Wurst oder Butter versorgt werden. Die Nahrung muss in kleine Bausteine zerlegt sein, damit sie vom Körper aufgenommen und in den Zellen weiterverarbeitet werden kann. Der Vorgang, der dies bewerkstelligt, wird als **Verdauung** bezeichnet.

Beim Anblick leckerer Speisen läuft einem »das Wasser im Mund zusammen«. So beschreibt man manchmal die Abgabe von Speichel aus den Speicheldrüsen in die *Mundhöhle*. Der Speichel enthält einen bestimmten Wirkstoff, ein **Enzym.** Dieses beginnt die Stärke des Mehls aus dem Brötchen in Bruchstücke zu spalten. Außerdem durchmischt der Speichel beim Kauen die Speisebrocken und macht sie gleitfähig. So rutscht der Speisebrei leichter durch die *Speiseröhre* in den *Magen.*

Im Magen wird der Speisebrei gespeichert und weiter vermischt. Die Innenwand des Magens ist mit einer faltigen Schleimhaut ausgekleidet.

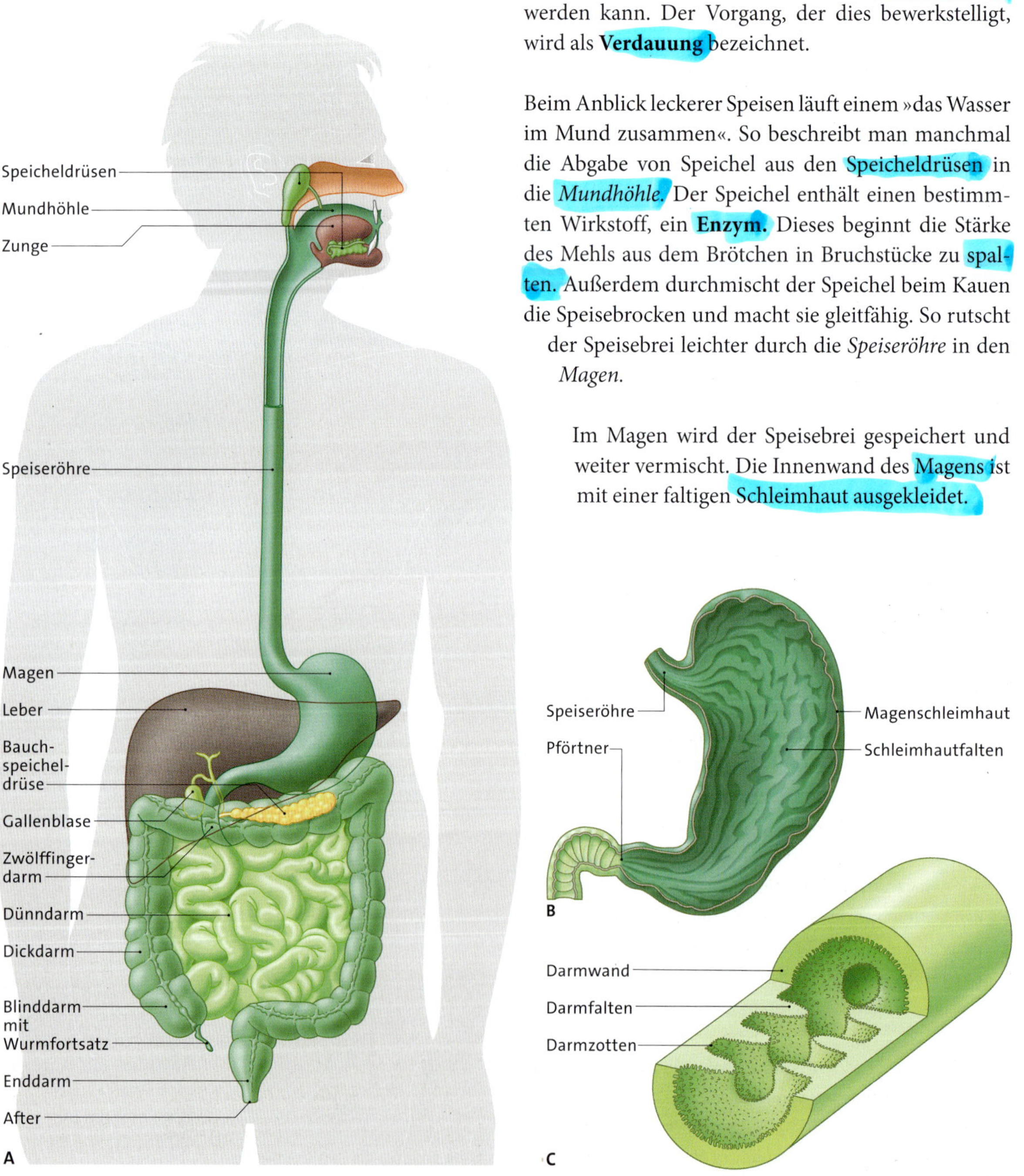

1 Verdauungsorgane des Menschen. **A** Der Weg der Nahrung; **B** Magen; **C** Dünndarm mit Falten und Zotten

In diese sind verschiedene Zellen eingebettet. Einige produzieren zähen Schleim, andere bilden den Magensaft. Der Schleim schützt den Magen vor der Selbstverdauung. Der Magensaft besteht unter anderem aus Salzsäure. Diese tötet die meisten mit der Nahrung aufgenommenen Krankheitserreger ab und schützt den Körper so vor Infektionen. Außerdem enthält der Magensaft ein Enzym, das Eiweißstoffe spaltet. Dieses Enzym spaltet die Eiweißstoffe aus der Wurst. Nach ein bis fünf Stunden Aufenthalt im Magen wird der Speisebrei durch einen Ringmuskel, den *Magenpförtner*, portionsweise in den Zwölffingerdarm abgegeben.

Der *Zwölffingerdarm* ist der erste Abschnitt des drei bis fünf Meter langen *Dünndarms*, in dem die in Mund und Magen begonnenen Verdauungsprozesse fortgeführt werden. Dazu werden dem Speisebrei verschiedene Verdauungssäfte mit unterschiedlichen Enzymen aus der *Bauchspeicheldrüse* und der Dünndarmschleimhaut zugesetzt. Die Stärke aus dem Brötchen und die Eiweißstoffe aus der Wurst werden nun restlos in ihre Bestandteile zerlegt. Die Fette aus der Butter waren bisher noch nahezu unverändert. Doch jetzt werden auch sie durch den von der *Leber* gebildeten Gallensaft in sehr kleine Tröpfchen zerlegt. Damit wird ihr endgültiger Abbau durch Enzyme gefördert. Diese Vorgänge dauern etwa drei bis neun Stunden. Die in der Nahrung enthaltenen Ballaststoffe werden nicht verdaut. Sie fördern aber die Darmtätigkeit und somit die Verdauung. Die innere Oberfläche des Dünndarms wird durch zahllose Falten beträchtlich vergrößert. Bei näherer Betrachtung dieser Darmfalten erkennt man auf ihnen fingerförmige Ausstülpungen, die *Zotten*. Falten und Zotten sorgen für eine große Kontaktfläche zwischen dem Speisebrei und den Darmzellen. So können in kurzer Zeit viele Nährstoff-Bausteine durch die Wandzellen der Zotten hindurch in die Blutgefäße gelangen. Auf dem gleichen Weg werden auch Vitamine und Mineralstoffe aufgenommen und mit dem Blutstrom im Körper verteilt.

Aus dem Dünndarm gelangen die unverdaulichen Reste in den *Dickdarm*. Unterhalb der Einmündung des Dünndarms in den Dickdarm liegt der *Blinddarm*. Der anhängende *Wurmfortsatz* hat für die Verdauung keine Bedeutung, ist aber wichtig für die Abwehr von Krankheitserregern. Im Dickdarm wird dem Nahrungsbrei über einen Zeitraum von zehn bis dreißig Stunden Wasser entzogen. So wird aus dem Brei Kot. Dieser tritt in den *Enddarm* ein, wo er nach ein bis vier Tagen Stuhldrang hervorruft. Über den After verlassen die Reste jener Nahrung den Körper, die ein bis fünf Tage vorher durch den Mund aufgenommen wurde.

1 Beschreibe die Veränderungen der Nahrung im Mundraum.

2 Nenne die Bestandteile des Magensaftes und erläutere ihre Wirkung. Erkläre auch, wovor und wie der Magen geschützt wird.

3 Erläutere die in Abbildung 2 dargestellten Vorgänge. Berücksichtige deine Kenntnisse zum Aufbau der Nährstoffe.

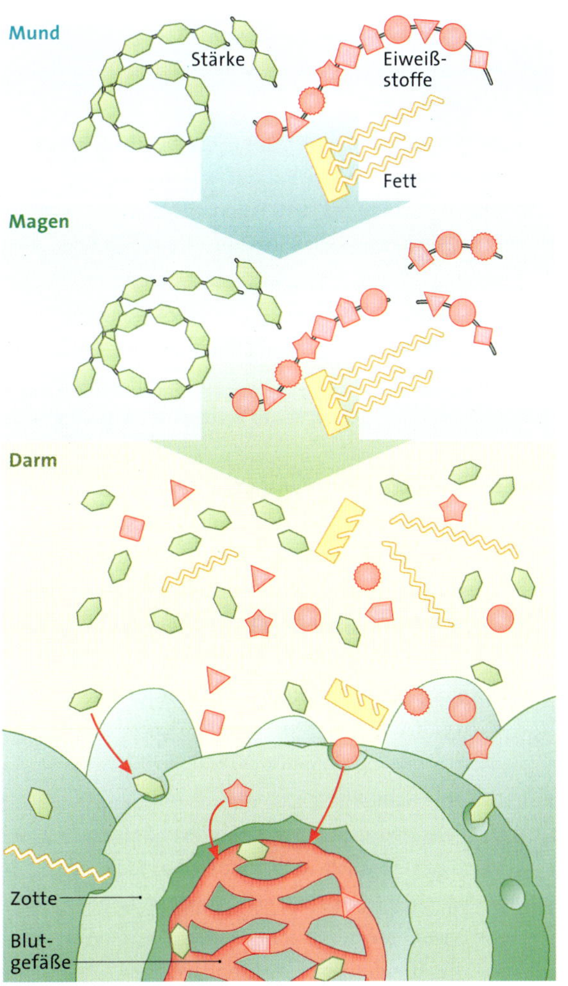

2 **Verdauung der Nährstoffe**

Aufgaben und Versuche Ernährung und Verdauung

V1 Energiebedarf und »Energieverbrauch«

Material: Biologiebuch; Nährwerttabellen; Internetzugang; Pappkarton DIN A0; Papier; farbige Stifte; Klebstoff; Schere; Befestigungsmaterial; Taschenrechner

Durchführung: Berechne für zwei Tage deinen täglichen »Energieverbrauch«. Fertige dazu eine Tabelle an, in der du jeweils für die gesamten 24 Stunden der zwei Tage deine verschiedenen Tätigkeiten aufführst und notierst, wie lange du sie ausgeübt hast. Fertige ebenfalls für zwei Tage ein vollständiges Ernährungsprotokoll an, indem du jeweils in einer Tabelle alles aufführst, was und ungefähr wie viel du zu welcher Mahlzeit gegessen und getrunken hast. Bildet nun Gruppen mit vier bis fünf Schülerinnen und Schülern.

Aufgaben:

a) Berechnet gemeinsam euren jeweiligen »Energieverbrauch« pro Tag. Multipliziert dazu für die verschiedenen Tätigkeiten den ungefähren durchschnittlichen Energiebedarf pro Stunde mit der jeweiligen Zeitdauer der Ausübung. Addiert die Werte. Benutzt dazu Angaben aus dem Biologiebuch, aus Büchern aus der Schulbibliothek und aus dem Internet. Berechnet für jeden von euch den Mittelwert für die zwei Tage und vergleicht diese Werte miteinander.

b) Bestimmt für jeden von euch die mit der Nahrung täglich insgesamt zugeführte Energiemenge. Benutzt dazu Abbildung 3 auf Seite 145 und Nährwerttabellen aus anderen Büchern und Broschüren sowie aus dem Internet. Multipliziert die Mengen an aufgenommenen Nahrungsmitteln mit ihrem jeweiligen Energiegehalt. Berechnet für jeden von euch den Mittelwert für die zwei Tage und vergleicht diese Werte miteinander. Diskutiert und bewertet die Unterschiede.

c) Vergleicht eure Energieaufnahme mit eurem »Energieverbrauch« und nehmt dazu Stellung.

d) Fertigt ein Informationsplakat an, auf dem ihr die Ergebnisse der Gruppenarbeit zusammentragt und der übrigen Klasse präsentiert.

A2 Faktoren der Kariesentstehung

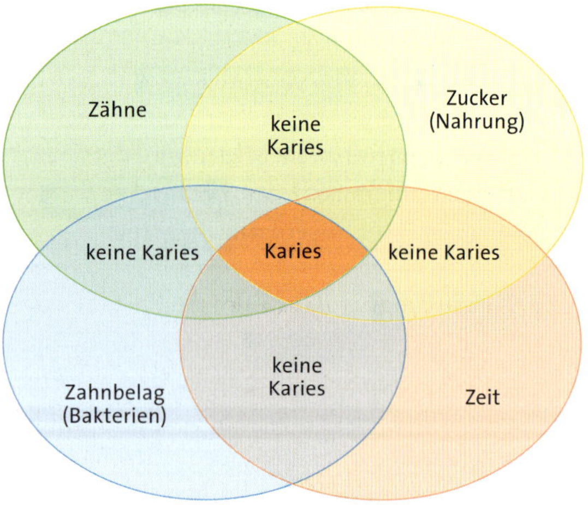

Aufgaben:

a) Erläutere die Abbildung. Formuliere eine Vermutung, was Z + Z + Z + Z = K bedeuten könnte.

b) Diskutiere, ob die Abbildung auch auf Parodontitis zutrifft.

V3 Die Wirkung des Speichels

Material: Becherglas (1 l); Thermometer; warmes Wasser (35–40 °C); 2 Reagenzgläser; Spatel; Stärke-Lösung; Iod-Kaliumiodid-Lösung; Glucose-Teststreifen; Speichel

Durchführung: Die Stärke-Lösung wird hergestellt, indem man eine Spatelspitze Speisestärke in etwa 100 ml Wasser im Becherglas kurz aufkocht und abkühlen lässt. Gib in beide Reagenzgläser zehn Milliliter Speisestärke-Lösung und einige Tropfen Iod-Kaliumiodid-Lösung. Füge in eines der Reagenzgläser zwei Milliliter Wasser und in das andere zwei Milliliter Speichel hinzu und mische gut durch. Stelle beide Reagenzgläser in das Becherglas, das zu etwa einem Drittel mit 35 bis 40 Grad Celsius warmem Wasser gefüllt ist. Schüttle und beobachte die beiden Reagenzgläser jeweils nach einer, nach zwei und nach drei Minuten. Teste nach einer halben Stunde die Lösungen mit den Glucose-Teststreifen auf Traubenzucker (vergleiche Seite 103).

Aufgaben:

a) Beschreibe die Ergebnisse und werte sie hinsichtlich der Inhaltsstoffe aus.

b) Formuliere begründete Vermutungen zur Wirkung des Speichels.

c) Erläutere, warum in einem Reagenzglas statt Speichel Wasser zu der Lösung hinzugefügt wurde.

V4 Die Wirkung des Bauchspeichelextrakts

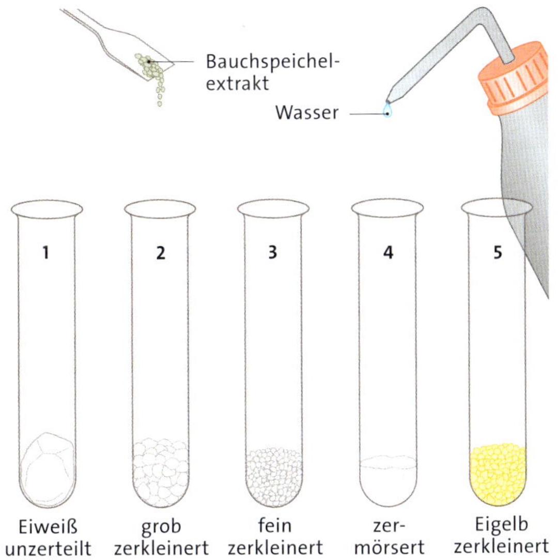

Material: ein hart gekochtes Ei; 11 Reagenzgläser; wasserfester Stift; Mörser; Gabel; Spatel; Becherglas (1 l); Bauchspeichelextrakt (Pankreatin)

Durchführung: Zerteile ein gekochtes Ei. Trenne Eigelb und Eiweiß. Gib jeweils in ein Reagenzglas etwa einen Zentimeter hoch ein Stück Eiweiß, etwas grob zerkleinertes, fein zerkleinertes und zermörsertes Eiweiß. Fülle in das fünfte Reagenzglas zerkleinertes Eigelb. Beschrifte die Gläser jeweils. Fülle nun alle fünf Reagenzgläser etwa bis zur Hälfte mit Wasser auf und füge je eine Spatelspitze Bauchspeichelextrakt hinzu. Schüttle alle Gläser durch. Fülle eine zweite Serie von fünf Reagenzgläsern wie beschrieben mit Ei und Wasser, aber ohne Bauchspeichelextrakt. Beschrifte auch diese Gläser.
Ein elftes Glas wird gleich hoch nur mit Wasser und Bauchspeichelextrakt gefüllt. Stelle alle elf Reagenzgläser an einen Ort mit Raumtemperatur. Beobachte die Gläser nach einer Stunde, nach einem Tag und nach zwei oder mehr Tagen. Schüttle den Inhalt der Gläser zwischenzeitig einige Male.

Aufgaben:

a) Notiere die auftretenden Veränderungen.

b) Stelle eine begründete Vermutung zur Wirkung des Bauchspeichels auf.

c) Erläutere in diesem Zusammenhang den Satz: »Gut gekaut ist halb verdaut.«

V5 Die Wirkung des Gallensaftes

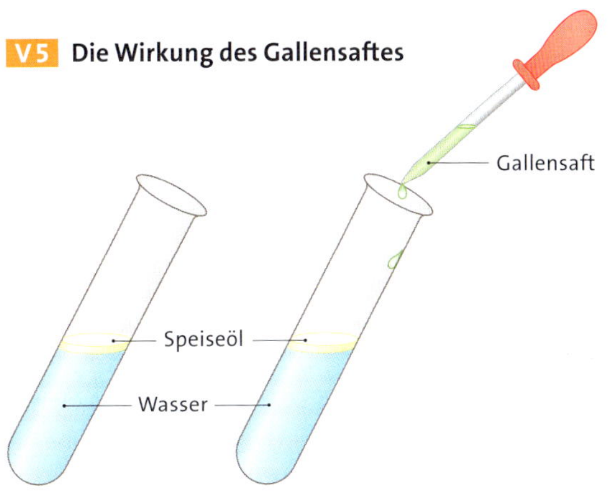

Material: 2 Reagenzgläser; Gummistopfen; Wasser; Speiseöl; Pipette; Gallensaft (vom Metzger)

Durchführung: Fülle die beiden Reagenzgläser zu je etwa einem Drittel mit Wasser und gib mit einer Pipette jeweils etwa acht Tropfen Speiseöl dazu. Füge in eines der beiden Gläser drei Tropfen Gallensaft hinzu. Verschließe die beiden Reagenzgläser und schüttle sie kräftig durch.

Aufgaben:

a) Beobachte und beschreibe, wie der Inhalt der Reagenzgläser sofort nach dem Schütteln und fünf Minuten später aussieht.

b) Erkläre die Wirkung des Gallensaftes und erläutere seine Bedeutung bei der Verdauung.

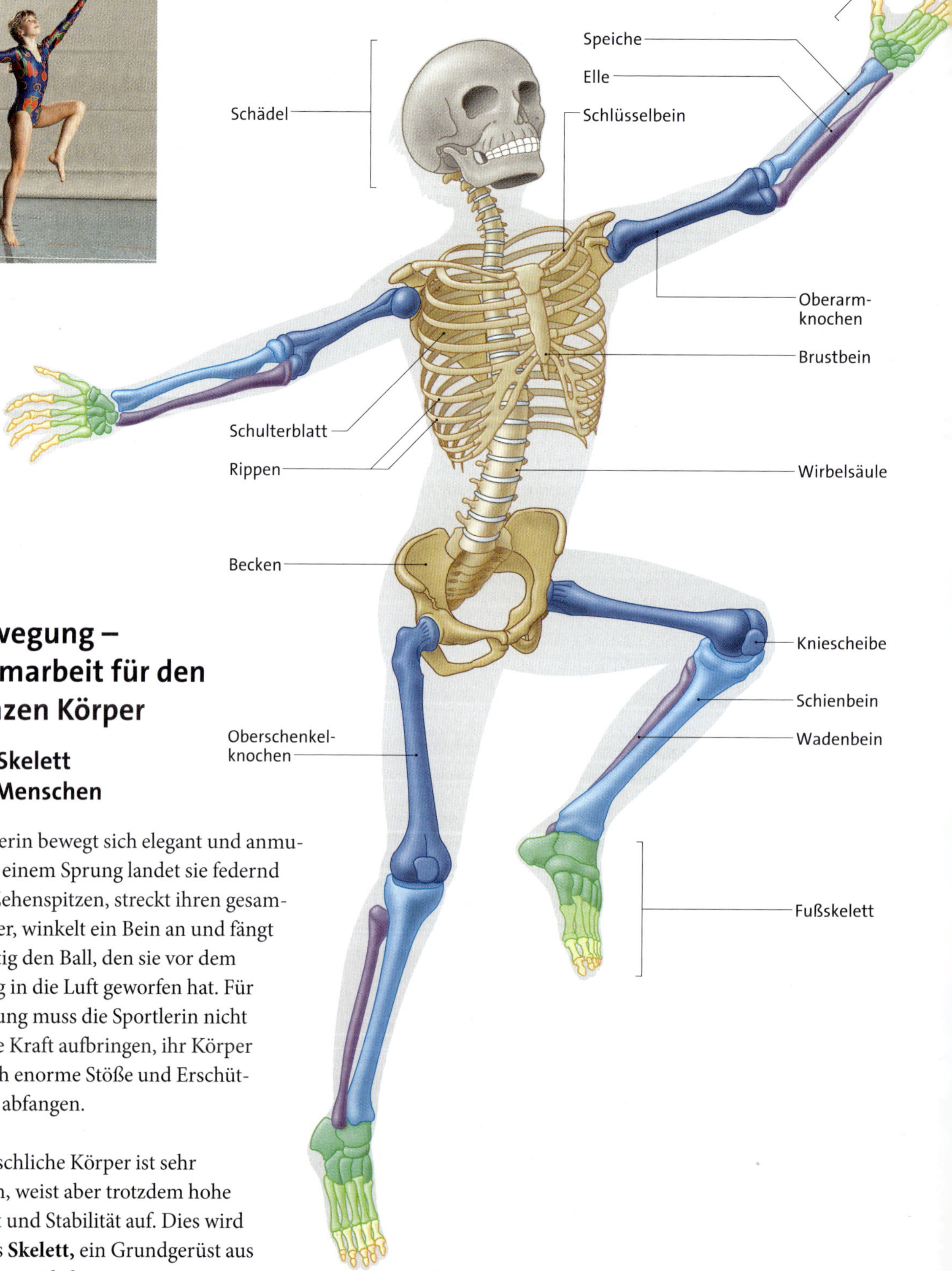

1 **Das Skelett des Menschen**

3 Bewegung – Teamarbeit für den ganzen Körper

3.1 Das Skelett des Menschen

Die Turnerin bewegt sich elegant und anmutig. Nach einem Sprung landet sie federnd auf den Zehenspitzen, streckt ihren gesamten Körper, winkelt ein Bein an und fängt gleichzeitig den Ball, den sie vor dem Absprung in die Luft geworfen hat. Für diese Übung muss die Sportlerin nicht nur große Kraft aufbringen, ihr Körper muss auch enorme Stöße und Erschütterungen abfangen.

Der menschliche Körper ist sehr beweglich, weist aber trotzdem hohe Festigkeit und Stabilität auf. Dies wird durch das **Skelett,** ein Grundgerüst aus Knochen, gewährleistet.

Das menschliche Skelett setzt sich aus über 200 Knochen zusammen, welche in den einzelnen Körperabschnitten, wie dem Kopf, dem Rumpf und den Gliedmaßen, ganz spezielle Aufgaben erfüllen.

Das **Kopfskelett** besteht aus sehr festen, plattenartigen Knochen. Den größten Teil des Schädels nimmt eine widerstandsfähige Knochenkapsel ein, der *Gehirnschädel.* Nur an feinen Nähten auf der Oberfläche des Schädels kann man die Lage der einzelnen Knochen noch erkennen. Diese Plattenknochen wachsen erst Jahre nach der Geburt vollständig zusammen. Im Gehirnschädel ist das empfindliche Gehirn vor Stößen und Verletzungen gut geschützt. Der bewegliche Unterkiefer, der Oberkiefer, das Nasenbein, die Jochbeine und die Augenhöhlen sind Teile des *Gesichtsschädels.*

Die *Wirbelsäule* ist die Stützachse des **Rumpfskelettes.** Im Brustbereich sind an ihr zwölf Paar bogenförmige Rippen befestigt, die mit dem Brustbein verbunden sind. Rippen und Brustbein bilden den beweglichen Brustkorb. Er schützt die Lungen und das Herz. Im unteren Teil des Rumpfes ist die Wirbelsäule fest mit dem *Becken* verwachsen. Diesen Bereich des Beckens nennt man *Kreuzbein.* Das aus den plattenartigen *Hüftknochen* zusammengesetzte Becken ist wie eine Schüssel geformt. Es trägt die Organe des Bauches.

Die Hüftknochen des Beckens und die Schulterblätter verbinden das **Gliedmaßenskelett** mit dem Rumpfskelett. Das *Armskelett* besteht aus dem Oberarmknochen sowie der Elle und der Speiche im Unterarm. Die Handwurzelknochen und die Mittelhandknochen bilden die Handfläche, die Fingerknochen die einzelnen Finger der sehr beweglichen Greifhand. Das *Beinskelett* hat einen ähnlichen Grundaufbau wie das Armskelett. Der kräftige Oberschenkelknochen endet am Knie. Im Unterschenkel sorgen das Schienbein und das Wadenbein für Stabilität und Beweglichkeit. Im Unterschied zum Armskelett befindet sich zwischen den Knochen des Unter- und des Oberschenkels ein zusätzlicher plattenartiger Knochen, die Kniescheibe. Der Fuß ist wie die Hand ebenfalls aus vielen einzelnen Knochen aufgebaut. Sie sind so miteinander verbunden, dass sie unter dem Fuß ein kleines Gewölbe bilden. Dieses dient zur Abfederung von Stößen.

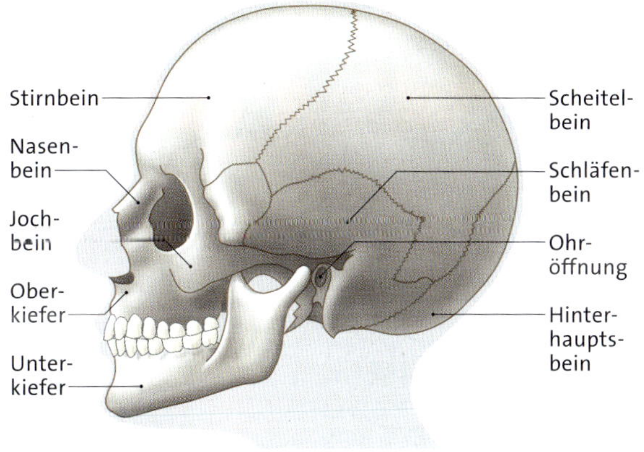

2 Kopfskelett

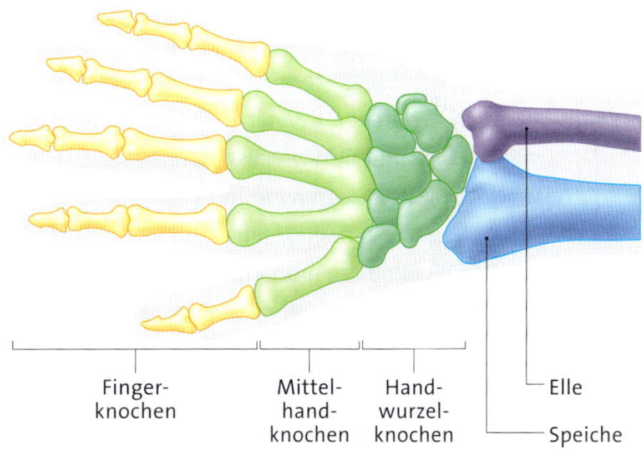

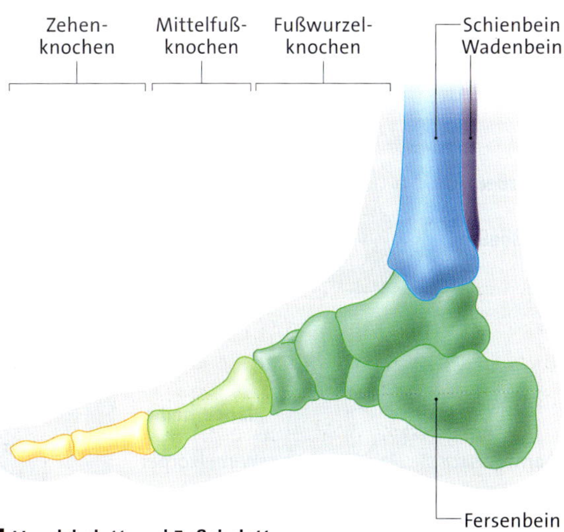

3 Handskelett und Fußskelett

1 Ertaste möglichst viele Knochen deines Fußskelettes und ordne ihnen die richtigen Namen zu.

Methode Arbeiten mit Modellen

1 Automodell im Windkanal

Bevor ein Auto in großen Stückzahlen hergestellt wird, werden seine Eigenschaften an einem originalgetreuen, verkleinerten **Modell** getestet. Mit künstlichem Nebel kann man im Windkanal sehen, wie der Fahrtwind um das Auto fließt. Das Modell wird so lange verändert, bis der Nebel gleichmäßig über seine Oberfläche streicht. Ist eine optimale Form gefunden, können die Ingenieure nach dem Vorbild dieses Modells Autos mit geringem Kraftstoffverbrauch entwickeln.

Modelle können der Veranschaulichung von Sachverhalten oder auch der Gewinnung neuer Erkenntnisse dienen. So lässt sich mit Knochen-Modellen testen, welchen Einfluss der besondere Bau von Knochen auf ihre Stabilität hat. Dazu werden zwei Objekte aus Zeichenkarton mit dem Format A4 hergestellt. Ein Karton wird der Breite nach zu einer Röhre aufgewickelt. Ein zweiter wird viermal zu einem flachen, mehrlagigen Streifen gefaltet. Um ein Entfalten zu verhindern, werden die Seiten mit etwas Klebeband verklebt.
Der Karton soll die feste Knochensubstanz darstellen. Die beiden Modelle werden nacheinander so auf einen Dreifuß gelegt, dass die Auflageflächen genau den gleichen Abstand haben und die Aufhängevorrichtungen für die Gewichte sich genau in der Mitte befinden.
Nun werden die Modelle auf ihre Belastbarkeit getestet, indem die Masse der Gewichte schrittweise erhöht wird. Die Versuche enden, wenn die Modelle unter der Last der Gewichte nachgeben. Nachdem die Massen der Gewichte ermittelt wurden, können die Ergebnisse miteinander verglichen werden. Obwohl die Arbeit mit Modellen eine wichtige wissenschaftliche Methode ist, hat sie einen Nachteil: Modelle können nicht alle Details und Eigenschaften des Originals nachbilden.

1 Führe den beschriebenen Versuch durch und vergleiche die Eigenschaften der Modelle.
Stelle die Ergebnisse grafisch dar und formuliere die ableitbaren Erkenntnisse.

2 Erläutere am Beispiel des Experimentes, warum Modelle kein genaues Abbild des Originals darstellen.

A

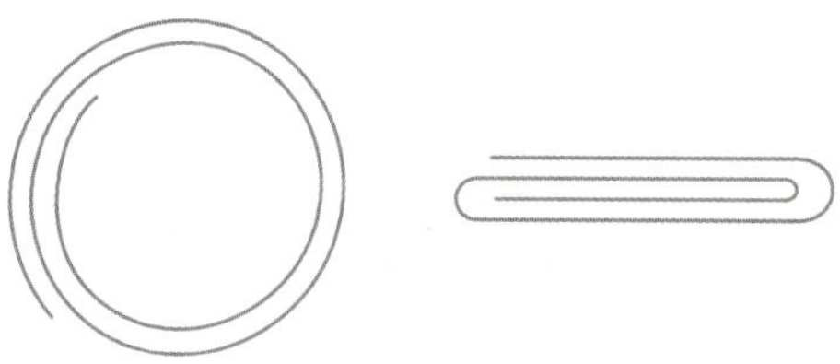

B

2 Modellexperiment zur Belastbarkeit von Knochen.
A Querschnitte der fertigen Modelle;
B Experimentieranordnung

Aufgaben und Versuche | Knochen und Gelenke

A1 Beinskelett

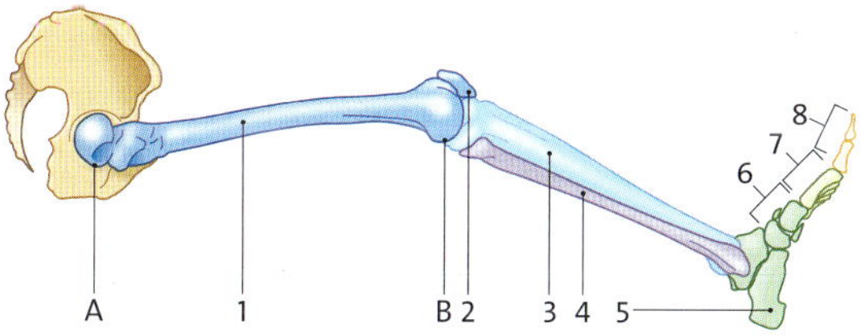

a) Benenne die Knochen 1 bis 8 und die Gelenke A und B.

b) Begründe, um welchen Gelenktyp es sich bei A handelt.

V2 Modell zur Belastbarkeit der Wirbelsäule

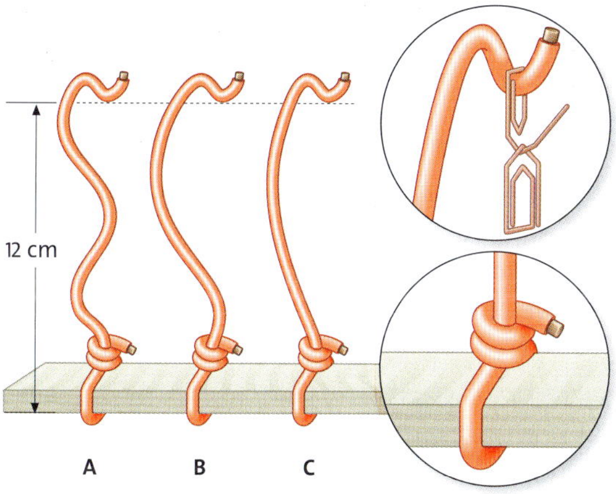

Material: biegsamer Klingeldraht von 1,05 m Länge; Holzbrett (etwa 20 cm lang, 4 cm breit und 2 cm dick); 20 Büroklammern; Zange; Lineal

Durchführung: Teile den Draht mit der Zange in 35 cm lange Stücke. Befestige sie wie in der Abbildung am Holzbrett. Schneide die langen Enden auf genau 17 cm Länge und biege sie in die entsprechenden Formen. Die Enden werden zu einem Haken gebogen und auf eine einheitliche Höhe von 12 cm gebracht. Hänge in die Haken des ersten Modells zehn Büroklammern. Miss anschließend erneut die Drahthöhe. Wiederhole diesen Versuch auch bei den anderen beiden Modellen. Teste alle Modelle auch mit einer Belastung von 20 Büroklammern.

Aufgaben:

a) Stelle die Ergebnisse grafisch dar und vergleiche sie miteinander.

b) Ordne eine der Drahtkonstruktionen der tatsächlichen Form der Wirbelsäule zu. Erläutere die Vorteile dieser Form.

V3 Teste die Belastung deines Stützsystems

Material: Personenwaage, Taschenrechner

Durchführung: Ermittle mit der Personenwaage erst das Gewicht der gefüllten Schultasche und anschließend dein eigenes Körpergewicht.

Aufgaben:

a) Das Gewicht der gefüllten Schultasche eines 45 Kilogramm schweren Kindes sollte höchstens 4,5 Kilogramm betragen, um Überlastungen vorzubeugen. Berechne anhand deines eigenen Gewichtes, wie schwer deine Tasche sein darf.

b) Stelle dem berechneten Wert das tatsächliche Gewicht deiner Tasche gegenüber und ziehe Schlussfolgerungen.

A4 Technische Gelenke

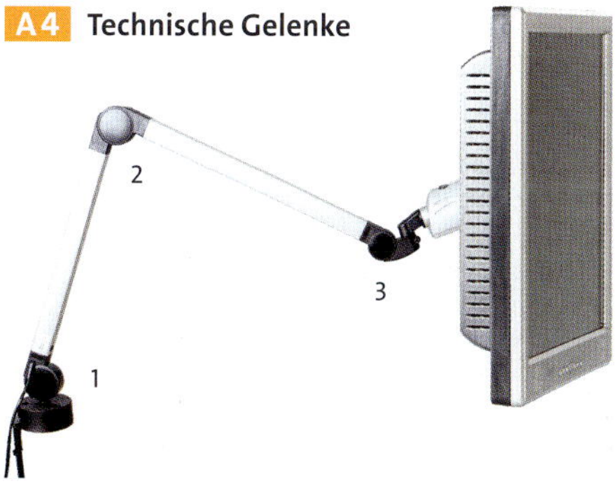

Zur optimalen Ausrichtung des Computer-Monitors sind die Teile der Halterung mit technischen Gelenken verbunden.

Aufgaben:

a) Benenne die Gelenke 1 bis 3 und beschreibe ihre Bewegungsmöglichkeiten.

b) Suche am Skelettmodell deiner Schule nach Gelenken, die ähnliche Funktionen erfüllen.

3.4 Muskeln

Scheinbar mühelos bewegt sich der Kletterer ohne Seil und Haken die senkrechte Wand empor. Hin und wieder verharrt er für kurze Zeit, um die nächsten Handgriffe zu planen und Kraft für neue Bewegungen zu sammeln. Immer wenn er sein gesamtes Körpergewicht mit einem Arm nach oben zieht, wölbt sich am Oberarm ein kräftiger **Muskel**, der *Bizeps*.

Alle Muskeln, mit denen die Gliedmaßen bewegt werden, haben einen ähnlichen Grundaufbau. Sie sind von einer Hülle umgeben, der festen und sehr dehnbaren *Muskelhaut*. An den Enden der Muskeln geht die Muskelhaut in eine zugfeste *Sehne* über. Jede Sehne setzt an einem Knochen an. Da die Sehnen nicht dehnbar sind, können sie die Muskelkraft direkt auf den Knochen übertragen. Das Innere des Muskels besteht aus *Muskelfaserbündeln*, die man an rohem Fleisch schon mit bloßem Auge sehen kann. Die Faserbündel durchziehen den gesamten Muskel in Längsrichtung. Sie sind über Nervenzellen mit dem Nervensystem verbunden. Bei der mikroskopischen Betrachtung kann man erkennen, dass jedes Muskelfaserbündel noch einmal aus vielen lang gestreckten kleinen *Muskelfasern* aufgebaut ist, so wie ein dickes Telefonkabel aus vielen Drähten besteht. Zwischen den Muskelfasern versorgen weit verzweigte Blutgefäße alle Zellen des Muskels mit Sauerstoff und Nährstoffen.

1 **Muskeleinsatz beim Klettern**

Muskeln, die an Knochen ansetzen und Körperbewegungen ermöglichen, heißen **Skelettmuskeln.** Daneben gibt es noch andere Muskelarten: So sind die Blutgefäße ebenso mit Muskelschichten umhüllt wie der Magen, der Darm und andere innere Organe, die Eingeweide. Diese Muskeln werden als **Eingeweidemuskeln** bezeichnet. Beide Muskeltypen unterscheiden sich im Bau und in der Arbeitsweise. Skelettmuskeln können sehr schnell und kraftvoll arbeiten, ermüden aber rasch. Eingeweidemuskeln vollführen dagegen langsame, aber sehr ausdauernde Bewegungen. Ein besonderer Muskel ist der **Herzmuskel.** Er arbeitet schnell und gleichzeitig ausdauernd.

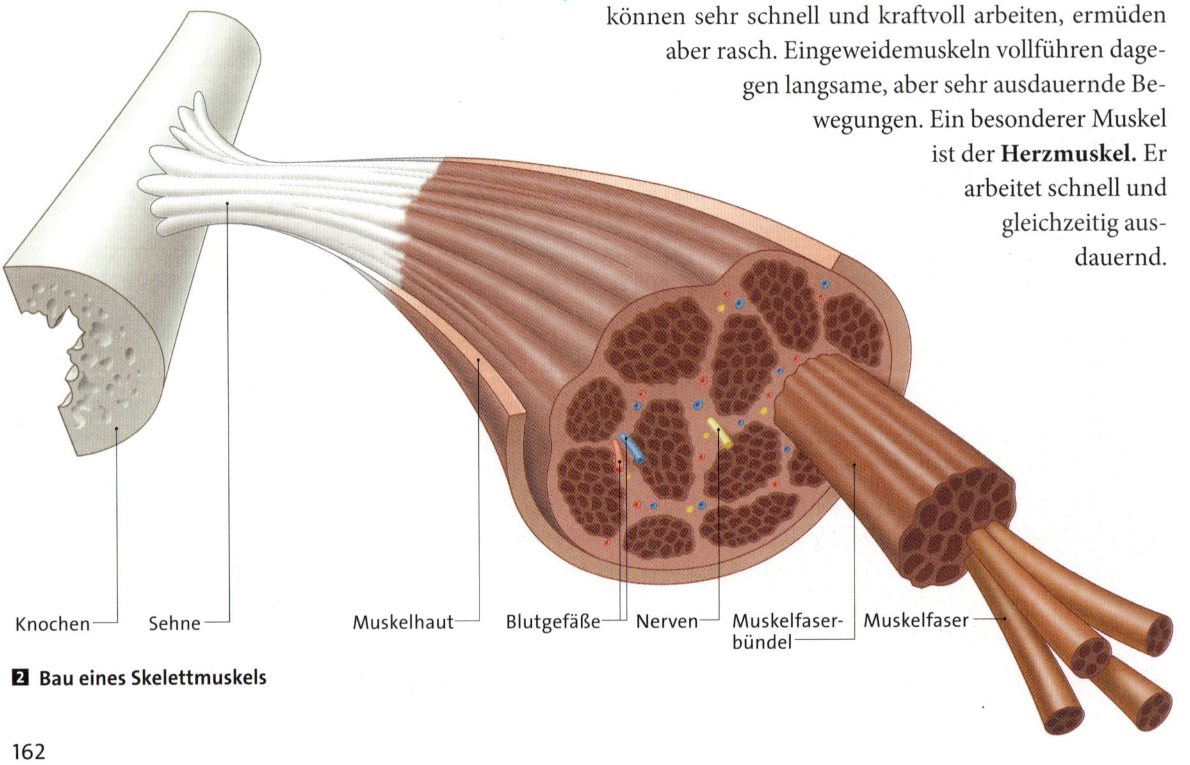

2 **Bau eines Skelettmuskels**

Wie jedes Gewebe besteht auch ein Muskel aus Zellen. Die Zellen des Muskelgewebes sind die lang gestreckten Muskelfasern. Ihre Besonderheit ist, dass sie sich auf einen Befehl hin zusammenziehen können. Dieser Vorgang wird als **Kontraktion** bezeichnet. Kontrahiert eine Muskelzelle, dann verringert sich ihre Gesamtlänge. Da die Muskelfasern bei einer Bewegung meist gleichzeitig kontrahieren, verkürzt sich auf diese Weise der gesamte Muskel. Bei der Kontraktion werden die Muskelzellen aber auch dicker. Dadurch spannt sich die elastische Muskelhaut und der angespannte Muskel wird hart. Je mehr Muskelfasern gleichzeitig kontrahieren, umso größer ist die Kraft, die der kontrahierte Muskel entwickelt. Diese Kraft wird über die Sehnen auf die Knochen übertragen. Auf diese Weise lassen sich Körperteile wie Arme und Beine bewegen.

Wenn eine Basketballspielerin vor dem Wurf ihren Arm beugt, dann ist ein Armmuskel, der *Bizeps*, auf der Vorderseite des Oberarms kontrahiert. Da dieser Muskel für die Beugung des Armes verantwortlich ist, wird er auch **Beuger** genannt. Damit sich der Arm beugen kann, muss dabei der auf der Rückseite des Armes befindliche *Trizeps* oder **Strecker** entspannt sein. Mit einer kräftigen Streckung des Unterarmes wirft die Spielerin den Ball schließlich in das Netz. Dabei kontrahiert der Strecker und der Beuger ist entspannt. Das Beispiel zeigt das Zusammenwirken eines Muskelpaares bei gegensätzlichen Bewegungen eines Körperteils. Da die Kontraktionen der beiden Muskeln entgegengesetzte Wirkungen haben, werden diese auch als **Gegenspieler** bezeichnet.

Nicht nur die Muskeln der sich in gegensätzliche Richtungen bewegenden Arme und Beine arbeiten nach dem Gegenspielerprinzip, sondern alle Skelettmuskeln. Warum hat fast jeder Skelettmuskel einen Gegenspieler? Trotz ihrer besonderen Fähigkeit zur Bewegung können sich kontrahierte Muskelzellen nicht selbstständig auf ihre ursprüngliche Länge dehnen. Ein verkürzter Muskel kann sich deshalb nach einer Kontraktion nicht von allein wieder in seine entspannte Ausgangslage bewegen. Entweder die Schwerkraft zieht den Muskel auseinander oder ein entsprechender Gegenspieler übernimmt diese Aufgabe.

1 Erläutere die besonderen Anforderungen an die Herzmuskulatur.

2 Untersuche, wie Gegenspielermuskeln bei der Beugung und Streckung des Unterschenkels wirken. Skizziere die Funktionsweise.

3 Beuge und strecke mehrmals die Finger deiner rechten Hand. Beobachte dabei deinen Unterarm. Beschreibe deine Beobachtungen und erläutere.

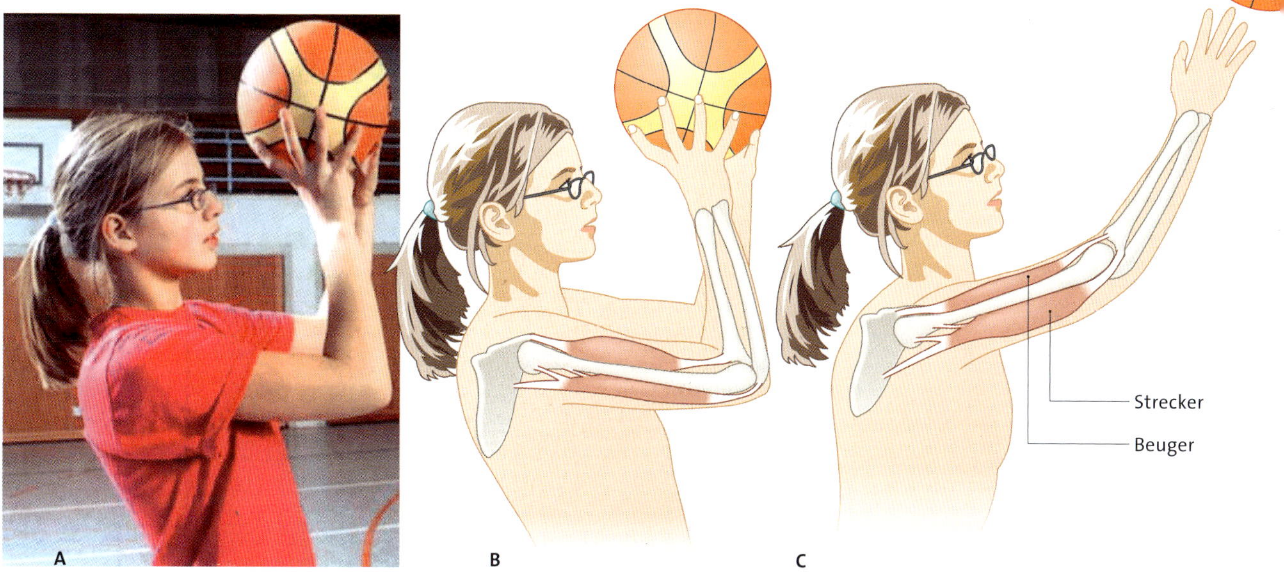

3 Zusammenspiel der Muskeln beim Basketball. **A** Spielerin vor dem Wurf; **B** gebeugter Arm; **C** gestreckter Arm

Wissen kompakt: Häufige Verletzungen beim Sport

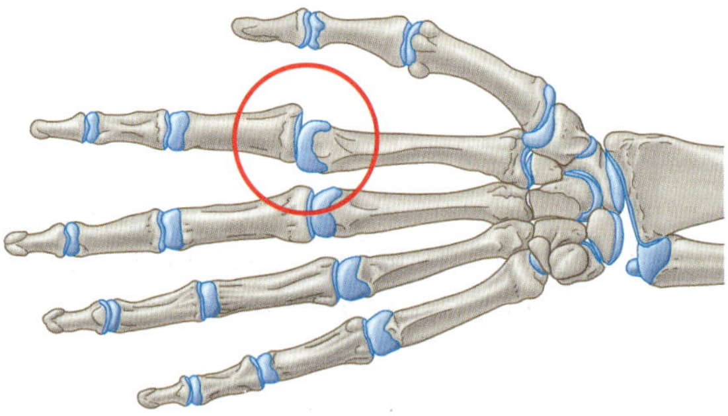

Bezeichnung: Verstauchung, Verrenkung
Beschreibung: Die Verletzung entsteht durch Überdehnung der Bänder, die ein Gelenk stützen. Das Gelenk kann schmerzhaft anschwellen, bleibt aber funktionsfähig. Kühlung und Ruhigstellung unterstützen den Heilungsvorgang.

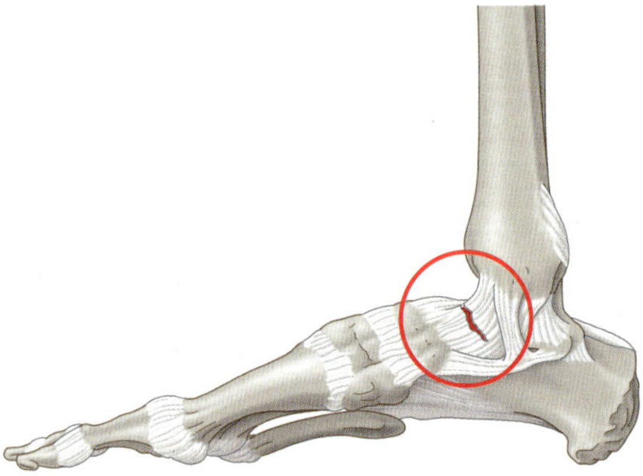

Bezeichnung: Bänderdehnung, Bänderriss
Beschreibung: Beim Umknicken des Fußes können die Bänder gedehnt werden oder sogar reißen. Dann kommt es beim Auftreten zu starken Schmerzen, oft ist der Knöchel geschwollen, ein Bluterguss (blauer Fleck) kann sich bilden. Der Fuß muss bandagiert werden. Manchmal muss das Band zusammengenäht werden.

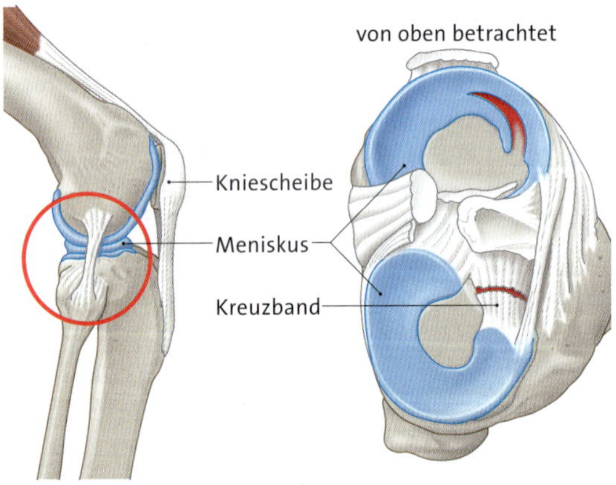

Bezeichnung: Meniskusverletzung, Kreuzbandriss
Beschreibung: In jedem Kniegelenk sorgen zwei halbkreisförmige Knorpel, die Menisken, für seitliche Stabilität des Knies und die Abfederung von Stößen. Die beiden Menisken sind durch ein Kreuzband verbunden. Bei besonderen Belastungen, wie zum Beispiel eine Überstreckung des Kniegelenkes, können die Menisken oder das Kreuzband ein- oder zerreißen. Häufiger passiert dies bei Sportlern, die dauernd hohen Belastungen im Kniegelenk ausgesetzt sind. Die gerissenen Bänder müssen operativ vernäht werden.

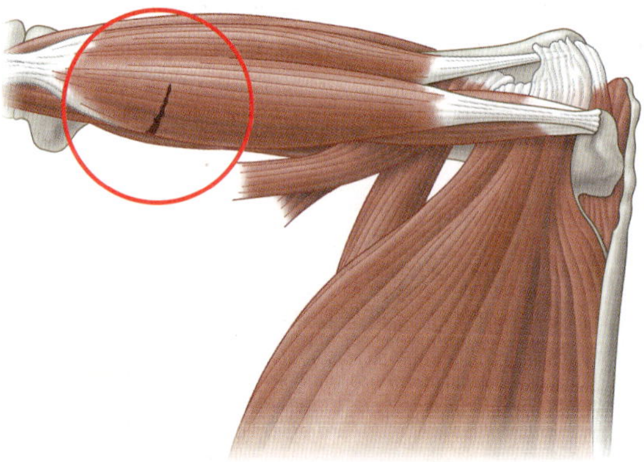

Bezeichnung: Muskelzerrung, Muskelfaserriss
Beschreibung: Zerrungen treten auf, wenn unzureichend erwärmte Muskeln überdehnt werden. Wenn die Belastung noch stärker wird, können Muskelfasern reißen.

1 Bis ärztliche Behandlung erfolgt, sollte ein verletzter Sportler nach dem »PECH-Schema« behandelt werden: P = Pause, E = Eis, C = Compression (englische Schreibweise, Druckverband an der Verletzung), H = Hochlagerung der Verletzung. Sammle Informationen über die Gründe der Maßnahmen.

Streifzug durch die Medizin Erste Hilfe

In Deutschland ereignet sich etwa alle vier Sekunden ein Unfall. Dazu zählen neben Verkehrsunfällen auch Unfälle während der Arbeit, im Haushalt und beim Sport. Nicht immer laufen Unfälle so glimpflich ab, dass die Betroffenen mit einem Schrecken und ein paar Kratzern davonkommen: Oft ist schnelle und richtige Hilfe überlebenswichtig. Da ein Arzt meist erst über den Notruf verständigt werden kann, sollte jeder Mensch wissen, wie man sich als *Ersthelfer* nach einem Unfall verhält. Dies lernt man von Ärzten und Sanitätern in einem **Erste-Hilfe-Kurs.**

Als Erstes muss sich der Helfer einen Überblick über das Ausmaß der Verletzungen verschaffen. Dabei muss er schnell entscheiden, ob die Verletzungen nur leicht sind und das Unfallopfer selbst den Arzt aufsuchen kann oder ob er per Telefon den Rettungsdienst verständigen muss. Nach der Wahl der Notrufnummern 110 oder 112 müssen die Informationen nach einer streng festgelegten Abfolge durchgegeben werden: *Wo* ist der Notfall? *Was* ist geschehen? *Wie viele* Verletzte sind betroffen? *Welche* Verletzungen haben die Betroffenen? *Warten* auf Rückfragen der Rettungsstelle.

Die Versorgung des Unfallopfers ist von der Art der Verletzungen abhängig. Leichte Schürfwunden an Armen und Beinen können mit einem *Pflaster* abgedeckt werden. Tritt viel Blut aus einer Wunde, muss ein *Druckverband* angelegt werden. Bei Knochenbrüchen soll der betroffene Körperteil ruhiggestellt werden. Bei Verletzungen der Wirbelsäule darf der Betroffene nicht bewegt werden, damit das empfindliche Rückenmark nicht weiter verletzt wird. Wenn das Unfallopfer bewusstlos ist, muss es der Helfer in die *stabile Seitenlage* bringen. Sie garantiert auch bei Bewusstlosigkeit die Atmung und sichere Lage des Unfallopfers. Die wenigen Beispiele zeigen, wie schwierig die richtige Erstversorgung ist. Richtige Hilfe will gelernt sein.

1 Übe mit deinem Banknachbarn eine Notfallmeldung und fertige für den Klassenraum oder für daheim einen Aushang mit den »5-Ws« der Meldung an.

C

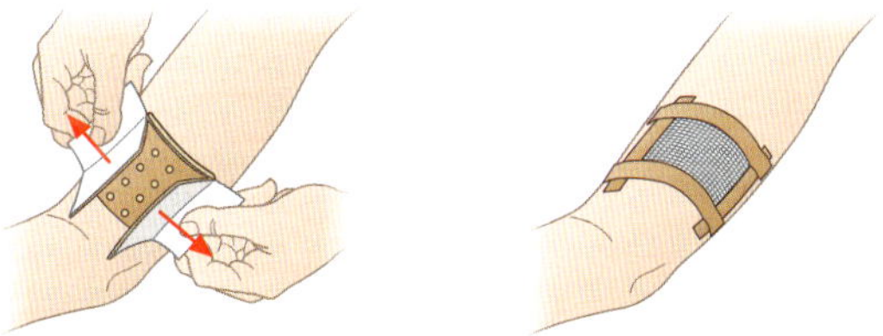

A

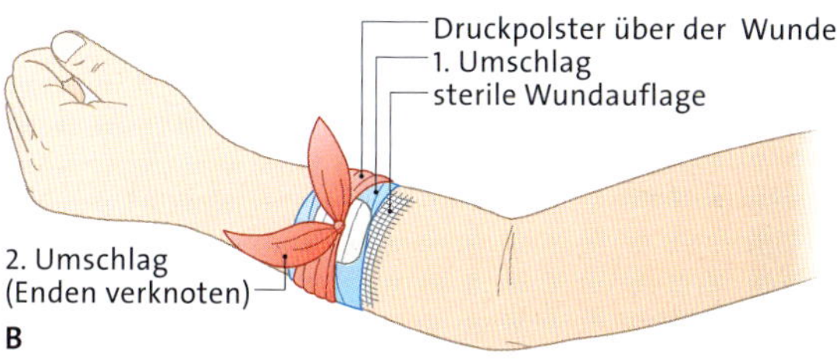

B

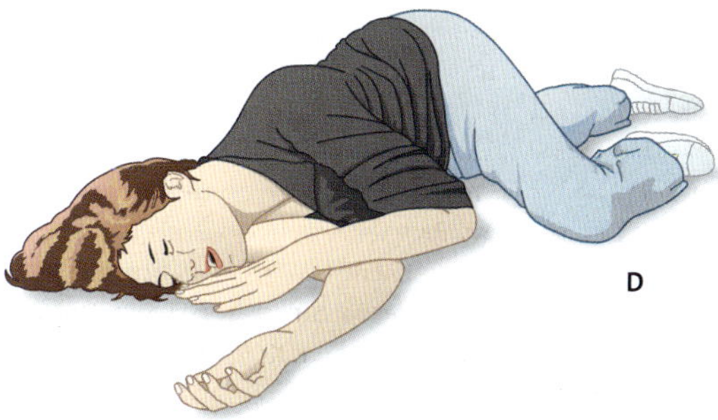

D

1 Maßnahmen der Ersten Hilfe. **A** Anlegen eines Pflasters; **B** Anlegen eines Druckverbandes; **C** Ruhigstellung eines Knochenbruches; **D** stabile Seitenlage

3.5 Muskeln arbeiten auf Befehl

Etwa 20 Skelettmuskeln müssen ganz gezielt bewegt werden, um mit der Hand einen reifen Apfel vom Baum pflücken zu können. Das Heben des Oberarmes, das Öffnen der Hand, das Zugreifen und das Abreißen des Apfels vom Ast können nur gelingen, wenn die Muskeln planvoll zusammenarbeiten.

Die Planung von Bewegungen erfolgt im **Gehirn.** Bevor ein Plan entworfen werden kann, benötigt das Gehirn verschiedene Informationen aus der Umwelt. Für die exakte Ausführung der Bewegungen ist die Abschätzung der Entfernung zwischen Hand und Apfel ebenso wichtig wie Informationen über die Größe und das Gewicht des Apfels. Solche Informationen über die Beschaffenheit der Umwelt, die auch als **Reize** bezeichnet werden, wirken auf die **Sinnesorgane** ein. Dazu gehören beim Menschen zum Beispiel die Augen, die Ohren und die Nase.

In den Sinnesorganen liegen Sinneszellen, die durch bestimmte Reize angeregt werden können. Beispielsweise enthält die Netzhaut des Auges lichtempfindliche Sehsinneszellen. Wird die Zellmembran einer solchen Zelle von Licht getroffen, entstehen hier schwache elektrische Ströme, die durch **Nervenzellen** an das Gehirn übertragen werden. Dort können die Informationen in Bruchteilen einer Sekunde ausgewertet und zu einem Handlungsplan verarbeitet werden. Der Plan enthält die Befehle zur Ausführung bestimmter Bewegungen. Die Befehle werden über Nervenzellen vom Gehirn bis zu den verschiedenen Muskeln übertragen. Viele dieser Nervenzellen verlaufen innerhalb der Wirbelsäule und bilden das **Rückenmark.**

Wenn bei einem Unfall Nervenzellen im Rückenmark verletzt werden, kann die Verbindung zwischen dem Gehirn und bestimmten Muskeln unterbrochen sein. Die Folge ist eine *Querschnittslähmung.* Da die Befehle nicht mehr das Ziel erreichen, bleiben die Muskeln auch dann bewegungsunfähig, wenn der betroffene Mensch sich bewegen möchte. Ein Muskel kontrahiert also nur, wenn er einen entsprechenden Befehl vom Nervensystem erhält. Nur so kann der Mensch auf ganz bestimmte Reize der Umwelt mit speziellen **Reaktionen** antworten. Diese als *Reizbarkeit* bezeichnete Eigenschaft ist eine Grundeigenschaft aller Lebewesen.

1 Beschreibe an einem selbst gewählten Beispiel den Ablauf von der Einwirkung eines Reizes bis zur Reaktion.

2 Erkläre den Begriff »Querschnittslähmung«.

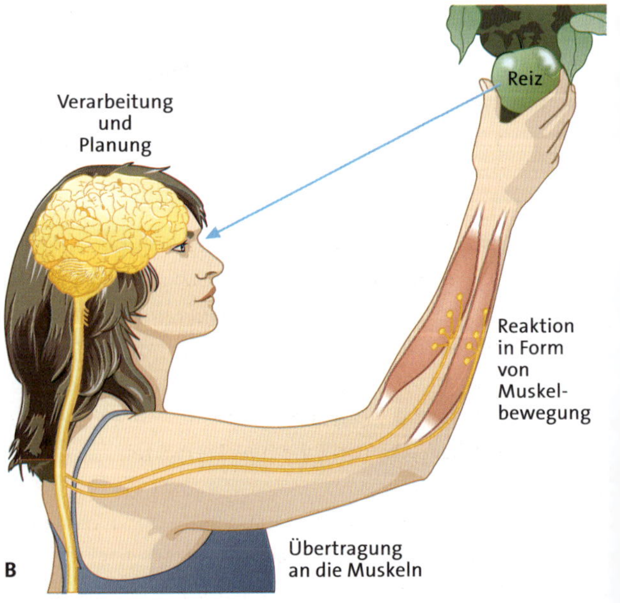

1 Vom Reiz zur Reaktion. A Foto; B Schema

Aufgaben und Versuche Muskeln und Sehnen

A1 Muskelkater

Ein Muskelkater wird durch haarfeine Risse in den Muskelfasern verursacht. Diese Risse können durch Überdehnung der Zellen bei ungewohnten Belastungen auftreten.

Aufgaben:

a) Erläutere, wie man im Sportunterricht Muskelkater verhindern kann.

b) Recherchiere Informationen über die Behandlung eines Muskelkaters und werte diese aus.

V2 Untersuchung von Muskelfleisch

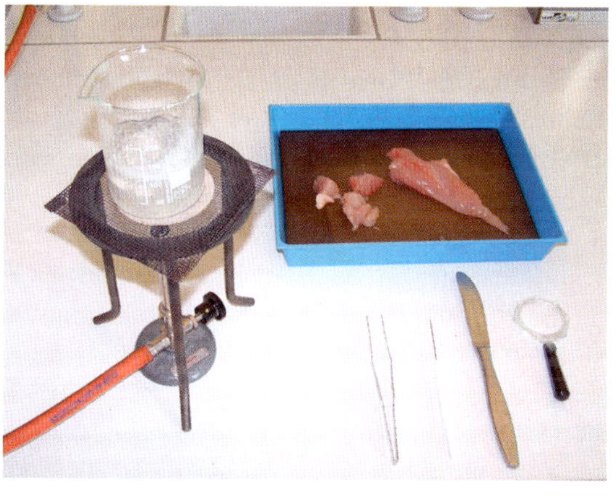

Material: ein Stück Puten- oder Hühnerbrust; Küchenmesser; Dreifuß; Gasbrenner; Becherglas (250 ml); Wasser (100 ml); Präparierschale; Präpariernadel; Pinzette; Lupe

Durchführung: Betrachte das unbehandelte Fleischstück und schneide mit dem Messer daraus anschließend kleine Würfel von etwa drei Zentimetern Kantenlänge. Die Würfel werden zehn Minuten in einem Becherglas mit Wasser auf kleiner Flamme gekocht. Das abgekühlte Fleisch wird mit der Pinzette und der Präpariernadel in der Präparierschale zergliedert und mit der Lupe betrachtet.

Aufgaben:

a) Nenne alle Muskelbestandteile, die am unbehandelten Fleisch erkennbar sind.

b) Beschreibe die Veränderungen durch das Kochen.

V3 Untersuchung der Fingerbewegung

Durchführung: Beuge und strecke den Zeigefinger bei geöffneter Hand. Suche dabei auf dem Handrücken sowie an den Unterseiten des Handgelenkes und des Unterarmes nach den zugehörigen Sehnen. Verfolge den Verlauf dieser Sehnen bis zum Muskel.

Aufgabe:

Fertige eine Skizze von Hand und Unterarm an. Zeichne den Verlauf der Sehnen und die Lage der Muskeln ein, die an der Bewegung beteiligt sind.

V4 Muskeln ermüden

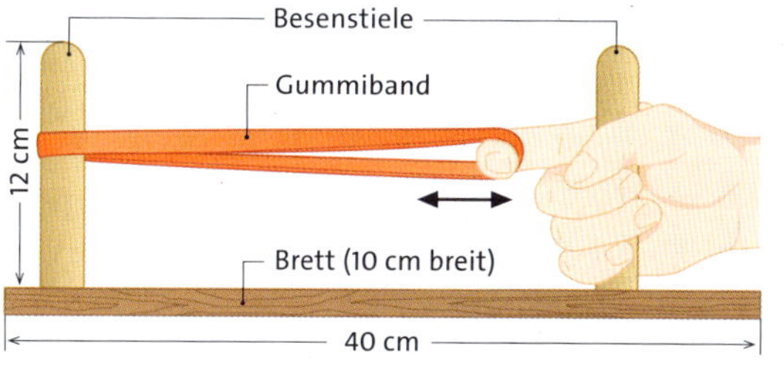

Material: stabiles Holzbrett; zwei Enden eines Besenstieles; kräftiges Gummiband (Einkochring); Werkzeug; Holzleim; Stoppuhr; Schreibmaterial

Durchführung: Baue eine Versuchsanordnung entsprechend der Abbildung auf. Umfasse mit der Hand einen der beiden Stiele. Der Gummiring wird um den zweiten Stiel gelegt und mit dem anderen Ende über den Zeigefinger gespannt. Jetzt wird der Finger unter der Belastung des sich straffenden Gummibandes gebeugt.

Aufgaben:

a) Versuche möglichst schnell, so viele Fingerbeugungen wie möglich durchzuführen. Notiere die Anzahl der erreichten Wiederholungen.

b) Beschreibe, was du im Verlauf der Übung beobachten konntest und was du selbst gespürt hast.

c) Wiederhole den Versuch mit dem kleinen Finger derselben Hand und vergleiche die Ergebnisse in einem Säulendiagramm.

d) Erkläre die Ergebnisse aus den Aufgabenstellungen a) und b).

3.6 Luft zum Leben

Die meisten Menschen können beim Tauchen die Luft nur für kurze Zeit anhalten. Schon nach einer halben Minute bekommen sie Atemnot und müssen wieder auftauchen. Der Mensch kann ohne Luft nicht leben. Für längere Aufenthalte unter Wasser nehmen Taucher deshalb in Flaschen gepresste Luft mit in die Tiefe, die sie über ein Mundstück nutzen können. Mit diesem Vorrat können Taucher bis zu einer Stunde unter Wasser bleiben.

Wozu Menschen und Tiere die Atemluft benötigen, kann mit einem einfachen Experiment verdeutlicht werden: Stülpt man über eine brennende Kerze ein Becherglas, so erlischt die Flamme nach kurzer Zeit. Am Becherglas schlägt sich Wasserdampf nieder. Bei der Verbrennung wandelt sich energiereiches Wachs unter Verbrauch des Sauerstoffs der Luft in Kohlenstoffdioxid und Wasserdampf um. Sobald der Sauerstoff in der Luft des Becherglases aufgebraucht ist, erlischt die Kerze. Die Flamme zeigt, dass dabei auch Wärme- und Lichtenergie freigesetzt werden.

So wie eine Kerzenflamme nur unter Sauerstoffzufuhr abbrennt, können auch die Zellen des Menschen nur leben, wenn sie genügend Sauerstoff erhalten. Bei der *Zellatmung* werden die aus der Nahrung gewonnenen energiereichen Stoffe mit dem Sauerstoff der Luft in Kohlenstoffdioxid und Wasser umgewandelt.

1 Sporttaucher

Die dabei freigesetzte Energie wird unter anderem zur Aufrechterhaltung der Körpertemperatur genutzt. Obwohl die Verbrennung von Kerzenwachs und die Zellatmung viele Gemeinsamkeiten haben, gibt es wesentliche Unterschiede: Bei der Zellatmung wird die Energie nur schrittweise in kleinen Beträgen abgegeben, eine Flamme entsteht dabei nicht.

Die Aufnahme von Sauerstoff aus der Luft in den Körper und die Abgabe von Kohlenstoffdioxid und Wasser sind Aufgaben des *Atmungssystems.*

1 Beschreibe, wie sich Kohlenstoffdioxid und Wasser in der ausgeatmeten Luft nachweisen lassen.

2 Ausgeatmete Luft trübt klares Kalkwasser

3 Wasserdampf in ausgeatmeter Luft

Streifzug durch die Chemie | Zusammensetzung der Luft

Luft ist ein **Gasgemisch,** das man weder schmecken noch riechen kann. Die Luft umgibt die Erdoberfläche mit einer etwa 15 Kilometer dicken Hülle, der *Atmosphäre*. Erst beim Blick durch das Fenster eines Raumschiffes wird die sonst farblose Luft als blassblaues Gas sichtbar.

Früher glaubte man, dass Luft ein einheitlicher Stoff sei. Dass dies nicht der Fall ist, zeigt das folgende Experiment: An der Oberfläche von Eisenteilen bildet sich an feuchter Luft schon nach kurzer Zeit eine bräunliche Schicht. Diese Schicht besteht aus Rost, der durch eine chemische Reaktion von Eisen mit *Sauerstoff* gebildet wird. Dabei wird Sauerstoff aus der Luft an das Eisen gebunden. Durch diese Reaktion verringert sich das Gasvolumen im Reagenzglas während des Experimentes nur um etwa ein Fünftel. Luft muss also noch andere Bestandteile enthalten. Genaue Messungen ergaben, dass 100 Liter Luft aus etwa 21 Litern Sauerstoff und 78 Litern *Stickstoff* bestehen. Weitere Gase wie *Kohlenstoffdioxid* und *Edelgase* sind nur in geringen Mengen enthalten.

Wenn man einen Holzspan anzündet, brennt er langsam ab. In reinem Sauerstoff dagegen flammt er hell auf, in Stickstoff erlischt er. Sauerstoff ist demnach der Bestandteil der Luft, der für Verbrennungsvorgänge wichtig ist. Die meisten Lebewesen benötigen Sauerstoff zum Atmen. Joseph PRIESTLEY konnte 1771 nachweisen, dass Sauerstoff von Pflanzen produziert wird.

1 Die dünne Gashülle der Erde

1 Beschreibe die in Abbildung 2 B und C dargestellten Versuche von PRIESTLEY und erkläre die Ergebnisse.

2 Erläutere, warum ein Klassenzimmer während des Unterrichts ab und zu gelüftet werden sollte.

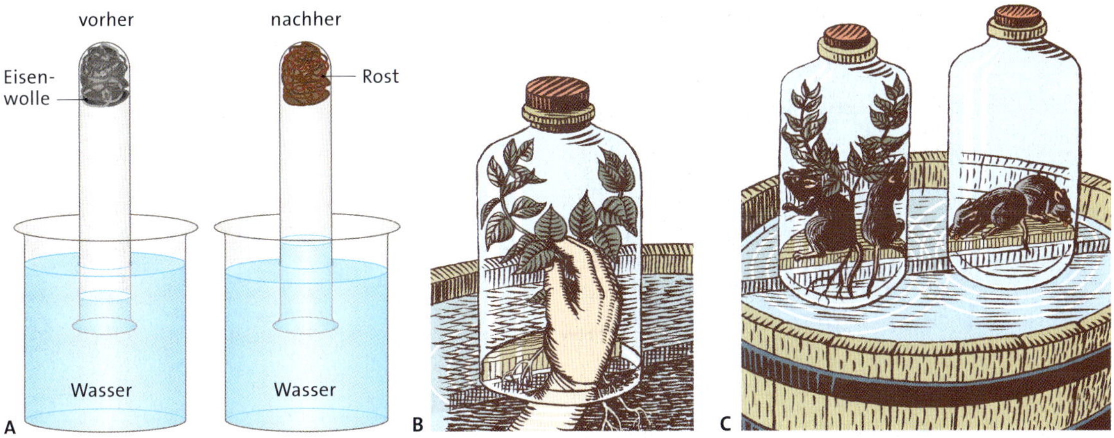

2 Experimente zur Zusammensetzung der Luft. A Rostende Eisenwolle; **B** und **C** Experimente von PRIESTLEY

3.7 Bau und Funktion der Atmungsorgane

Bei einem Atemzug nimmt ein erwachsener Mensch einen halben Liter Luft auf. Dieser scheinbar einfache Vorgang wird durch das **Atmungssystem** ermöglicht, in dem viele verschiedene Organe zusammenwirken.

Die frische, sauerstoffhaltige Luft wird beim Einatmen durch die Nase oder den Mund eingesogen. In der Nase streicht sie an mit Schleimhaut bedeckten Hautfalten, den Nasenmuscheln, vorbei. An deren Oberfläche wird die Luft befeuchtet, angewärmt und von Staub befreit. Über den Rachenraum gelangt der Luftstrom in den aus Knorpelteilen aufgebauten *Kehlkopf.* Ein beweglicher Deckel gewährleistet, dass weder Nahrung noch Speichel beim Schlucken in die tiefer liegenden Teile des Atmungssystems gelangt. Nur selten kann der Kehldeckel die *Luftröhre* nicht schnell genug verschließen. Dann »verschluckt« man sich und muss automatisch husten. Im Kehlkopf befinden sich auch die *Stimmbänder,* die durch vorbeiströmende Luft in Schwingungen versetzt werden können und dadurch die Töne der Stimme bilden. Der Kehlkopf leitet den Luftstrom weiter in die Luftröhre. Feste Knorpelringe halten die Röhre offen, damit die Luft ungehindert passieren kann. Am unteren Ende teilt sich die Luftröhre in zwei Äste, die *Bronchien,* auf. In den beiden Lungenflügeln verzweigen sich die Bronchien in immer feiner werdende Bronchienäste. Durch sie wird die eingeatmete Luft in alle Bereiche der Lungen verteilt. An den Enden der feinsten Verzweigungen der Bronchienäste gelangt die Luft schließlich in Millionen kleine Hohlräume, die *Lungenbläschen.*

Da die Bestandteile des Atmungssystems selbst keine kräftige Muskulatur enthalten, werden für die Atembewegungen Muskeln anderer Organe aktiv. Beim tiefen Ein- und Ausatmen hebt und senkt sich der Brustkorb. Diese Form der Atmung nennt man **Brustatmung.** Dabei kontrahieren die *Zwischenrippenmuskeln,* wodurch die Rippen angehoben werden und sich der Innenraum des Brustkorbes weitet. Da die Lungen über eine dehnbare Haut mit der Innenseite des Brustkorbes verbunden sind, werden bei dieser Bewegung die Lungen so gedehnt, dass in ihnen ein Unterdruck entsteht. Dadurch strömt Luft in die Lungen. Erschlaffen die

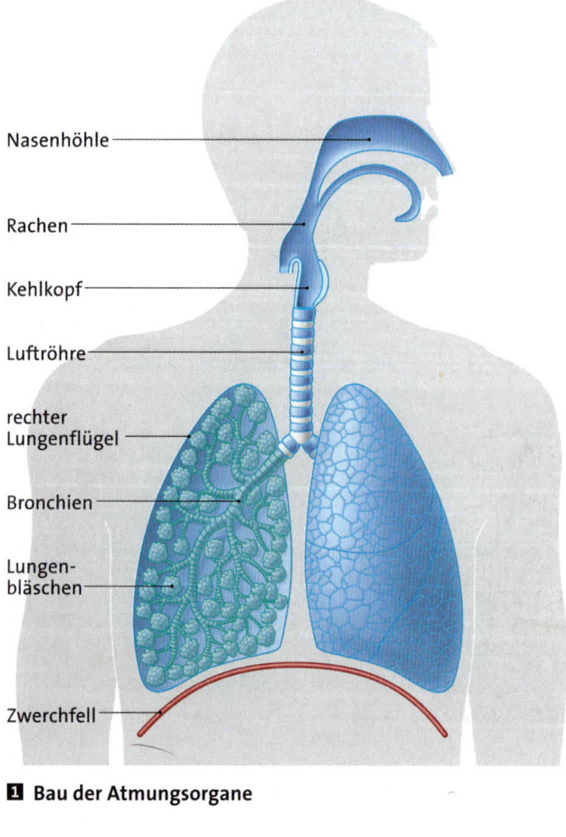

1 Bau der Atmungsorgane

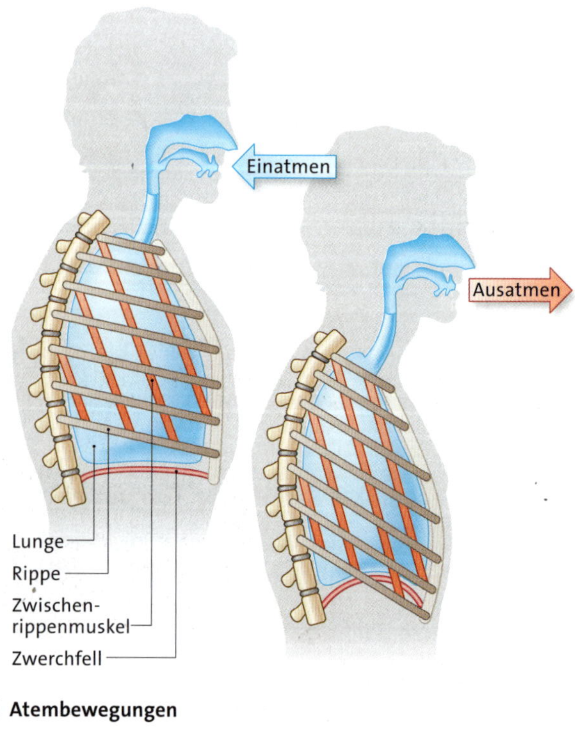

2 Atembewegungen

Zwischenrippenmuskeln, so sinkt der Brustkorb ab, die Lungen werden zusammengedrückt und die Luft wird durch den Überdruck herausgepresst. Beim Atmen hebt und senkt sich außerdem die Bauchdecke. Die **Bauchatmung** wird durch das *Zwerchfell* ermöglicht. Es trennt als muskulöse Haut den Brust- vom Bauchraum ab. Ist das Zwerchfell entspannt, wölbt es sich wie eine Kuppel nach oben und verkleinert dadurch den Brustraum. Wie bei der Brustatmung entsteht ein Überdruck in der Lunge: Luft wird ausgeatmet. Kontrahiert das Zwerchfell, dann wird es flach und vergrößert den Brustraum. Es entsteht ein Unterdruck und Luft wird eingeatmet. Brust- und Bauchatmung wirken meist zusammen.

Obwohl der Mensch die aufgenommene Luft bereits nach etwa einer Sekunde wieder ausatmet, unterscheiden sich Einatem- und Ausatemluft. Während eingeatmete Luft sehr viel Sauerstoff enthält, sinkt dessen Anteil in der Ausatemluft. Mit dem Kohlenstoffdioxid verhält es sich genau umgekehrt: Eingeatmete Luft enthält sehr wenig, ausgeatmete Luft dagegen relativ viel Kohlenstoffdioxid. Ursache für diese Veränderungen sind Vorgänge in den Lungenbläschen.

Unter dem Mikroskop zeigt sich der genaue Aufbau der **Lungenbläschen:** Jedes Bläschen ist von einem Netz feiner Blutgefäße umgeben. Sowohl die Blutgefäße als auch das Lungenbläschen selbst haben so dünne Wände, dass Gasteilchen diese ohne Probleme durchdringen können. Das Blut, welches aus dem Körper an den Lungenbläschen vorbeiströmt, enthält wenig Sauerstoff und viel Kohlenstoffdioxid. Aus der eingeatmeten, sauerstoffreichen Luft gelangen deshalb viele Sauerstoffteilchen über die Wände in das Blut. Gleichzeitig wird ein großer Teil des Kohlenstoffdioxids aus dem Blut in den Innenraum der Lungenbläschen abgegeben. Die Ausatemluft enthält nun relativ viel Kohlenstoffdioxid und wenig Sauerstoff. Auf diese Weise werden Sauerstoff und Kohlenstoffdioxid zwischen Luft und Blut ausgetauscht. Den Vorgang nennt man deshalb auch **Gasaustausch**. Der Gasaustausch funktioniert umso besser, je größer die Oberfläche ist, über die beide Gase ausgetauscht werden können. Beim Menschen beträgt diese Oberfläche durch die zahllosen Lungenbläschen ungefähr 100 Quadratmeter.

1 Beschreibe den Gasaustausch in den Lungen.

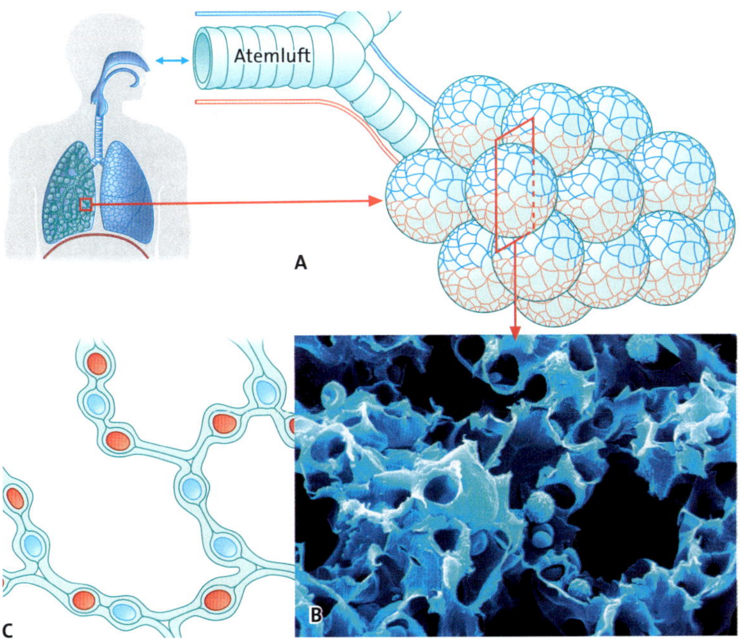

3 Bau der Lungenbläschen. **A** Bronchienende; **B** Lungenbläschen unter dem Mikroskop; **C** Lungenbläschen im Querschnitt (Schema)

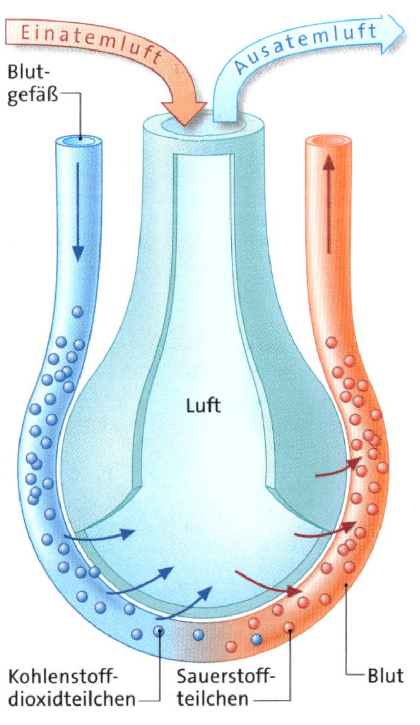

4 Gasaustausch in den Lungenbläschen

3.8 **Bestandteile und Aufgaben des Blutes**

Bei Unfällen oder Operationen können Menschen viel Blut verlieren. Oft kann das Leben dieser Patienten nur durch eine schnelle *Bluttransfusion* gerettet werden. Dabei wird die erforderliche Menge Blut aus einer *Blutkonserve* in die Blutgefäße des Patienten übertragen. Blut ist eine lebensnotwendige Körperflüssigkeit.

Allein in Deutschland werden täglich etwa 15000 Blutkonserven benötigt. Der überwiegende Teil dieser Konserven wird von freiwilligen Spendern gewonnen, die regelmäßig einen Teil ihres Blutes spenden und damit zu Lebensrettern werden. Ein erwachsener Mensch besitzt etwa sechs Liter Blut. Das entnommene Blut, etwa ein halber Liter, wird innerhalb weniger Tage vom Körper des Spenders wieder nachgebildet. Deshalb kann jeder gesunde erwachsene Mensch ohne Bedenken Blut spenden.

Obwohl Blut verschiedener Menschen immer gleich aussieht, kann es sich in bestimmten Eigenschaften unterscheiden. Stimmen diese Eigenschaften zweier Menschen überein, haben sie die gleiche **Blutgruppe.** Ärzte müssen bei einer Bluttransfusion unbedingt darauf achten, dass ein Patient nur Spenderblut der gleichen Blutgruppe erhält. Denn Blut unterschiedlicher Blutgruppen lässt sich nicht gefahrlos mischen.

Frisches Blut hat eine leuchtend rote Farbe. Lässt man Blut in einem Becherglas einige Zeit ruhig stehen, so setzt sich eine gelbliche, durchsichtige Flüssigkeit gegen eine dunkelrote Schicht am Boden ab. Die Flüssigkeit, das **Blutplasma**, besteht zum großen Teil aus Wasser sowie darin gelösten Mineralstoffen, Nährstoffen, Vitaminen und einer Vielzahl von Eiweißstoffen mit unterschiedlichen Aufgaben.

Im Gegensatz zum Blutplasma besteht die dunkelrote Schicht aus Zellen. Im lichtmikroskopischen Bild sind diese Blutzellen gut zu erkennen. Der überwiegende Teil besteht aus **Roten Blutzellen.** In einem Milliliter Blut sind fünf bis sechs Millionen dieser Zellen enthalten. Rote Blutzellen sehen scheibchenförmig aus und haben einen wulstigen Rand. Sie enthalten keinen Zellkern und sind nur etwa 100 Tage lebensfähig, bevor sie in der Leber in ihre Bestandteile zerlegt werden. Pro Sekunde werden etwa 2,8 Millionen Rote Blutzellen abgebaut, die gleichzeitig vom Knochenmark wieder neu gebildet werden. Rote Blutzellen enthalten in ihrem Zellplasma den roten Blutfarbstoff *Hämoglobin.* Dieser kann Sauerstoffteilchen an sich binden, wenn die Roten Blutzellen die Lunge passieren. Mit dem fließenden

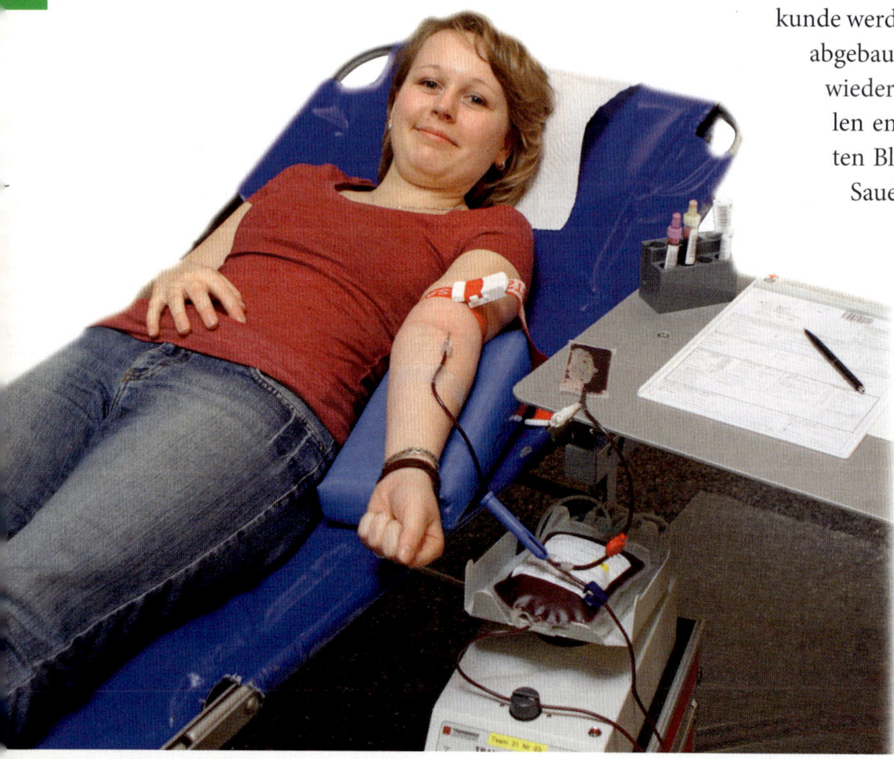

1 Blutspenderin

2 Frisches sauerstoffhaltiges Blut

Blut wird der Sauerstoff im Körper verteilt. Das Gas löst sich erst wieder vom Hämoglobin ab, wenn die Roten Blutzellen an Geweben vorbeifließen, die Sauerstoff verbrauchen. Auch ein Teil des Kohlenstoffdioxids, das die Gewebszellen bilden, wird von den Roten Blutzellen transportiert.

Mit einer speziellen Färbemethode können weitere Blutzellen sichtbar gemacht werden. Die **Weißen Blutzellen** sind mit 6000 Zellen je Milliliter Blut viel seltener als Rote Blutzellen. Von Weißen Blutzellen gibt es verschiedene Typen, die sich in Form und Funktionen unterscheiden. Eine ihrer Aufgaben ist der Abbau abgestorbener Körperzellen. Eine andere Gruppe Weißer Blutzellen ernährt sich von in den Körper eingedrungenen Krankheitserregern wie Viren und Bakterien, die sie auf diese Weise unschädlich machen.

Ein weiterer Bestandteil des roten Bodensatzes sind die kleinen, abgeflachten **Blutplättchen.** Sie entstehen aus bestimmten, sehr großen Zellen des Knochenmarks, deren Zellplasma sich in die Blutplättchen aufteilt. Blutplättchen sind also nur Zellteile ohne eigenen Zellkern. Sie schaffen die Voraussetzung für die Heilung von Wunden. Im Bereich einer frischen Wunde geben sie Eiweißstoffe in das Blutplasma ab. Diese Stoffe führen zur Bildung eines Eiweißnetzes, in dem sich andere Blutzellen verfangen. Dabei verklumpt das austretende Blut. Dieser Vorgang wird als *Blutgerinnung* bezeichnet und sorgt für einen schnellen Wundverschluss sowie geringen Blutverlust.

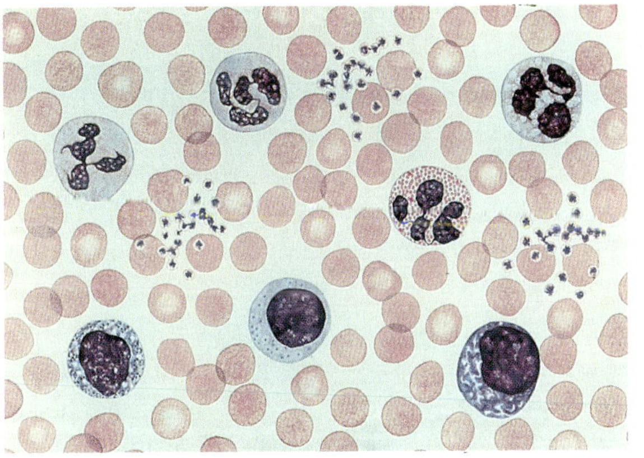

4 Blutzellen unter dem Mikroskop

Das Blut transportiert nicht nur die Atemgase Sauerstoff und Kohlenstoffdioxid, sondern auch die durch die Darmwand aufgenommenen Bausteine der Nährstoffe und weitere Stoffe, wie zum Beispiel Botenstoffe, die Hormone. So wird jede Zelle mit lebensnotwendigen Stoffen und Informationen versorgt. Im Gegenzug werden Stoffe abtransportiert, die im Stoffwechsel anfallen und nicht mehr gebraucht werden oder sogar giftig sind. Sie werden in der Leber abgebaut oder über die Nieren ausgeschieden. Auch beim Wärmehaushalt spielt das Blut eine Rolle: Es nimmt im Inneren des Körpers Wärme auf und leitet sie in die kälteren äußeren Bereiche der Haut. So wird die Wärme gleichmäßig im Körper verteilt.

1 Nenne in einer Tabelle die Blutbestandteile und ordne ihnen Funktionen zu.

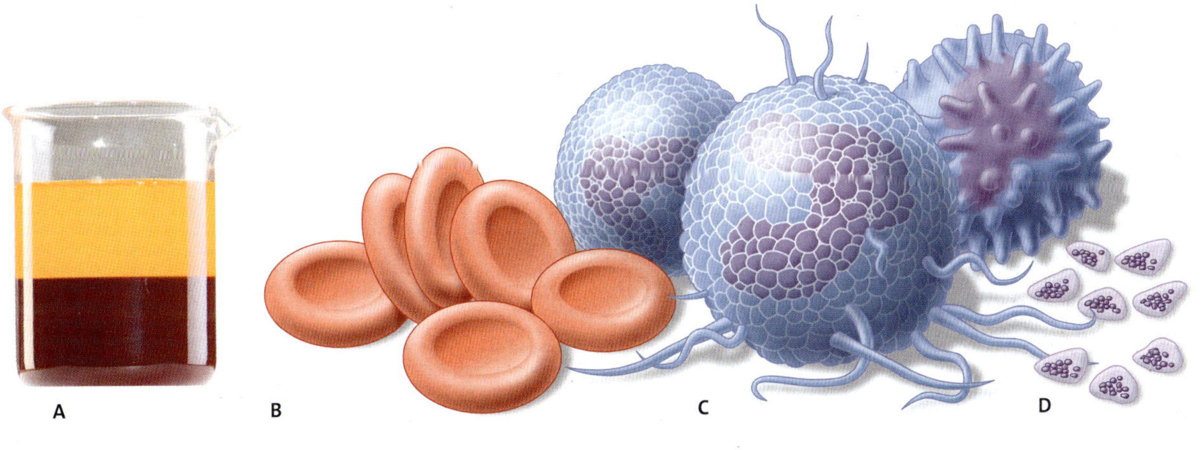

3 Bestandteile des Blutes. **A** Flüssige und feste Blutbestandteile; **B** Rote Blutzellen; **C** Weiße Blutzellen; **D** Blutplättchen

3.9 Herz und Blutkreislauf

Das Herz eines erwachsenen Menschen schlägt in der Minute etwa 70 Mal – ein ganzes Leben lang. Da die Leistungsfähigkeit des Herzens im Alter nachlassen kann, sollten ältere Menschen regelmäßig ihre Herzfunktionen von einem Facharzt untersuchen lassen.

Das Herz ist ein faustgroßer **Hohlmuskel,** der durch ein Geflecht von *Herzkranzgefäßen* ständig mit Sauerstoff und Nährstoffen versorgt wird. Im Inneren trennt die *Herzscheidewand* zwei große *Herzkammern* voneinander. Jeder Herzkammer ist eine Vorkammer vorgelagert, die auch als Vorhof bezeichnet wird. In diese mündet je ein großes Blutgefäß ein. Aus jeder Herzkammer entspringt ein Blutgefäß. Gefäße, die das Blut zum Herzen hinleiten, werden als **Venen** bezeichnet. Solche, die es vom Herzen wegleiten, werden als **Arterien** bezeichnet. Zwischen Vorhöfen und Herzkammern sowie zwischen Herzkammern und den Arterien befinden sich *Herzklappen*. Diese Herzklappen arbeiten wie Ventile, die gewährleisten, dass das Blut nur in eine Richtung strömen kann. Die Bewegungen der Klappen erzeugen die charakteristischen Klopfgeräusche des Herzschlages.

Das Herz arbeitet wie eine Pumpe, die eine Flüssigkeit ansaugt und anschließend wegdrückt. In beiden Herzhälften laufen die gleichen Vorgänge ab: Im ersten Schritt strömt das Blut aus den Venen in die Vorhöfe.

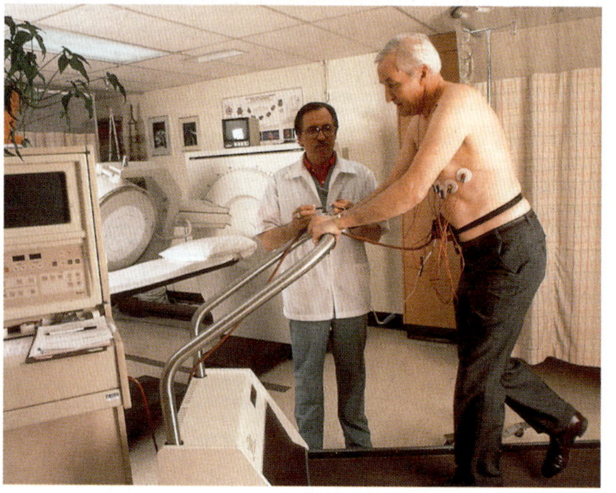

1 **Untersuchung der Herzfunktionen**

Wenn der Druck in den mit Blut gefüllten Vorhöfen groß genug ist, öffnen sich die großen Herzklappen und das Blut strömt in die Herzkammern. Im nächsten Schritt kontrahiert der Herzmuskel sehr stark, worauf sich das Volumen der Kammern verkleinert. Dabei verschließt der Druck des Blutes die großen Herzklappen und drückt die kleinen Klappen an den Arterien auf. Durch diese Gefäße verlässt das Blut das Herz.

Mit jeder Kontraktion des Herzmuskels wird Blut mit hohem Druck aus den beiden Herzkammern in die Arterien gepresst. Dieser Druck, auch *Blutdruck* genannt, breitet sich als Druckwelle in den dehnbaren Arterien aus und kann zum Beispiel an den Handge-

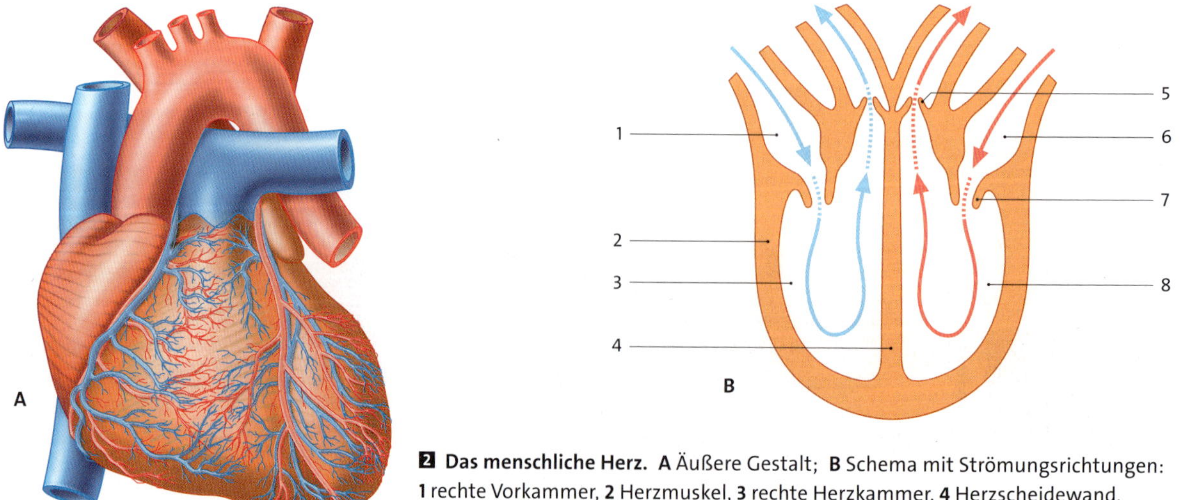

2 **Das menschliche Herz. A** Äußere Gestalt; **B** Schema mit Strömungsrichtungen: **1** rechte Vorkammer, **2** Herzmuskel, **3** rechte Herzkammer, **4** Herzscheidewand, **5** kleine Herzklappe, **6** linke Vorkammer, **7** große Herzklappe, **8** linke Herzkammer lenken oder am Hals als *Puls* ertastet werden. Puls und Blutdruck geben Hinweise auf die Leistungsfähigkeit des Herzens.

Das aus der linken Herzkammer gedrückte Blut verteilt sich über Arterien im Kopfbereich, in den Extremitäten und im Rumpf. In den Organen verzweigen sich die Arterien in ein Netz feiner Blutgefäße, die **Kapillaren**. Diese weisen oft nur einen Durchmesser von einem hundertstel Millimeter auf. Zusammengerechnet ergeben alle Kapillaren aber eine riesige Oberfläche. Über diese können Sauerstoff, Kohlenstoffdioxid, Nährstoffe oder Stoffwechselprodukte besonders gut zwischen Blut und Organen ausgetauscht werden.

Die Kapillaren vereinigen sich zu Venen, die das Blut wieder dem Herzen zuführen. Mit zunehmender Entfernung vom Herzen nimmt der Druck des Blutes ab, daher reicht er für den Bluttransport in den Venen nicht aus. Deshalb wird der Blutfluss durch die Bewegung benachbarter Arterien und Muskeln gewährleistet. Wenn eine Arterie sich unter dem Einfluss einer Druckwelle ausdehnt, wird die benachbarte Vene zusammengedrückt. In dieser erhöht sich dadurch der Druck des Blutes. Die Venen sind in regelmäßigen Abständen außerdem mit Venenklappen versehen. Diese Klappen garantieren, dass das Blut in den Venen nur in Richtung der rechten Herzhälfte und nicht zurück in die Kapillaren fließen kann. Damit zirkuliert das Blut in einem Kreislauf, dem *Körperkreislauf*. Anschließend wird das Blut aus der rechten Herzkammer über die Lungenarterien in die Lungen gepumpt. Dort erfolgt an den Lungenbläschen der Gasaustausch. Aus den Kapillaren der Lungenbläschen wird das Blut in Venen gesammelt und in die linke Herzhälfte zurückgeführt. Auch hier liegt ein Kreislauf vor, der *Lungenkreislauf*. Aus diesem gelangt das sauerstoffreiche Blut wieder in den Körperkreislauf. Da das Blut bei beiden Kreisläufen immer in Gefäßen fließt, spricht man von einem doppelten, geschlossenen Blutkreislauf.

1 Beschreibe den Weg, den eine Rote Blutzelle im Blutkreislauf bei einem vollständigen Durchlauf zurücklegt. Beginne in der rechten Herzkammer.

2 Erläutere die Veränderungen des Blutes bei einem vollständigen Durchlauf hinsichtlich der Atemgase.

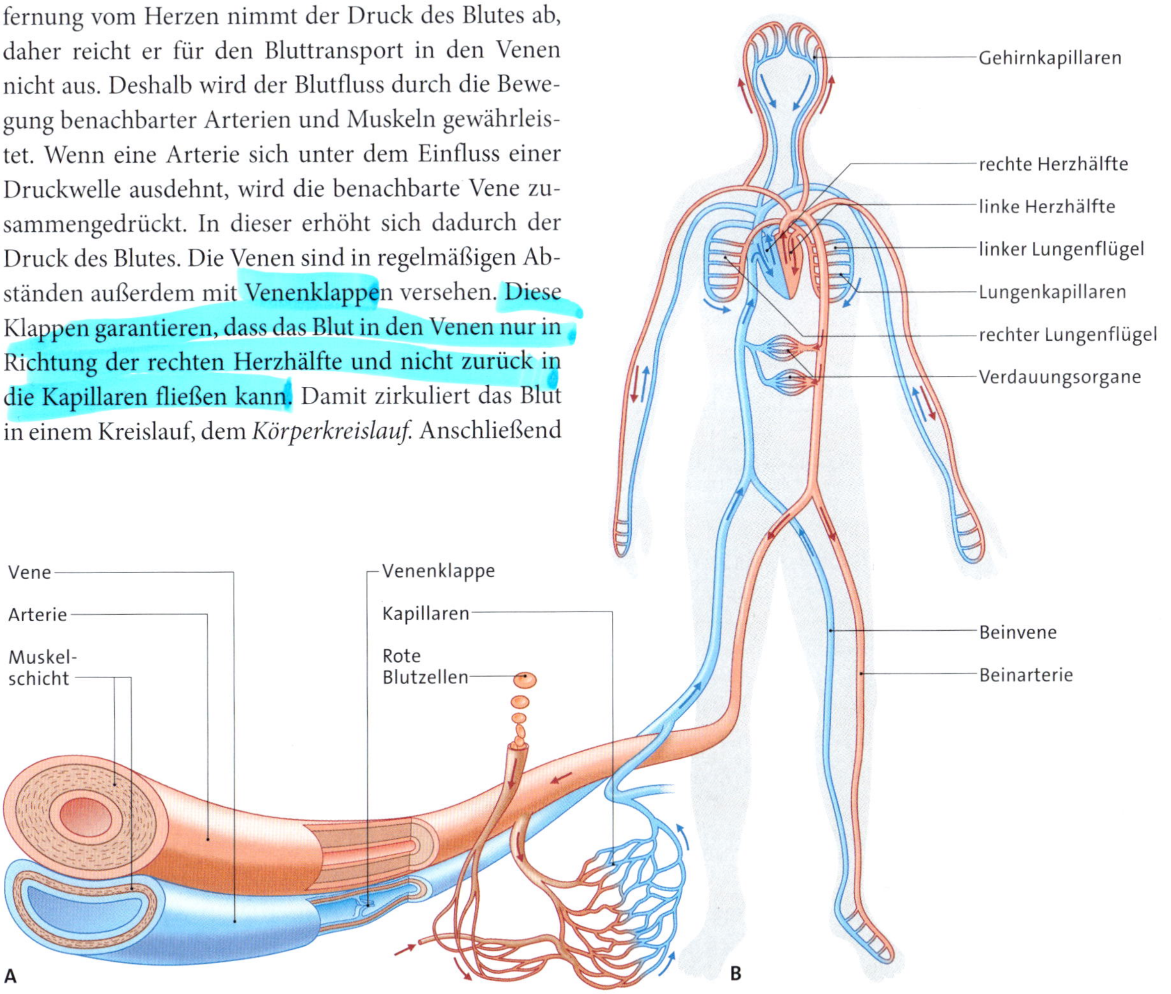

3 **Bau des Blutkreislaufsystems.** **A** Typen von Blutgefäßen; **B** Kreislaufsystem mit Strömungsrichtungen

Aufgaben und Versuche Atmung, Blut und Blutkreislauf

V1 Bestimmung der Menge der Atemluft

Material: durchsichtige Kunststoffflasche 4 bis 5 Liter; Schüssel; Gummischlauch (1 m) mit Mundstück; wasserfester Folienstift; Messzylinder (100 ml); Wasser

Durchführung: Die Flasche wird mit Hilfe des Messzylinders mit Wasser gefüllt. Nach Zugabe von je 100 ml Wasser wird eine Markierung auf die Flasche geschrieben, sodass eine durchgehende Skala entsteht. Die so vorbereitete Flasche und die Schüssel werden halb mit Wasser gefüllt. Die Flasche wird mit der Handfläche zugehalten und mit der Öffnung nach unten in das Wasser gestellt. Der Schlauch wird von unten in die Flasche eingeführt. Anschließend wird durch den Schlauch so viel Luft in die Flasche geblasen, bis der Wasserspiegel genau auf einer Markierung liegt. Nun wird über das Mundstück ganz ruhig ausgeatmet. Die Menge der ausgeatmeten Luft bezeichnet man als Atemvolumen.

Aufgaben:

a) Ermittle das Volumen der ausgeatmeten Luft.

b) Atme ruckartig so viel Luft wie möglich aus und erfasse das maximale Volumen der ausgeatmeten Luft. Beschreibe und interpretiere die Messergebnisse.

c) Vergleiche alle Messergebnisse mit denen anderer Versuchspersonen aus deiner Klasse.

d) Erstelle ein Diagramm, das den Zusammenhang zwischen Atemvolumen und Körpergröße von mehreren Versuchspersonen darstellt.

A2 Luftbedarf bei verschiedenen Tätigkeiten

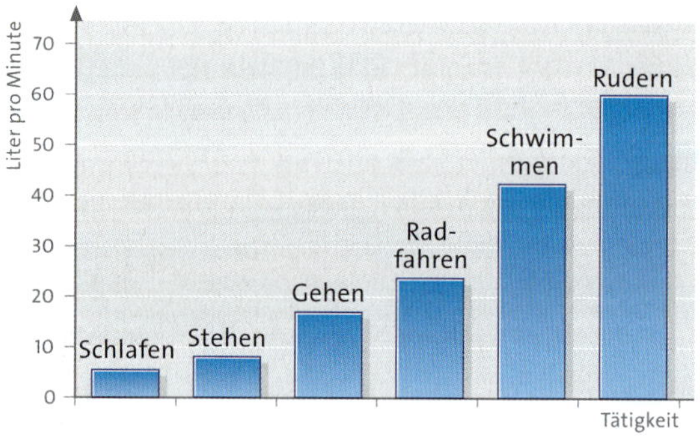

Aufgaben:

a) Beschreibe das Diagramm und begründe die dargestellten Unterschiede mit deinen Kenntnissen über die Zellatmung.

b) Formuliere zwei Hypothesen, wie das Atmungssystem seine Leistung steigern kann.

c) Entwickle ein einfaches Experiment, mit dem die Hypothesen überprüft werden können.

A3 Vergleich zwischen Blasebalg und Lunge

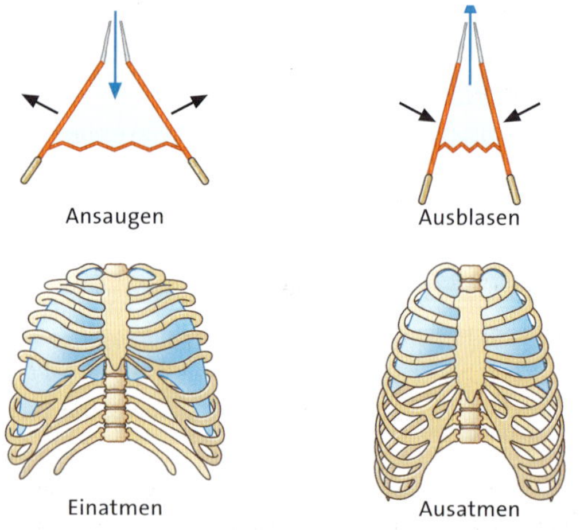

Das Ansaugen und Abblasen von Luft mit einem Blasebalg funktioniert nach den gleichen physikalischen Grundprinzipien wie das Ein- und Ausatmen.

Aufgabe: Beschreibe, wie beim Blasebalg Luft angesaugt und abgeblasen wird. Vergleiche mit den Vorgängen bei der Atmung.

V4 Mikroskopie von frischem Schweineblut

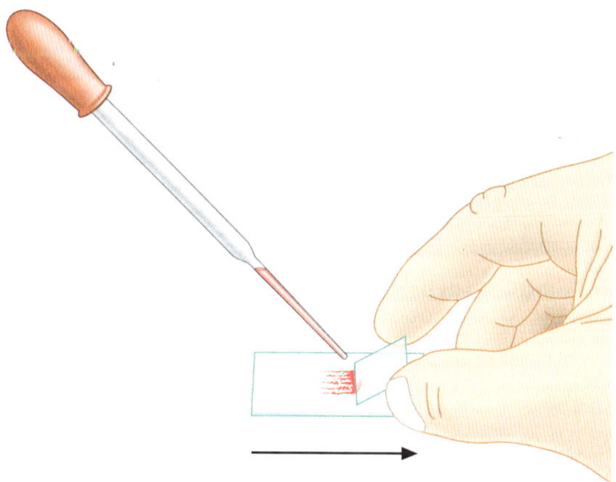

Material: frisches Schweineblut; Mikroskop; Objektträger und ein Deckglas; Pipette

Durchführung: Mit der Pipette wird ein winziger Tropfen des Blutes auf den Objektträger gegeben. Anschließend wird der Tropfen mit dem schräg gehaltenen Deckglas verteilt. Nach dem Auflegen des Deckglases wird der so vorbereitete Blutausstrich bei maximaler Vergrößerung mikroskopiert.

Aufgaben:

a) Zeichne und benenne die sichtbaren Bestandteile des Blutausstriches.

b) Erläutere, warum im mikroskopischen Bild nicht alle Zelltypen des Blutes sichtbar sind.

A5 Blut kann seine Farbe ändern

Je nachdem, wie viel Sauerstoff das Blut aufgenommen hat, verändert es seine Farbe. Sauerstoffreiches Blut ist leuchtend rot, sauerstoffarmes Blut dagegen dunkelrot.

Aufgaben:

a) Zeichne ein stark vereinfachtes Schema des menschlichen Blutkreislaufes und kennzeichne mit Buntstiften die Farbe des in den einzelnen Abschnitten vorliegenden Blutes.

b) Plane ein Experiment, welches die Farbveränderung von frischem Blut sichtbar machen kann.

V6 Pulsmessung

Material: Uhr mit Stoppfunktion oder Sekundenzeiger; Papier und Stift

Durchführung: Mit Zeige- und Mittelfinger der linken Hand wird die Pulsader der rechten Hand gesucht. Die Uhr kann in der rechten Hand gehalten werden. Erst wenn man den Puls deutlich spürt und mitzählen kann, werden die Pulsschläge innerhalb einer Zeit von 30 Sekunden gezählt.

Aufgaben:

a) Führe dreimal hintereinander eine Pulsmessung durch und notiere die Ergebnisse.

b) Berechne aus den Ergebnissen die durchschnittliche Zahl der Herzschläge pro Minute.

c) Erkläre, warum man den Herzschlag an der Arterie der rechten Hand fühlen kann, die weit vom Herzen entfernt ist.

d) Der Puls ist an der linken Halsschlagader den Bruchteil einer Sekunde eher zu spüren als an der rechten Hand. Erkläre das Phänomen.

A7 Abwehr von Krankheitserregern

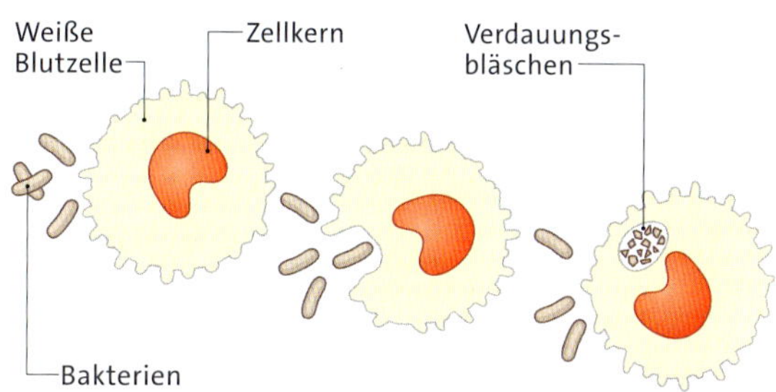

Aufgabe: Beschreibe, wie Weiße Blutzellen in den Körper eingedrungene Bakterien unschädlich machen.

Wissen vernetzt Bau und Leistungen des menschlichen Körpers

A1 Der Organismus als System

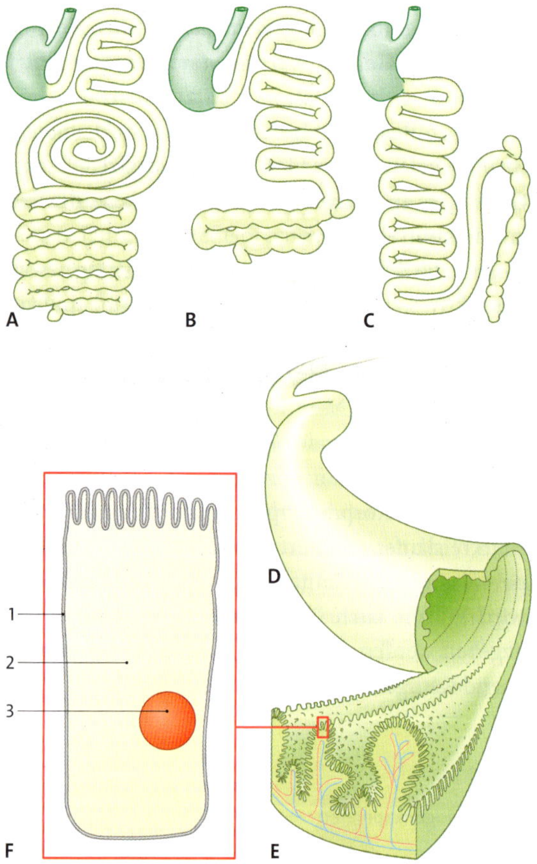

Aufgaben:

a) Vergleiche die Abbildungen A, B und C und begründe mögliche Unterschiede vor dem Hintergrund der Angepasstheit von Lebewesen. Nenne Beispiele für Lebewesen, deren Verdauungssysteme schematisch dargestellt sind.

b) Benenne die Strukturen C bis F und erläutere den Zusammenhang, in dem diese Strukturen zueinander stehen.

c) Benenne die in der Abbildung F gekennzeichneten Bestandteile und erläutere deren Funktion.

d) Erläutere am Beispiel der Abbildungen die Basiskonzepte System sowie Struktur und Funktion.

A2 Der Bronchialbaum

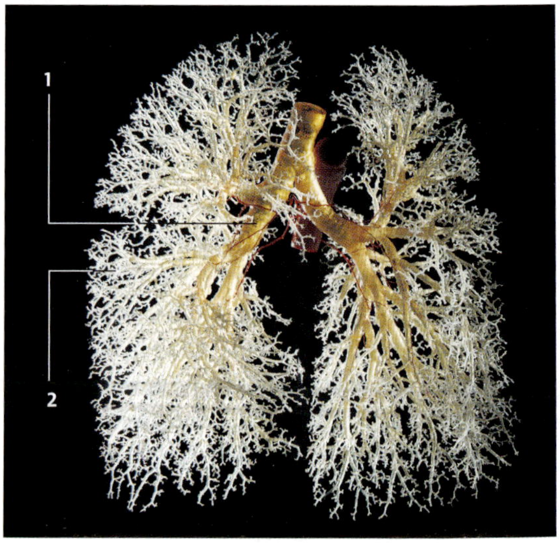

In manchen Biologiesammlungen gibt es einen »Bronchialbaum«. Bei seiner Herstellung wird die Lunge eines toten Schlachttieres mit einem speziellen Kunststoff ausgegossen. Nachdem das Material gehärtet ist, wird das umliegende Gewebe entfernt. Zurück bleibt das Abbild der inneren Oberfläche der Lunge.

Aufgaben:

a) Benenne die mit Ziffern gekennzeichneten Bestandteile des Präparates.

b) Beschreibe den Aufbau des Bronchialbaumes.

c) Benenne weitere Organe im menschlichen Organismus, in denen eine große Oberfläche eine Rolle spielt. Gehe dabei auf den Zusammenhang von Struktur und Funktion ein.

d) Auch ein Laubbaum zeigt starke Verzweigungen seiner Äste bis hin zu den einzelnen Blättern. Erläutere die Bedeutung dieser Verzweigungen für den Stoffwechsel des Baumes.

e) Manchmal wird der Stadtwald auch als Lunge der Großstadt bezeichnet. Erläutere diese Begriffswahl.

f) Begründe unter Verwendung der Abbildung, welche schädlichen Wirkungen bestimmte Inhaltsstoffe von Tabakrauch haben.

A3 Atmung und Kreislauf wirken zusammen

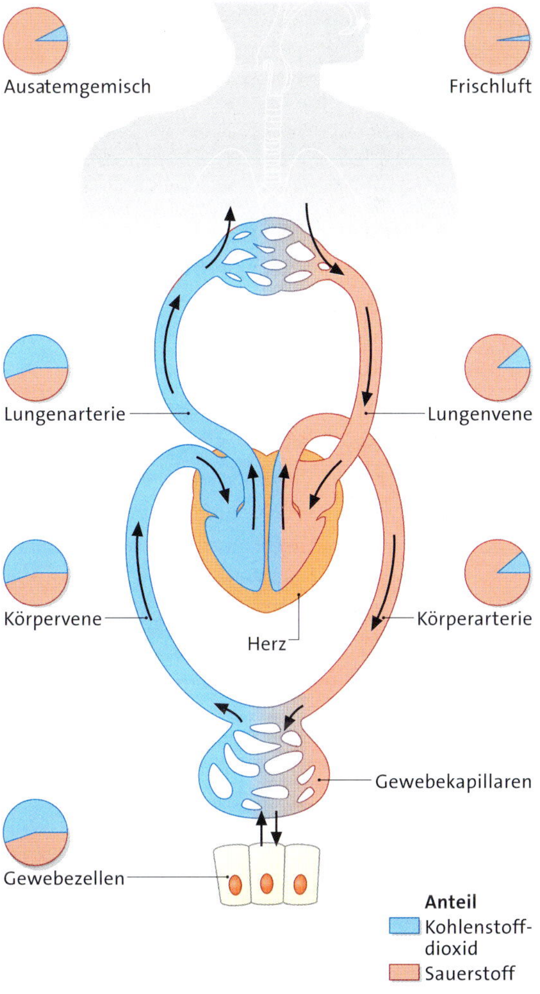

Atmungssystem und Herz-Kreislauf-System wirken bei der Versorgung der Zellen eng zusammen.

Aufgaben:

a) Beschreibe die Herztätigkeit und den Blutfluss im Kreislaufsystem.

b) Erläutere das Zusammenwirken der beiden Organsysteme. Beziehe in die Ausführungen die dargestellten Anteile der beiden Atemgase mit ein.

c) Entwickelt in der Gruppe eine entsprechende Darstellung, die das Verdauungssystem mit einbezieht.

A4 Alle Systeme laufen auf Hochtouren

Bei einem 1500-Meter-Lauf kann man ganz schön außer Atem geraten. Schon nach 100 Metern wird schnell und tief geatmet, das Herz schlägt mit hoher Frequenz. Der Körper erwärmt sich und der Sportler beginnt zu schwitzen. Die Sportler beobachten sich gegenseitig, um im Fall eines plötzlichen Sprintes eines Kontrahenten auch noch einmal das Tempo auf den letzten Metern erhöhen zu können. Alle Organsysteme laufen auf Hochtouren. Aber schon wenige Minuten nach dem Zieldurchlauf normalisieren sich die Körperfunktionen wieder.

Aufgaben:

a) Trage in einer Tabelle alle Organsysteme zusammen, die direkt oder indirekt an der Bewegung des Läufers beteiligt sind. Notiere die Funktionen der betreffenden Organsysteme.

b) Erläutere das Zusammenwirken der beteiligten Organsysteme. Stelle dabei die Muskelzellen in das Zentrum der Betrachtungen.

c) Formuliere eine begründete Vermutung zu den Ursachen der Veränderung der Körperfunktionen eines Läufers unter Berücksichtigung des Stoff- und Energiewechsels.

d) Entwickle eine experimentelle Methode, um die Vermutung durch exakte Messungen überprüfen zu können.

Angepasstheit von Pflanzen und Tieren an die Jahreszeiten

Die Sonne – zentrale Energiequelle

Die Bewegung der abgebildeten Weihnachtspyramide beruht letztlich auf der Sonnenenergie. Diskutiert diese Aussage, stellt Vermutungen an und erklärt.

Algen in der Wüste?

Die Alge *Nostoc* kann Bodentemperaturen von –20 Grad Celsius bis +80 Grad Celsius überstehen. In manchen heißen Wüstengebieten ist *Nostoc* das einzige pflanzliche Lebewesen, das die dort herrschenden Umweltbedingungen überleben kann. *Nostoc* besteht aus aneinandergereihten Zellen, die von einer Gallertschicht umgeben sind.

Hinweis: Gallerte ist aus der Küche bekannt, denn beim Backen eines Obstkuchens rührt man aus trockenem Gallertpulver einen Tortenguss an.

Stellt eine begründete Vermutung auf, wie die Alge in extrem heißen und trockenen Wüstengebieten überleben kann. Stellt euch selbst weiterführende Fragen.

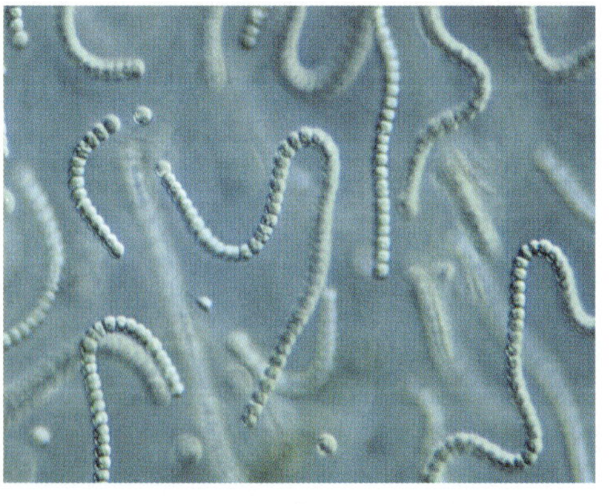

»Altweibersommer«

- Im Spätsommer sieht man an sonnigen Tagen oft Hunderte von Spinnenfäden durch die Luft segeln. Am Ende dieser Fäden hängt jeweils eine winzige Spinne, die sich – wie mit einem Ballon an ihrem selbstgesponnenen Faden hängend – durch die Luft treiben lässt. Diese Erscheinung wird im Volksmund als »Altweibersommer« bezeichnet.
- Der berühmte Naturforscher Charles DARWIN berichtete 1832 in seinem Tagebuch von unzähligen kleinen Spinnen, die sich 100 Kilometer vor der südamerikanischen Küste in den Segeln des Schiffes verfingen.
- Bei etwa der Hälfte der Spinnenarten sterben im Spätherbst die erwachsenen Tiere, während die Jungtiere in Schlupfwinkeln verkrochen den Winter überdauern.

Stellt einen Zusammenhang zwischen diesen drei Aussagen her. Zieht sinnvolle Schlussfolgerungen und begründet diese.

Frieren Pferde im Winter?

Auch im Winter sieht man oft Pferde auf der Koppel. Zieht Erkundigungen bei Landwirten, Pferdebesitzern oder Tierärzten ein, ob die Tiere unter der Kälte leiden. Befragt auch Mitschülerinnen und Mitschüler, die reiten oder Pferde pflegen. Stellt die Antworten zu einem kurzen Vortrag zusammen. Diskutiert über weiterführende Fragen.

Das Edelweiß – eine Hochgebirgspflanze

Das Edelweiß ist eine sehr bekannte Pflanze aus der Hochgebirgsregion der Alpen. Die weiße Farbe der »Blüte« entsteht durch einen dichten Filz von Haaren.

Recherchiert den Aufbau einer »Edelweißblüte« und vergleicht mit dem Aufbau einer Hahnenfußblüte. Stellt begründete Vermutungen über die Funktion des Haarfilzes an. Informiert Euch im Internet über weitere Hochgebirgspflanzen der Alpen, sammelt Abbildungen und erstellt in der Gruppe ein Plakat zu diesem Thema.

Wieso hat der Wüstenfuchs ein Fell?

In den Wüsten Nordafrikas und Arabiens lebt der Wüstenfuchs, der Fennek. Auffällig ist sein dichtes Fell – trotz des Wüstenklimas. Stellt begründete Vermutungen an, welche Bedeutung das Fell für den Fennek in seinem Lebensraum haben könnte.

Der Zug der Störche

Die Satellitenaufnahme ermöglicht Rückschlüsse über die Zugwege der Störche in ihr Winterquartier. Nimm den Atlas zu Hilfe. Stelle Besonderheiten der Zugrouten heraus.

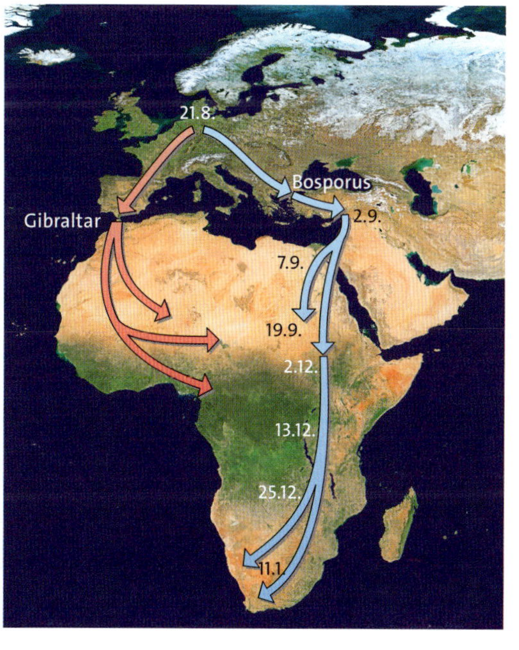

1 Die Sonne als Motor des Lebens

1.1 Die Sonne als Energiespender

Ein besonderer Höhepunkt einer Nachtwanderung kann der Sonnenaufgang sein. Die Strahlung der Sonne bringt Licht und Wärme. Innerhalb kurzer Zeit wird die kalte Nacht durch den hellen, warmen Tag abgelöst.

Die Sonne ist im Vergleich zur Erde riesengroß. Man stelle sich eine Kugel mit eineinhalb Metern Durchmesser vor, die in 150 Meter Entfernung von einer Kirsche umkreist wird. Dies entspricht in etwa den Größenverhältnissen zwischen Sonne und Erde. Auch der Aufbau von Sonne und Erde ist völlig verschieden. Im Erdinneren befindet sich glutflüssiges Magma, das außen an der Erdoberfläche von einer Gesteinskruste umhüllt wird. Die Temperatur im Erdmittelpunkt wird auf ungefähr 5000 Grad Celsius geschätzt. Die Temperatur an der Oberfläche schwankt etwa zwischen −70 und +60 Grad Celsius. Die Durchschnittstemperatur beträgt dort 13 Grad Celsius. Schließlich wird die Erde von einer Gashülle, der *Atmosphäre,* umgeben. Die Sonne dagegen ist eine riesige, glühende Gaskugel ohne feste Oberfläche. In ihrem Inneren herrschen Temperaturen von 15 Millionen Grad Celsius. Hier wird durch chemisch-physikalische Vorgänge die Energie freigesetzt, die dann abgestrahlt wird. Die Temperatur an der Oberfläche beträgt immer noch mehrere Tausend bis zu eine Million Grad.

1 Sonnenaufgang

Die Energiestrahlung der Sonne ist enorm. In einem Abstand von rund 150 Millionen Kilometern trifft nur ein winziger Bruchteil dieser Sonnenenergie auf die Erde. Bei dieser Strahlung handelt es sich vor allem um Lichtstrahlung, ultraviolette Strahlung und Wärmestrahlung. Nur ein Teil dieser Strahlung durchdringt die Atmosphäre der Erde. Die ultraviolette Strahlung wäre für die Lebewesen auf der Erdoberfläche sehr gefährlich. Sie wird jedoch etwa 20 bis 40 Kilometer über der Erdoberfläche zum größten Teil aus der Sonnenstrahlung herausgefiltert. Dies erfolgt in einer Schicht der Atmosphäre, die als Ozonschicht bezeichnet wird.

Auch die Wärmestrahlung der Sonne wird zum großen Teil in der Atmosphäre herausgefiltert. Jedoch kann der Anteil, der bis zur Erdoberfläche durchkommt, sowohl die Luft als auch das Wasser und das Land aufheizen. Obwohl die Erde ständig Wärmeenergie ins Weltall abgibt, bleiben die Temperaturen auch nachts in einem für Lebewesen erträglichen Bereich. Durch die Drehung der Erde um ihre Achse wechseln Tag und Nacht meist schnell. Dadurch wird die Wärmeenergie ziemlich gleichmäßig über die Erdoberfläche verteilt.

Das Licht ist der Teil der Strahlungsenergie der Sonne, der relativ ungehindert durch die Atmosphäre bis zur Erdoberfläche gelangt. Im Lauf der Erdgeschichte haben Lebewesen die Ausnutzung von Lichtenergie für Lebensvorgänge entwickelt. Deshalb ist das Sonnenlicht die Grundlage allen Lebens auf der Erde.

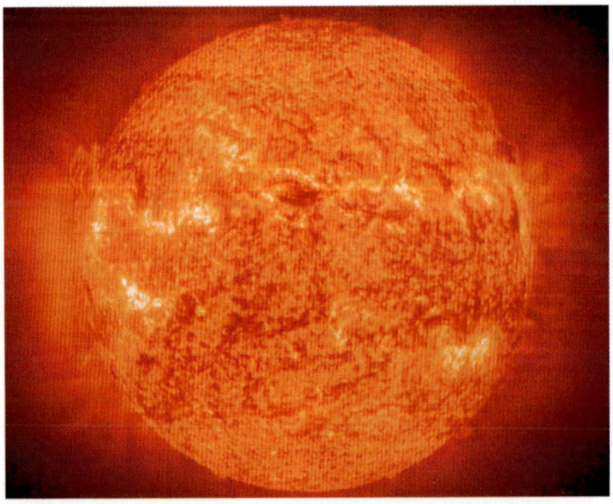

2 Die Oberfläche der Sonne

1 Skizziere den Weg der Sonnenstrahlung beim Auftreffen auf die Erde.

1.2 Laubblätter als Fotosyntheseorgane

Die Form der grünen Laubblätter von Kräutern, Sträuchern und Bäumen kann sehr unterschiedlich sein. Vergleicht man jedoch mikroskopische Querschnitte durch diese Blätter, erkennt man fast immer einen Aufbau aus vier Schichten. Die oberste und die unterste Schicht besteht jeweils aus farblosen Zellen mit verstärkter Zellwand. Diese beiden Zellschichten, die obere und die untere *Epidermis,* sind bei vielen Pflanzen von einer wachsartigen Schutzschicht überzogen. Der dazwischenliegende Blattbereich enthält viele grün gefärbte Zellen. In der oberen Schicht liegen langgestreckte Zellen dicht nebeneinander. Diese Anordnung erinnert an die Pfähle eines Palisadenzauns. Deshalb nennt man diese Zellschicht das *Palisadengewebe.* Hier enthalten die Zellen sehr viele Chloroplasten. Die Zellen der darunter liegenden Schicht sind lockerer angeordnet. Durch die vielen Hohlräume zwischen den Zellen ähnelt diese Schicht im Aufbau einem Schwamm und wird als *Schwammgewebe* bezeichnet. Hier kann man auch den Querschnitt der Leitungsbahnen erkennen, die das Blatt durchziehen. Durch sie gelangt Wasser in alle Teile des Blattes.

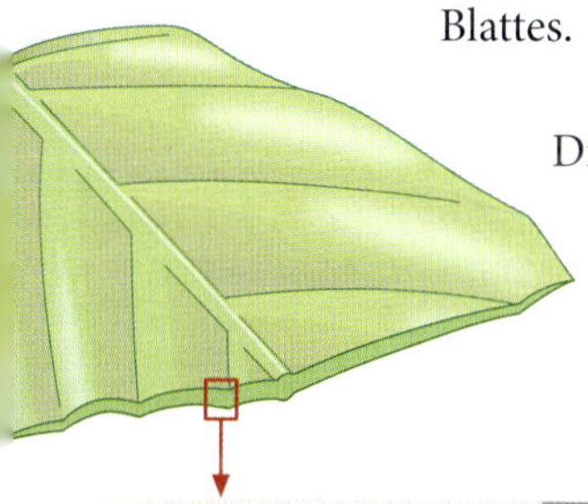

Die kleinen Öffnungen in der unteren Epidermis werden als Spaltöffnungen bezeichnet. Hier kann die Pflanze Wasserdampf an die Luft abgeben. Die Pflanze nimmt über die Spaltöffnungen aber auch Kohlenstoffdioxid auf. Daraus werden in den Chloroplasten der Zellen von Palisaden- und Schwammgewebe Kohlenhydrate gebildet. Dabei wird die Energie des Sonnenlichts von dem grünen Blattfarbstoff Chlorophyll aufgenommen. Mit Hilfe dieser Energie können die Zellen aus Kohlenstoffdioxid und Wasser Traubenzucker bilden. Diesen Vorgang bezeichnet man als **Fotosynthese.** Als »Abfallprodukt« entsteht Sauerstoff, der über die Spaltöffnungen an die Luft abgegeben wird. Der gebildete Traubenzucker enthält einen Teil der mit dem Sonnenlicht aufgenommenen Energie. Er kann im Anschluss an die Fotosynthese in andere Stoffe wie zum Beispiel Stärke umgewandelt werden.

Der gesamte Sauerstoff der Erdatmosphäre wurde und wird durch die Fotosynthese der Pflanzen erzeugt. Einen Teil des Sauerstoffs setzen die Pflanzen selbst wieder für ihre Zellatmung um. Auch die Tiere nutzen diesen Sauerstoff zum Atmen. Darüber hinaus benötigen Tiere zum Leben energiereiche Nährstoffe, die letztlich auf die Fotosynthese grüner Pflanzen zurückzuführen sind. Weil alle Lebewesen auf die in der Fotosynthese gebildeten Stoffe angewiesen sind, ist die Fotosynthese die Grundlage des Lebens auf der Erde.

1 Erstelle eine Tabelle für den Aufbau eines Laubblattes. Verwende die Spaltenbezeichnungen Aufbau und Aufgabe.

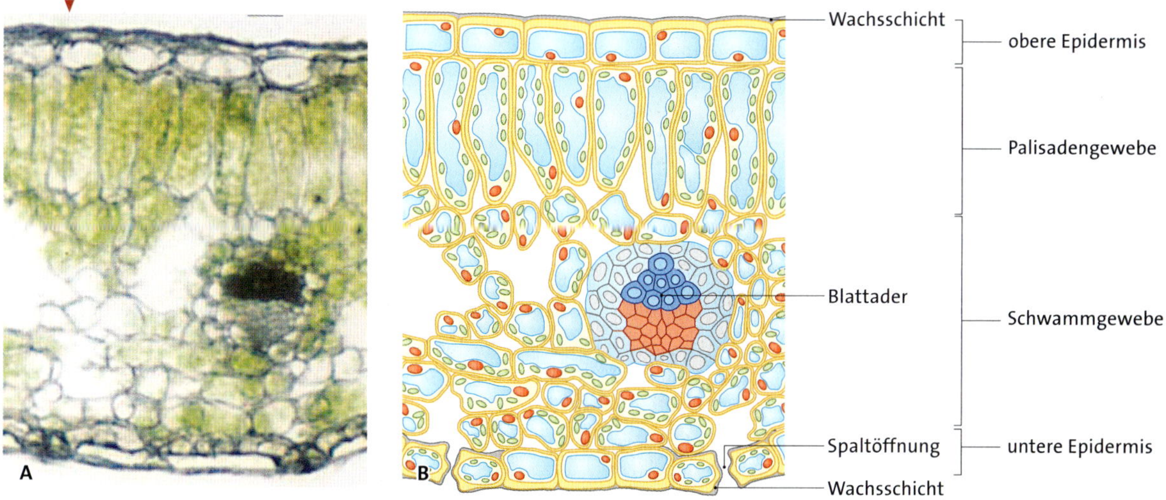

1 Blattquerschnitt. **A** Mikroskopisches Bild; **B** Schema

1.3 Energieumwandlung in der Nahrungskette

Jeder Grashalm, den ein Rind auf der Weide frisst, enthält Nährstoffe. Dies sind vor allem Kohlenhydrate wie Zellulose und Stärke, aber auch Fette und Eiweißstoffe. Bei der Verdauung in Magen und Darm des Rindes werden die Nährstoffe zunächst in ihre Bestandteile zerlegt. Aus diesen »Bausteinen« werden zum Beispiel in den Geweben des Tieres neue Zellen aufgebaut oder auch Milch gebildet. Diese **Stoffumwandlung** ist ein Kennzeichen lebender Zellen. Was unterscheidet Nährstoffe von anderen Stoffen wie Wasser oder Sauerstoff, die ebenfalls ständig aus der Umwelt aufgenommen werden müssen?

Der Aufbau von Nährstoffen erfolgt durch die Fotosynthese der grünen Pflanzen. Deshalb werden Pflanzen als **Produzenten** (lat. *producere,* erzeugen) bezeichnet. Die Nährstoffe werden von den Pflanzen zum Teil für die eigene *Zellatmung,* zum Teil aber auch zum Aufbau neuer, energiereicher Stoffe verwendet. Dadurch ist Wachstum und Entwicklung möglich. Ein Teil der in den Nährstoffen enthaltenen Energie wird für Lebensvorgänge wie beispielsweise Bewegungen eingesetzt. Ein anderer Teil wird als Wärme an die Umgebung abgegeben. In den Zellen wird also die chemische Energie der Nährstoffe in andere Energieformen umgewandelt. Diesen Vorgang bezeichnet man als **Energieumwandlung.**

Wenn Tiere sich von Pflanzen ernähren, gelangen die Nährstoffe und die darin enthaltene Energie zur nächsten Stufe in der *Nahrungskette.* Die Tiere werden deshalb als **Konsumenten** (lat. *consumere,* verbrauchen) bezeichnet. Auch die Tiere bauen einen Teil der in der Nahrung enthaltenen Nährstoffe in der Zellatmung ab. Ein anderer Teil der Nährstoffe wird zuerst in die Bausteine zerlegt, aus denen dann die Tiere Biomasse aufbauen. Diese Vorgänge setzen sich innerhalb der Nahrungskette von Stufe zu Stufe fort. Man bezeichnet dies als **Energiefluss.**

1 Vergleiche Zellatmung und Fotosynthese.

2 Erläutere an einem selbstgewählten Beispiel den Begriff Energiefluss.

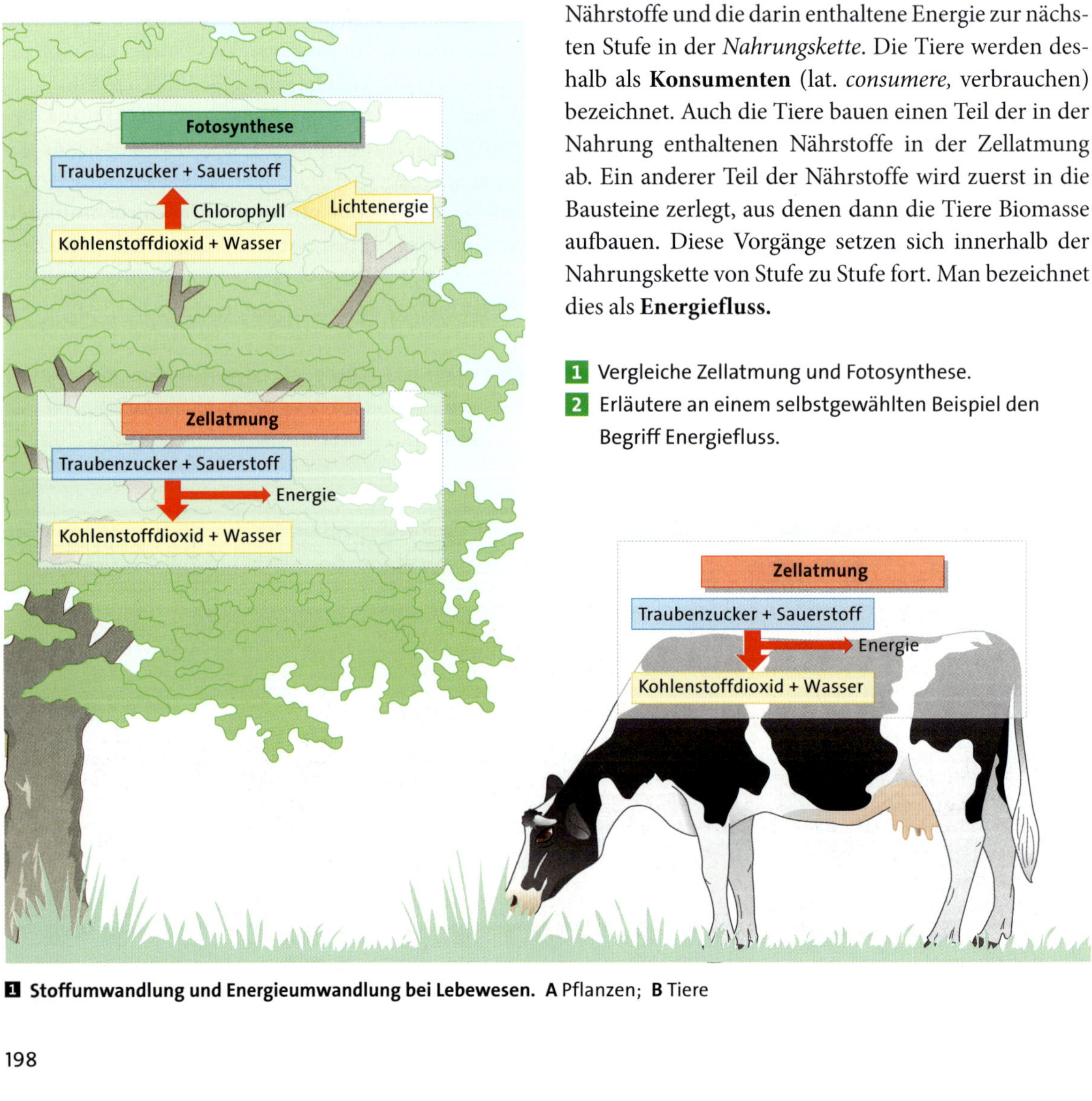

1 Stoffumwandlung und Energieumwandlung bei Lebewesen. **A** Pflanzen; **B** Tiere

Streifzug durch die Landwirtschaft Rapsöl und Biodiesel

Im Frühling sieht man viele große, gelb leuchtende Rapsfelder. Alleine in Deutschland werden 1,3 Millionen Hektar Raps angebaut. Wofür wird soviel Raps benötigt?

Die Rapspflanze ist ein landwirtschaftlich besonders wichtiger Energieträger, da in ihren Samen energiereiche Fette in Form von Rapsöl gespeichert werden. Manche Landwirte haben sich darauf spezialisiert, das Öl aus den Rapssamen zu gewinnen. Nach Ernte und Reinigung des Rapssamens wird das Öl herausgepresst. Der dabei verbleibende Rückstand, der Rapskuchen, wird als Futtermittel für Rinder eingesetzt. Das Öl selbst ist nach dem Pressen noch etwas trübe und wird durch einen Filter gereinigt. Das nun goldgelbe Rapsöl kann als Speiseöl verwendet werden.

Dieses Öl ist so energiereich, dass man es auch als Treibstoff für Fahrzeuge mit Dieselmotoren verwenden kann. Dafür wird es zu Biodiesel verarbeitet, der inzwischen an vielen Tankstellen verkauft wird. Biodiesel stellt einen ökologisch besonders wertvollen Kraftstoff dar, weil er im Gegensatz zum herkömmlichen Diesel nicht aus Erdöl gewonnen wird. Vielmehr wird er jedes Jahr neu aus Rapsöl hergestellt. Rapsöl wird daher als **nachwachsender Rohstoff** bezeichnet. Dennoch ist der Anbau von Raps für die Gewinnung von Biodiesel nicht unumstritten. Denn diese Anbauflächen stehen für die Produktion von Nahrungsmitteln nicht mehr zur Verfügung. Außerdem ist die Menge an verfügbarem Raps nicht ausreichend. Daher wird Biodiesel zum großen Teil zusätzlich aus Palmöl hergestellt. Dieses stammt vor allem aus Indonesien, wo die Ölpalme in Plantagen angebaut wird. Um solche Plantagen anzupflanzen ist die Rodung von großen Regenwaldflächen erforderlich. Deshalb wird dieses Verfahren heftig diskutiert.

1 Rapsfelder liefern den Rohstoff für Biodiesel

1 Bewerte die Verwendung von Biodiesel als Treibstoff.

2 Pressung von Rapssamen

3 Biodiesel an der Tankstelle

Aufgaben und Versuche Fotosynthese

V1 Pflanzen erzeugen Stärke

Material: Grüne Blätter aus dem Freiland, zum Beispiel von Bohne oder Flieder; Petrischale; Bechergläser (100 ml und 500 ml); Heizplatte; Pinzette; Brennspiritus (leicht entzündlich!); Wasser; Iodkaliumiodid-Lösung

Durchführung: Bringe etwa 200 ml Wasser im großen Becherglas auf der Heizplatte zum Kochen und setze danach das halb mit Brennspiritus gefüllte kleine Becherglas hinein. Tauche ein Blatt kurz ins kochende Wasser und gib es nun mit der Pinzette in den erhitzten Brennspiritus. Warte solange, bis das Blatt weißlich und der Brennspiritus grün geworden ist. Tauche mit der Pinzette das bleiche, spröde gewordene Blatt kurz in das heiße Wasser und lege es dann auf die Petrischale. Gib nun zu dem Blatt etwas Iodkaliumiodid-Lösung.

Aufgaben:

a) Formuliere die dem Versuch zugrunde liegende Frage.

b) Beschreibe und erläutere das Versuchsergebnis.

V2 Bei der Fotosynthese entsteht neben Stärke Sauerstoff

Material: Wasserpest; 500 ml-Becherglas; Schere; Lampe

Durchführung: Bringe einen frisch abgeschnittenen Spross der Wasserpest mit der Schnittstelle nach oben in ein Becherglas mit frischem Wasser. Stelle das Becherglas nun in den Lichtstrahl einer starken Lampe.

Aufgaben:

a) Beobachte das Sprossstück an der Schnittstelle fünf Minuten lang und notiere deine Beobachtungen.

b) Schalte die Lampe aus und warte einige Minuten. Beschreibe und erläutere die Unterschiede zum Ergebnis des Versuchs im Lichtstrahl.

A3 Flaschengarten

Ein Flaschengarten besteht aus einem fest verschlossenen Glasballon, der etwas feuchte Erde, Luft, grüne Pflanzen und die im Boden enthaltenen kleinen Tiere wie Milben, Asseln und Hundertfüßer enthält. Als Pflanzen sind Moose und Farne gut geeignet. An einem hellen Ort gedeihen die Pflanzen und Tiere viele Monate.

Aufgabe: Begründe den Sachverhalt, dass Pflanzen und Tiere in dem Flaschengarten überleben können.

V4 Weiß-grün gescheckte Efeublätter

Material: siehe V1; dazu einige weiß-grün gescheckte Blätter des Efeus; Zeichenmaterial

Durchführung: siehe V1

Aufgabe: Skizziere mit einem Bleistift auf einem Blatt Papier die Verteilung der weißen Flecken auf drei Efeublättern. Führe dann den Versuch mit allen drei Blättern durch. Vergleiche anschließend das Fleckenmuster vor und nach dem Versuch. Erläutere das Versuchsergebnis.

A5 Ein Blatt wird abgedunkelt

In einem Experiment wird ein weiß-grün geschecktes Efeublatt, welches sich noch an der Sprossachse der Efeupflanze befindet, mit Alufolie vollständig umhüllt. Die Pflanze wird weiterhin dem Licht ausgesetzt. Nach einem Tag schneidet man das umhüllte Blatt ab, entfernt die Alufolie und führt den Versuch wie in V1 sowie V4 beschrieben durch.

Aufgaben:

a) Stelle eine begründete Vermutung über das zu erwartende Ergebnis auf.

b) Überprüfe deine Vermutung mit einem Experiment.

A6 Blattquerschnitt bei der Seerose

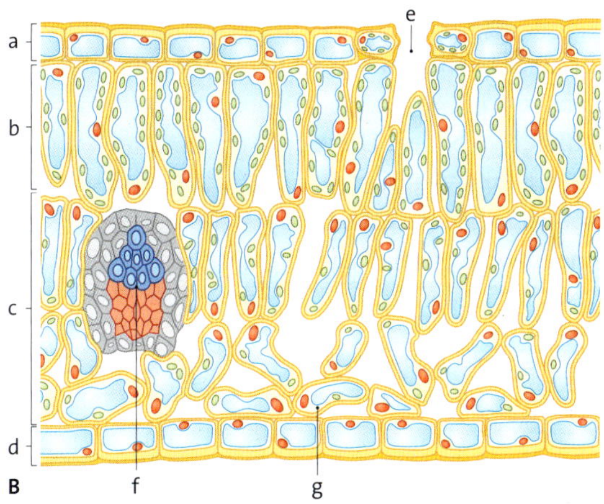

Die Seerose ist eine Wasserpflanze, deren Blätter auf der Wasseroberfläche schwimmen (Bild A). Ein Blattquerschnitt zeigt einige Besonderheiten (Bild B).

Aufgaben:

a) Vergleiche die Lebensräume und die Lebensbedingungen von Seerose und Hahnenfuß.

b) Ordne den Buchstaben a bis g in Bild B die entsprechenden Begriffe zu.

c) Das Blatt der Seerose weist einige Besonderheiten in seinem Aufbau auf. Nenne diese Besonderheiten. Stelle begründete Vermutungen an, inwieweit es sich hier um Angepasstheiten der Seerose handelt.

2.4 Der Igel

Beim Autofahren taucht nachts plötzlich ein Igel im Licht der Scheinwerfer auf. Doch statt schnell von der Straße zu laufen, rollt er sich zusammen und bleibt auf der Stelle liegen. Vielfach werden Igel deshalb überfahren und getötet. Zur Abwehr der Fressfeinde Fuchs, Dachs und Uhu ist das Einrollen hingegen von Vorteil: So bietet der Igel kaum einen Angriffspunkt. Denn der Rücken wird vom Kopf bis zum Ansatz des kurzen Schwanzes von zwei bis drei Zentimeter langen Stacheln bedeckt. Bei den Stacheln handelt es sich um umgebildete Haare.

Igel leben in der Regel als Einzelgänger und sind besonders in der Nacht aktiv. Sie bewohnen lichte Wälder und Heckenlandschaften, sind aber auch in der Nähe des Menschen in Gärten und Parks zu finden.

Das Gebiss mit 36 kleinen, spitzen Zähnen kennzeichnet Igel wie auch Maulwürfe als **Insektenfresser.** Die Hauptmahlzeit der Igel sind ebenfalls Regenwürmer. Aber auch Schnecken, Insekten oder Vogeleier und Jungvögel aus Bodennestern werden gefressen. Selbst einheimische Schlangen wie Ringelnatter und Kreuzotter sind vor Igeln nicht sicher. Dabei muss sich der Igel vor der giftigen Kreuzotter durchaus in Acht nehmen. Allerdings ist er durch seine Stacheln weitgehend vor einem Biss geschützt. Neben tierischer Nahrung fressen Igel auch pflanzliche Kost wie Obst.

2 Neugeborener Igel

1 Igel

Igel können zweimal im Jahr bis zu sieben Junge auf die Welt bringen. Bei der Geburt sind die Stacheln weiß gefärbt und ganz weich, sodass sie die Mutter nicht verletzen. Ansonsten sind die Igelbabys als typische Nesthocker nackt und blind. Ihre Augen öffnen sich erst nach zwei bis drei Wochen. Erst dann werden die Stacheln dunkler und hart. Im Alter von sechs bis sieben Wochen suchen die jungen Igel ein eigenes Revier.

Im Sommer und im Herbst nehmen die Igel mehr Futter auf als sonst. Unter ihrer Haut bildet sich ein dickes Fettpolster, von dem die Igel während des Winters zehren. Im Frühjahr wiegen sie zwischen 400 und 500 Gramm, im Herbst erreichen sie dagegen bis zu zwei Kilogramm Körpergewicht. Das ist notwendig, denn die Igel überstehen den Winter auf besondere Weise. Wenn im Herbst die Tage kälter werden, kommen die Igel seltener aus ihrem Tagesversteck. Ab einer Temperatur von zehn Grad Celsius suchen sie große Laub- oder Asthaufen auf. Hier verbringen die Igel den ganzen Winter schlafend. Bei diesem **Winterschlaf** wird die Atmung verlangsamt. Auch die Herzschlagfrequenz und die Körpertemperatur werden deutlich abgesenkt. Aus diesem Stadium wachen Igel erst wieder auf, wenn die Temperaturen 15 Grad Celsius übersteigen.

1 Beschreibe die Überwinterungsmethode der Igel und stelle Vor- und Nachteile heraus.

Methode Erstellen und Auswerten von Diagrammen

Igel sind gleichwarme Lebewesen mit einer Körpertemperatur von etwa 35 Grad Celsius. In der kalten Jahreszeit halten Igel jedoch Winterschlaf. In einem Experiment wurde die Körpertemperatur eines Igels gemessen und mit der Umgebungstemperatur verglichen. Die dabei gewonnenen Messwerte werden in einer **Tabelle** spaltenweise übersichtlich gegenübergestellt: In einer Zeile stehen jeweils die beiden Temperaturen, die in einem bestimmten Monat gemessen wurden.

Die Tabellenwerte können auch grafisch dargestellt werden. Ein solches **Diagramm** zeigt die Zusammenhänge der Messwerte schon auf den ersten Blick sehr anschaulich. Bei der Anfertigung eines Diagramms müssen die Tabellenwerte in Wertepaare umgewandelt werden. Im vorliegenden Beispiel besteht ein Wertepaar jeweils aus einem Zeit- und einem zugehörigen Temperaturwert. Auf der waagerechten x-Achse eines Koordinatensystems wird die Zeit abgetragen, da sie vorgegeben ist. Auf der senkrechten y-Achse werden die Temperaturen abgetragen, weil sie in Abhängigkeit von der Zeit gemessen werden.

Die Messwerte werden zuerst als **Säulendiagramm** dargestellt: Die Höhe der jeweiligen Säule entspricht dabei der zugehörigen Temperatur. Pro Monat gibt es zwei Säulen, die als Umgebungs- und Körpertemperatur unterschiedlich eingefärbt sind. Durch die vielen nebeneinanderstehenden Säulen kann die Übersichtlichkeit des Diagramms leiden. Deshalb gibt es noch eine andere Darstellungsweise: das **Liniendiagramm**. Von jeder Säule wird dabei nur der Spitzenwert übernommen und als Punkt an die entsprechende Stelle im Koordinatensystem platziert. Jeder einzelne Punkt steht somit jeweils für eine ganze Säule. Anschließend werden die Punkte miteinander zu einer Linie verbunden. So ist ein übersichtlicher Vergleich von zwei Messreihen möglich.

1 Beschreibe den in Tabelle 1 dargestellten Zusammenhang.

Monat	Temperatur	
	Umgebung °C	Körper °C
Januar	−2	6
Februar	5	6
März	10	10
April	17	35
Mai	19	35
Juni	21	35
Juli	23	35
August	25	35
September	20	35
Oktober	14	35
November	8	8
Dezember	7	7

1 Vergleich der Umgebungs- und Körpertemperatur eines Igels im Jahresverlauf

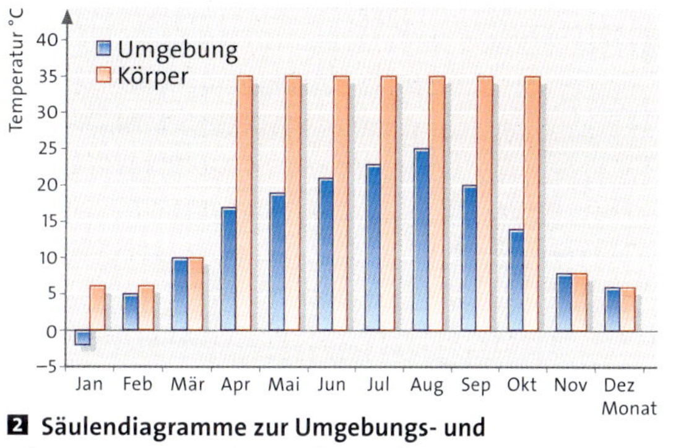

2 Säulendiagramme zur Umgebungs- und Körpertemperatur eines Igels im Jahresverlauf

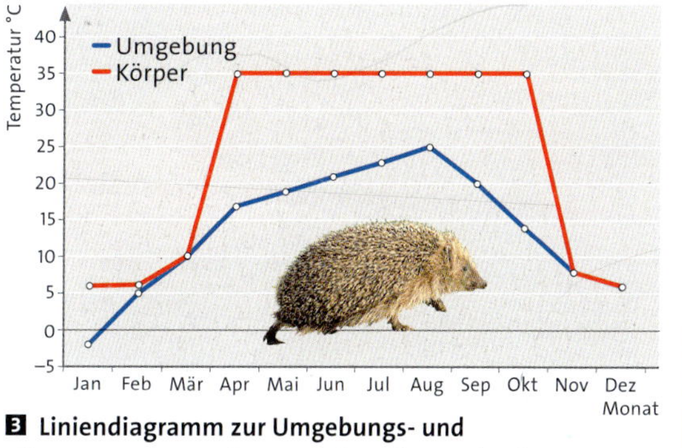

3 Liniendiagramm zur Umgebungs- und Körpertemperatur eines Igels im Jahresverlauf

2.5 Eichhörnchen

Die tagaktiven Eichhörnchen gehören zu den häufigsten wildlebenden Säugetieren der heimischen Wälder und Parks. Trotzdem sind sie die meiste Zeit des Jahres nur relativ selten zu sehen. Das ändert sich im Herbst: Dann kann man beobachten, wie sie geschäftig auf dem Boden umherhuschen und Baumstämme hinauf- und hinabklettern. Die Eichhörnchen bewegen sich dann oft entlang bestimmter Routen. In einer Richtung tragen sie dabei meistens etwas in der Schnauze, zum Beispiel Eicheln, Bucheckern oder eine Walnuss. Manchmal kann man die Tiere auch dabei beobachten, wie sie etwas im Boden verscharren oder unter einer Rinde verstecken. Eichhörnchen legen im Herbst **Vorratslager** an. Auf diese sind sie während des Winters angewiesen. Das Sammeln und Anlegen von Vorräten dient also der Vorbereitung auf die kalte Jahreszeit.

Den Winter verbringen die Eichhörnchen größtenteils in Baumhöhlen oder kugelförmigen Nestern, den **Kobeln.** Sie bestehen aus Zweigen und Laub und werden in Astgabeln innerhalb des Kronenbereichs großer Bäume errichtet. Nur wenn es sehr heftig schneit oder regnet, oder die Äste stark vereist sind, bleiben Eichhörnchen längere Zeit im Kobel. Sonst trifft man sie auch bei strengem Frost außerhalb des Nestes an. Denn von Zeit zu Zeit suchen sie ihre im Herbst angelegten Nahrungsverstecke auf und fressen von den Vorräten. Eichhörnchen können sich die Versteckplätze nicht merken. Vielmehr finden sie diese mithilfe ihres Geruchssinnes wieder. So kommt es, dass manche Samen nicht wieder gefunden werden und aus diesen beispielsweise neue Bäume wachsen.

Eichhörnchen sind hervorragende Kletterer und können einen Baumstamm genauso schnell hinauf wie hinunter klettern. Dabei bewegen sie die Vorder- und Hinterbeine immer gleichzeitig. Auf waagerechten Ästen laufen die Tiere mit lang gestrecktem Schwanz, wippen an der Spitze auf und ab, drücken sich mit ihren kräftigen Hinterbeinen ab und springen in einen Nachbarbaum. Dabei strecken die Eichhörnchen alle Beine und den Schwanz weit von sich und bereiten so ihre Landung vor. Der buschige Schwanz hilft das Gleichgewicht zu halten. Er wird beim Springen in der Luft auch zum Steuern eingesetzt. Somit erleichtert der Schwanz den Eichhörnchen die Bewegung in den Bäumen.

Auf dem Boden bewegt sich ein Eichhörnchen in weiten Sprüngen fort. Dabei drückt es sich mit den starken Hinterbeinen gleichzeitig kräftig ab und streckt sich. Das Eichhörnchen landet dann zuerst auf den Vorderpfoten. Im Schnee kann man häufig einen so entstandenen Abdruck entdecken, ein *Trittsiegel.*

1 Eichhörnchen im natürlichen Lebensraum. **A** Im Sprung; **B** Trittsiegel im Schnee; **C** Kobel

An den Vorderpfoten der Eichhörnchen erkennt man vier Finger, der Daumen ist stark zurück gebildet. Mit den Vorderpfoten können Eichhörnchen besonders gut Futter festhalten und klettern. Die Hinterpfoten haben fünf Zehen. Diese sind lang und kräftig. Alle Finger und Zehen der Eichhörnchen tragen lange Krallen. Mit diesen können sie sich beim Klettern und Springen gut an rissigen Baumrinden festhalten.

Eichhörnchen leben bis auf die Paarungszeiten im Frühjahr und Frühsommer nicht gesellig, sondern als Einzelgänger. Sie besetzen ein **Revier.** Nach etwa vier Wochen Tragzeit bringt ein Weibchen in der Regel vier bis fünf nackte und blinde Junge zur Welt. Sie sind typische *Nesthocker* und werden von der Mutter die nächsten sechs Wochen gesäugt. Nach etwa neun Wochen sind sie selbstständig und verlassen den Kobel. Dann suchen sie ein eigenes Revier.

Je nach Jahreszeit fressen Eichhörnchen zum Beispiel Pilze, Beeren und Obst. Aber auch hartschalige Eicheln, Bucheckern und Nüsse sowie Samen von Kiefern, Tannen und Fichten werden verzehrt. Selbst Eier und junge Vögel sind vor den Eichhörnchen nicht sicher. Eichhörnchen haben auch Fressfeinde, sie werden vor allem von Mardern und Habichten erbeutet.

Das Gebiss der Eichhörnchen hat insgesamt 22 Zähne. In beiden Kieferhälften gibt es jeweils zwei Schneidezähne, aber keine Eckzähne. Beim Arbeiten mit diesen Zähnen wird die weichere Hinterseite immer stärker abgenutzt als die härtere Vorderseite, sodass die Zahnkanten immer scharf sind. Die Zähne sind tief in den Kieferknochen verankert. Mit ihnen können Eichhörnchen problemlos harte Schalen aufnagen. Man nennt diese Zähne deshalb auch **Nagezähne** und zählt die Eichhörnchen zu den **Nagetieren.** Nagezähne wachsen im Gegensatz zu anderen Zähnen ein Leben lang nach. Junge Eichhörnchen wissen von Geburt an, dass eine Nuss aufgenagt werden muss, um an den leckeren Inhalt zu gelangen. Sie müssen jedoch lernen, dass sie zum einfachen Öffnen der Nuss eine Furche in Längsrichtung entlang der Faserrichtung der Nuss nagen müssen.

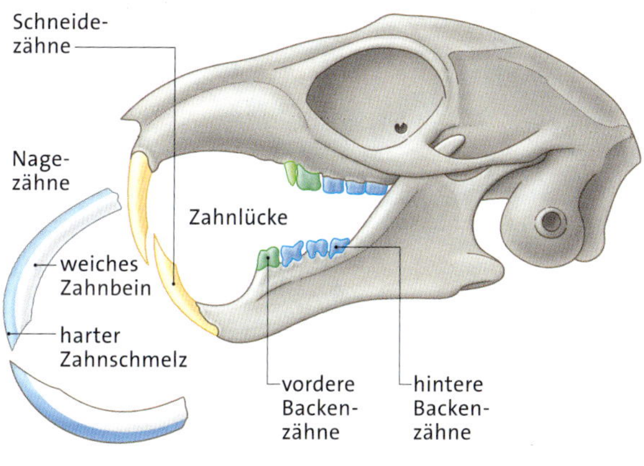

2 Schädel und Gebiss des Eichhörnchens

1 Beweise mit einem Experiment, dass Eichhörnchen sich ihre Versteckplätze nicht merken, sondern mithilfe ihres Geruchssinnes wiederfinden.

2 Nenne Verhaltensweisen, die dem Eichhörnchen das Überwintern in Mitteleuropa ermöglichen.

3 Eichhörnchen beim Fressen

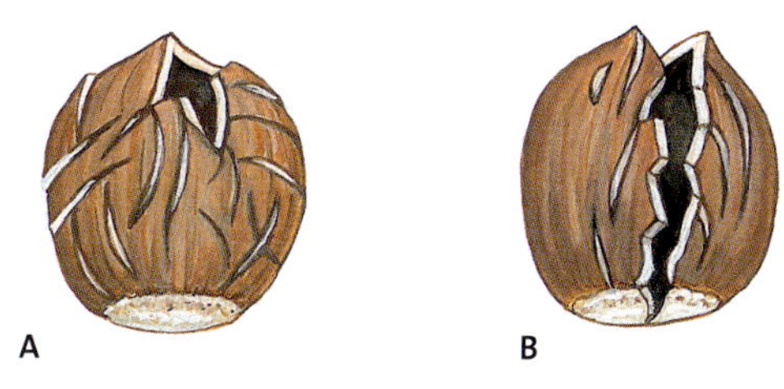

4 Angenagte Haselnüsse. A Ungeübtes Eichhörnchen; B erfahrenes Eichhörnchen

2.7 Säugetiere überwintern unterschiedlich

Der Winter ist für Tiere eine schwierige Zeit: Es wird nicht nur kälter, sondern auch die Nahrung wird knapper. Diese ungünstige Periode können Säugetiere auf unterschiedliche Weise überdauern.

Säugetiere sind gleichwarm, das heißt, sie müssen Energie aufbringen, um ihre Körpertemperatur auf einem gleichmäßig hohen Wert zu halten. In der kalten Jahreszeit ist der Temperaturunterschied zwischen einem Säugetier und seiner Umgebung größer als in den wärmeren Jahreszeiten: Das Tier verliert daher mehr Wärme an seine Umwelt. Deshalb sind körperliche Veränderungen, die zu einer besseren Wärmeisolierung beitragen, für Säugetiere im Winter von Vorteil. Dazu gehört zum Beispiel ein **Fellwechsel** zwischen Sommer und Winter. So nimmt zur Winterzeit die Zahl der wärmenden Wollhaare deutlich zu. Diese isolieren das Tier besser gegen die Kälte und der Wärmeverlust wird vermindert.

1 Hermelin. **A** Sommerfell; **B** Winterfell

Wegen des geringeren Pflanzenbewuchses gibt es für viele Tiere im Winter weniger Versteckmöglichkeiten. Deshalb ist der Fellwechsel manchmal auch mit einem Farbwechsel verbunden. Säugetiere wie Hermelin, Schneehase oder Eisfuchs haben im Winter ein weißes und im Sommer ein erdfarbenes Fell. So wird ihre Tarnung verbessert und sie werden von ihren Fressfeinden und Beutetieren nicht so leicht entdeckt.

Im Winter sind viele Pflanzen oder zumindest deren oberirdische Teile abgestorben. Die meisten Bäume und Sträucher haben ihre Blätter abgeworfen. Auch Beutetiere wie Insekten sind nicht leicht zu finden. Es gibt verschiedene Möglichkeiten, dieser Nahrungsknappheit zu begegnen. Manche Tiere fressen sich in Sommer und Herbst den sprichwörtlichen **Winterspeck** als Vorrat an. Eine dicke Fettschicht unter der Haut bietet daneben den Vorteil einer weiteren Wärmeisolierung. Andere Tiere tragen ihren Wintervorrat nicht dauernd mit sich herum, was auch Energie kostet. Sie legen im Herbst **Vorratslager** an, die sie im Winter aufsuchen. Dies ist aber nur möglich, wenn die gesammelte Nahrung lange haltbar ist. Neben dem Eichhörnchen ist der Feldhamster ein Tier, das Vorräte sammelt. Im Herbst trägt er unermüdlich Grassamen und Getreidekörner in den Backentaschen zu seinem Bau. Man hat unter Getreidefeldern schon Vorratslager eines einzigen Hamsters mit bis zu eineinhalb Kilogramm Körnern gefunden. Tiere, die Vorratslager anlegen, bleiben im Winter mehr oder weniger aktiv.

Igel und Fledermaus überstehen den Winter mit einer deutlichen Absenkung der Körpertemperatur. Sie halten **Winterschlaf,** das verringert den Nahrungsbedarf. Der Stoffwechsel sinkt auf ein Fünfzigstel des Sommerumsatzes. Gleichzeitig werden Atem- und Herzschlagfrequenz deutlich erniedrigt. Während des Winterschlafs wird auch der Stoffwechsel grundlegend umgestellt. Es dürfen zum Beispiel keine giftigen Abbaustoffe entstehen, die das Tier während des Winterschlafes nicht abgeben kann. Siebenschläfer halten einen besonders langen Winterschlaf. Sie sind dämmerungs- und nachtaktive Nagetiere, die Baumhöhlen in Laubbäumen bewohnen. Sie ernähren sich von Obst, Eicheln und Bucheckern. Von Oktober bis Mai ziehen sie sich zum Winterschlaf zurück.

Eichhörnchen halten keinen Winterschlaf, sondern **Winterruhe.** Dabei verbringen sie den Winter zwar auch weitgehend schlafend, senken ihre Körpertemperatur aber nur um ein bis zwei Grad ab. Dadurch verringert sich zwar der Stoffumsatz in den Tieren, aber bei Weitem nicht so sehr wie bei den Winterschläfern. Deshalb müssen Winterruher in dieser Zeit hin und wieder Nahrung aus ihren Vorratslagern aufnehmen.

Manche Tiere führen auch Wanderungen durch, um den Bedingungen des Winters teilweise zu entgehen. So zogen Hirsche im Winter früher aus den höheren Berglagen hinunter in die Täler. Dieser Weg ist ihnen heute oft versperrt, da am Ende der Täler Städte und Dörfer liegen. Die Hirsche verbleiben in den ungünstigen Gebieten. Dort fehlen ihnen aber Gräser und Kräuter wie im Sommer oder Eicheln und Bucheckern wie im Herbst. Hirsche schälen im Winter deshalb die Rinde von den Bäumen oder verbeißen Triebe und Knospen. Dadurch werden die Pflanzen stark geschädigt und ihr Holz wird für die Verarbeitung entwertet. Um starke Verbissschäden zu vermeiden, werden Hirsche im Winter daher zugefüttert. Dies gilt beispielsweise auch für Wildschweine, insbesondere, wenn sie in einem Gebiet sehr häufig vorkommen.

Durch Aktivitäten des Menschen wird den Tieren die Überwinterung zusätzlich erschwert. Auch wenn viele große Tiere wie Hirsche, Rehe und Wildschweine den Winter durchgehend wach zubringen, bewegen sie sich nicht so viel wie im Sommer und ziehen sich ins Dickicht zurück. Jede Flucht daraus kostet Energie, die bei Nahrungsmangel schwer zu ersetzen ist. Es schwächt die Tiere deshalb zusätzlich, wenn Menschen sich beim Wandern nicht an ausgeschilderte Wege halten und die Tiere stören.

3 Siebenschläfer.
A Wach; **B** im Winterschlaf

1. Beschreibe die Unterschiede zwischen Winterruhe und Winterschlaf.
2. Beurteile die Überwinterungsmethoden »Winterschlaf« und »Wachbleiben« nach ihren Vor- und Nachteilen.

2 Hamster mit Vorrat an Getreidekörnern

4 Winterfütterung durch den Förster

2.8 **Vogelzug**

Vor fast 200 Jahren erregte ein Storch auf einem mecklenburgischen Gutshof großes Aufsehen: In seinem Hals steckte der Pfeil eines Jägers aus dem zentralen Afrika. Damit war erstmals nachgewiesen, dass mitteleuropäische Störche den Winter in Afrika südlich der Sahara verbringen. Auch andere einheimische Vogelarten zeigen Zugverhalten. Sie werden deshalb als *Zugvögel* bezeichnet. Wesentliche Ursache für den Zug der Vögel ist der Nahrungsmangel. In ihren Winterquartieren finden sie reichlich Nahrung.

1 Pfeilstorch

Von mehreren Vogelarten ist bekannt, dass nur ein Teil der Tiere wegzieht. Andere bleiben möglichst lange im Brutgebiet und weichen erst bei ungünstigen Bedingungen aus. So müssen die Eisvögel flüchten, wenn ihre Nahrungsgewässer in strengen Wintern zufrieren. Solche Vögel bezeichnet man als Teilzieher. Bei anderen Arten ziehen regelmäßig alle Tiere. Die mitteleuropäischen Kraniche fliegen nur die relativ kurze Strecke von etwa 2500 km bis nach Nordafrika, während Rauchschwalben das Dreifache dieses Weges bewältigen, um nach Südafrika zu gelangen. Als Segelflieger benötigen die Kraniche warme, aufsteigende Luftmassen, wie sie über Landflächen entstehen. Sie müssen deshalb das Mittelmeer an seiner schmalsten Stelle, der Meerenge von Gibraltar, überqueren. Rauchschwalben überfliegen das Meer dagegen im Ruderflug und verkürzen dadurch die Flugstrecke.

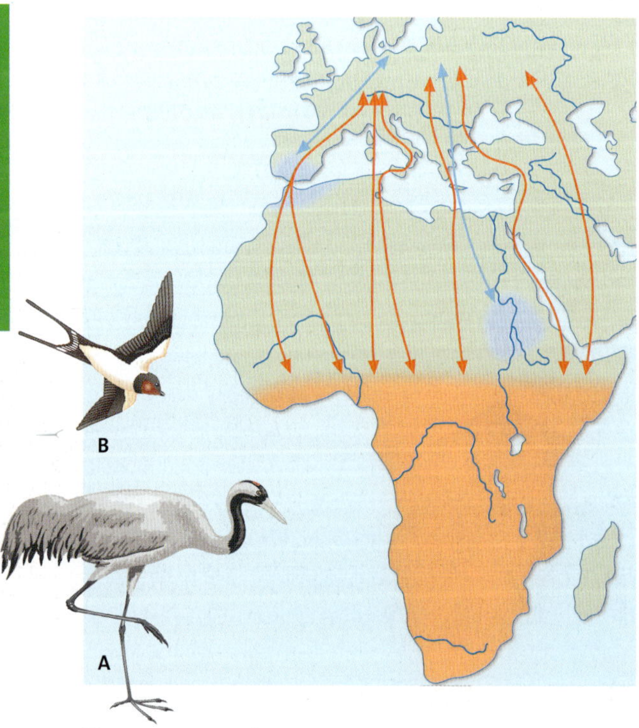

2 Zugrouten und Überwinterungsgebiete.
A Kranich (grau); **B** Rauchschwalbe (rot)

Vor über 100 Jahren begann die planmäßige Erforschung des Vogelzuges. Leichte Aluminiumringe mit wichtigen Informationen wurden mit einer Zange an den Füßen von Staren befestigt. Die Auswertung der Rückmeldungen erbrachte Informationen über die Wanderungen der beringten Stare.

3 Markierungsmethoden.
A Storchenringe; **B** Anlegen eines Aluminiumrings

Heute werden im Zuge der wissenschaftlichen Vogelberingung jährlich Millionen von Vögeln markiert. Junge, noch nicht flugfähige Greifvögel, Eulen und Spechte werden direkt am Brutplatz beringt. Sing- und Watvögel werden in Reusen und in Netzen gefangen und danach beringt. Zum Ablesen der Aluminiumringe muss man die Vögel erneut fangen. Bei größeren Vögeln, wie zum Beispiel Gänsen, werden auch farbige Halsbänder oder Fußringe aus Kunststoff angebracht. Darin eingravierte Codenummern ermöglichen es, die Tiere auch aus größerer Entfernung mit einem Fernrohr zu identifizieren. Kleine Sender können sogar ständig den genauen Aufenthaltsort der Tiere angeben. Die umfangreichsten Informationen über das Zugverhalten gewinnt man bei der Begleitung der Vögel auf ihrem Weg. Das ist heutzutage mit Ultraleichtflugzeugen möglich.

Die Frage, wie sich die Vögel während des Zuges orientieren, ist noch nicht vollständig geklärt. Sicher ist, dass sich Vögel oft von markanten Erscheinungen im Gelände leiten lassen. Das können Flussläufe oder eine Küstenlinie sein. Zur Überquerung von Meeren werden Meeresengen genutzt. Gebirgszüge werden an ihren niedrigsten Stellen überflogen. Eine wichtige Rolle bei der Orientierung spielen auch die Sonne, die Sterne und das Magnetfeld der Erde. Die Information über die Zugrichtung ist den Vögeln angeboren. Während des gemeinsamen Zuges lernen die Jungen von den Älteren die Lage und das Aussehen wichtiger Orientierungspunkte sowie geeigneter Rastplätze.

Zugvögel fliegen einzeln oder gemeinsam. Ziehende Vogelschwärme sind ein beeindruckendes Schauspiel. Dabei hat die Schwarmbildung während des Zuges sowohl Vor- als auch Nachteile. Die Vögel sind sicherer, weil Feinde schneller entdeckt werden. Problematisch sind jedoch die Nahrungsbeschaffung und die Suche nach sicheren Schlafplätzen für so viele Vögel. Deshalb konzentrieren sich die Zugschwärme an geeigneten Rastplätzen. Kraniche suchen zum Beispiel gern auf abgeernteten Maisfeldern nach Nahrung und übernachten stehend im flachen Wasser.

1 Die Wasseramsel sucht am Grund klarer Bäche nach Insektenlarven, während der Grauschnäpper fliegende Insekten jagt. Stelle begründete Vermutungen über das Zugverhalten beider Arten an.

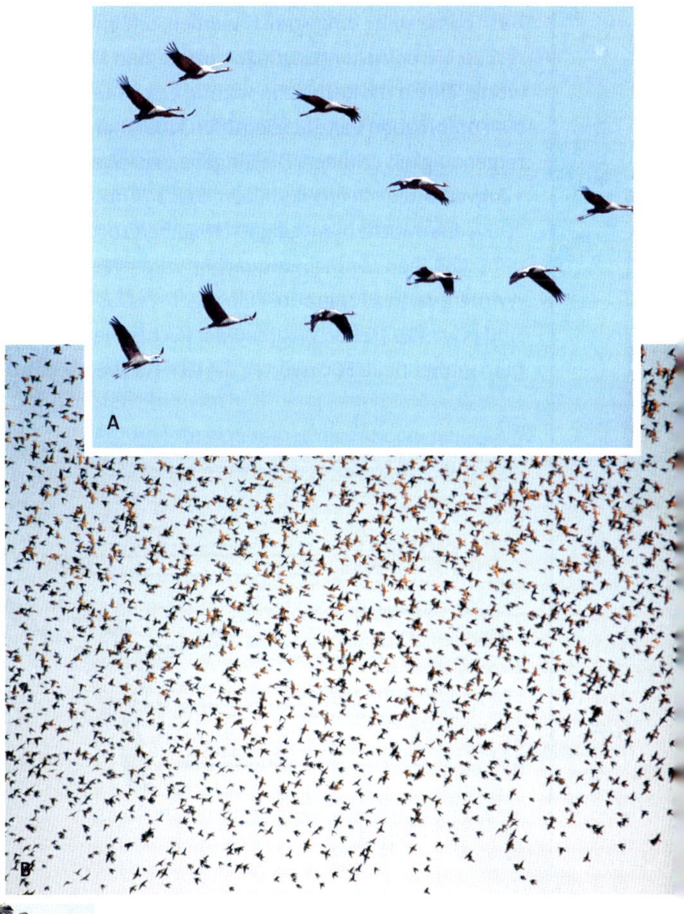

4 Flugordnungen. **A** Lockerer Taubenschwarm; **B** dichter Starenschwarm; **C** Keil bei Kranichen

2.10 Überwinterung von Reptilien

In der warmen Jahreszeit huschen Zauneidechsen flink an Trockenmauern, Wegböschungen oder Bahndämmen umher. Oft verharren sie auch regungslos in der Sonne. Die Beine dieser Tiere sitzen seitlich am Rumpf und können den Körper kaum vom Boden abheben. Der Bauch berührt daher fast immer den Untergrund. Wegen dieser Art der Fortbewegung nennt man Tiere wie die Zauneidechse **Kriechtiere** oder **Reptilien.** Ein typisches Merkmal ist die trockene Schuppenhaut, die durch Häutung mehrmals im Jahr gewechselt wird. Diese schützt die Eidechsen zwar vor Verletzungen, nicht aber vor Wärmeverlust. Dies ist ein wichtiger Grund, weshalb die Körpertemperatur der Reptilien immer der Umgebungstemperatur entspricht. Da die Innentemperatur je nach Außentemperatur wechselt, werden Kriechtiere auch als **wechselwarme** Tiere bezeichnet.

Sobald es im November kälter wird, sucht eine Zauneidechse einen frostsicheren Unterschlupf auf, zum Beispiel ein Mauerloch oder eine Felsspalte. Ihre Bluttemperatur kann fast auf Null Grad Celsius absinken.

1 Zauneidechsenpaar

Das Herz schlägt dann sehr langsam, die Muskeln werden unbeweglich und die Atemfrequenz ist stark herabgesetzt. Diesen Zustand bezeichnet man als Kältestarre oder auch als **Winterstarre.** Auch der Stoffwechsel wird während dieser Zeit stark gedrosselt. Deshalb braucht die Zauneidechse den ganzen Winter über keine Nahrung zu sich nehmen und zehrt von den im Sommer angelegten Fettreserven. Sollte die Temperatur deutlich unter den Gefrierpunkt absinken, bildet sich in den Zellen Eis. Dies würde die Eidechse nicht überleben.

2 Das Zauneidechsenjahr

Mit den ersten warmen Tagen im Frühjahr verlässt die Zauneidechse ihr Winterquartier. Während der Paarungszeit zeigen die Männchen eine auffällige, grüne Färbung, die Weibchen dagegen bleiben unauffällig braun. Nach der Paarung legt das Weibchen sechs bis zwölf Eier in ein Erdversteck. Die Elterntiere kümmern sich nicht weiter um das Gelege. Allein die Wärme der Umgebung ermöglicht nun die Entwicklung der Eier. Nach etwa zwei Monaten schlüpfen die jungen Zauneidechsen und suchen sofort selbstständig nach Nahrung.

Schlangen sind ebenfalls Kriechtiere. Die einheimische Ringelnatter ist schon aufgrund der gelben, halbmondförmigen »Ringel« im Nacken einfach zu erkennen. Doch auch dieses Reptil wird man in den kalten Monaten nicht finden. Die Ringelnatter überwintert von Oktober bis Ende April zum Beispiel in Felsspalten oder unter Baumwurzeln. Häufig versammeln sich in solchen Quartieren Hunderte von Tieren. Zu finden sind Ringelnattern manchmal auch in einem Komposthaufen. Hier finden Zersetzungsprozesse von Pflanzenmaterial statt, bei denen Wärme freigesetzt wird. Dadurch werden die hier überwinternden Ringelnattern vor Frost geschützt. Erst bei wärmeren Temperaturen kommen sie aus ihren Verstecken und suchen die Orte auf, wo sie ihre Nahrung finden. Ringelnattern halten sich im Uferbereich von Gewässern, in feuchten Wäldern und Wiesen auf. Da sie gut schwimmen, jagen sie oft im Wasser Frösche und andere Amphibien. Sie haben keine Giftzähne und sind völlig harmlos.

4 Griechische Landschildkröte

Die Landschildkröten des südlichen Europas verbringen den Winter ebenfalls in Winterstarre. Vorher graben sie sich bis zu zwei Metern in den Boden ein. Die seltene Europäische Sumpfschildkröte überwintert eingegraben im Gewässergrund. Bei niedrigen Temperaturen kann sie den wenigen Sauerstoff, den sie benötigt, über ihre Haut dem Wasser entnehmen und muss nicht zum Luftholen auftauchen. Die Herzfrequenz beträgt zum Beispiel bei einer Körpertemperatur von fünf Grad Celsius nur noch vier Schläge pro Minute. Ab Mitte März tauchen die Tiere wieder auf und ihre Aktivität nimmt langsam zu.

1 Vergleiche die Überwinterung von Zauneidechse, Ringelnatter, Land- und Sumpfschildkröte.

3 Massenquartier von überwinternden Nattern

5 Europäische Sumpfschildkröte

2.11 Basiskonzept Steuerung und Regelung – Körpertemperatur und Beweglichkeit

Eine Zauneidechse hat nach einer kalten Nacht eine deutlich herabgesetzte Körpertemperatur. Im Laufe des Tages muss sie sich in der Sonne aufwärmen. Je stärker die Sonnenstrahlung ist, desto schneller erfolgt die Erwärmung. Es besteht also ein unmittelbarer Zusammenhang zwischen der Außentemperatur und der Körpertemperatur des Tieres. Einer Überhitzung kann die Zauneidechse nur durch die Flucht aus der Sonne entkommen. Sie verkriecht sich in einen kühleren Bereich. Indem die Zauneidechse verschieden warme Plätze aufsucht, steuert sie die Erhöhung oder Erniedrigung ihrer eigenen Körpertemperatur. Diese Beeinflussung von Vorgängen im Körper zum Beispiel durch den aktiven Ortswechsel wird als **Steuerung** bezeichnet.

1 **Zauneidechse**

Gleichwarme Tiere können demgegenüber ihre Körpertemperatur unabhängig von der Umgebungstemperatur konstant halten. Das Aufrechterhalten einer bestimmten Körpertemperatur ist ein typisches Beispiel für eine **Regelung**. Das Phänomen der Regelung spielt auch in der Technik eine Rolle.

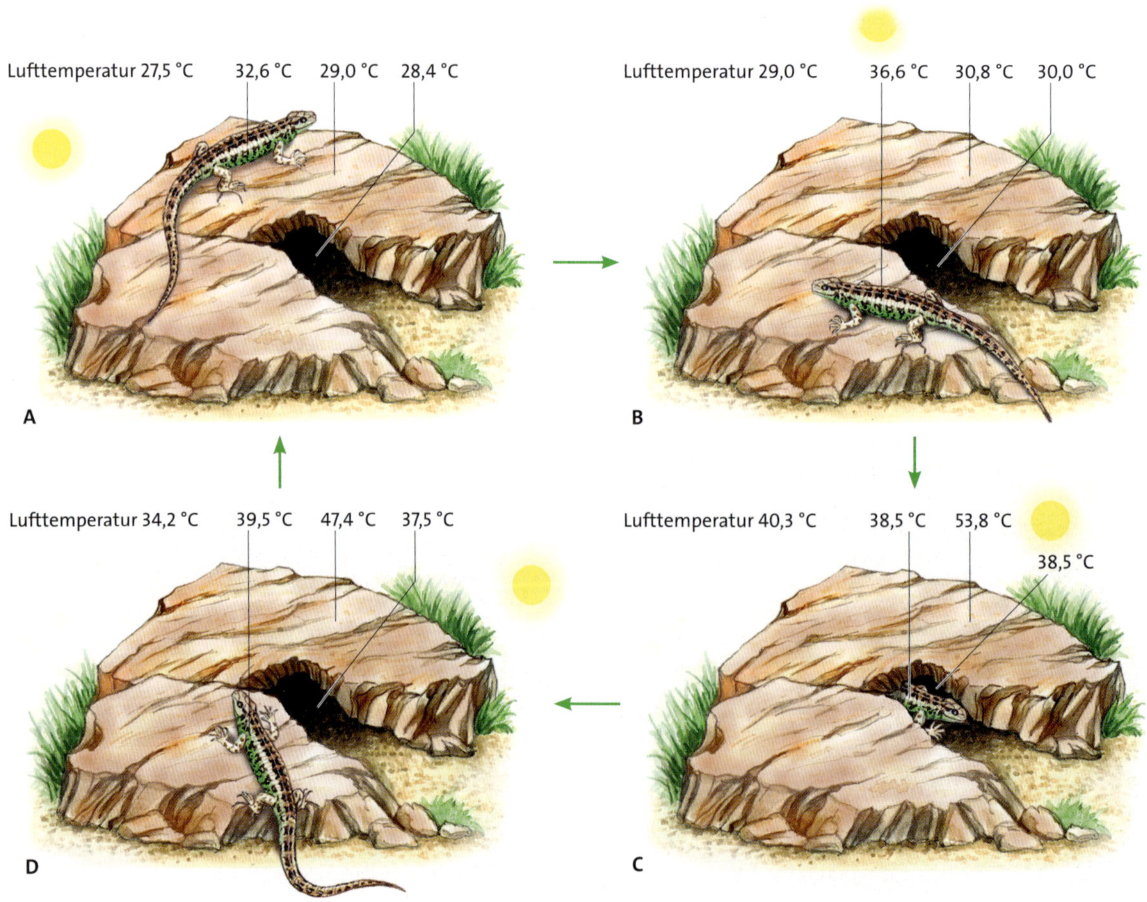

2 **Zauneidechse im Tagesverlauf.** **A** Morgens; **B** mittags; **C** nachmittags; **D** später Nachmittag

Ein Beispiel ist die Temperaturregelung im Backofen. Um einen Kuchen zu backen, stellt man eine bestimmte Temperatur ein. Ein Thermostat misst ständig die Temperatur und wirkt gleichzeitig als Regler, der dafür sorgt, dass der Backofen aufheizt. Während des Aufheizens leuchtet ein rotes Lämpchen am Herd. Ist die vorgegebene Temperatur erreicht, erlischt dieses Lämpchen, denn nun bewirkt der Regler, dass sich die Heizung abschaltet.

Wenn die Herdklappe kurzzeitig geöffnet wird, kühlt der Backofen etwas ab und die Heizung schaltet sich wieder ein. Das Besondere an einer Regelung ist also die ständige Rückmeldung an den Regler, welche Temperatur vorliegt. So können Störungen schnell ausgeglichen werden. Dieses Prinzip kann auch auf die Regelung der Körpertemperatur gleichwarmer Tiere übertragen werden.

Ein Kaninchen besitzt auf der Haut und im Körper Sinneszellen für die Messung der Temperatur. Wenn es in eine kältere Umgebung kommt, geben diese Sinneszellen entsprechende Informationen an einen bestimmten Teil im Gehirn weiter, der die Aufgabe eines Reglers übernimmt. Diese Gehirnregion ist das Kontrollzentrum und verarbeitet die übermittelte Information. Es veranlasst die Muskeln zu einer starken Zitterbewegung. Dadurch wird Wärme freigesetzt. Außerdem wird die Blutzirkulation in den äußeren Hautschichten verringert, sodass weniger Wärme nach außen abgegeben wird. Der Körper wird etwas aufgeheizt, bis die Temperatur von 37 Grad Celsius wieder erreicht ist.

Die Aufrechterhaltung einer konstanten Körpertemperatur ist recht energieaufwändig, bringt aber viele Vorteile mit sich. So ist die Zauneidechse am frühen Morgen beim Verlassen ihres Verstecks sehr schwerfällig, da ihre Körpertemperatur über Nacht abgesunken ist. Ein Kaninchen dagegen ist zu jeder Zeit voll beweglich, denn seine Körpertemperatur ist auch nachts oder im Winter trotz der Kälte unverändert hoch geblieben. Gleichwarme Tiere sind demnach durch die ständige Regelung ihrer Körpertemperatur unabhängiger von ihrer Umwelt. Steuerung und Regelung sind wichtige Prozesse in der belebten Natur. Sie sind an der Aufrechterhaltung vieler Körperfunktionen beteiligt und deshalb ein wichtiges Basiskonzept der Biologie.

1 Erstelle ein Pfeilschema zur Temperaturregelung im Backofen. Beginne mit: Temperaturwahlschalter → Thermostat → ...

2 Stelle die Regelung der Temperatur im Backofen und die der Körpertemperatur des Kaninchens tabellarisch gegenüber.

3 Vergleiche die Prozesse der Steuerung und Regelung miteinander und stelle Gemeinsamkeiten und Unterschiede heraus.

3 Kaninchen im Winter. **A** Foto; **B** Schema

2.12 Vergleich von Wirbeltieren

Schäferhund, Wasserfrosch, Amsel, Karpfen und Zauneidechse sind äußerlich sehr unterschiedlich gestaltete Tiere, die dennoch viele Gemeinsamkeiten aufweisen. Biologen fassen Tiere aufgrund bestimmter gemeinsamer Merkmale zu Gruppen zusammen. Alle genannten Tiere gliedern sich in Kopf, Rumpf und Schwanz. Sie verfügen außerdem über ein knöchernes Innenskelett. Typisches Kennzeichen für dieses Innenskelett ist die vom Kopf zum Schwanz verlaufende Körperachse, die *Wirbelsäule*. Sie ist aus einzelnen Knochenabschnitten, den Wirbeln, aufgebaut und ermöglicht Stabilität und gleichzeitig Beweglichkeit. Aufgrund ihres gemeinsamen *Bauplans* gehören diese Tiere zum **Stamm** der Wirbeltiere. Neben den Gemeinsamkeiten gibt es aber auch Unterschiede. Deshalb wird der Stamm der Wirbeltiere in die fünf Klassen Fische, Lurche, Kriechtiere, Vögel und Säugetiere eingeteilt. Die Unterschiede entstanden im Laufe der Entwicklung als Angepasstheiten an verschiedene Lebensräume. So finden sich neben den Besonderheiten im Körperbau auffällige Unterschiede bei der Fortpflanzung.

Fische und **Lurche** geben meist große Mengen an Eiern und Spermien ins Wasser ab. Die Befruchtung der Eizellen durch die Spermien erfolgt also erst nach der Eiablage außerhalb des Körpers und wird daher als *äußere Befruchtung* bezeichnet. Die Eier von Fischen und Lurchen würden an Land schon nach kurzer Zeit vertrocknen, da sie nur von einer Gallerthülle umgeben sind. Aus den Eiern entwickeln sich Larven, die im Wasser leben. Die Entwicklung von Fischen und Lurchen ist daher in hohem Maße an Gewässer gebunden.

Im Gegensatz zu Fischen sind **Kriechtiere** und **Vögel** Landtiere. Bei ihnen findet die Befruchtung im Inneren des Weibchens statt. Diese *innere Befruchtung* setzt eine Paarung von Männchen und Weibchen voraus. Die Entwicklung der Embryonen läuft allerdings außerhalb des weiblichen Körpers in nährstoffreichen Eiern ab. Die Eier sind von schützenden, pergamentartigen oder kalkhaltigen Schalen umgeben. So trocknen die Embryonen nicht aus. Die Embryonen von Kriechtieren und Vögeln schwimmen zusätzlich in einer Flüssigkeitsblase im Inneren der Eihüllen. Nach dem Schlüpfen sind die Jungtiere durch ihre Haut vor Austrocknung geschützt.

Bei den **Säugetieren** erfolgt nicht nur die Befruchtung im Inneren des Weibchens, sondern auch die gesamte Entwicklung der Embryonen. Diese sind von einer Fruchtblase umgeben, die mit Fruchtwasser gefüllt ist. Die Entwicklung der Embryonen der Säugetiere verläuft im Mutterleib besonders geschützt.

1 Erläutere am Beispiel der Haut und der Atmungsorgane den Zusammenhang von Struktur und Funktion.

2 Bei einigen Fischen, Lurchen und Kriechtieren erfolgt die Entwicklung der Embryonen im Inneren des Weibchens. Trotzdem ist die Zuordnung der Tiere zur jeweiligen Klasse problemlos. Begründe.

1 Vertreter der fünf Klassen der Wirbeltiere

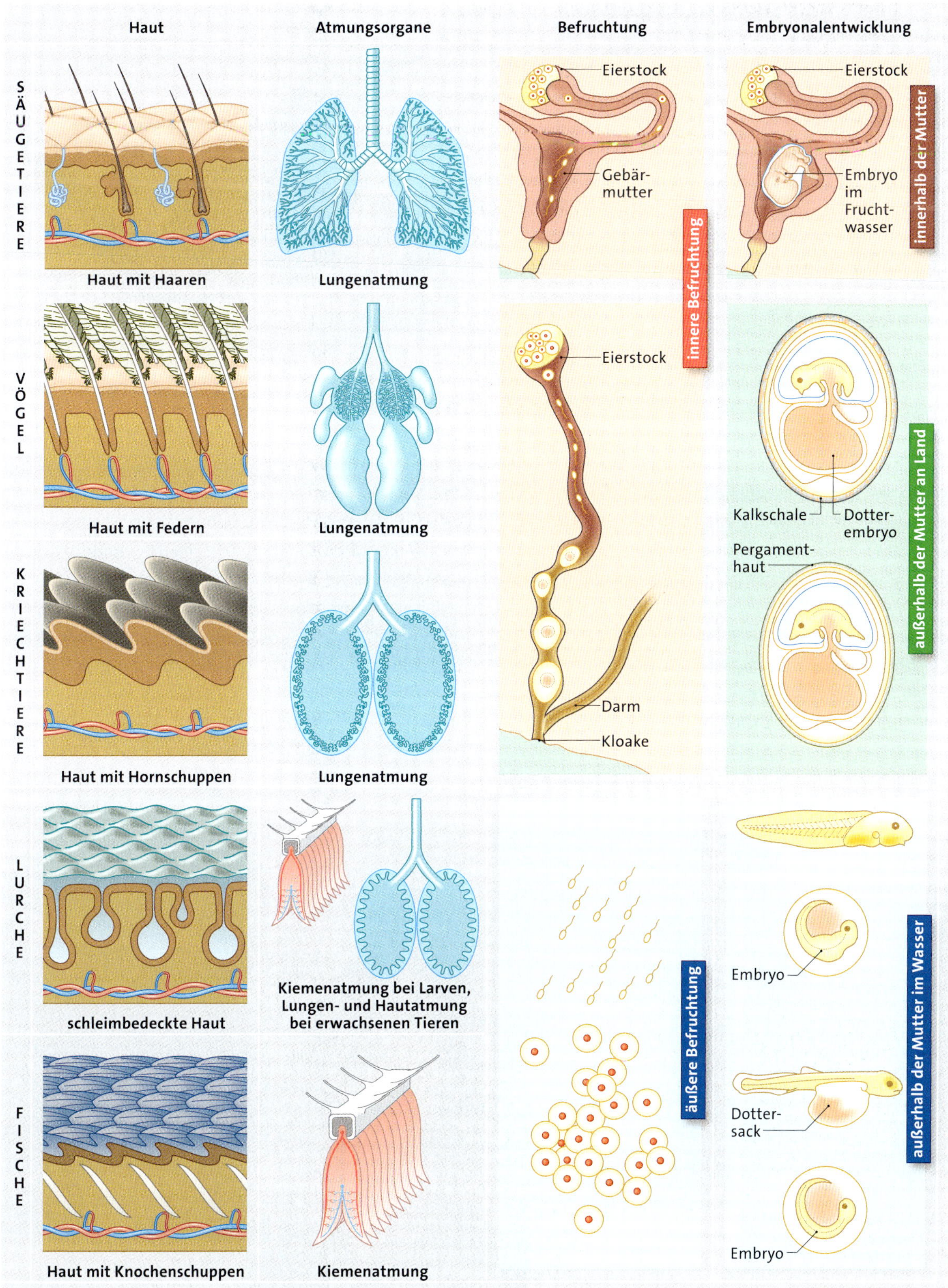

2 Die Klassen der Wirbeltiere im Vergleich

2.13 Überwinterung von Gliedertieren

Wenn es im Herbst kälter wird, fliegen Schmetterlinge der Art Kleiner Fuchs häufig durch offene Fenster in helle Keller oder Speicher. Naturfreunde befreien die Falter oft aus dieser scheinbaren Falle. Dabei sind die Schmetterlinge nicht zufällig an diesen Ort gelangt. Der Kleine Fuchs gehört zu den wenigen Arten in Deutschland, die den Winter an geschützten Orten als ausgewachsener Falter überdauern können. Während dieser Zeit fallen sie ähnlich wie Reptilien in eine Kältestarre, wobei der Stoffwechsel fast eingestellt wird.

Schmetterlinge sind wie alle *Insekten* wechselwarm. Sie legen Eier, die sich über ein Larven- und ein Puppenstadium bis zum ausgewachsenen Insekt weiter entwickeln. Die meisten Schmetterlinge überstehen den Winter in unseren Breiten jedoch nicht als ausgewachsene Falter, sondern im Ei-, Larven- oder Puppenstadium. Denn diese können tiefere Temperaturen meist besser überstehen als ausgewachsene Insekten. Einige wenige Schmetterlingsarten, wie zum Beispiel der Admiral, wandern im Herbst wie Zugvögel über die Alpen gen Süden. Das erneute Vorkommen dieser Arten im nächsten Jahr hängt davon ab, ob es dann günstige klimatische Bedingungen zur Alpenüberquerung gibt.

1 Schmetterling Kleiner Fuchs

Auch in den anderen großen Gruppen der Gliederfüßer, den *Tausendfüßern, Spinnenartigen* und *Krebsen,* gibt es unterschiedliche Überwinterungsmethoden. Bei Wasserflöhen sterben die erwachsenen Individuen, nachdem sie im Herbst besondere Eier ins Wasser abgegeben haben. Aus diesen nährstoffreichen **Dauereiern** schlüpfen erst nach der Überwinterung erneut Wasserflöhe. Die großen Flusskrebse hingegen ziehen sich im Winter in den Bodenschlamm ihres Gewässers zurück und überwintern in einer Art Kältestarre mit stark vermindertem Stoffwechsel.

2 Lebenszyklus Kleiner Fuchs. **A** Eier; **B** Raupen; **C** Puppe; **D** Ausgewachsener Falter

Die meisten heimischen Spinnen ziehen sich bei Kälte in die Streuschicht des Bodens zurück. Dort sind sie vor starken Temperaturschwankungen und Austrocknung geschützt und überdauern den Winter in einer Starre. Dabei ziehen die Spinnen ihre Beine eng an den Körper. Bei anderem Arten überwintern nur Jungtiere, die im Herbst aus den Eiern geschlüpft sind, oder es sind die Eier im Kokon selbst, die überdauern. Einige wenige Arten bleiben den Winter über auch aktiv.

Tausendfüßer ziehen sich im Winter in tiefere Bodenschichten zurück und rollen sich zusammen. So entgehen sie der Gefahr zu erfrieren. Dieses Verhalten zeigen sie auch bei hohen Temperaturen im Sommer. Denn sie haben nur eine relativ dünne Haut und sind nicht besonders gut gegen Wasserverluste geschützt.

Die gegliedert aufgebauten Regenwürmer werden mit den Gliederfüßern zu den Gliedertieren zusammengefasst. Ähnlich wie Tausendfüßer legen Regenwürmer bei ungünstigen Außenbedingungen wie Trockenheit oder Kälte eine Ruhephase ein. Dazu ziehen sich die Würmer in tiefere Bodenregionen zurück. Dort rollen sie sich zu einem Knäuel zusammen. Im Frühjahr kriechen die Würmer wieder bis dicht unter die Erdoberfläche und ernähren sich dort von frischen Pflanzenteilen.

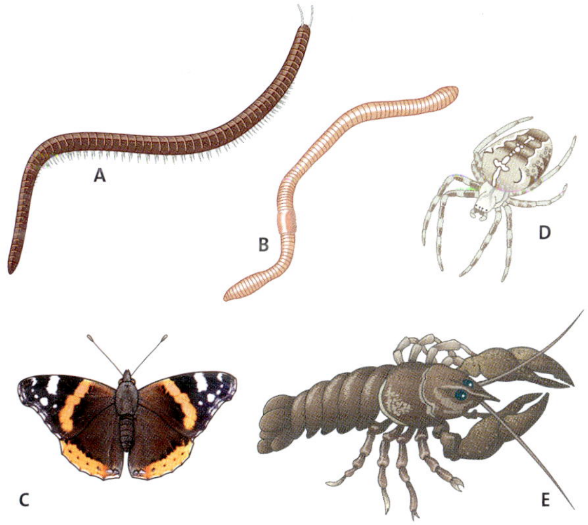

4 Gliedertiere. **A** Tausendfüßer; **B** Regenwurm; **C** Schmetterling (Admiral); **D** Kreuzspinne; **E** Flusskrebs

1 Zeige den Zusammenhang zwischen dem Nahrungsangebot und den Überwinterungsmethoden auf.

2 Erkläre das Zusammenrollen von Spinnen, Tausendfüßern und Regenwürmern beim Überwintern.

3 Stelle die Überwinterungsmethoden der Gliedertiere tabellarisch gegenüber.

4 Erläutere Unterschiede und Gemeinsamkeiten der Überwinterungsmethoden der Gliedertiere zu den Wirbeltieren.

3 Regenwurm im Jahresverlauf. **A** Kopulierende Regenwürmer; **B** Eier; **C** schlüpfender Regenwurm; **D** Regenwurm

3 Extreme Lebensräume

3.1 Hitze und Trockenheit sind lebensfeindliche Bedingungen

Hohe Temperaturen, geringe Niederschläge und zugleich eine hohe Verdunstung von Wasser bewirken die extreme Trockenheit der Wüsten. Heiße, trockene Winde verursachen zeitweise Sandstürme, die das Leben zusätzlich erschweren. Überall dort, wo solche Bedingungen auf Dauer vorherrschen, entstehen **Wüsten.** Wenn es in den Wüsten regnet, dann häufig als kurzer Platzregen. Diese großen Wassermengen kann der Boden nur zum Teil aufnehmen. Der größte Teil des Regenwassers fließt an der Oberfläche ab. Er verdunstet und versickert auf seinem Weg durch die Flusstäler. Danach kann der Regen wieder für mehrere Monate ausbleiben. Am wolkenlosen Himmel erwärmt sich die Luft in einigen Wüsten tagsüber auf über 40 Grad Celsius. Steine und Sand am Boden können jedoch Temperaturen von 80 Grad erreichen. Nachts aber kann die Temperatur auch unter den Gefrierpunkt sinken.

Nur wenige Lebewesen sind an diese extremen Bedingungen angepasst. So findet man in den Wüsten von Afrika häufig Wolfsmilchgewächse. Diese Pflanzen produzieren einen giftigen, milchigen Saft, der sie vor Tierfraß schützt. Fälschlicherweise werden sie oft als Kakteen bezeichnet, da sie diesen sehr ähnlich sind. Bei Wolfsmilchgewächsen sind die Blätter zu Stacheln ausgebildet. Hierdurch hat die Pflanze eine kleinere Oberfläche und verliert so weniger Wasser durch Verdunstung. Die Sprossachse ist zu einem Stamm verdickt und kann Wasser speichern. Hier erfolgt auch die Fotosynthese, da die Blätter fehlen. Mit ihrem flachen, weit verzweigten Wurzelwerk können Wolfmilchgewächse und andere Wüstenpflanzen bei Regen das Wasser rasch aufnehmen, bevor es wieder verdunstet.

1 Wüstenlandschaft der Sahara in Afrika

1 Pflanzen und Tiere in der afrikanischen Wüste. **A** Wolfsmilchgewächs; **B** Dromedar; **C** Sandfisch

Typische Wüstentiere sind die einhöckrigen *Dromedare* der arabischen und nordafrikanischen Wüsten. Sie kommen selbst bei großer Hitze bis zu zwei Wochen ohne Wasser aus. Dromedare geben nur geringe Mengen Urin ab. Ihre Kotballen sind trocken und fest. Dadurch geht mit den Ausscheidungen nur wenig Wasser verloren. Haben Kamele lange Zeit nicht getrunken, so geben sie keinen Schweiß mehr zur Kühlung ab. Erst wenn sich die Körpertemperatur auf über 41 Grad Celsius erhöht hat, beginnen sie zu schwitzen. Dromedare können einen Wasserverlust von bis zu zwei Fünftel des Körpergewichtes ertragen, ohne Schaden zu nehmen. Andererseits sind sie in der Lage innerhalb von zehn Minuten 135 Liter Wasser aufzunehmen. Da sich das Körperfett der Dromedare fast ausschließlich im Höcker befindet, kann in den kühleren Nachtstunden überschüssige Körperwärme über die anderen Hautregionen abgeben werden. Zugleich bildet der Fetthöcker am Tag zusammen mit dem Fell einen Hitzeschild gegen die Sonne, denn beide leiten die Wärme schlecht. Außerdem wird durch den hohen und schmalen Höcker sowie die steilen Flanken der Dromedare nur ein kleiner Teil des Körpers von den Sonnenstrahlen getroffen. Durch die langen Beine sind Dromedare zusätzlich vor der Hitze am Boden geschützt. Denn Kopf und innere Organe befinden sich dadurch in den oberen, etwas kühleren Luftschichten. Dicke, hornige Schwielen an den Sohlen schützen die Füße vor der Gluthitze des Sandes.

Obwohl man in der Wüste außer dem spärlichen Pflanzenbewuchs zunächst keine weiteren Lebewesen entdeckt, deuten viele Spuren und zahllose kleine Fährten doch auf Tiere hin. Nur in den kühlen Morgenstunden kann man die *Sandskinke,* etwa 20 Zentimeter große Echsen, bei der Jagd auf Insekten beobachten. Bei großer Hitze, aber auch bei Gefahr verschwinden sie im Sand. Schon zehn Zentimeter unter der Oberfläche wird es selten wärmer als 25 Grad Celsius. Ihre Nasenlöcher und die Ohren sind verschließbar. Die Tiere besitzen kleine, ungewöhnlich glatte Schuppen und eine spitze Schnauze. So können sie sich mit ihren flossenartigen Zehen wie schwimmend durch den Sand bewegen, ähnlich einem Fisch im Wasser. Daher werden diese Reptilien auch *Sandfische* genannt. Durch ihre Färbung sind sie hervorragend getarnt.

1 Vergleiche die unterschiedlichen Strategien, mit denen Dromedar und Wolfsmilchgewächs das Problem des Wassermangels überwinden.

2 Erläutere am Sandskink die besondere Angepasstheit an die Bedingungen in der Wüste.

Streifzug durch die Erdkunde | Klimazonen der Erde

Betritt man bei einem Zoobesuch das Tropenhaus, so fühlt man sich in eine fremde Welt versetzt. In der feuchten, warmen Luft wachsen viele Pflanzen und bilden ein üppiges Blätterdach. Mit mittleren Jahrestemperaturen von über 20 Grad Celsius ist es in den *Tropen* deutlich wärmer als in den *gemäßigten Zonen*, in denen sich Deutschland befindet. Die Temperaturen unterscheiden sich in den Tropen zwischen Tag und Nacht, aber auch im Jahresverlauf kaum voneinander. Daher gibt es auch keine Jahreszeiten. Es regnet häufig und viel, hier kann Regenwald gedeihen. Im Gegensatz zu den Tropen sind in Deutschland nur die Sommer warm. Die mittleren Temperaturen im Jahr liegen bei 10 Grad Celsius. Die Winter können sehr kalt werden. Zusätzlich gibt es Frühling und Herbst.

Auf der Erde gibt es große Gebiete, in denen das Klima recht einheitlich ist. Man bezeichnet sie als **Klimazonen.** Wichtige Unterscheidungsmerkmale zwischen den einzelnen Klimazonen sind Temperatur und Niederschlagsmenge. Auf der Erde kann man grob fünf verschiedene Klimazonen unterscheiden. Sie reichen von den *Tropen* in Äquatornähe bis zu den trockenen und extrem kalten *Polarzonen* um den Nord- oder Südpol. Zwischen diesen sehr unterschiedlichen Klimatypen liegen die *gemäßigten Klimazonen*. Gebiete mit trockenen und heißen Sommern, aber kühlen, regenreichen Wintern, zählt man zu den *Subtropen*. Das sind zum Beispiel die Länder im Mittelmeerraum. Wesentlich weniger Niederschläge fallen in den *Trockenklimazonen*, zu denen die Wüsten gehören.

1 Besuch im Tropenhaus

1 Stelle die Kennzeichen der fünf Klimazonen gegenüber. Recherchiere dazu auch in weiteren Kapiteln des Buches.

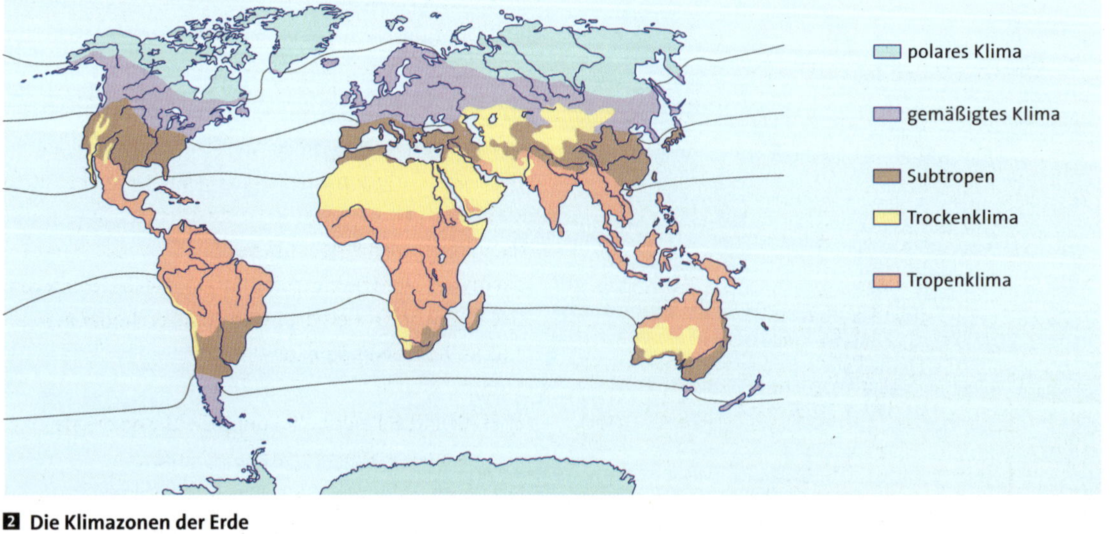

2 Die Klimazonen der Erde

Aufgaben und Versuche – Angepasstheit an Hitze und Trockenheit

V1 Wasserverdunstung bei Pflanzen

Material: Sand; Wasser; zwei Kakteen; zwei Basilikumpflanzen; zwei durchsichtige Plastiktüten; Schnur; vier Blumentöpfe

Durchführung: Pflanze den Kaktus und das Basilikum in die Töpfe mit trockenem Sand. Beide Pflanzen sollen nicht bewässert werden. Stelle sie dann für zwei Tage an einen sonnigen Ort. In einem zweiten Versuch werden beide Pflanzen vorher bewässert. Dann stülpt man je eine Plastiktüte über die Pflanzen und bindet sie wie abgebildet zu. Stelle die Pflanzen wieder an einen sonnigen Ort.

Aufgaben:

a) Notiere deine Beobachtungen.

b) Erkläre die unterschiedlichen Ergebnisse der beiden Versuche.

A2 Obeliskenstellung bei Libellen

Im Hochsommer steht die Sonne fast senkrecht am Himmel. In dieser Zeit verharren manche Libellenarten in einer merkwürdigen Haltung, der Obeliskenstellung.

Aufgaben:

a) Beschreibe die Haltung der Libelle mit Hilfe der Abbildung.

b) Erkläre den Vorteil dieses Verhaltens in Bezug auf die Körpertemperatur.

c) Recherchiere den Grund für die Bezeichnung »Obeliskenstellung« bei Libellen.

A3 Strategien der Wasserversorgung

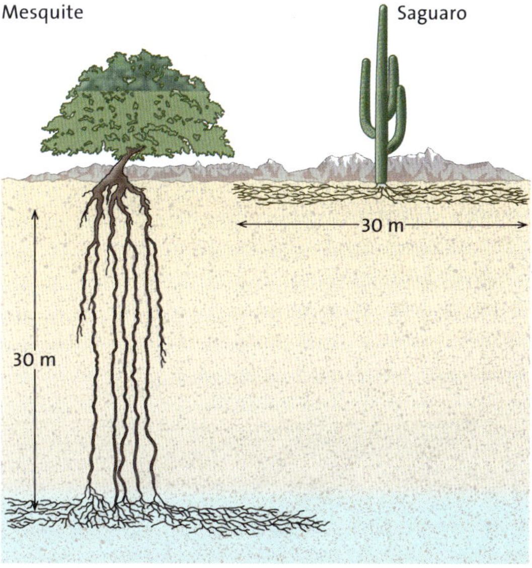

Der Saguaro-Kaktus aus Nordamerika gilt mit einer Höhe von 15 Metern und einem Gewicht von über 6500 Kilogramm als Riese unter den Kakteen. Im Gegensatz dazu ist der Mesquitebaum aus Südamerika kleiner. Er besitzt verzweigte Äste mit Blättern, die in der Trockenzeit abgeworfen werden. Beide Pflanzen findet man in extrem trockenen Gebieten.

Aufgaben:

a) Stelle mit Hilfe der Abbildung die Unterschiede zwischen den beiden Pflanzen heraus.

b) Erläutere Vor- und Nachteile der Strategien zur Wasserversorgung bei beiden Pflanzen.

3.2 Leben in Eis und Schnee

Sehr niedrige Temperaturen, eisige Winde und wenig Niederschlag machen die Arktis zu einem extremen Lebensraum. In dieser Region rund um den Nordpol herrschen dauerhaft Temperaturen unter dem Gefrierpunkt und von September bis März bleibt es den ganzen Tag dunkel, da die Sonne gar nicht aufgeht.

Trotz dieser Kälte und der kurzen Wachstumsperiode wachsen in der Arktis einige Pflanzenarten. Am häufigsten sind relativ anspruchslose und gegenüber der Kälte unempfindliche Kräuter, Moose und Flechten. Ein Beispiel für eine arktische Blütenpflanze ist der Gletscher-Hahnenfuß. Er wird maximal zwanzig Zentimeter hoch und zeigt damit den für die Pflanzen der Arktis typischen Zwergwuchs. Die Blätter wachsen ganz dicht am Boden und sind damit vor der Kälte und dem eisigen Wind geschützt. Denn in der Nähe des Bodens herrschen höhere Temperaturen als in der freien Umgebung. Die großen, becherförmigen Blüten des Gletscher-Hahnenfußes sammeln die Sonnenstrahlung und wandeln diese in Wärme um. Im Laufe des Tages folgen die Blüten dem Lauf der Sonne und nehmen so möglichst viel Strahlung auf.

1 Arktische Landschaft

Die Härchen auf den Kelchblättern verlangsamen die Wärmeabgabe an die Umgebung. Im kurzen Sommer bildet der Gletscher-Hahnenfuß Früchte und überdauert den Frost im Boden als Samen. Andere Pflanzen vermehren sich ungeschlechtlich über Ausläufer, da es in der Arktis nur wenige Insekten für die Bestäubung gibt.

Viele Pflanzen, wie das Stängellose Leimkraut, wachsen in Gruppen und bilden dichte Polster, in denen die Einzelpflanzen besser vor eisigen Winden geschützt sind.

2 Eislandschaft. **A** Stängelloses Leimkraut; **B** Gletscher-Hahnenfuß; **C** Eisbär; **D** Seebär; **E** Walross

Ein typisches Tier der Arktis ist der Eisbär. Durch sein dichtes Fell ist er hervorragend gegen die Kälte geschützt. Die einzelnen Fellhaare sind hohl, in ihnen ist Luft eingeschlossen. Luft leitet Wärme nur schlecht weiter, deswegen vermindert dieser besondere Aufbau der Fellhaare die Wärmeabgabe an die Umgebung. Durch die weiße Farbe des Fells ist der Eisbär bei seiner Jagd an Land und an Wasserlöchern im Eis hervorragend getarnt. Eisbären sind gute Schwimmer und können auch im Wasser nach Beutetieren jagen. Sie ernähren sich zum Beispiel von Robben. Eine dicke, isolierende Fettschicht schützt die Tiere im Wasser vor der Auskühlung. Trächtige Eisbärenweibchen verbringen den Winter in einer Schneehöhle, um ihre meist zwei Jungen auf die Welt zu bringen und zu säugen. Die Jungtiere werden zwischen Vorderpfoten und Brust der Mutter und zusätzlich von ihrem Atem gewärmt.

Seebären gehören zu den Robbenartigen und besitzen ein fast wasserdichtes Fell. Es besteht aus zwei Haartypen: den langen, kräftigen Grannenhaaren und den kürzeren, weichen Wollhaaren. Jedes Grannenhaar ist von vielen Wollhaaren umgeben. Drüsen in der Haut produzieren ein Öl, sodass zwischen die feinen Wollhaare kein Wasser eindringen kann. So schützt das Fell gegen die Kälte im Wasser und an Land.

Walrosse leben im arktischen Meer. Sie haben eine dicke und faltige Haut, die von einem ganz kurzen, stoppeligen Fell bedeckt ist. Unter der Haut liegt eine fünf bis acht Zentimeter dicke Fettschicht, die den Körper nach außen isoliert und so die Wärme im Körperinneren hält.

Kleinere, gleichwarme Tiere, wie die in der Arktis lebenden Lemminge, können aufgrund ihrer geringeren Körpergröße keine dicke Fettschicht anlegen. Sie schützen sich vor der Kälte, indem sie hauptsächlich in Gängen unter der Schneedecke leben. Der Schnee mit seinen vielen Lufteinschlüssen leitet die Wärme schlecht nach außen, sodass es in der Höhle deutlich wärmer ist als an der darüber liegenden Luft.

Viele Vögel, wie die Dickschnabellummen, halten sich nur in den wärmeren Sommermonaten in der Arktis auf und ziehen im Winter in Richtung Süden.

1 Erläutere den Bau und die Angepasstheiten einer arktischen Pflanze.

2 Erstelle eine Tabelle zu den Angepasstheiten arktischer Tiere an die Kälte.

Aufgaben und Versuche Wärmeisolation

V1 Wärmeleitfähigkeit verschiedener Materialien

Material: Tasse aus Porzellan; Becher aus Metall; heißes Wasser (50 °C)

Durchführung: Fülle die Porzellantasse und den Metallbecher mit dem heißen Wasser. Nimm die beiden Gefäße gleichzeitig in die Hände.

Aufgaben:

a) Beschreibe dein Wärmeempfinden und ziehe Schlussfolgerungen.

b) Stelle eine Vermutung auf, in welchem Gefäß das Wasser schneller abkühlt. Überprüfe deine Vermutung.

A2 Schutz vor Unterkühlung

Sport- und Berufstaucher schützen sich mit einem Neoprenanzug vor Unterkühlung. Das Wasser entzieht dem Körper die Wärme fünfundzwanzigmal schneller als Luft. Neopren ist eine Art künstlicher Gummi, der während des Herstellungsverfahrens mit Luft aufgeschäumt wird. Es entstehen Millionen winziger Gasbläschen, die nach dem Härten des wasserundurchlässigen Materials bestehen bleiben.

Aufgaben:

a) Erläutere die Wirkungsweise eines Neoprenanzugs beim Tauchen.

b) Stelle eine begründete Vermutung auf, ob eine dicke Wollbekleidung unter Wasser ebenfalls vor der Kälte schützen würde.

V3 Wärmeisolierung verschiedener Stoffe

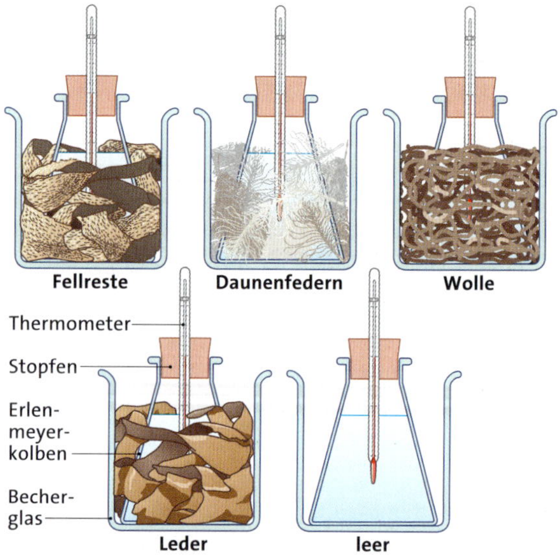

Material: 5 Erlenmeyerkolben (100 ml) mit durchbohrtem Stopfen; 5 Bechergläser (250 ml); 5 Thermometer (0–100 °C); heißes Wasser (50 °C); Fellreste; Daunenfedern; Wolle; Leder; Stoppuhr

Durchführung: Fülle in jeden der fünf Erlenmeyerkolben heißes Wasser. Gib in die Bechergläser eins bis vier je eines der oben aufgeführten Materialien. Das fünfte Becherglas bleibt leer. Stelle nun je einen Erlenmeyerkolben in die vorbereiteten Bechergläser. Stecke die Thermometer durch die Stopfen und setze jeweils einen auf jeden Erlenmeyerkolben (das Thermometer darf den Glasboden nicht berühren).

Aufgaben:

a) Miss für zwanzig Minuten alle fünf Minuten die Temperatur in den Erlenmeyerkolben. Notiere die Ergebnisse in einer Tabelle.

b) Stelle die Ergebnisse in einem Diagramm dar. Trage dazu auf der waagrechten Achse die Zeit in Minuten auf und auf der senkrechten Achse die Temperatur in Grad Celsius. Trage die Messwerte in das Diagramm ein. Markiere nun die gemessenen Werte mit einem Punkt und verbinde die Punkte mit einer Linie. Verwende dabei verschiedene Farben für die verschiedenen Versuche.

c) Leite aus den Ergebnissen Schlussfolgerungen ab.

A4 Sommerfell – Winterfell

Im Fell eines Säugetieres sind meist zwei Haartypen vorhanden: die glatten Grannenhaare und darunter die gekräuselten Wollhaare.

Aufgaben:

a) Vergleiche Woll- und Grannenhaare. Erläutere den Zusammenhang zwischen dem Bau und der Funktion der Haare. Verwende die Abbildung und die in dem Text zur Abbildung gegebenen Informationen.

b) Beschreibe mithilfe der Abbildung die Unterschiede zwischen Sommer- und Winterfell.

c) Der Fellwechsel ist bei manchen Säugetieren mit einem Farbwechsel verbunden. Begründe dies.

A5 Walross und Seebär

Walrosse kommen in kalten Gewässern rund um den Nordpol vor. Aus der Ferne wirkt ihr Körper kahl. Bei genauerem Hinsehen erkennt man aber, dass die Walrosshaut von einem kurzen, stoppeligen Fell bedeckt ist, das etwa einen Zentimeter kurz ist. Die Haut selber ist etwa vier Zentimeter dick und faltig. Unter ihr liegt eine fünf bis acht Zentimeter dicke Fettschicht. Seebären besiedeln ebenfalls kalte Meere der Nordhalbkugel. Sie haben unter ihrem zotteligen Oberhaar ein dichtes, wolliges Fell. Die unter der Haut liegende Fettschicht ist relativ dünn.

Aufgaben:

a) Stelle begründete Vermutungen über die Funktion von Haut und Fell beim Walross und beim Seebär auf.

b) Erläutere die Angepasstheit der beiden Arten an ihren Lebensraum.

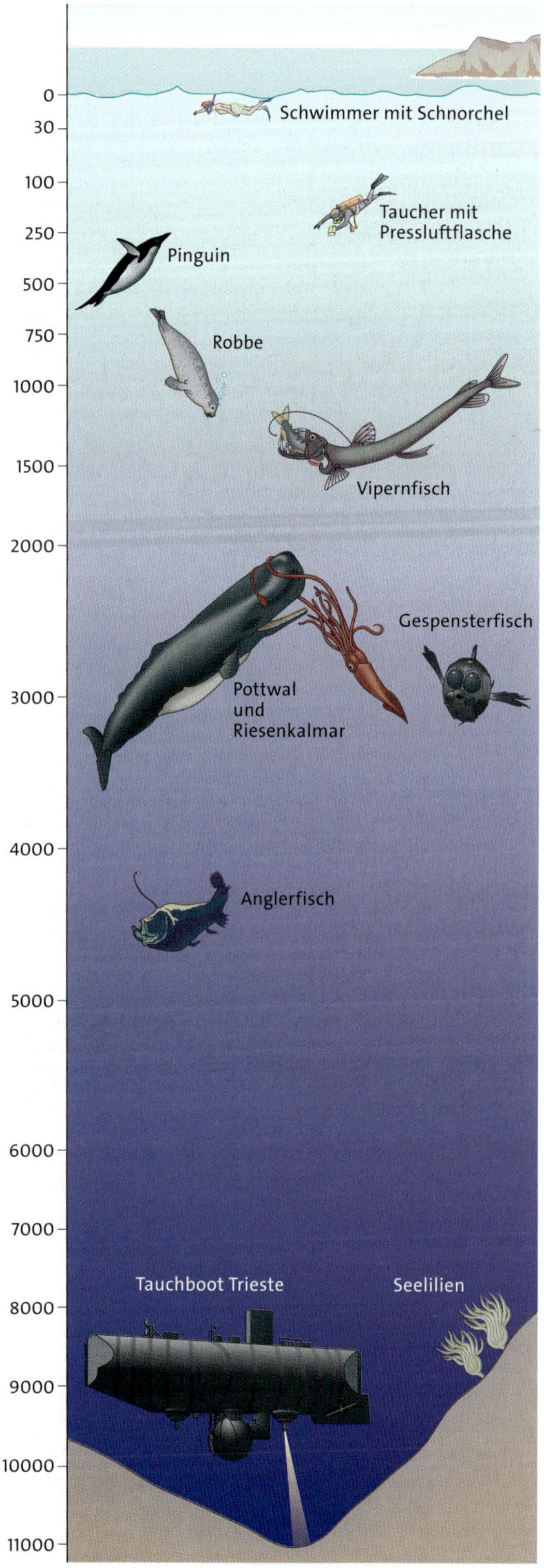

3.3 Die Tiefsee – Leben ohne Licht

Magellan versuchte im 16. Jahrhundert auf seiner Weltumsegelung zu messen, wie tief der Ozean ist. Er ließ ein siebenhundert Meter langes Seil, an dessen Ende eine Eisenkugel befestigt war, in das Meer hinab. Da die Eisenkugel den Boden nicht erreichte, behauptete Magellan, das Meer sei unendlich tief. Lange Zeit glaubte man der Behauptung von Magellan und war sich sicher, dass ab etwa fünfhundert Meter Tiefe kein Leben möglich war. Picard machte 1960 eine unglaubliche Entdeckung: In zehntausend Metern Tiefe gibt es eine Vielzahl von Lebewesen.

In zweihundert bis dreihundert Metern Tiefe ist die Lichtintensität so gering, dass keine Pflanzen mehr wachsen können. Die hier vorkommenden Tiere sind mit besonders großen und nach oben gerichteten Augen daran angepasst, das wenige Licht einzufangen. Ab tausend Metern Tiefe ist es stockdunkel. Viele der Tiefseebewohner produzieren mit besonderen Organen selber Licht. Manche leuchten am ganzen Körper, andere locken durch bestimmte Leuchtsignale Beutetiere oder Partner an. Bei einigen Tiefseefischen sind die Männchen wesentlich kleiner als die Weibchen. Findet ein solches »Zwergmännlein« ein Weibchen, so verbeißt es sich in dessen Haut und verwächst damit. Da Pflanzen aufgrund des Lichtmangels als Erzeuger von Nahrung wegfallen, sind viele Organismen der Tiefsee auf die abgestorbenen und absinkenden Pflanzen und Tiere der oberen Schichten angewiesen. Am Meeresboden leben Bakterien, von denen sich Kleinlebewesen ernähren, die wiederum von Räubern gefressen werden. Neben dem Lichtmangel gibt es noch eine andere Besonderheit: Je tiefer sich Organismen im Meer befinden, umso größer ist der Wasserdruck, dem sie ausgesetzt sind. Fische der Tiefsee besitzen keine Schwimmblase, da diese dem großen Druck nicht standhalten könnte.

Die Tiefsee ist einer der größten Lebensräume der Erde und gleichzeitig der am wenigsten erforschte. Nur mit enormem technischem Aufwand können heute Tiefseeroboter in diesem extremen Lebensraum arbeiten.

1 Beschreibe die Besonderheiten des Lebensraums Tiefsee und erläutere Angepasstheiten der Organismen.

Wissen kompakt Tiere der Tiefsee

Name: Anglerfisch
Größe: bis 20 Zentimeter
Vorkommen: bis 4000 Meter
Besonderheit: lockt Beutetiere mithilfe eines angelartigen Fortsatzes an, der am Kopf entspringt und sich vor dem Maul hin- und herbewegt; Beute wird verschlungen, wenn sie sich der Angel nähert.

Name: Vipernfisch
Größe: bis 30 Zentimeter
Vorkommen: bis 1000 Meter
Besonderheit: überlange Zähne ragen bei geschlossenem Maul weit über die Kiefer hinaus, leuchtende Mundhöhle lockt Beutetiere direkt ins Maul.

Name: Riesenkalmar
Größe: bis 22 Meter
Vorkommen: bis 1000 Meter
Besonderheit: riesige Augen, zwei keulenförmige Fangarme mit Saugnäpfen zum Beutefang, die restlichen acht Fangarme ziehen Beute in die Mundöffnung.

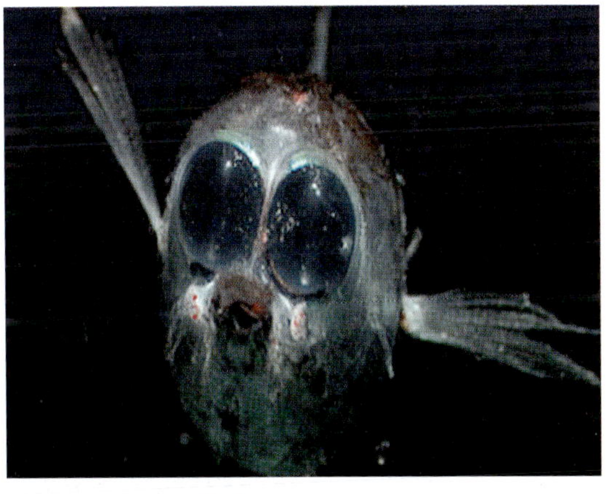

Name: Gespensterfisch
Größe: bis 15 Zentimeter
Vorkommen: bis 2500 Meter
Beschreibung: große, aufwärts gerichtete Augen; umhüllt sich durch Leuchtorgane mit Licht.

1 Beschreibe die Angepasstheiten der hier vorgestellten Tierarten an den Lebensraum Tiefsee.

2 Suche im Internet Informationen über folgende Tiefseebewohner: Vampirtintenfisch, Drachenfisch, Laternenfisch und Fangzahnfisch. Erstelle zu jedem Tier einen Steckbrief.

Wissen vernetzt Angepasstheit von Pflanzen und Tieren an die Jahreszeiten

A1 Beweglichkeit bei steigender Temperatur

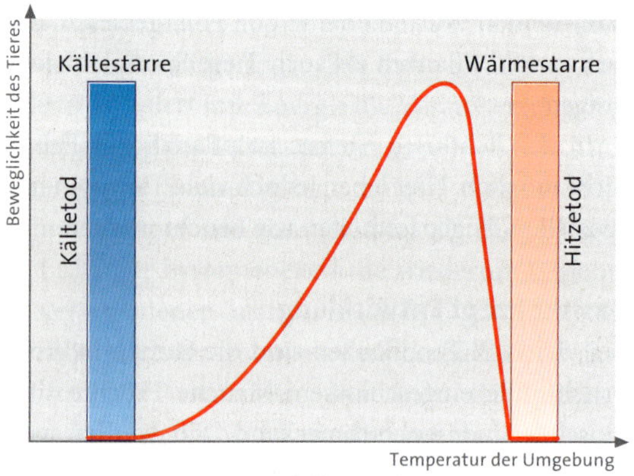

In einem Experiment wurde sowohl bei einer Feldmaus als auch bei einer Zauneidechse die Abhängigkeit der Beweglichkeit von der Temperatur der Umgebung bestimmt.

Aufgaben:

a) Ordne die abgebildete Grafik einem der beiden Tiere zu. Begründe die Zuordnung.

b) Zeichne und begründe die Kurve, die man für das andere Tier erhält.

A2 Säulenkaktus *Trichocereus*

Eine der am häufigsten gezüchteten Kakteen ist der *Trichocereus,* ein Säulenkaktus. In einem Fachbuch sind folgende Anmerkungen zu finden:

1. Diese Säulenkakteen sind mit rund 30 Arten in den südamerikanischen Anden teilweise bis zur Gipfelregion zu finden.
2. Man unterscheidet Tagblüher mit Blüten in den Farben goldgelb, orange, rosa und rot. Die Nachtblüher haben weiße, stark duftende Blüten.
3. Die Vermehrung erfolgt entweder durch Samen oder durch Stecklinge.

Aufgaben:

a) Beschreibe den Aufbau des Säulenkaktus. Erläutere Angepasstheiten der Pflanze an den Lebensraum.

b) Leite aus den Anmerkungen 1), 2) und 3) sinnvolle Schlussfolgerungen ab. Zeige die maßgeblichen Zusammenhänge auf.

A3 Körpertemperatur von Schwarzbär und Gartenschläfer im Vergleich

Bei Schwarzbär und Gartenschläfer wurde im Herbst und im Winter die Körpertemperatur in Grad Celsius gemessen.

Tierart	Oktober	Dezember
Schwarzbär	38	34
Gartenschläfer	35	5

Aufgaben:

a) Recherchiere in der Literatur oder im Internet das Verhalten von Schwarzbär oder Grizzlybär im Winter.

b) Vergleiche die Veränderung der Körpertemperatur bei Schwarzbär und Gartenschläfer in der Zeit von Oktober bis Dezember. Ziehe begründete Schlussfolgerungen. Wende das Basiskonzept Regulation und Steuerung an.

A4 Messung der Sauerstoffproduktion bei der Fotosynthese

In einem Labor kann man die Sauerstoffproduktion von Pflanzen während der Fotosynthese messen.

Aufgaben:

a) Plane eine Versuchsreihe, mit der du den Einfluss verschiedener Umweltbedingungen auf die Fotosynthese zeigen willst. Begründe deine Planung.

b) Stelle für die geplanten Versuche jeweils eine begründete Vermutung über das Versuchsergebnis auf.

A5 Produktion von Möhren

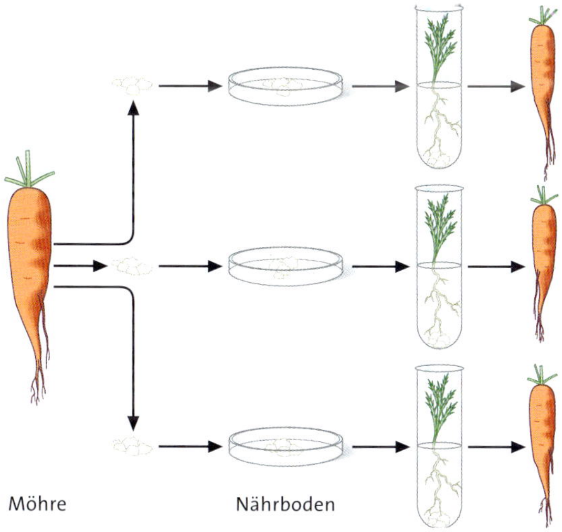

In der Landwirtschaft wird heute manchmal das abgebildete Verfahren zur Produktion von Möhren durchgeführt.

Aufgaben:

a) Beschreibe die Abbildung.

b) Erläutere das Ergebnis des Verfahrens.
Beurteile die Anwendung dieses Verfahrens.

A6 Der Fuß eines Kamels

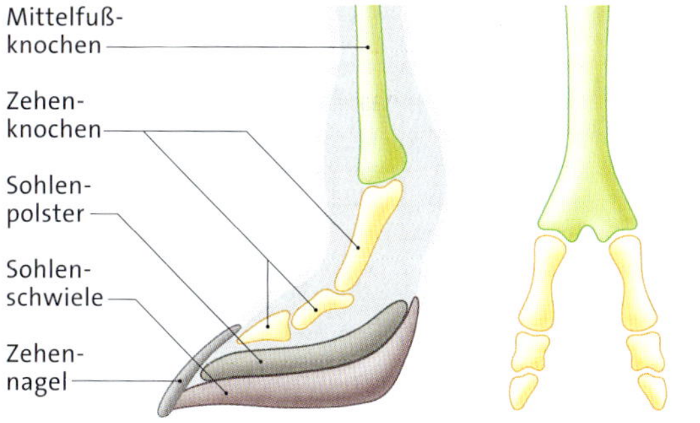

Fuß des Kamels (Seitenansicht)

Fuß des Kamels (Skelett von vorne)

Bei Kamelen ist der Teil des Fußes, mit dem der Untergrund berührt wird, stark verbreitert. Hier sind dicke Polster ausgebildet, welche vorwiegend aus Fettgewebe bestehen.

Aufgaben:

a) Vergleiche den Fuß eines Kamels mit dem Fuß eines Rindes. Stelle Gemeinsamkeiten und Unterschiede fest.

b) Begründe die Funktion der Fußpolster.
Nimm Stellung zu der Vermutung, dass hier eine Angepasstheit an den Lebensraum vorliegt.

A6 Das große Sackmaul *Saccopharynx*

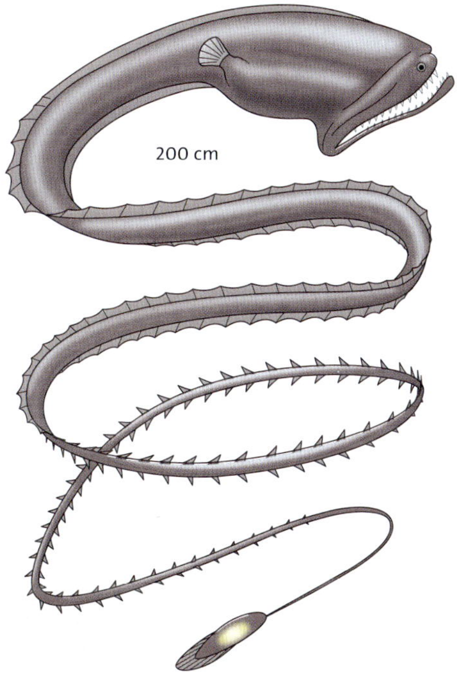

Das Sackmaul ist ein zwei Meter langer Fisch mit einem sehr großen Maul, das weit aufgeklappt werden kann. Der Magen ist enorm dehnungsfähig. Am Ende des verlängerten Schwanzes findet man ein leuchtendes Gewebe.

Aufgaben:

a) Beschreibe aufgrund der Hinweise aus Text und Abbildung den Lebensraum, den das Sackmaul bewohnt.

b) Begründe den deutschen Namen »Sackmaul« des Fisches. Berücksichtige Zusammenhänge zwischen Struktur und Funktion sowie die Angepasstheit.

Überblick und Vergleich von Sinnesorganen

Kann man mit den Händen lesen?

Manche Bücher enthalten keine Buchstaben, sondern Punkte in verschiedener Anordnung.

Erkundige dich in einer Bücherei nach dem Leserkreis derartiger Bücher. Informiere dich, wie solche Bücher gelesen werden.

Münzsammlung

Für diesen Versuch braucht man mehrere Münzen unterschiedlichen Wertes sowie eine flache Schachtel.

Führt den Versuch in Partnerarbeit durch. Während du deine Augen mit einem Tuch verbindest, gibt dein Partner etwa fünf bis sieben unterschiedliche Münzen in die Schachtel. Dann greifst du nacheinander alle Münzen heraus und gibst den Wert der Münzen an. Besprecht in der Gruppe, wie sich mit verbundenen Augen der Wert bestimmen lässt.

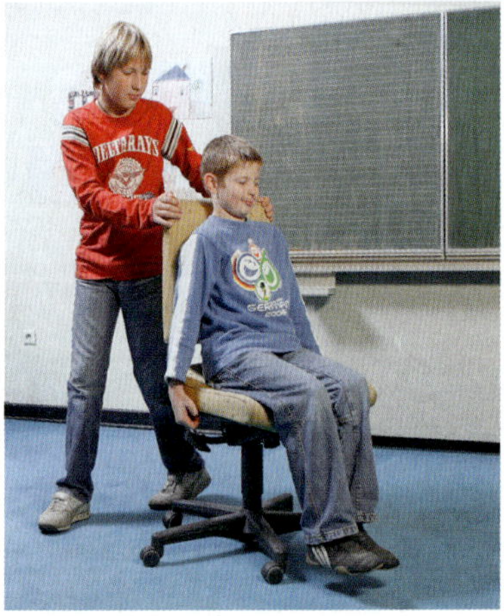

Auf einem Drehstuhl verliert man leicht den Überblick

Für diesen Versuch braucht man einen stabilen Drehstuhl. Am besten führt man den Versuch in Partnerarbeit durch.

Setze dich auf den Drehstuhl, schließe deine Augen und ziehe die Beine leicht an, sodass sie nicht auf dem Boden schleifen. Dann schiebt euer Partner den Stuhl leicht an und dreht ihn mit mäßiger Geschwindigkeit etwa fünfmal in 20 Sekunden.

Beschreibe deine Empfindungen während des Drehens und nach dem Stopp. Tausche dann mit deinem Partner die Rolle.

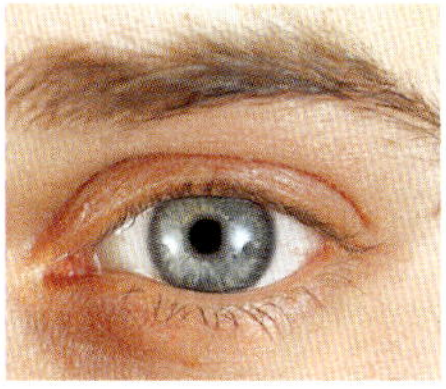

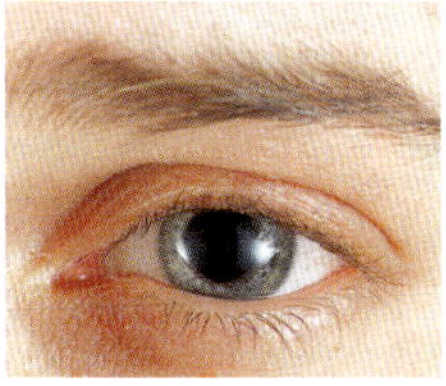

Die Augenpupille kann sich verändern

Vergleicht die beiden Abbildungen. Plant einen Versuch, der zu dem abgebildeten Ergebnis führen könnte.

Stellt in der Gruppe Vermutungen über die Bedeutung dieser Veränderungen an. Sucht Beispiele aus dem Alltagsleben, die eure Vermutungen bestätigen könnten.

Ein misslungenes Foto

Hier hat der Fotograf einen Fehler gemacht: Die Person im Vordergrund sollte eigentlich scharf abgebildet werden, stattdessen ist der Hintergrund scharf.

Informiere dich, wie man beim Fotografieren die Nah- und Ferneinstellung vornimmt.

Befrage einen Fotografen oder Künstler, wieso Unschärfe in manchen Fotos beabsichtigt ist, und berichte darüber.

Fließt Wasser auch bergauf?

Das abgebildete Gebäude wurde von dem niederländischen Maler Maurits Escher (1898–1972) gemalt.

Beschreibe das Gebäude. Könnte es gelingen, das Gebäude mit Bausteinen nachzubauen? Begründe deine Antwort.

Jemand aus eurer Klasse soll in einem Interview mit der Lehrerin oder dem Lehrer für Kunst klären, wie es Escher gelingt, die Betrachter seines Bildes zu täuschen. Tragt das Ergebnis der Befragung in der Klasse vor.

Schall breitet sich nicht nur in Luft aus

Stelle einen lauten Wecker auf eine Tischplatte und presse dein Ohr auf den Tisch. Lege dann eine Schaumstoffplatte unter den Wecker.

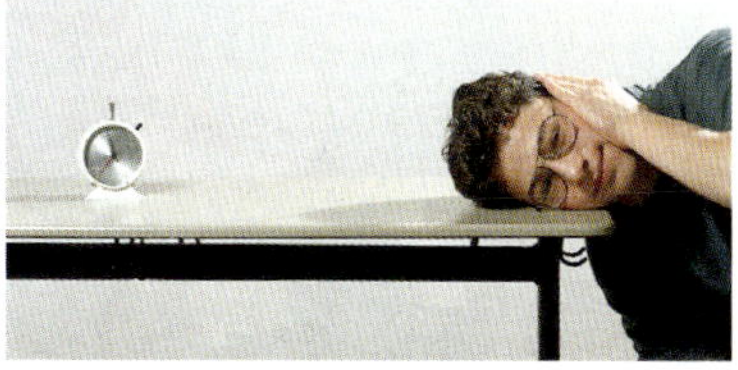

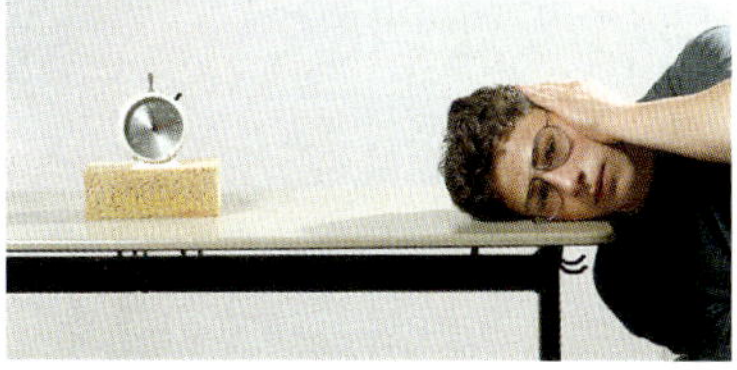

Beschreibe und vergleiche deine Beobachtungen. Überlege, wie du den Versuch abwandeln kannst. Protokolliere den Versuchsaufbau und die Versuchsergebnisse.

Aufgaben und Versuche Erfahrungen mit allen Sinnen

V1 Bildentstehung

Material: Lese-Lupe mit eingesetzter, zusätzlicher Vergrößerungslupe; weißes Blatt Papier; Klebeband; Lineal

Durchführung: Befestige das Blatt Papier mit dem Klebeband zum Beispiel an einem Schrank gegenüber eines Fensters. Halte die Lese-Lupe vor das Papier, sodass das Licht durch die Lupe auf das Papier fällt. Bewege die Lupe vor und zurück, bis ein Bild des Fensters erscheint.

Aufgaben:

a) Beschreibe das projizierte Bild. Miss die Entfernung zwischen Lupe und Papier.

b) Bilde das Fenster mit der eingesetzten Vergrößerungslupe ab. Vergleiche die Wölbung beider Linsen. Stelle einen Zusammenhang zwischen Wölbung der Linse, Vergrößerung und Abbildungsabstand her.

A2 Seekrankheit

An den ersten Tagen einer Schulfahrt mit einem Kutter leiden manche Schüler an der Seekrankheit. Sie fühlen sich furchtbar elend, das ständige Auf und Ab des schwankenden Schiffes schlägt ihnen auf den Magen und meist müssen sie sich an der Reling übergeben. Man kann versuchen, die Seekrankheit erfolgreich zu bekämpfen, wenn man während der Fahrt seinen Blick fest auf den Horizont richtet.

Aufgaben:

a) Stelle eine Vermutung auf, welcher Sinn bei der Entstehung der Seekrankheit eine Rolle spielt. Begründe Deine Vermutung.

b) Erläutere, weshalb das Beobachten des Horizonts die Seekrankheit mildern oder sogar verhindern kann.

c) Ziehe zur Stützung deiner Vermutung Beobachtungen heran, die du zum Beispiel auf einer Kirmes nach einer Fahrt auf dem Karussell oder einem ähnlichen Fahrgeschäft gemacht hast.

V3 Richtungshören

Material: dünner Gummischlauch aus der Chemiesammlung, etwa 1 m lang; Bleistift; Lineal

Durchführung: Dieser Versuch muss in Partnerarbeit durchgeführt werden. Markiert zuerst die Schlauchmitte mit dem Bleistift. Der eine Schüler legt den Schlauch über den Kopf des anderen nach hinten. Dann werden entsprechend der Abbildung die beiden Schlauchenden in die Ohrmuscheln gehalten. Der Partner klopft nun mit dem Bleistift an verschiedenen Stellen auf den Schlauch.

Aufgaben:

a) Gib jeweils an, von welcher Richtung das Klopfgeräusch kommt.

b) Bestimmt mit diesem Versuch, bis auf welchen Abstand von der Schlauchmitte die Richtung des Klopfens richtig zugeordnet werden kann. Um sicher zu gehen, muss der Versuch mit wechselnden Abständen mehrfach wiederholt werden.

c) Formuliert eine Vermutung, auf welche Weise die Richtung des Klopfgeräusches festgestellt wird.

V4 Geruch und Geschmack

Material: Apfel, Banane, Zwiebel, rohe Kartoffel; Küchenreibe; Glas Wasser; 4 kleine Teller; 4 kleine Löffel; Augenbinde

Durchführung: Dieser Versuch muss in Partnerarbeit durchgeführt werden. Zerreibt jeweils ein Stück Apfel, Banane, Zwiebel und Kartoffel zu Mus und bringt dieses auf die Teller. Der eine Partner lässt sich die Augen verbinden und hält sich die Nase zu. Dann reicht der andere Partner nacheinander Kostproben von den verschiedenen Nahrungsmitteln. Nach jedem Probieren muss der Mund mit Wasser ausgespült werden.

Aufgaben:

a) Benennt bei jeder Kostprobe das verwendete Nahrungsmittel. Notiert die Ergebnisse.

b) Wiederholt den Versuch, wobei die Nase nicht verschlossen wird.

c) Diskutiert die Versuchsergebnisse in der Gruppe.

V5 Temperatursinn

Material: 3 Kunststoffwannen; Thermometer; Kochplatte und Kochtopf zum Wassererhitzen; Wasser mit einer Temperatur von 10 °C, 30 °C und 50 °C.

Durchführung: Fülle die Wannen mit Wasser der angegebenen Temperatur und stelle sie in dieser Reihenfolge nebeneinander auf. Tauche gleichzeitig die linke Hand in das kalte Wasser und die rechte Hand in das heiße Wasser. Tauche nach etwa einer Minute beide Hände gleichzeitig in das Wasser mit der mittleren Temperatur.

Aufgabe: Beschreibe und erläutere deine Beobachtungen.

A6 Ist da was, oder ist da nichts?

Aufgaben:

a) Beschreibe genau, was du siehst.

b) Beurteile die Aussage »In dieser Abbildung siehst du etwas, was es nicht gibt«.

c) Erkläre, wie diese Täuschung zu Stande kommt.

2 Aufbau und Funktion von Sinnesorganen

2.1 Sicher im Straßenverkehr

Ein Auto und ein Radfahrer sind auf einer Straßenkreuzung zusammen gestoßen. Ein Streifenwagen der Polizei und ein Rettungswagen verschaffen sich mit Martinshorn und Blaulicht Platz. Der auffallende Ton des Horns und das grelle Blinklicht sind Reize, die vom Gehirn sofort als Signale mit sehr hoher Bedeutung eingestuft werden.

Warnsignale müssen auffällig sein, vor allem wenn es darum geht, auf Gefahren oder andere Verkehrsteilnehmer aufmerksam zu machen. Dies gilt besonders für Fußgänger und Fahrradfahrer. Fußgängerüberwege sind deshalb oft durch Fußgängerampeln oder Hinweisschilder zusätzlich gesichert. Trotzdem ist Vorsicht geboten. Wenn kein Zebrastreifen in der Nähe ist und die Fahrbahn überquert werden soll, muss der Fußgänger seine Absicht durch deutliche Handzeichen anzeigen. Erst wenn klar ist, dass der Autofahrer reagiert und seinerseits Zeichen gibt, kann der Fußgänger auf die Fahrbahn treten.

In der Dämmerung und im Dunkeln sollten Fußgänger und Fahrradfahrer helle, kontrastreiche Kleidung tragen, die zusätzlich mit Licht reflektierenden Elementen ausgestattet ist. Auf diese Weise können sie von Autofahrern rechtzeitig erkannt werden.

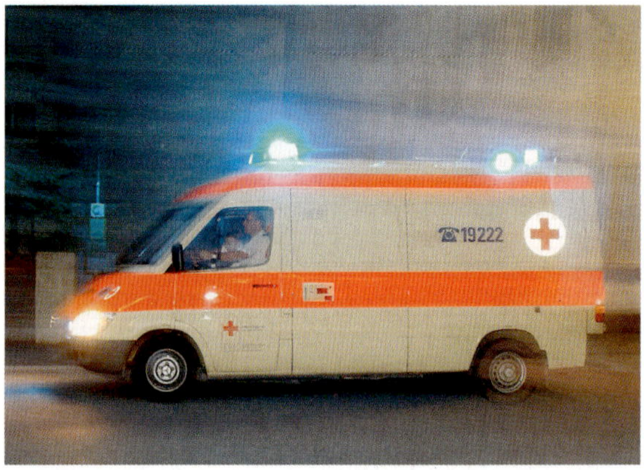

1 Rettungswagen

Für das Fahrrad sind bestimmte optische und akustische Warneinrichtungen gesetzlich vorgeschrieben. Eine deutlich wahrnehmbare Klingel muss ebenso vorhanden sein wie eine funktionierende Beleuchtung. Die Speichen und Fahrradpedale müssen mit gelborangenen Reflektoren ausgestattet sein. Auch durch ihr Verhalten müssen sich Fahrradfahrer im Straßenverkehr besonders schützen. Dies gilt zum Beispiel für das Abbiegen: Die Richtungsänderung muss durch ein seitliches Herausstrecken des Arms angezeigt werden. Ein kurzes Umblicken ist selbstverständlich, bevor die Spur verlassen wird.

1 Überprüft die Fahrräder eurer Mitschüler auf Verkehrssicherheit. Kennzeichnet mangelhafte Räder mit einem Warnhinweis für den Besitzer.

2 Signale im Straßenverkehr. **A** Fußgängerüberweg; **B** Handzeichen; **C** Abbiegesignal

Aufgaben und Versuche — Wie schütze ich mich im Straßenverkehr?

A1 Der verkehrssichere Schulranzen

Schulranzen für Kinder bis zu zwölf Jahren sollten laut TÜV folgende Sicherheitsmerkmale haben: Mindestens 20 Prozent orangerote oder gelb leuchtende Flächen und mindestens 10 Prozent zusätzliche Reflektoren.

Aufgaben:

a) Überprüft in eurer Klasse, ob die Forderungen des TÜV bei euren Schulranzen erfüllt sind.

b) Schlagt kostengünstige Möglichkeiten zur Nachrüstung ungeeigneter Schulranzen vor. Rüstet ungeeignete Schulranzen preisgünstig nach.

A2 Warnsignale am Bahnübergang

Aufgaben:

a) Erläutere die in der Abbildung erkennbaren Warnsignale.

b) Begründe, ob sich die Fahrradfahrerin als Verkehrsteilnehmer richtig verhält.

A3 Wer hat Vorfahrt?

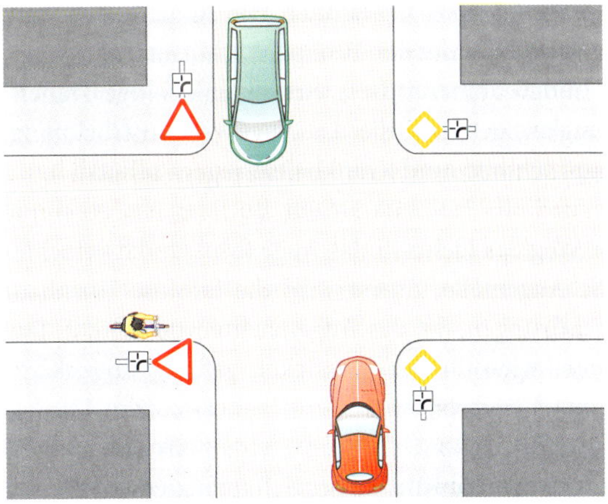

Aufgaben:

a) Benenne für die abgebildeten Verkehrsteilnehmer die richtige Reihenfolge in der Vorfahrt. Begründe deine Entscheidung.

b) Begründe, ob sich die Vorfahrt ändert, wenn an Stelle der Radfahrerin ein Polizeiauto ohne Blaulicht und Martinshorn wäre.

A4 Warnzeichen für Gefahrguttransporte

Auf den Straßen werden oft Stoffe transportiert, die bei einem Umfall zu einer besonderen Gefährdung von Menschen und Umwelt führen können.

Aufgabe: Recherchiere im Internet, welche besondere Bedeutung die abgebildeten Zeichen haben.

Methode Präparation eines Schweineauges

Die äußere Gestalt und Gliederung von Lebewesen oder Teilen davon kann man bereits durch Betrachtung erfassen. Der innere Aufbau wird erst sichtbar, nachdem das Lebewesen oder das Organ mit geeigneten Werkzeugen geöffnet wurde. Diese Methode bezeichnet man als **Sektion.** Schneidet man Teile zum Beispiel für eine mikroskopische Untersuchung heraus und färbt sie an, spricht man von einer **Präparation.**

Für Sektion und Päparation braucht man einige Materialien. Als Unterlage leistet ein Wachsbecken gute Dienste. Der Boden der Schale ist mit einer schwarz angefärbten Wachsschicht bedeckt. Das Untersuchungsobjekt kann auf dem Wachs mit Stecknadeln befestigt und ausgebreitet werden.

Danach braucht man einige Scheren und Pinzetten unterschiedlicher Größe, um das Objekt zerlegen zu können. Zum Schneiden sind Skalpelle geeignet, notfalls auch ein scharfes Küchenmesser. Schließlich sind einige Präpariernadeln notwendig. Dies sind längere Nadeln, die in einem Griff stecken.

Zunächst wird das Auge in eine Wachsschale gelegt. Dann wird es von außen betrachtet. So kann man die Ansatzstellen der Augenmuskeln und den Sehnerv erkennen. Von dem Präparat wird eine beschriftete Skizze angefertigt.

Dann schneidet man den Augapfel so durch, dass er in eine Vorderhälfte und eine Hinterhälfte auseinander fällt. Der Glaskörper fließt bei diesem Schnitt aus; will man ihn genauer sehen, muss das Auge während des Schnitts gefroren sein.

Nun kann man mit einer Lupe die drei Häute erkennen, die den Glaskörper umgeben. Im Vorderteil des Auges setzt sich die weiße Augenhaut in die farblose Hornhaut fort, während die blutgefäßreiche Aderhaut in die Regenbogenhaut übergeht. Hinter der Pupille liegt die Augenlinse. Mit der Pinzette kann die Linse herauspräpariert und von den Linsenbändern befreit werden.

Nach Beendigung der Sektion und der Präparation werden die Geräte und der Arbeitsplatz gesäubert. Die Reste werden gemäß der Anweisung der Biologielehrkraft entsorgt.

1 Nenne die Bauteile des Auges, die bereits ohne Sektion zu erkennen sind.

2 Zeichne das Auge und beschrifte die Zeichnung. Die Zeichnung sollte etwa handgroß sein und mit einem Bleistift angefertigt werden.

3 Seziere das Schweineauge nach der Anleitung.

1 **Materialien für die Präparation eines Schweineauges**

Streifzug durch die Physik Licht und Linsen

Mit Hilfe des Sonnenlichts kann man ein Stück Papier in Brand setzen. Dazu braucht man eine Lupe. Hält man diese in das Sonnenlicht, wird das Licht in einem Punkt, dem Brennpunkt, gesammelt. Deshalb nennt man die Lupe auch Brennglas. Sie wirkt als **Sammellinse.** Im Brennpunkt wird das Papier so heiß, dass es in Brand gerät.

Wie lässt sich diese Bündelung des Lichts in einem Punkt erklären? Trifft ein Lichtstrahl schräg auf ein Glas, knickt der Strahl in seinem Verlauf ab. Dies wird als **Lichtbrechung** bezeichnet. Das Sonnenlicht besteht aus vielen parallel verlaufenden Lichtstrahlen. Beim Durchtritt durch eine Sammellinse aus Glas oder Kunststoff werden alle Strahlen so gebrochen, dass sie im Brennpunkt zusammentreffen. Bringt man in den Strahlengang einen Bildschirm, kann der Brennpunkt als scharfer Lichtpunkt abgebildet werden. Den Abstand zwischen Linse und Brennpunkt bezeichnet man als Brennweite.

Diese hängt von der Krümmung der Linse ab. Je stärker die Linse gekrümmt ist, desto kürzer ist ihre Brennweite.

Verwendet man für den Versuch eine Kerzenleuchte, entsteht auf dem Bildschirm ein auf dem Kopf stehendes Bild der Kerze. Dieses Bild ist meist unscharf. Durch Veränderung des Abstandes von Bildschirm und Linse kann jedoch eine Stelle gefunden werden, an der das Bild scharf ist. Dieser Abstand wird als **Bildweite** bezeichnet. Dabei gilt folgende Gesetzmäßigkeit: Vergrößert man den Abstand von der Kerze zur Linse, die **Gegenstandsweite,** verkleinert sich die Bildweite. Verringert man die Gegenstandsweite, vergrößert sich die Bildweite. Es gibt zwei Möglichkeiten, um unterschiedlich weit entfernte Gegenstände scharf abzubilden. Entweder man verändert die Gegenstandsweite oder man verwendet Linsen mit unterschiedlicher Brennweite.

Nicht alle Linsen sammeln das Licht in einem Brennpunkt. Linsen, die in der Mitte dünner sind als am Rand, bezeichnet man als Zerstreuungslinsen. Auch an solchen Linsen werden einfallende Lichtstrahlen gebrochen, jedoch nach außen abgelenkt.

1 An einer Stelle des Streifzuges kann eine Beziehung zum Auge des Menschen hergestellt werden. Suche diese Textstelle und erläutere.

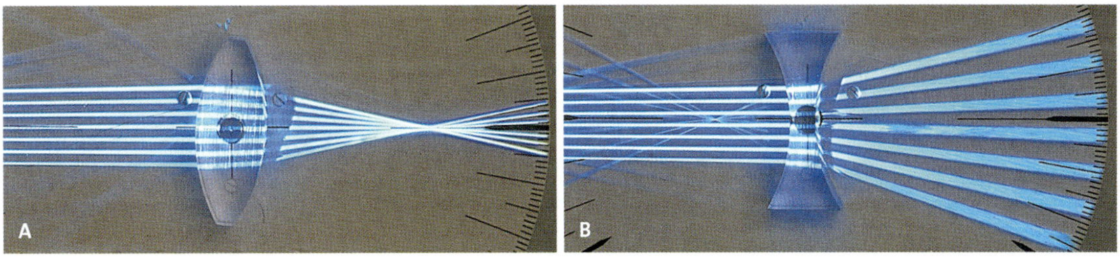

1 Verschiedene Linsenformen. **A** Sammellinse; **B** Zerstreuungslinse

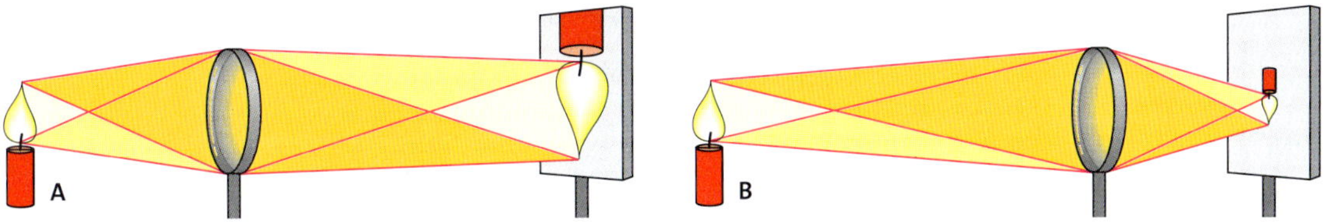

2 Sammellinsen erzeugen Bilder. **A** Naher Gegenstand; **B** ferner Gegenstand

2.3 Die Wahrnehmung von Reizen erfolgt im Gehirn

Ein bunter Schmetterling flattert von einer Blüte zur anderen. An den gaukelnden Flugbewegungen und der Gestalt mit den großen Vorder- und Hinterflügeln erkennt man einenTagfalter. Dazu zeigt die bunte Färbung mit den auffälligen Augenflecken, dass man ein Tagpfauenauge vor sich hat. Wie kommt diese Wahrnehmung zustande?

1 Tagpfauenauge

Zunächst werden durch Lichtstrahlen die lichtempfindlichen Sinneszellen in der Netzhaut erregt. Sie erzeugen jeweils einen ganz schwachen elektrischen Strom und übertragen so die Informationen auf anschließende Nervenzellen. Diese leiten den Strom weiter bis zum Gehirn. Im *Sehzentrum* des Gehirns wird das Bild des bunten, sich bewegenden Schmetterlings in unterschiedliche Informationen zerlegt. Manche Gehirnzellen verarbeiten nur die Farbinformation, andere die Gestaltinformation und wiederum andere die Bewegungsinformation. Die einzelnen Informationen werden mit Informationen aus dem Gedächtnis verglichen. So entsteht die einheitliche **Wahrnehmung** eines bunten, fliegenden Tagpfauenauges. Dabei leistet das Gehirn sehr viel. Es registriert nicht nur Farbe, Gestalt und Bewegung, sondern es bewertet das Objekt auch als ungefährlich und als besonders hübsch. Je umfangreicher die im Gehirn gespeicherten Erfahrungen und Lerninhalte sind, umso sicherer können neue Sachverhalte eingeordnet und bewertet werden.

Fliegt statt des Schmetterlings eine Hornisse vorbei, weicht man meist erschrocken zurück. Hier hat das Gehirn die schwarzgelbe Färbung und das surrende Flügelgeräusch des Insekts als bedrohlich eingestuft und eine Reaktion ausgelöst. Die Verknüpfung von Reiz und Reaktion wird als **Reiz-Reaktions-Zusammenhang** bezeichnet. Nicht immer antwortet jedoch das Gehirn mit einem Befehl zu einer Reaktion. So löst die Bewegung eines Grashalms im Wind nicht einmal ein »Hingucken« aus. Die Sinnesorgane können nicht zwischen »wichtig« und »unwichtig« unterscheiden. Sie leiten laufend alle Informationen an das Gehirn weiter. Dort wird entschieden, ob eine Reaktion sinnvoll ist oder nicht oder ob eine Erinnerung gespeichert werden soll.

1 Ein Nachtfalter, der den Ultraschallruf einer Fledermaus wahrnimmt, lässt sich einfach auf den Boden fallen. Erläutere den Reiz-Reaktions-Zusammenhang.

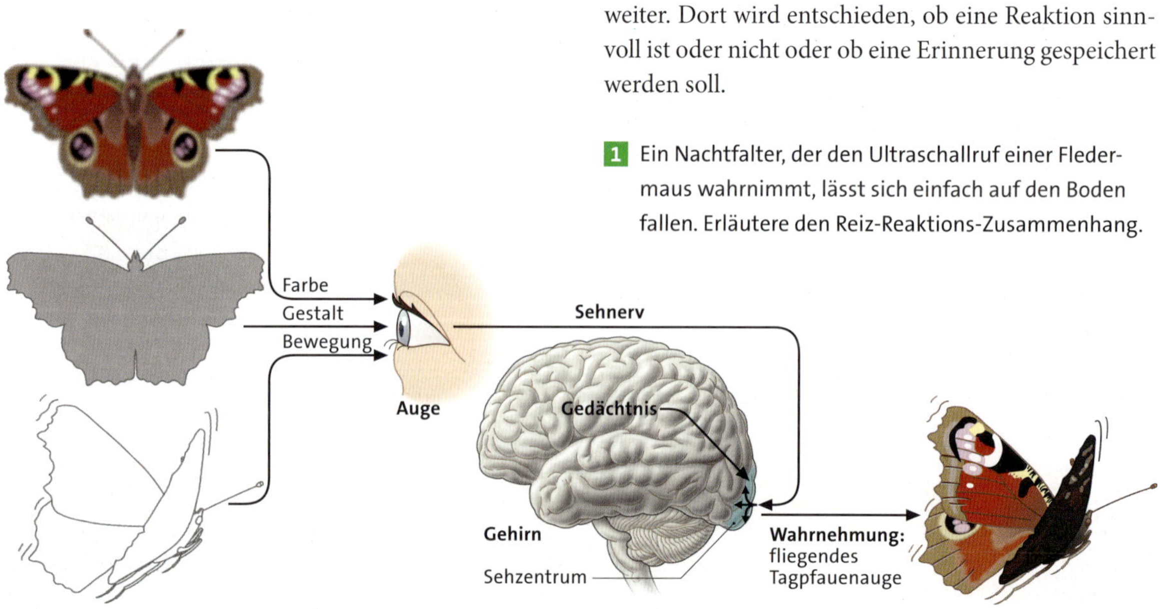

2 Reizaufnahme, Informationsleitung und Wahrnehmung

2.4 Die Welt der Farben

Ein Regenbogen entsteht, wenn Sonnenlicht auf Wassertröpfchen trifft, die nach dem Regen noch in der Luft schweben. Die Farben des Regenbogens kann man auch an der Oberfläche einer CD oder einer Seifenblase entdecken. In allen diesen Fällen wird das weiße Licht in farbiges Licht zerlegt.

Man kann die Zerlegung des weißen Lichts auch experimentell herbeiführen. Dazu benutzt man ein Prisma. Dies ist ein dreieckig geschliffener Glaskeil. Ein Lichtstrahl, den man auf eine Seitenfläche des Prismas richtet, wird an dem Glas gebrochen und in farbiges Licht zerlegt. Bringt man hinter dem Prisma einen Bildschirm an, kann man auf diesem das farbige Licht auffangen. Es wird ein Lichtstreifen sichtbar, der aus den Farben Rot, Orange, Gelb, Grün, Blau und Violett besteht. Diese Farben werden als **Spektralfarben** bezeichnet. Der Randbereich des Spektrums besteht aus unsichtbarem Licht, nämlich Infrarot (IR) und Ultraviolett (UV). Führt man alle Spektralfarben zum Beispiel durch eine Sammellinse zusammen, entsteht wieder weißes Licht.

Auch beim Sehen von Farben spielt die Zusammensetzung des Lichtes eine Rolle. In der Netzhaut des menschlichen Auges liegen nämlich drei Typen von Zapfenzellen, die jeweils nur durch die Farben Rot, Grün oder Blau gereizt werden können. Wenn man zum Beispiel eine rote Blüte betrachtet, werden nur die rotempfindlichen Zapfen erregt. Die Informationen dieser Zapfen werden dann im Sehzentrum des Gehirns verrechnet und ergeben in der Wahrnehmung ein rotes Bild. Eine gelbe Blüte dagegen erregt sowohl die rot- als auch die grünempfindlichen Zapfen gleichstark. Aus den Informationen dieser beiden Zapfentypen errechnet das Sehzentrum die Farbe Gelb. Werden alle drei Zapfentypen gleich stark gereizt, so erscheint der betrachtete Gegenstand weiß.

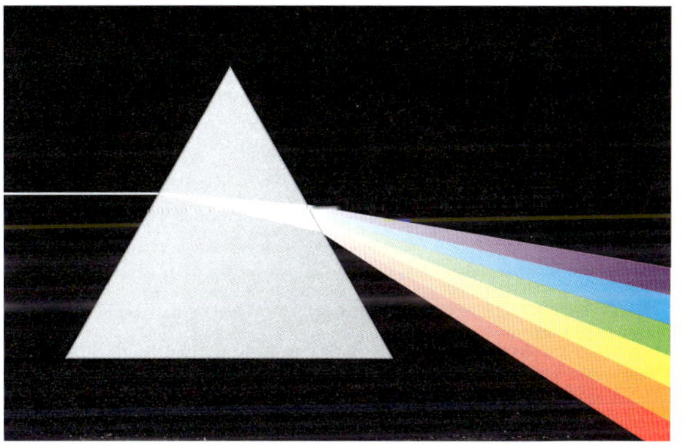

1 Ein Prisma zerlegt weißes Licht in farbiges Licht

Bei manchen Menschen sind die Zapfentypen für die Farben Rot und Grün nur teilweise oder gar nicht funktionsfähig. Die Betroffenen können diese Farben nur unzureichend unterscheiden. Man spricht dann von einer Rot-Grün-Sehschwäche. Beim Erwerb zum Beispiel des Führerscheins wird die Fähigkeit zum uneingeschränkten Farbensehen getestet. Der Test auf Farbtüchtigkeit wird mit bestimmten Farbtafeln durchgeführt.

1 Bei bestimmten Hirnverletzungen fallen einzelne Abschnitte in der Wahrnehmung aus. Vergleiche den Ausfall des Farbsehzentrums in seinen Konsequenzen mit der Rot-Grün-Sehschwäche.

2 Erkläre, warum Menschen mit einer Rot-Grün-Sehschwäche in Abbildung 3 etwas Anderes sehen als normalsichtige.

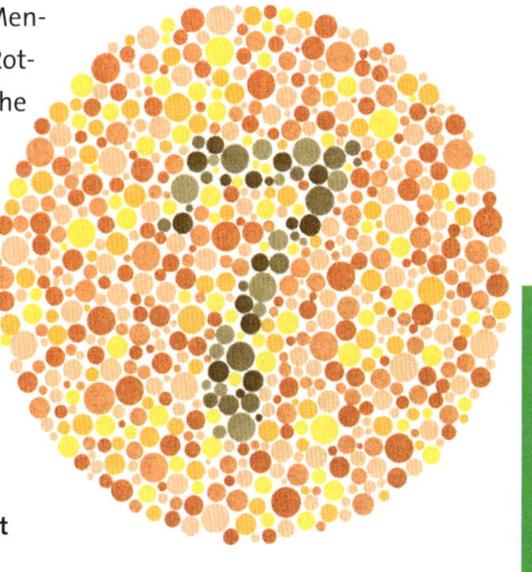

3 Testtafel zur Farbsehtüchtigkeit

2 Das Lichtspektrum

2.5 Räumliches Sehen ist eine Leistung des Gehirns

Bei einem Hasen liegen die beiden Augen seitlich am Kopf. Dadurch hat das Tier ein sehr großes Sehfeld. Der Hase kann, auch wenn er den Kopf nicht bewegt, fast die gesamte Umgebung überblicken. Für ein solches Fluchttier ist es lebensnotwendig, dass es zum Beispiel beim Fressen das Annähern eines Feindes auch von hinten leicht bemerken kann.

Im Gegensatz dazu sind bei anderen Tieren, wie zum Beispiel beim Schimpansen, beide Augen nach vorne gerichtet. Dies gilt auch für den Menschen. Das Sehfeld der Augen überdeckt sich weitgehend. Dadurch wird ein Gegenstand gleichzeitig von zwei verschiedenen Punkten aus betrachtet und jedes Auge liefert ein etwas unterschiedliches Bild an das Gehirn. Dies lässt sich leicht überprüfen, wenn man ein Buch so vor die Augen hält, dass man auf den Buchrücken blickt. Schließt man abwechselnd ein Auge, erkennt man zwei unterschiedliche Bilder. Mit beiden Augen sieht man dagegen ein einheitliches, räumlich wirkendes Bild. Das Sehzentrum im Gehirn nimmt beide Bilder einzeln auf, führt sie aber dann zusammen, wobei die Bildunterschiede zum Raumeindruck verarbeitet werden.

Bei Erschöpfung oder unter Alkoholeinwirkung können die beiden Einzelbilder nicht mehr zusammengeführt werden. Der Betroffene sieht dann doppelt, also zwei Bilder nebeneinander. Ähnliches ist auch der Fall, wenn jemand schielt. Bei diesem Sehfehler steht meist ein Auge etwas schräg in der Augenhöhle. Das Gehirn kann die beiden Bilder aufgrund ihres größeren Abstandes nicht mehr zusammenfügen. Durch Abdecken des gesunden Auges versucht man die Augenmuskeln des schielenden Auges zu stärken. Hilft dies nicht, kann man durch eine kleine Operation die Sehne eines Augenmuskels etwas kürzen und so den Augapfel in die richtige Stellung bringen.

2 **Die beiden Augen liefern unterschiedliche Bilder**

1 Erläutere die Notwendigkeit des räumlichen Sehens bei zum Beispiel Raubkatzen und baumbewohnenden Affen.

2 In manchen Berufen ist einwandfreies räumliches Sehen unbedingt notwendig, zum Beispiel bei Berufskraftfahrern. Erläutere. Überlege, wie man das räumliche Sehvermögen prüfen könnte.

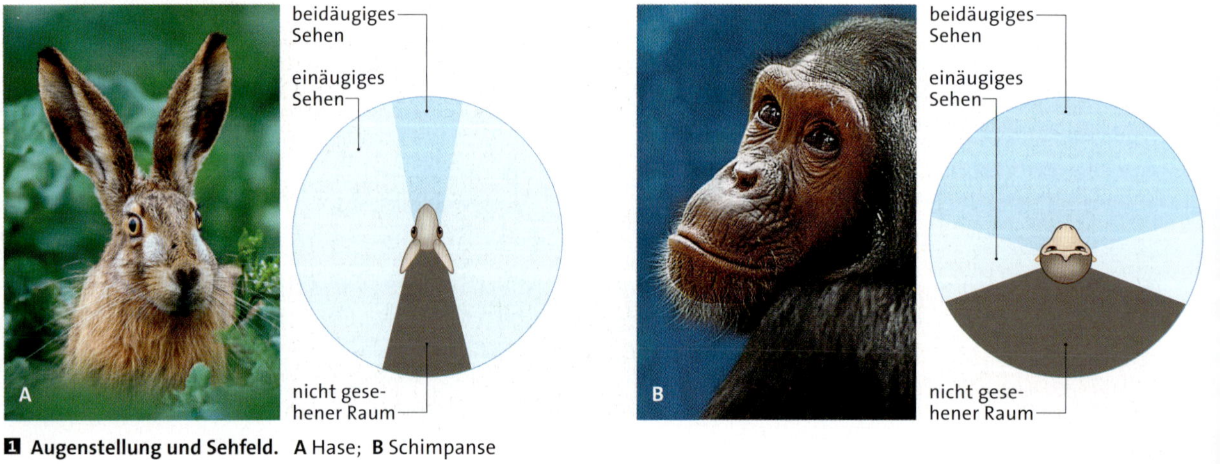

1 **Augenstellung und Sehfeld.** **A** Hase; **B** Schimpanse

2.6 Optische Täuschungen

Die beiden abgebildeten Personen erscheinen unterschiedlich groß. Der Linienverlauf lässt jedoch den Eindruck entstehen, dass sich beide Figuren auf einer Straße in unterschiedlicher Entfernung befinden. Aus Erfahrung weiß man, dass dieselbe Person umso kleiner erscheint, je weiter entfernt sie sich befindet. Deshalb entsteht hier eine **optische Täuschung.** In einer flächigen, also zweidimensionalen Abbildung, zum Beispiel in einer Grafik, wird Räumlichkeit durch die Perspektive vorgetäuscht. Das Gehirn kann, auch wenn es sich des Fehlers in der Darstellung bewusst ist, die Täuschung nicht überwinden.

1 Größenvergleiche können täuschen

Besonders schnell und sicher kann das menschliche Gehirn auf Gesichter reagieren. Bereits geringfügige Veränderungen in der Stellung der Mundwinkel oder an den Augen signalisieren Stimmungen und Gefühle, die in zwischenmenschlichen Beziehungen eine große Rolle spielen. Wird dagegen ein Gesicht auf dem Kopf stehend abgebildet, werden auch wesentliche Veränderungen im Gesichtsausdruck nicht mehr erkannt. Dem Gehirn fehlen nämlich Erfahrungen mit auf dem Kopf stehenden Gesichtern.

1 Die unmögliche Kiste (Abbildung rechts) wird auch als Umspringbild bezeichnet. Begründe diesen Begriff. Decke nun die beiden für das Umspringen maßgeblichen Stellen mit einem kleinen Papierstückchen ab. Beschreibe deinen Eindruck und erläutere.

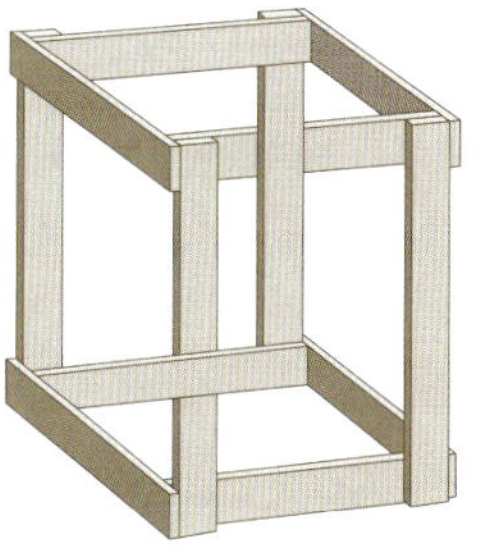

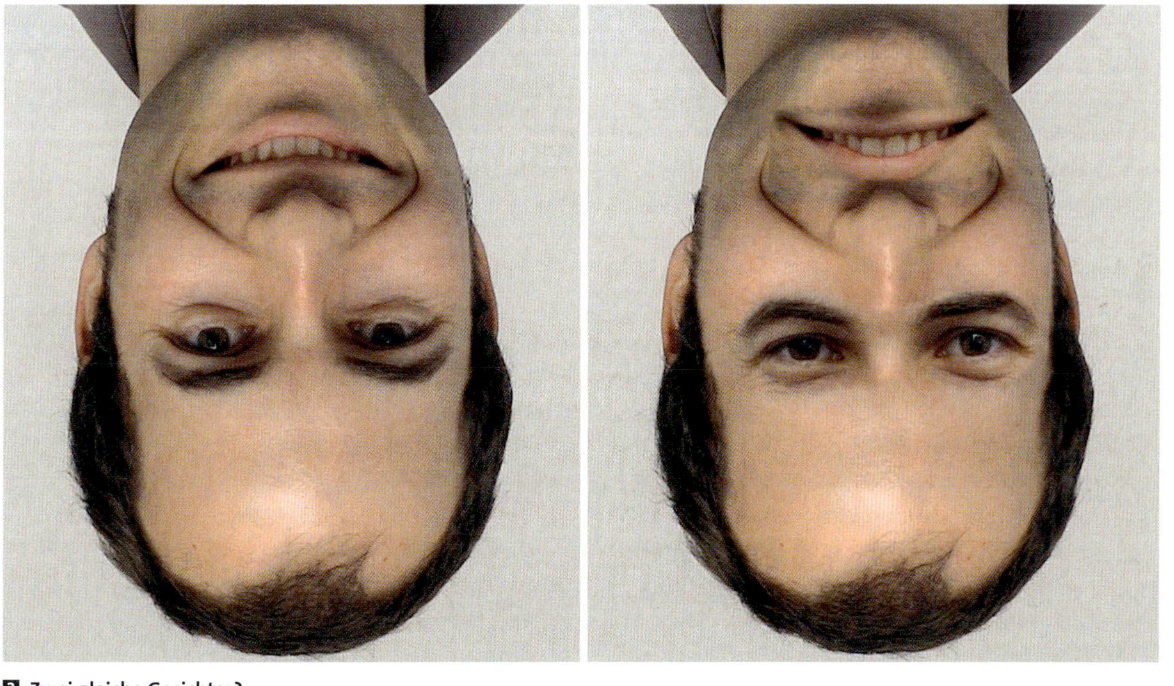

2 Zwei gleiche Gesichter?

Aufgaben und Versuche | Das Auge

V1 Nachbilder

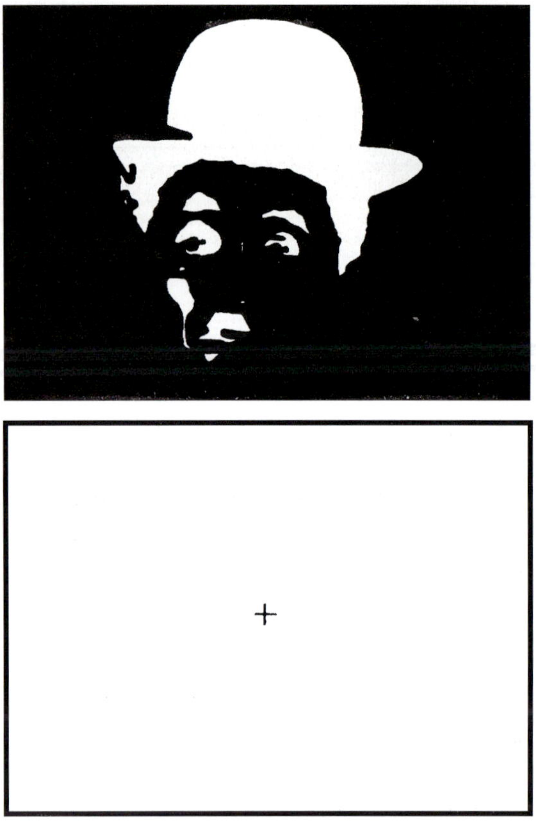

Durchführung: Fixiere etwa 30 Sekunden lang die Abbildung und blicke dann auf die Markierung in der weißen Fläche darunter.

Aufgabe: Beschreibe deine Beobachtung und stelle eine begründete Vermutung an, wie man sie erklären kann. Beziehe in die Überlegungen mit ein, dass ermüdete Sinneszellen abgeschwächt reagieren.

V2 Pupillenreaktion

Material: Taschenlampe

Durchführung: Führt den Versuch in Partnerarbeit durch. Ein Partner leuchtet mit der Taschenlampe für wenige Sekunden in ein Auge seines Gegenübers und beobachtet die Reaktion der Pupille auf den Lichteinfall.

Aufgabe: Beschreibt und erklärt eure Beobachtungen.

V3 Sehen im Dunkeln

Material: schwarzer Karton; weißes und farbiges Papier (gelb, rot, grün, blau); Locher; Schere; Klebstoff

Durchführung: Stanze mit dem Locher aus dem weißen und den farbigen Papieren jeweils fünf Papierpunkte aus und klebe sie auf den schwarzen Karton. Ein Partner verdunkelt langsam den Raum, bis der Karton vor der Versuchsperson gerade noch zu erkennen ist.

Aufgaben:

a) Beschreibe, wie sich die Sichtbarkeit der Punkte verändert.

b) Stelle eine begründete Vermutung über die Lichtempfindlichkeit von Stäbchenzellen und Zapfenzellen auf.

A4 Fotoapparat und Auge

A

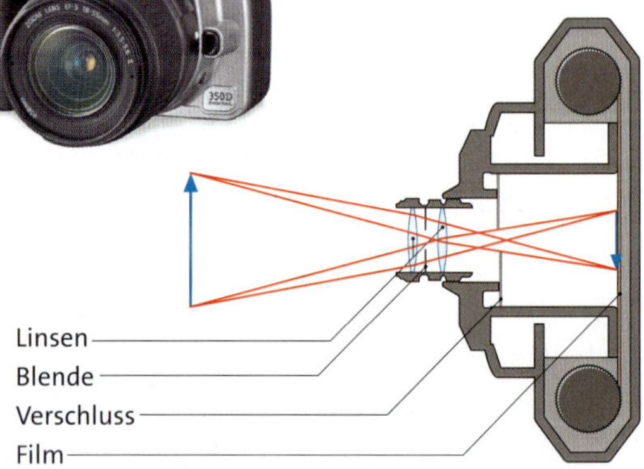

B

Die Abbildung zeigt einen Fotoapparat und den Strahlengang in dieser Kamera.

Aufgaben:

a) Ordne den Bauteilen des Fotoapparats die entsprechenden Bestandteile des Auges zu.

b) Erläutere die Entfernungseinstellung im Auge. Vergleiche mit der Entfernungseinstellung in der Kamera.

2.7 Sehfehler sind korrigierbar

Manchmal kann ein Schüler zwar den Text in seinem Lehrbuch oder in seinem Heft gut erkennen, sieht aber die Tafelanschrift nur unscharf. Diese Sehschwäche nennt man **Kurzsichtigkeit.** Ursache ist meist ein zu langer Augapfel. Beim Sehen in die Ferne flacht sich die Augenlinse ab und erzeugt auf der Netzhaut ein scharfes Bild. Durch die Überlänge des Augapfels entsteht jedoch das scharfe Bild einige Millimeter vor der Netzhaut. Zur Korrektur der Kurzsichtigkeit muss der Strahlengang verlängert werden. Dies geschieht durch eine Brille mit Zerstreuungslinsen. Dadurch entsteht das scharfe Bild bei Fernsicht nun auf der Netzhaut. Das scharfe Sehen in der Nähe ist nicht beeinträchtigt, denn die Linse braucht sich nur etwas weniger stark abkugeln als bei normalem Sehvermögen.

Eine andere Form der Sehschwäche ist die **Weitsichtigkeit.** Sie hat ihre Bezeichnung, weil die betroffenen Menschen in der Ferne scharf, jedoch in der Nähe unscharf sehen. Hier ist der Augapfel zu kurz. Bei Nahsicht entsteht das scharfe Bild hinter der Netzhaut. Auf der Netzhaut dagegen ist das Bild unscharf. Durch eine Sammellinse wird der Strahlengang verkürzt. Die Fernsicht ist bei der Weitsichtigkeit nicht beeinträchtigt.

Mit zunehmendem Alter lässt bei fast allen Menschen die Sehfähigkeit in der Nähe nach. Hier spricht man von **Altersweitsichtigkeit.** Die Linse verliert an Elastizität und kann sich nicht mehr so stark wölben, wie

1 **Scharfes und unscharfes Sehen**

zum Sehen in der Nähe erforderlich wäre. Wie bei der Weitsichtigkeit kann dieser Sehfehler durch eine Brille mit Sammellinsen korrigiert werden.

Ein Mensch, der dauerhaft eine Brille tragen muss, gewöhnt sich meist schnell daran. Viele Menschen verwenden auch Kontaktlinsen aus Kunststoff, die direkt auf die Hornhaut aufgesetzt werden. Schließlich besteht noch die Möglichkeit, durch eine moderne Operationstechnik mit Laserstrahlen die Krümmung der Hornhaut so zu verändern, dass der Sehfehler ganz oder teilweise behoben werden kann.

1 Begründe, weshalb die Krümmung der Hornhaut einen Einfluss auf die Sehfähigkeit hat.

2 Erläutere anhand des abgebildeten Strahlengangs Ursache und Korrektur der Altersweitsichtigkeit.

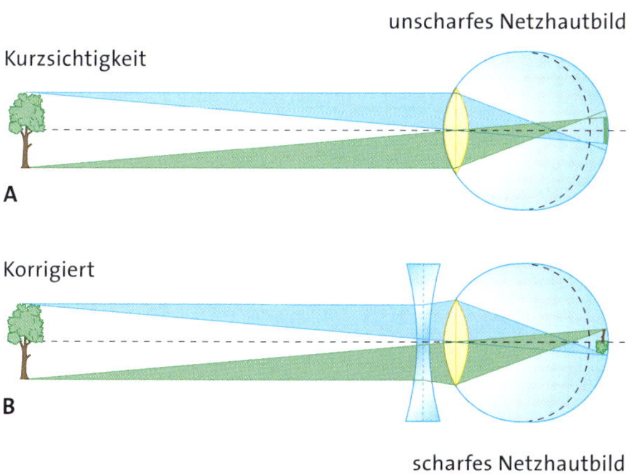

2 **Kurzsichtigkeit.** **A** Ursache; **B** Korrektur

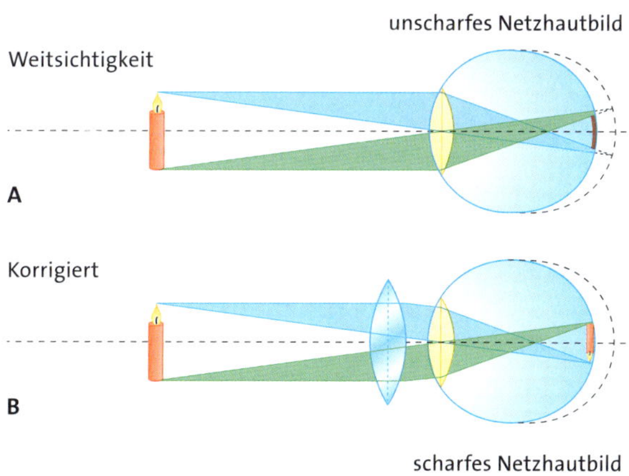

3 **Weitsichtigkeit.** **A** Ursache; **B** Korrektur

2.8 Aufbau und Funktion des Ohres

Bis zum Grundschulalter wird bei den meisten Kindern zur Vorsorge regelmäßig das Hörvermögen getestet. Das Hören erfolgt mit den beiden Ohren. Sie nehmen Schwingungen der Luft, die man als *Schallwellen* bezeichnet, auf und ermöglichen ihre Wahrnehmung.

Die *Ohrmuscheln* nehmen die Schallwellen wie ein Trichter auf. Eine schmale Röhre, der *Gehörgang*, führt in das Innere des Ohres. Am Eingang des Gehörganges wachsen kleine Härchen. Sie halten eindringende Fremdkörper zurück. Staubteilchen werden vom Ohrenschmalz verklebt und ausgeschieden. Der Gehörgang endet mit einem etwa fingernagelgroßen Häutchen, dem *Trommelfell*. Diesen Abschnitt bezeichnet man als **Außenohr.** Bei einer Untersuchung kann der Arzt bis zum Trommelfell blicken. Dahinter liegt das **Mittelohr,** ein mit Luft gefüllter und mit Schleimhäuten ausgekleideter Hohlraum. Das Mittelohr ist über einen schmalen Gang, den man *Ohrtrompete* nennt, mit dem Rachenraum verbunden.

Durch die ankommenden Schallwellen gerät das Trommelfell in Schwingungen. Im Mittelohr befinden sich die *Gehörknöchelchen*. Aufgrund ihres Aussehens heißen sie Hammer, Amboss und Steigbügel. Der Hammer ist mit dem Trommelfell verwachsen. Er gibt die Schwingungen des Trommelfells über den Amboss an den Steigbügel weiter. Dabei werden die Schwingungen von den Gehörknöchelchen verstärkt. Der Steigbügel überträgt die Schwingungen auf ein dünnes Häutchen, das *Ovale Fenster*. Dahinter liegt das mit Flüssigkeit gefüllte **Innenohr**. Hier sitzt das eigentliche Hörorgan, die zusammengerollte *Schnecke* mit den Sinneszellen. Durch die Schwingungen werden die Sinneszellen erregt. Sie senden daraufhin Informationen über den *Hörnerv* zum Gehirn. Dort werden die Signale wahrgenommen.

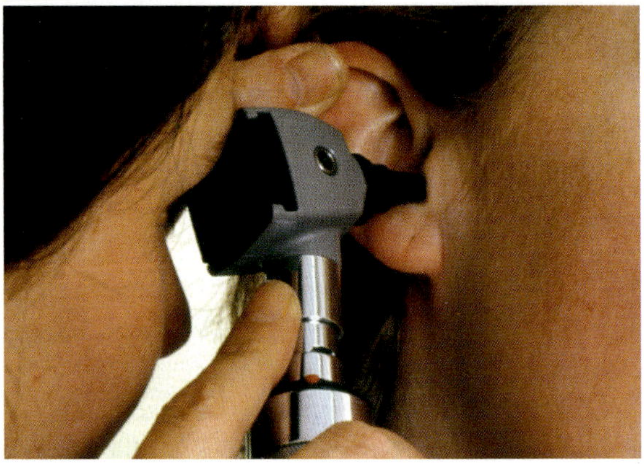

1 Einblick in das Ohr

1 Recherchiere Ursachen, Behandlung und mögliche Folgen einer Mittelohrentzündung.

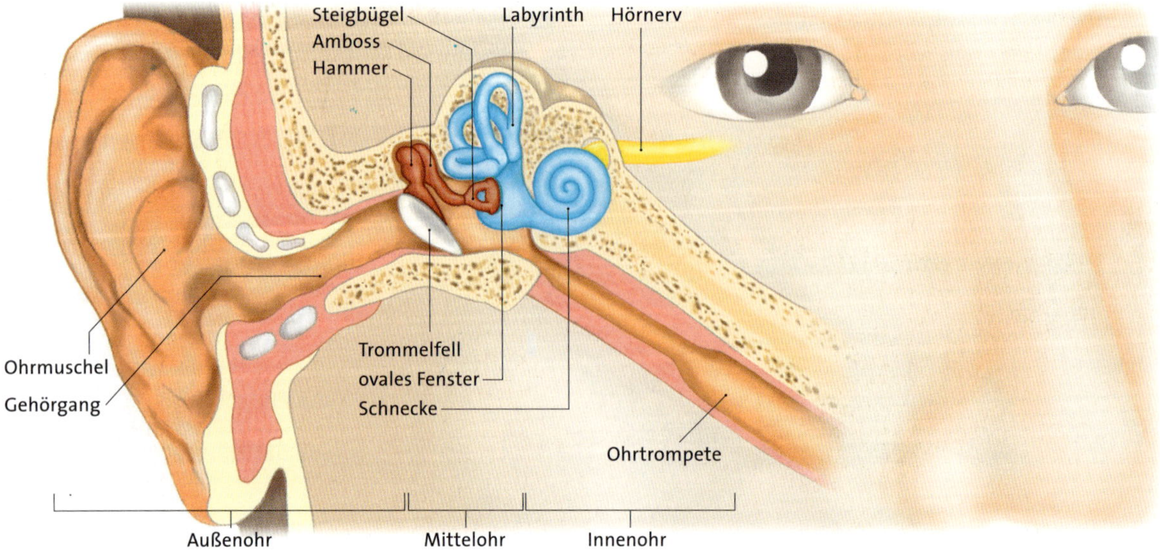

2 Aufbau des Ohres

Streifzug durch die Physik — Schall und Schallausbreitung

Die Welt ist voller Geräusche und Töne – vom Rascheln der Blätter bis zum Klang eines Musikinstrumentes. Alle Laute, die man hören kann, nennt man **Schall**. Schall entsteht, wenn sich ein Gegenstand sehr schnell hin und her bewegt. Er schwingt wie zum Beispiel die Saite einer Gitarre, wenn sie angezupft wird. Schwingende Gegenstände nennt man *Schallquellen*. Regelmäßige Schwingungen erzeugen einen Ton. Ein Klang entsteht durch mehre Töne, die gleichzeitig klingen. Geräusche hingegen sind unregelmäßige Schwingungen.

Um Töne zu hören, müssen sie von der Schallquelle in das Ohr gelangen. Schall breitet sich über Luft, Wasser oder andere Festkörper aus. Alle diese Stoffe bezeichnet man als *Schallleiter*. Die Ausbreitung von Schall in der Luft kann man zwar nicht sehen, jedoch sichtbar machen. Dazu wird eine Dose mit einer Folie stramm bespannt und Zucker darauf gestreut. Schlägt man nun mit einem Löffel auf einen Topfdeckel, der passend zur Folie ausgerichtet sein muss, so hüpfen die Zuckerteilchen wie durch Zauberei. Die Schwingungen des Deckels übertragen sich auf die benachbarten Luftteilchen. Diese stoßen wiederum benachbarte Luftteilchen an und die Bewegung pflanzt sich von der Schallquelle fort.

Schließlich erreichen die Schallwellen auch die gespannte Folie über der Dose. Die Folie schwingt und bringt damit die Zuckerteilchen zum Hüpfen. Dies geschieht ähnlich wie bei den Wellen im Wasser, die durch einen hineingeworfenen Stein entstehen.

1 Eine Gitarre erzeugt Töne

Mit einer Gitarre kann man unterschiedliche Töne erzeugen. Dünne, stramm gespannte Saiten schwingen schnell, ihr Ton ist hoch. Dicke, schwach gespannte Saiten schwingen langsam, ihr Ton ist tief. Die Anzahl der Schwingungen pro Sekunde bezeichnet man als **Frequenz.** Die Frequenz bestimmt somit die Tonhöhe. Zupft man kräftiger an einer Saite, so wird der Ton lauter. Die Saite schwingt dabei sehr weit hin und her. Der Abstand von der Ruhelage bis zum weitesten Ausschlag heißt **Amplitude**. Die Amplitude bestimmt also die Lautstärke.

1 Nenne Schallquellen und analysiere, was dabei schwingt.

2 Schallwellen lassen Zucker hüpfen

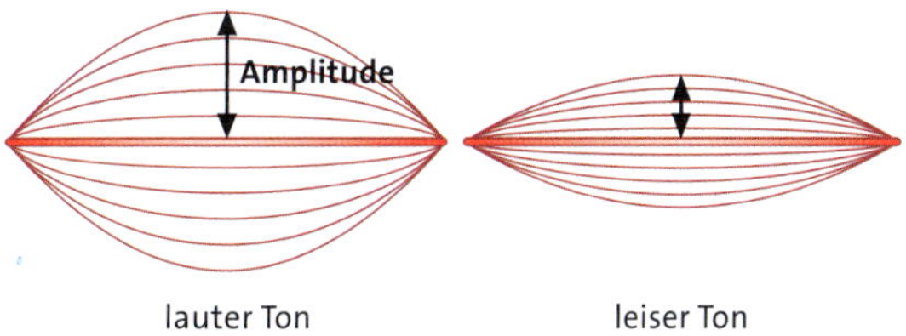

3 schwingende Gitarrensaite

Aufgaben und Versuche | Das Ohr

V1 Orten einer Geräuschquelle

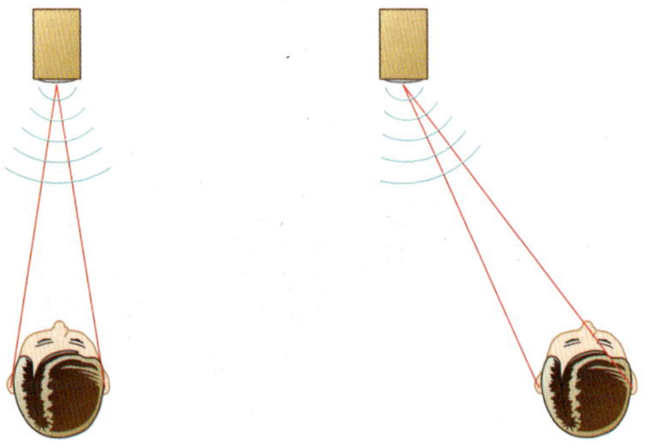

Material: Augenbinde; Ohrstöpsel

Durchführung: Die Schüler bilden einen Kreis um eine Versuchsperson mit verbundenen Augen. In beliebiger Reihenfolge schnipsen die Schüler mit den Fingern. Die Versuchsperson zeigt mit der Hand in die Richtung der vermuteten Schallquelle. In einem zweiten Durchgang wird bei gleicher Versuchsanordnung ein Ohr mit dem Ohrstöpsel verschlossen

Aufgaben:

a) Notiere für beide Versuche in Form einer Strichliste, wie häufig die Versuchsperson die Richtung der Geräuschquelle richtig zeigen kann. Stelle die Ergebnisse graphisch dar.

b) Erläutere mit Hilfe der Abbildung die Versuchsergebnisse.

V2 Das Schnurtelefon

Material: 2 Jogurtbecher; einige Meter Bindfaden; Streichhölzer, Holzbohrer

Durchführung: Bohre ein Loch durch den Boden der Becher und schiebe den Faden hindurch. Die Fadenenden werden auf beiden Seiten mit einem Streichholz verknotet. Zwei Personen stellen sich nun mit den Bechern gegenüber, sodass die Schnur keine Gegenstände berührt. Sie sprechen und hören abwechselnd in die Becher.

Aufgaben:

a) Teste die Funktion des Schnurtelefons mit gespannter und mit lockerer Schnur. Notiere die Ergebnisse.

b) Ordne einzelnen Teilen des Schnurtelefons entsprechende Strukturen im Ohr zu.

A3 Orientierung bei Eulen

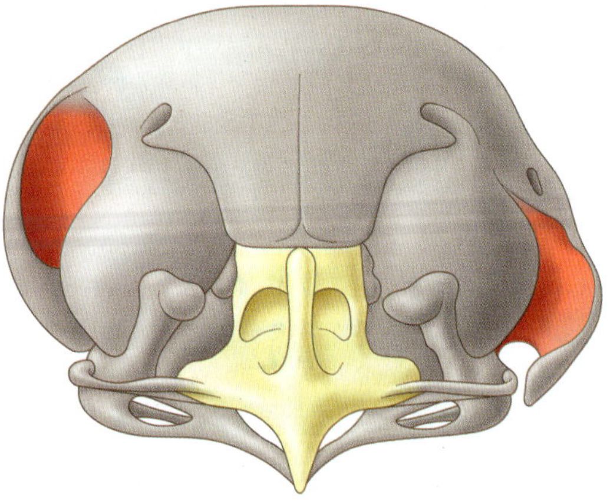

Eulen sind bekannt für das sehr genaue Orten einer Schallquelle. Betrachtet man den Eulenschädel, so fällt die ungewöhnliche Form des Kopfes auf.

Aufgaben:

a) Beschreibe den Eulenschädel mit Hilfe der Abbildung.

b) Erstelle eine Hypothese, mit der das ausgezeichnete Richtungshören der Eulen unter Berücksichtigung der Kopfform erklärt werden kann.

A4 Die Entfernung eines Gewitters

Blitz und Donner entstehen bei einem Gewitter gleichzeitig. Den Blitz sieht man scheinbar sofort, da sich sein Licht mit einer Geschwindigkeit von 300 000 Kilometern pro Sekunde ausbreitet. Das Geräusch des Donners ist dagegen mit 330 Metern pro Sekunde erheblich langsamer.

Aufgaben:

a) Erläutere eine Methode, mit der man die Entfernung eines Gewitters bestimmen kann.

b) Bei einem Gewitter sieht man einen Blitz, acht Sekunden später hört man den Donner. Berechne die Entfernung des Gewitters.

2.9 Lärm macht krank

Ob man morgens auf dem Weg zur Schule mit dem MP3-Player Musik hört, nachmittags zu Hause die neue CD abspielt oder am Wochenende mit Freunden in die Disco geht, Musik spielt im Alltag eine wichtige Rolle. Dabei wird sehr laute Musik häufig als schön empfunden, aber sie kann auch das Gehör schädigen.

Heute können schon bei jedem vierten Jugendlichen Einbußen der Hörfähigkeit festgestellt werden. Der Grund dafür ist, dass die Musik zu laut gehört wird. Nach Konzerten bleiben manchmal Druckgefühl und Pfeifgeräusche im Ohr zurück. Der Klang der Stimmen erscheint dumpfer als gewohnt. Gibt man dem Hörorgan keine Gelegenheit sich zu erholen, so verstärken sich die Hörprobleme. Hohe Töne kann man nicht mehr hören, Konsonanten wie d und t oder s und f sind kaum zu unterscheiden. Einem Gespräch in lauter Umgebung kann man nur schlecht folgen.

Wird das Ohr über längere Zeit lauten Geräuschen ausgesetzt, lassen sich die Schäden nicht mehr beheben. Je größer die Lautstärke ist, desto stärker werden die Sinneshärchen in der Schnecke des Innenohrs beansprucht. Sie brechen schließlich ab und werden nicht mehr ersetzt. Dadurch können Sinneszellen an dieser Stelle nicht mehr erregt werden. Eine Wahrnehmung bestimmter Töne ist dann nicht mehr möglich.

Aber nicht nur laute Musik kann Schäden im Ohr verursachen, sondern auch die Geräuschkulissen in einem Hallenschwimmbad oder im Fußballstadion. Umgebungsgeräusche, die man als störend empfindet, bezeichnet man als **Lärm.** Dieser kann auch den übrigen Körper belasten. Denn Lärm verursacht Stress, von dem sich der Körper auf Dauer nur schwer erholen kann. Man kann sich schlecht konzentrieren, ist nervös oder schläft unruhig. Bei Stress steigt auch das Risiko für Infektionen, weil die Abwehrkräfte des Körpers geschwächt sind.

1 **Laute Musik schadet dem Ohr**

Wie kann man sich vor Lärm schützen? Die eigene Musik sollte nicht zu laut gestellt werden. Bei Diskothek- oder Konzertbesuchen sollte man die unmittelbare Nähe zu Lautsprechern meiden. Nach solchen Unternehmungen muss man seinem Gehör Erholungspausen gönnen.

1 DJs tragen während ihrer Arbeit in der Diskothek oft Ohrstöpsel. Nimm Stellung zu diesem Verhalten.

2 **Die Härchen der Sinneszellen sind gefährdet.** **A** Bei einem gesunden Ohr; **B** bei einem lärmgeschädigten Ohr

2.10 Leben mit hörgeschädigten Menschen

Bei einigen Nachrichtensendungen im Fernsehen ist neben dem Sprecher eine weitere Person eingeblendet. Geräuschlos bewegt sie parallel zu den Kommentaren des Nachrichtensprechers die Hände und das Gesicht. Diese **Gebärdensprache** hilft gehörlosen Menschen sich zu verständigen.

Gehörlose Menschen nehmen keinen Schall wahr. Das bedeutet für diese Personen Einschränkungen, aber auch Gefahren im Alltag. Da sie den Straßenlärm nicht hören, kann der Autoverkehr für sie gefährlich werden. Gehörlose nehmen ihre eigene Stimme nicht wahr. Eine Lautsprache müssen sie daher unter großen Anstrengungen lernen. Ohne eigene Kontrolle wirkt ihre Aussprache oft undeutlich. Zugleich ist es für Gehörlose schwierig einem Gespräch zu folgen. Sie müssen versuchen ihrem Gesprächspartner von den Lippen abzulesen. Dies lernen sie in speziellen Schulen. Häufig spricht der Gesprächspartner zu schnell oder undeutlich. Daher ist es für sie eine Hilfe, wenn man ihnen im Gespräch gegenübersteht und sie dabei ansieht. Langsames und deutliches Sprechen erleichtert das Ablesen von den Lippen. Gehörlose verständigen sich untereinander meist durch die Gebärdensprache. Viele Fernsehsendungen, Spielfilme aber auch Theaterstücke werden mittlerweile zusätzlich mit einem Text, dem Untertitel, versehen oder in Gebärdensprache übersetzt.

1 Nachrichten in Gebärdensprache

Hörschäden haben unterschiedliche Ursachen. Im einfachsten Fall kann Ohrenschmalz den Gehörgang verschließen und zu Hörverlusten führen. Weitaus schlimmer sind Missbildungen oder Entzündungen am äußeren Ohr und im Gehörgang. Denn diese können die Weiterleitung von Schall erschweren. Ist im Mittelohr das Trommelfell geschädigt oder sind die Gehörknöchelchen krankhaft verändert, so führt dies häufig zu einer Schwerhörigkeit. Diese Hörschäden im Außen-

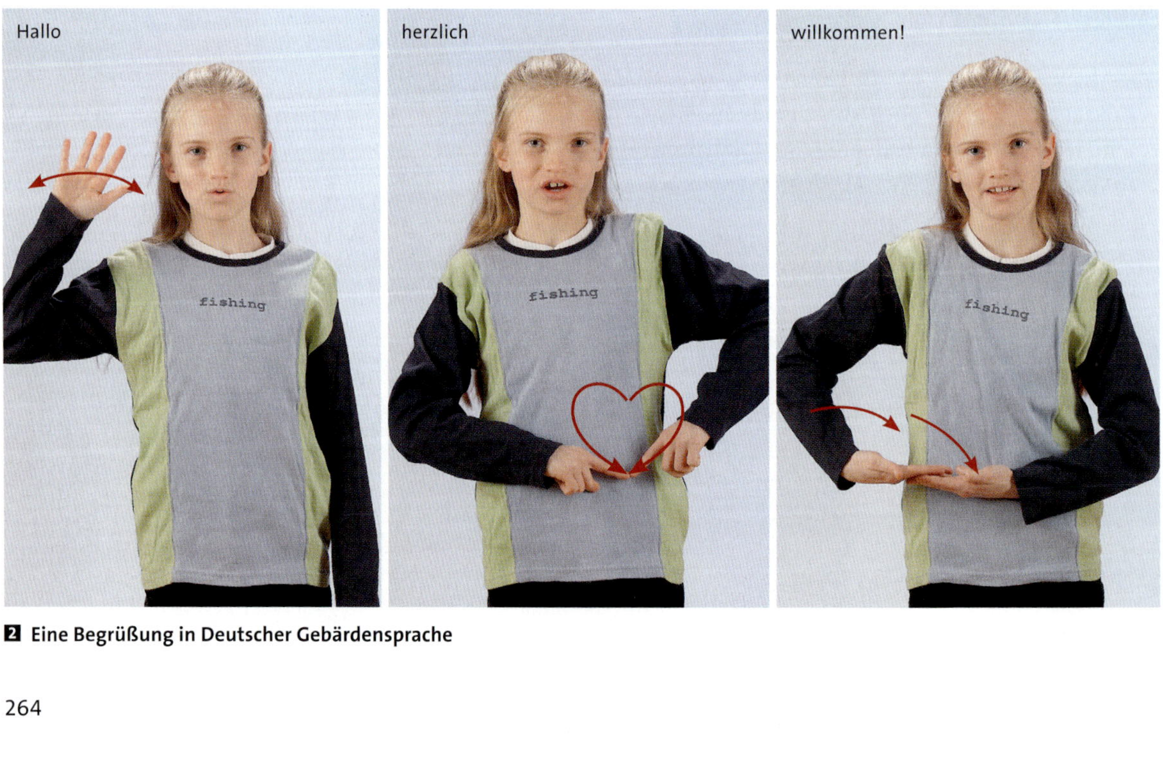

2 Eine Begrüßung in Deutscher Gebärdensprache

und Mittelohr kann man in der Regel durch Operationen oder die Einnahme von Medikamenten beheben. Sind hingegen Bereiche des Innenohres oder der Nervenbahnen betroffen, so kann dies nur mit Hörgeräten ausgeglichen werden. Dauereinwirkung von lauten Geräuschen zerstört die Sinneszellen im Innenohr. In seltenen Fällen können Hörschäden auch entstehen, wenn der Hörnerv geschädigt oder die Höreindrücke im Gehirn nicht verarbeitet werden können.

Hörgeräte gibt es ähnlich wie Brillengestelle in verschiedenen Modellen, die aber in ihrem Aufbau grundsätzlich gleich sind. Sie besitzen ein Mikrofon, das den Schall aufnimmt. Die Schallschwingungen werden in elektrische Signale umgewandelt und verstärkt. Schließlich erzeugt ein Lautsprecher die passenden Geräusche im Ohr und verbessert so die Hörfähigkeit. Bei stark schwerhörigen oder gehörlosen Menschen bringen herkömmliche Hörgeräte keinen Nutzen. Ihnen hilft manchmal ein »künstliches Innenohr«. Dieses winzige elektronische Gerät wird durch eine Operation in das Innenohr gesetzt. Ein Mikrofon, das sich außen am Kopf befindet, nimmt den Schall auf. Er wird in elektrische Signale umgewandelt und zum Hörnerv geleitet. Dieser gibt die Signale zum Gehirn weiter, wo ein Höreindruck entsteht. Jede Art von Hörhilfe ist zunächst ungewohnt, weil man plötzlich Geräusche wahrnimmt, die man noch nie oder lange nicht mehr gehört hat. Ein Hörgerätefachmann passt die Hörhilfen an. Das erfordert viel Geduld und Training.

4 Hörgerätmodelle für Kinder

1 Stelle den Hörprozess in Form eines Pfeildiagramms dar und überlege, an welchen Stellen Hörschäden auftreten können. Erläutere, wie man diese Hörschäden beheben kann.

2 Beschreibe Situationen im Tagesablauf eines Gehörlosen, die für ihn schwierig oder gefährlich sein könnten. Nenne Möglichkeiten zur Hilfe.

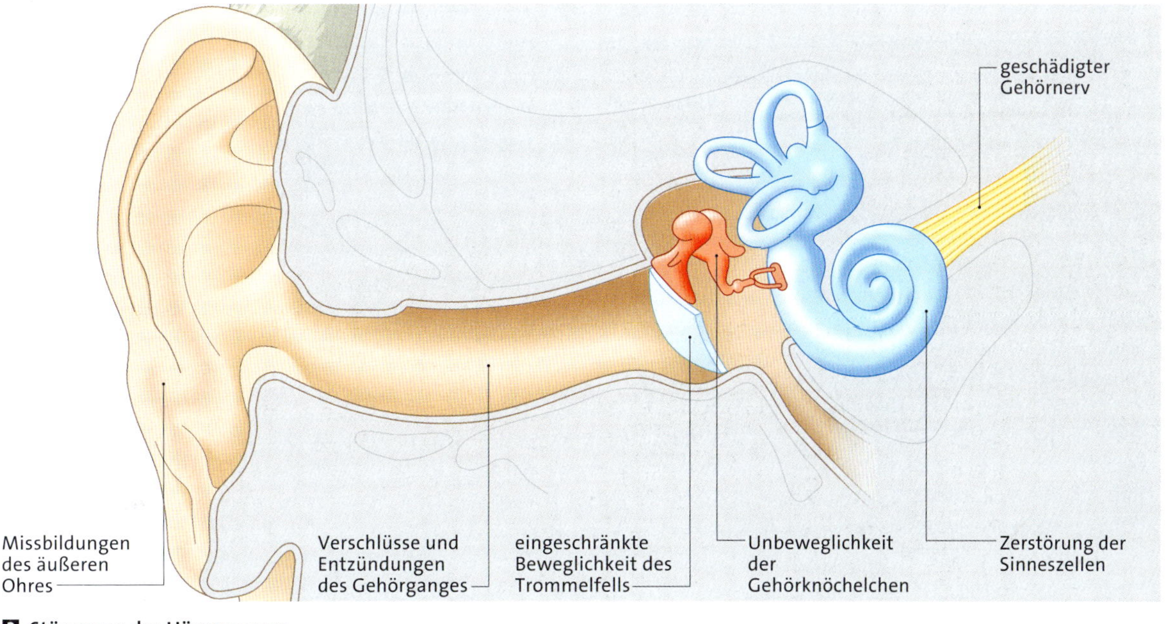

3 Störungen des Hörprozesses

3 Sinnesleistungen im Vergleich

Zwischen den Zweigen eines Strauches hat eine Kreuzspinne ihr radförmiges Netz gesponnen. Bei jedem Windhauch schwingt das Netz hin und her. Die Spinne selbst sitzt am Netzrand in einem Schlupfwinkel. Nun hat sich ein Grashüpfer im Netz verfangen. Sein Zappeln alarmiert die Spinne. Sie eilt herbei und überwältigt ihre Beute. Wie kann die Spinne die Netzbewegungen unterscheiden, die entweder vom Wind oder von einem Beutetier verursacht werden? Spinnen haben in den Spitzen ihrer Beine sehr empfindliche Tastsinnesorgane. Die langsamen, regelmäßigen Netzschwingungen im Wind sind für Spinnen biologisch ohne Bedeutung. Deshalb reagieren sie auch nicht darauf. Im Gegensatz dazu verursacht eine unregelmäßig zappelnde Beute ruckartige Netzerschütterungen, die den Beutefang auslösen. Solch einen feinen Tastsinn hat der Mensch nicht.

Auch viele andere Tiere übertreffen den Menschen weit in der Leistungsfähigkeit ihrer Sinnesorgane. So kann ein Mäusebussard beispielsweise eine Maus noch in mehr als einem Kilometer Entfernung sehen. Damit übertreffen die Bussardaugen die Leistung menschlicher Augen um ein Vielfaches. Ein Hund kann sogar die Spuren von menschlichem Fußschweiß wahrnehmen, der durch die Schuhsohlen nach außen dringt.

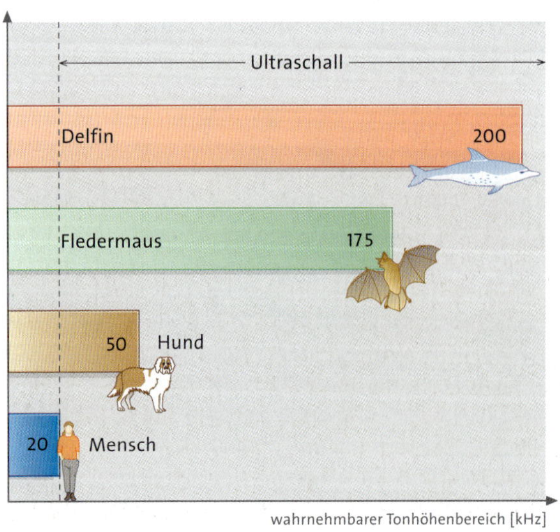

2 Vergleich der Hörbereiche verschiedener Tiere und des Menschen

1 Kreuzspinne mit Beute im Netz

Die Riechschleimhaut in der Hundenase ist wesentlich größer und stärker gefaltet als beim Menschen. Auch die Anzahl der Riechsinneszellen ist beim Hund mit 230 Millionen deutlich höher als beim Menschen, der nur über 30 Millionen derartiger Sinneszellen verfügt. Daher ist die Riechleistung von Hunden um mehr als eine Million mal besser als die Riechleistung von Menschen. Mithilfe dieses hervorragenden Geruchssinns, aber auch mit dem ausgezeichneten Gehörsinn, können Hunde ihre Beutetiere weithin verfolgen. Hunde können sogar wie Fledermäuse und Delfine Ultraschall wahrnehmen. Diese Töne sind so hoch, dass sie vom Menschen nicht gehört werden können. Die Wirksamkeit dieser »unhörbaren« Töne wurde schon vor einigen Jahrhunderten bei Fledermäusen entdeckt. Diese Tiere jagen nämlich nachts fliegende Insekten, zum Beispiel Nachtfalter. Im Flug stoßen die Fledermäuse kurze Ultraschallschreie aus. Wenn Schallwel-

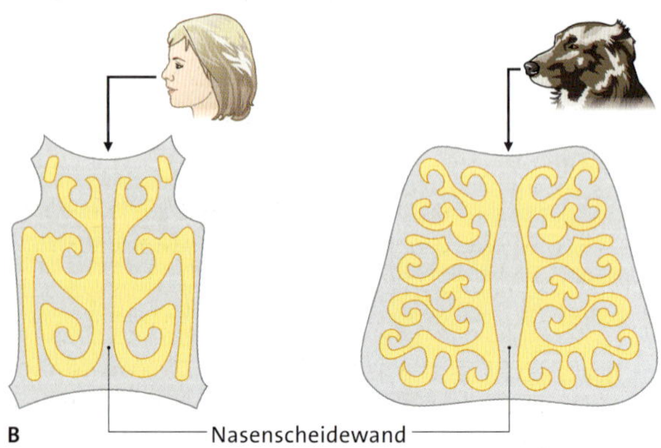

3 Riechschleimhaut. A Mensch; **B** Hund

len auf eine Wand oder eine fliegende Beute treffen, werden sie wie ein Echo reflektiert, also zurückgeworfen. Das Gehirn der Fledermäuse berechnet aus der Zeitverzögerung zwischen dem Ausstoßen der Ultraschallschreie und dem Hören des zugehörigen Ultraschallechos, wie weit der reflektierende Gegenstand entfernt ist. Das ermöglicht ihnen die sichere Orientierung, unabhängig davon, ob es hell oder dunkel ist. Weil verschiedene Oberflächen die Ultraschallwellen unterschiedlich reflektieren, können Fledermäuse zum Beispiel einen hochgeworfenen Kieselstein von einem pelzigen Nachtfalter unterscheiden.

Auch Insekten weisen erstaunliche Sinnesleistungen auf. So findet man bei der Honigbiene die Fähigkeit, ultraviolettes Licht zu sehen. Die Farbe Rot können sie jedoch nicht sehen. Bienen auf Nektarsuche erkennen deshalb bestimmte Blüten an der für sie besonders auffälligen Farbe Ultraviolett. In der leuchtend rot gefärbten Blüte des Klatschmohns sitzen am Grunde der Blütenblätter schwarze Flecken. Man konnte nachweisen, dass diese »Saftmale« besonders viel ultraviolettes Licht reflektieren. Vermutlich strahlen diese Flecken für eine Biene in einem äußerst auffälligen Violett.

Manche Tiere besitzen auch Sinne, über die der Mensch nicht verfügt. So können sich Vögel zum Beispiel im Magnetfeld der Erde orientieren. Diese Fähigkeit ist für Zugvögel von besonderer Bedeutung, um ihre Winter- oder Sommerquartiere zu erreichen. Der Kleine Goldregenpfeifer fliegt mehr als 3200 Kilometer über das offene Meer ohne irgendwo landen zu können. So gelangt er zielsicher aus seinen Brutgebieten in Alaska zu den Hawaii-Inseln im Pazifik. Durch Experimente konnte man beweisen, dass auch manche Schmetterlinge einen Magnetsinn besitzen. Der in Nordamerika lebende Monarch-Falter wandert im Herbst in riesigen Schwärmen von Kanada nach Mexiko. Trotz der starken Beeinflussung durch den Wind fliegen die Falter sehr genau zu ihrem Ziel und überqueren dabei sogar das Meer. Auch Honigbienen setzen bei ihrer Orientierung einen Magnetsinn ein. Aber entscheidend für die Orientierung der Bienen sind die Augen. Die Fähigkeit von Bienen, oft über viele Kilometer hinweg wieder in ihren Stock zurückzufinden, ist erstaunlich. Dabei orientieren sie sich am Stand der Sonne. Sie merken sich die Dauer ihres Fluges für eine bestimmte Flugstrecke

4 Orientierung bei der Fledermaus

und berechnen daraus den Weg. Diese Verrechnung ist nur möglich, wenn die Tiere ein angeborenes »Zeitgefühl« besitzen. Dieses wird als »Innere Uhr« bezeichnet. Auch der Mensch hat ein solches Zeitgefühl, das zum Beispiel die Länge des Schlafs steuert.

In dem trüben Wasser tropischer Flüsse leben »Elektrofische« wie der Nilhecht. Diese Fische können mit speziellen Muskelzellen Elektrizität produzieren. Diese Elektrizität erzeugt um den Fisch herum eine unsichtbare Hülle, die als elektrisches Feld bezeichnet wird. Nähert sich der Fisch einem Hindernis, verändert sich das Feld. Diese Veränderungen kann der Fisch mit speziellen Sinneszellen in der Haut feststellen. So können sich diese Tiere orientieren, Beute finden oder auch mit Artgenossen kommunizieren.

5 Mohnblume. **A** vom Menschen gesehen; **B** von einer Honigbiene gesehen

Die Ausstattung von Tieren mit Sinnesorganen und ihrer Umwelt steht in engem Zusammenhang mit ihrer Lebensweise. Taubenschwänzchen sind Nachtfalter, die tagsüber auf Nahrungssuche gehen. Die Falter orientieren sich vorwiegend optisch, suchen also Blüten mit Hilfe ihres Sehvermögens. Dabei bevorzugen sie blaue und blauviolette Blüten. Sie lernen aber auch sehr schnell, wenn andere Blüten viel Nektar bieten und suchen diese dann gezielt auf. Alle anderen Nachtfalter verwenden zur Nahrungssuche auch ihren Geruchssinn. Die Geruchssinneszellen liegen auf den Fühlern. Die Fühler sind oft stark verzweigt und bieten dadurch eine große Oberfläche. So wird die Empfindlichkeit dieses Sinnesorgans deutlich gesteigert.

Auf den Fühlern von Stechmücken sitzen Schallsinnesorgane, die eine ganz besondere Form des Hörens ermöglichen. Man konnte zeigen, dass männliche Stechmücken die Stechmückenweibchen am Fluggeräusch erkennen. Das Fluggeräusch von Stechmücken ist ein helles Sirren. Der Ton entsteht durch die gleichmäßige Auf- und Abbewegung der Flügel. Beim Weibchen der Fiebermücke erfolgen in der Sekunde 380 Schwingungen, beim Männchen dagegen 510 Schwingungen pro Sekunde. Deshalb ist ihr Flugton in der Höhe unterschiedlich. Die Schallsinnesorgane auf den Fühlern der Stechmückenmännchen reagieren allein auf den Flugton eines Weibchens derselben Art. Andere Stechmücken werden nicht wahrgenommen. So wird sichergestellt, dass sich nur zueinander passende Stechmückenmännchen und -weibchen zur Paarung finden.

Jede Tierart hat also, entsprechend der Ausstattung und der Leistungsfähigkeit ihrer Sinnesorgane, eine eigene *Sinneswelt.* Diese sieht bei landbewohnenden Tieren ganz anders aus als bei Tieren im Wasser oder im Boden. Beispielsweise hat der an der Wasseroberfläche von Teichen und Tümpeln lebende Taumelkäfer je zwei Augenhälften, die für das Sehen über beziehungsweise unter der Wasseroberfläche eingerichtet sind. Manchmal ist sogar die Sinneswelt von Männchen und Weibchen derselben Tierart unterschiedlich. Dies ist zum Beispiel bei einigen Insekten der Fall. Die Sinneswelten der Tiere wurden im Lauf langer Zeiträume als Angepasstheit an die Lebensweise und den Lebensraum entwickelt. Sie sind von der Wahrnehmung des Menschen meist sehr verschieden.

1 Sammle Beispiele für Sinnesleistungen von Tieren, die beim Menschen nicht bekannt sind. Nenne technische Geräte, mit denen Menschen diese Sinnesleistungen nachvollziehen können.

2 Diskutiert in der Gruppe, inwieweit die Sinnesleistungen eines Hundes eine Angepasstheit an seine Lebensweise darstellen.

6 Taubenschwänzchen

7 Kopf einer Stechmücke

Wissen kompakt Besondere Sinnesleistungen

Name: Nilhecht (Fische)
Lebensraum: Nordafrikanische Flüsse; sehr trübes Wasser; nachtaktiv
Nahrung: Würmer, Insektenlarven im Flussboden
Spezielle Sinnesorgane: Elektrorezeptoren zur Messung von Veränderungen einer selbst erzeugten Elektrizität (Beutefang, Orientierung)

Name: Zecke (Milben, Spinnentiere)
Lebensraum: Wälder, Gebüsche, Wiesen
Nahrung: Blut von Säugetieren und Menschen
Spezielle Sinnesorgane: Geruchssinnesorgane an der Oberseite des 1. Beinpaares; Wärmesensoren an den Spitzen der Hinterbeine

Name: Klapperschlange (Schlangen)
Lebensraum: Nordamerikanische Wüsten
Nahrung: Kleine Vögel, Mäuse
Spezielle Sinnesorgane: Wärmesensoren in den beiden Grubenorganen vor den Augen (Beutefang)

Name: Karpfen (Fische)
Lebensraum: Teiche, Seen, langsam fließende Flüsse
Nahrung: Pflanzen, Kleintiere
Spezielle Sinnesorgane: Seitenlinienorgan; dient zur Feststellung von Änderungen der Strömungsverhältnisse in der Umgebung, zum Beispiel durch Hindernisse

1 Recherchiere und erläutere das ständige Züngeln einer Schlange beim Beutefang.

2 Begründe, weshalb die Seitenlinienorgane der Fische auch als Ferntastsinnesorgane bezeichnet werden.

Wissen vernetzt Überblick und Vergleich von Sinnesorganen

A1 Auf einer Kirmes ist was los

Auf einer Kirmes ist immer etwas los. Manchmal wird eine Kirmes sogar als ein »Fest für die Sinne« bezeichnet.

Aufgabe: Diskutiert in der Gruppe, welche Sinne an folgenden Stationen einer Kirmes besonders angesprochen werden: Achterbahn, Heringsbraterei, Festzelt, Autoscooter, Spiegellabyrinth, Wildwasserrutsche. Erstellt eine Tabelle.

A2 Fühler bei Schmetterlingen

Die Fühler eines Nachtfaltermännchens sind deutlich größer als die Fühler des dazugehörigen Weibchens, aber bei beiden sind die Fühler gefiedert. Die von Tagfaltern sind dagegen nicht gefiedert. Dafür sind deren Augen deutlich größer als die von Nachtfaltern.

Aufgabe: Stelle begründete Vermutungen zur Erklärung dieser Unterschiede als Angepasstheit auf. Berücksichtige auch den Zusammenhang von Struktur und Funktion.

A3 Brennnesseln können weh tun

Die Berührung eines Brennnesselblattes ist meist schmerzhaft. Die Untersuchung des Blattes mit dem Mikroskop zeigt feine Haare mit runder Spitze. Bei der Berührung eines solchen Haares bricht die Spitze ab und das Haar bohrt sich in die Haut. Gleichzeitig wird der flüssige Inhalt des Haares, eine Säure, in die Haut gespritzt.

Aufgaben:

a) Beschreibe die Vorgänge, die im Körper ablaufen, vom Berühren eines Brennhaares bis zur Wahrnehmung des Schmerzes.

b) Stelle eine Vermutung zur Funktion der Brennhaare an.

c) Zeige den Zusammenhang von Struktur und Funktion für die Brennhaare einer Brennnessel auf und erkläre sie als Angepasstheit.

A4 Können Wale hören?

Wale sind Meeresbewohner. Ihnen fehlt das Außenohr und der Gehörgang ist verkümmert. Das Mittelohr beginnt mit einem funktionslosen Trommelfell und die Gehörknöchelchen sind miteinander verwachsen, also ebenfalls funktionslos. Das Innenohr mit der Schnecke ist dagegen gut ausgebildet.

Aufgabe: Diskutiert in der Gruppe, ob Wale taub sind. Berücksichtigt dabei eigene Erfahrungen, ob man unter Wasser hören kann.

A5 Ein Tor wird geschossen

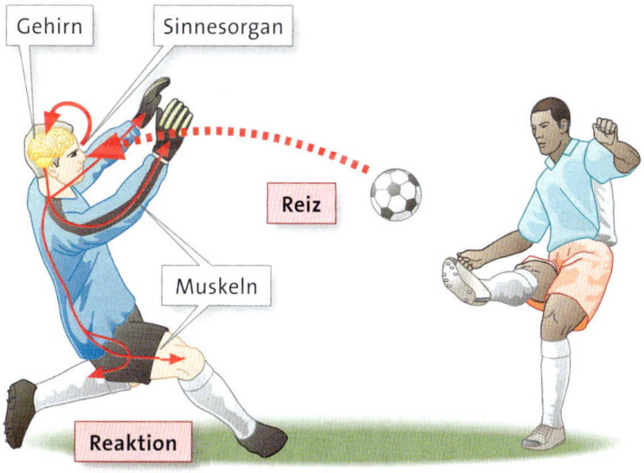

Ein Torschuss während eines Fußballspiels ist immer ein ganz besonders spannender Moment. Der Schütze läuft auf das Tor zu und zielt meist in eine bestimmte Torecke. Der Torwart hechtet in die Ecke und versucht den Ball abzuwehren.

Aufgaben:

a) Erläutere an diesem Beispiel den Reiz-Reaktions-Zusammenhang. Übertrage das abgebildete Schema in dein Heft und füge die passenden allgemeinen Begriffe ein.

b) Beurteile kritisch die Aussage: »Ein Torwart kann durch fleißiges Training sein Reaktionsvermögen verbessern«.

A6 Farbensehen bei Säugetieren

Das Auge der meisten Säugetiere ist ähnlich gebaut wie das Auge des Menschen. Ob aber der Eindruck, den diese Tiere von ihrer Umwelt haben, dem des Menschen gleicht, weiß man nicht. Immerhin hat man durch Experimente herausgefunden, dass zum Beispiel Pferde alle Farben außer Rot, eine Hausmaus dagegen nur Gelb und Rot sehen kann. Goldhamster und Kaninchen erwiesen sich als völlig farbenblind.

Aufgabe: Stelle Vermutungen an über einen Zusammenhang zwischen der Einschränkung des Farbensehens und den Lebensbedingungen der jeweiligen Tiere. Wende das Basiskonzept Angepasstheit an.

A7 Hören bei der Fledermaus

Die Große Hufeisennase ist eine einheimische Fledermaus. Diese Tiere jagen nachts nach fliegenden Insekten, vor allem Nachtfaltern. Während des Fluges stoßen sie kurze Schreie aus, deren Töne so hoch sind, dass sie für Menschen unhörbar sind. Man bezeichnet diesen Schall als Ultraschall. Das Echo dieser Ultraschallwellen wird von Objekten der Umgebung reflektiert. Auf diese Weise kann die Beute von den Fledermäusen geortet werden.

Durch nächtliche Filmaufnahmen konnte man erkennen, dass die Fledermäuse während des Fliegens ständig ihre Ohren bewegen. Daraufhin fixierte man die Ohren mit Klebeband. Die Fledermäuse flogen genauso wie vorher, bewegten nun aber während des Fluges ständig den Kopf.

Aufgaben:

a) Erläutere anhand einer Skizze die Jagdweise einer Fledermaus.

b) Stelle eine begründete Vermutung auf für die Bewegung der Ohren während des Fluges. Interpretiere die Bedeutung der Kopfbewegungen im beschriebenen Experiment.

c) Wenn manche Nachtfalter die Ultraschallschreie von Fledermäusen hören, legen sie ihre Flügel an und lassen sich auf den Boden fallen. Erläutere dieses Verhalten als Angepasstheit an die Lebensbedingungen.

Sexualität und Entwicklung beim Menschen

Aufklärung ist schwierig

Stellt in einem kurzen Vortrag die Schwierigkeiten dar, die der Papa offensichtlich mit der Bewältigung des Themas hat.

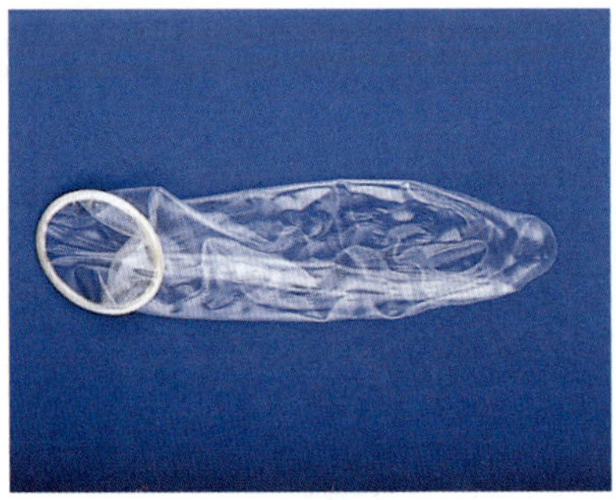

Ein merkwürdiger Luftballon?

Die abgebildete dünne Gummihaut kann man zwar aufblasen, aber dies ist nicht ihr eigentlicher Verwendungszweck.

Stellt gemeinsame Überlegungen zur Verwendung dieser Gummihaut an.

Taxifahrer als Geburtshelfer

Bericht aus dem Müllstädter Abendblatt:

Erkundigt euch bei euren Eltern oder anderen Erwachsenen, inwieweit diese Geschichte glaubwürdig ist. Sind Mutter und Kind in einer solchen Geburtssituation nicht gefährdet?

Stellt euch selbst weitere Fragen zu dieser Zeitungsnotiz und sucht Antworten.

(RZ) Gestern Abend erhielt Taxifahrer Rudi B. den Auftrag, die hochschwangere Karin K. ins Krankenhaus zu fahren. Die Geburtswehen hatten bereits eingesetzt. Unterwegs begann die Geburt des Kindes. Taxifahrer Rudi B. wurde zum Geburtshelfer und brachte das Kind, einen gesunden Jungen, zur Welt. Mutter und Kind sind wohlauf, Rudi B. musste ärztlich versorgt werden.

Krabbelphase

Das abgebildete Kind ist noch nicht ganz ein Jahr alt. Es befindet sich in der Krabbelphase, in der sich die Kinder auf allen Vieren bewegen.

Informiert Euch in der Literatur oder im Internet über die Entwicklung eines Kindes in den ersten beiden Lebensjahren. Stellt eure Ergebnisse auf einer Pinnwand im Klassenzimmer zusammen.

Typisch männlich – typisch weiblich?

Vergleicht die beiden Abbildungen. Besprecht in der Gruppe, ob die jeweils genannten Adjektive zutreffend sind, oder ob Manches anders formuliert werden müsste. Tragt das Ergebnis in der Klasse vor.

Wie kommt das Männlein in die Spermienzelle?

Im 17. Jahrhundert. wurden die ersten mikroskopischen Untersuchungen durchgeführt. Der niederländische Brillenschleifer *Antonin van* LEEUWENHOEK untersuchte viele biologische Objekte, darunter auch die Spermien eines Mannes (A). Etwa 25 Jahre später wiederholte ein anderer Niederländer, *Nicolas* HARTSOEKER, diese Untersuchung (B).

Vergleicht die beiden Zeichnungen mit einer modernen mikroskopischen Aufnahme. Recherchiert dazu im Internet und in der Literatur.

Stellt Vermutungen an, was LEEUWENHOEK und HARTSOEKER zu diesen Zeichnungen veranlasst haben könnte.

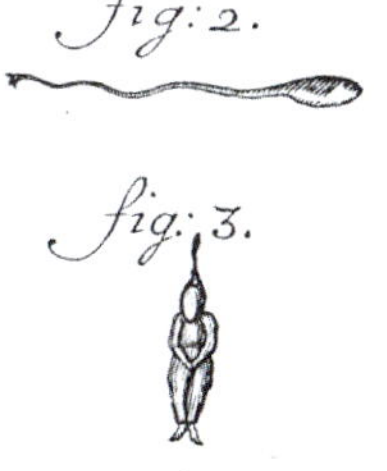

A

B

1 Auf dem Weg zum Erwachsenwerden

Im ersten Lebensjahr entwickelt sich ein Säugling zum Kleinkind. Er bekommt einige Zähne, bewegt sich krabbelnd vorwärts und formt die ersten Laute. Die Entwicklung vom Kind zum Erwachsenen dauert ungleich länger: Jugendliche durchlaufen dabei das Stadium der **Pubertät.** Der Name leitet sich vom Lateinischen *pubertas* ab, das so viel wie »Geschlechtsreife« bedeutet. Diese Zeit ist nicht nur durch viele körperliche Veränderungen, wie zum Beispiel ein deutliches Längenwachstum, gekennzeichnet. Gleichzeitig verändert sich auch die Gefühlswelt. Im Gegensatz zum Übergang vom Säugling zum Kleinkind erleben die Jugendlichen den Übergang zum Erwachsensein außerdem bewusst – und auch das kann mit einigen Schwierigkeiten verbunden sein.

Hobbys, die gestern noch Spaß gemacht haben, erscheinen plötzlich uninteressant. Fernsehsendungen, die man gerne angeschaut hat, kommen einem langweilig und kindisch vor. Die Interessen wandeln sich. Gleichzeitig werden neben den Mitgliedern der eigenen Familie andere Personen wichtiger, mit denen man nun viel Zeit verbringt: Freund oder Freundin. Das ist auch für die Eltern eine neue Erfahrung. Während der Pubertät können außerdem extreme Stimmungsschwankungen auftreten: An manchen Tagen ist man »zu Tode betrübt«, an anderen Tagen fühlt man sich »Himmel hoch jauchzend«.

1 Stimmung während der Pubertät

Der Auslöser für die veränderten Stimmungen, Gefühle und Verhaltensweisen sind **Hormone,** die im Körper als Botenstoffe wirken. Ab der einsetzenden Pubertät werden diese Hormone verstärkt in verschiedenen Organen gebildet und durch das Blut im gesamten Körper verteilt. Über den Blutkreislauf gelangen sie an ihren jeweiligen Wirkort, zum Beispiel das Gehirn. Dort bewirken sie dann zum Beispiel Änderungen in Gefühlslage und Verhaltensweisen.

2 Menschliche Entwicklung. **A** Baby; **B** Kind; **C** Jugendliche

Am Anfang der Pubertät erfolgt die Hormonproduktion in Schüben und noch nicht so gleichmäßig wie bei einem Erwachsenen. Das erklärt die Stimmungsschwankungen. Mit zunehmendem Alter verläuft die Hormonproduktion dann immer kontinuierlicher und das Verhalten wird ausgeglichener.

Beim Erwachsenwerden kann man sich manchmal ganz schön verloren fühlen. Man weiß einfach nicht so recht, wo man hingehört. Einerseits ist man kein kleines Kind mehr, andererseits gehört man auch noch nicht richtig zur Erwachsenenwelt. Aus dieser Unsicherheit heraus betrachtet man sich selbst vielleicht auch besonders kritisch und ist mit vielem nicht zufrieden: Sei es, dass man an seinem Körper etwas auszusetzen hat, sei es, dass man sein eigenes Verhalten nicht als »cool« genug empfindet. Erwachsene scheinen immer alles besser zu können und alles besser zu wissen. Das versucht man in Gesprächen vielleicht durch forsches Auftreten auszugleichen. Dies kann zu Streit mit den Erwachsenen führen. Man fühlt sich noch mehr missverstanden und nicht ernst genommen, die Verunsicherung nimmt zu.

Dem Teufelskreis der Unsicherheit kann man entkommen, wenn man das Selbstbewusstsein entwickelt, sich so zu akzeptieren, wie man ist. Dabei hilft auch die Clique Gleichaltriger, in der man sich oft wohler fühlt, weil alle ähnlich denken und ähnliche Probleme haben. Wichtig ist aber auch, dass man sich durch die Gruppe nicht zu Handlungen verleiten oder zwingen lässt, die man später bereut. Man sollte immer selbstbewusst entscheiden, ob man etwas wirklich selber möchte. Meist zeugt es von viel mehr Erwachsensein, in der Gruppe auch einmal »nein« zu sagen, als alles mitzumachen. Dazu gehören das Selbstbewusstsein und der Mut, für die eigene Meinung einzustehen.

1 Bewerte das Verhalten der drei Jugendlichen in Abbildung 4.

2 Diskutiert in Gruppen, was den Jugendlichen in Abbildung 5 wohl durch den Kopf gehen könnte. Notiert mögliche Ängste und Hoffnungen.

3 Überlege, wie man für sich selbst mehr Verantwortung übernehmen kann.

3 Streit mit den Eltern

4 Mutprobe in der Clique

5 Wie soll ich es ihr sagen?

2 Bau und Funktion der Geschlechtsmerkmale

2.1 Vom Jungen zum Mann

Während der Pubertät verändert sich der Körper unter dem Einfluss von Hormonen. Deutlich kann man die Veränderungen vom Jungen zum Mann an den Geschlechtsorganen erkennen. Das Glied wird länger und der Hodensack größer. Weil die Geschlechtsorgane seit der Geburt vorhanden sind und das Geschlecht unverwechselbar festlegen, werden sie **primäre Geschlechtsmerkmale** genannt.

Der Körper erfährt bei Jungen in der Pubertät seinen letzten Wachstumsschub. Die gesamte äußere Erscheinung ist starken Veränderungen unterworfen. Der Körper wird »eckiger«, die Schultern verbreitern sich, während das Becken schmal bleibt. Der Oberkörper erinnert in seinem Umriss an ein »V«. Auch die Körperbehaarung nimmt insgesamt zu. So wachsen Haare unter den Achseln und oberhalb des Glieds. Letztere werden Schamhaare genannt. Schließlich beginnt auch der Bartwuchs mit einem Flaum auf der Oberlippe. Bei einigen Männern wachsen zusätzlich noch Haare auf Brust, Bauch und Rücken.

Diese zusätzlichen charakteristischen Veränderungen der körperlichen Erscheinung, die erst während der Pubertät auftreten, nennt man **sekundäre Geschlechtsmerkmale.** Eine weitere typische Veränderung bei Jungen ist der Stimmbruch. Dieser kommt zustande, weil mit dem Kehlkopf auch die Stimmbänder bis auf das Doppelte ihrer ursprünglichen Länge wachsen. Wenn Luft an den Stimmbändern vorbeistreicht, werden diese in Schwingungen versetzt und erzeugen Töne. Je länger die Stimmbänder sind, desto tiefer sind die erzeugten Töne. Deshalb hat eine Männerstimme eine deutlich tiefere Klangfarbe als die eines Jungen. Die tiefere Stimme eines Mannes ist ebenfalls ein sekundäres Geschlechtsmerkmal.

Die beschriebenen Veränderungen ziehen sich über mehrere Jahre hin. Dabei gibt es zwischen einzelnen Personen deutliche Unterschiede im zeitlichen Verlauf der Pubertät. Das Ergebnis der Veränderungen ist letztlich bei allen Jungen ähnlich. Man sollte den eigenen Körper selbstbewusst akzeptieren, wie er ist, denn der Wert einer Person wird nicht nach dem Beginn oder dem Entwicklungsfortschritt der Pubertät bemessen.

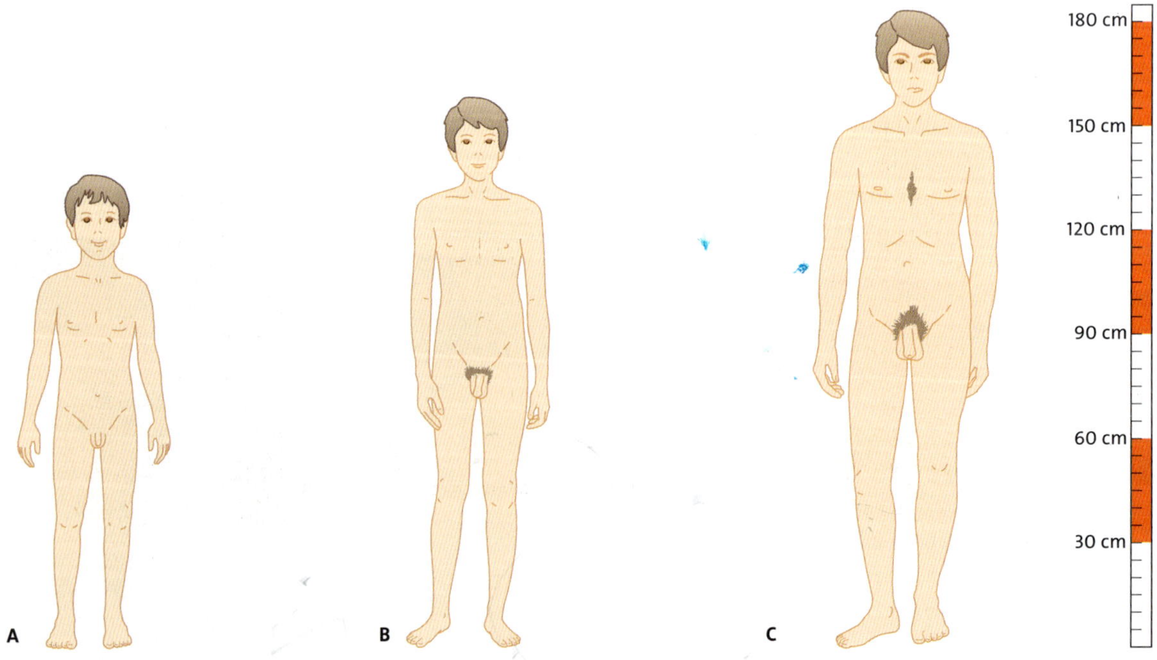

1 Entwicklung vom Jungen zum Mann. A 11 Jahre; **B** 13 Jahre; **C** 16 Jahre

Die Hoden sind die männlichen Geschlechtsdrüsen. In ihnen werden männliche Geschlechtshormone, vor allem das Testosteron, und auch die Spermien gebildet. Die Spermien werden in den Nebenhoden gespeichert. Bei einer entsprechenden Erregung gelangen die Spermien zusammen mit etwas Flüssigkeit über die beiden Spermienleiter zur Harn-Spermien-Röhre. Die Flüssigkeit stammt aus der Vorsteher- und der Bläschendrüse. Das Ausstoßen der jeweils über 100 Millionen Spermien heißt Spermaerguss oder *Ejakulation* und ist mit lustvollen Gefühlen, dem *Orgasmus*, verbunden.

Während der Ejakulation ist das Glied steif, weil sich die beiden Schwellkörper mit Blut gefüllt haben. Nur so versteift kann das Glied in die Scheide einer Frau eingeführt werden. Die Versteifung des Glieds heißt *Erektion* und wird zum Beispiel durch Berührungen verursacht. Ein Junge kann so einen Orgasmus selbst herbeiführen. Das nennt man Selbstbefriedigung. Dies ist eine natürliche Verhaltensweise, für die man sich nicht schämen muss. Die Selbstbefriedigung kann helfen, den eigenen Körper besser kennen zu lernen. Während der Pubertät kann es auch nachts manchmal zu unbewussten Ejakulationen kommen. Auch das ist in diesem Alter normal und kein Grund, besorgt zu sein.

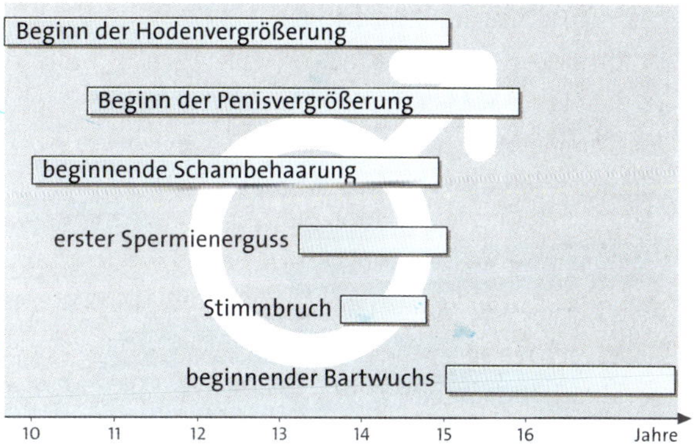

3 Veränderungen beim Jungen

Durch die erhöhte Hormonproduktion werden die Hautdrüsen zu intensiverer Talg- und Schweißproduktion angeregt. Beim Abbau von Schweiß durch Hautbakterien können besonders in den Achselhöhlen unangenehme Gerüche auftreten. Deshalb sollte man sich regelmäßig gründlich waschen und eventuell auch ein Deodorant benutzen. Bei der Reinigung des Gliedes muss die Vorhaut zurückgezogen und der darunterliegende Teil gesäubert werden, um Geruchsbelästigungen und Entzündungen vorzubeugen.

1 Beschreibe den Weg, den Spermien von der Entstehung bis zur Ejakulation durchlaufen.

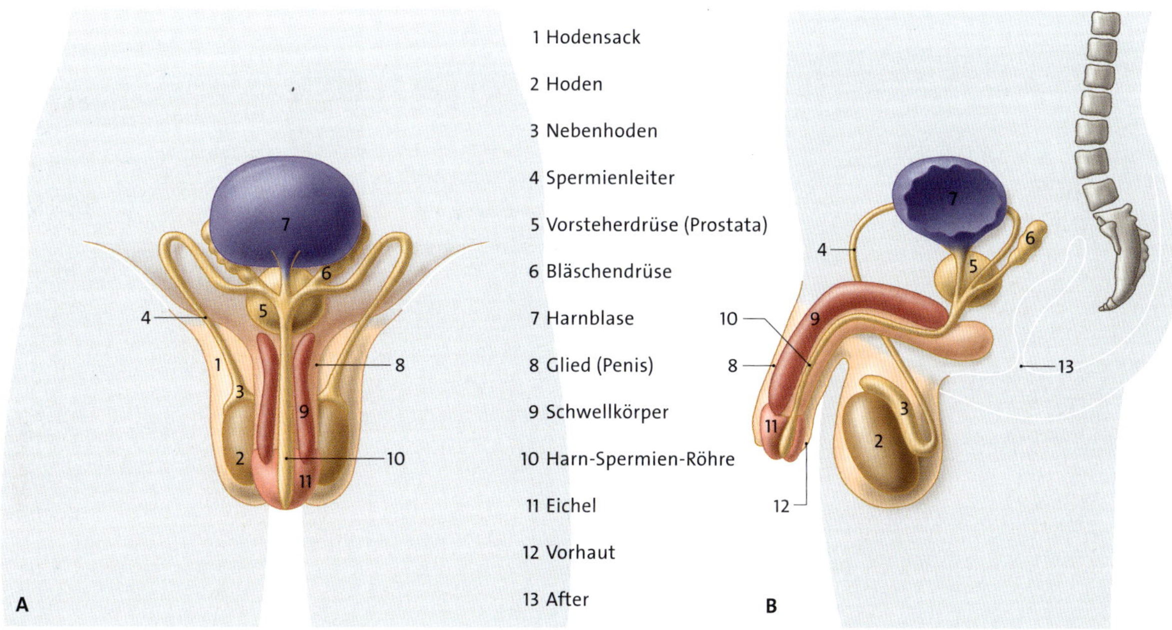

2 Männliche primäre Geschlechtsorgane. **A** Aufsicht; **B** Seitenansicht

2.2 Vom Mädchen zur Frau

Auch bei den Mädchen verändern sich unter dem Einfluss von Hormonen während der Pubertät die primären Geschlechtsorgane. Allerdings kann man das äußerlich kaum feststellen, denn deren Entwicklung findet im Körperinneren statt. Wie bei den Jungen erfährt der Körper nun seinen letzten Wachstumsschub. Dabei werden die Körperformen rundlicher. Dies geschieht, weil sich in die unteren Hautschichten mehr Fett einlagert. Auf diese Weise beginnt der Körper, Reservestoffe aufzubauen, die später während einer Schwangerschaft notwendig sind.

Bei den Mädchen verbreitert sich nicht die Schulterregion, sondern das Becken. Dadurch wird gleichzeitig die schmalere Taille betont. Ein breiteres Becken erleichtert die Geburt eines Kindes. Neben der veränderten Körperform zählen auch die sich entwickelnden Brüste mit den großen Brustwarzen zu den sekundären Geschlechtsmerkmalen der Mädchen. Die Körperbehaarung der Mädchen nimmt ebenfalls zu, ist aber auf Achsel- und Schamhaare beschränkt.

Auch bei Mädchen wächst der Kehlkopf mit dem übrigen Körper, sodass die Länge der Stimmbänder zunimmt. Deshalb bekommen Mädchen ebenfalls eine tiefere Stimme, allerdings ist die Absenkung nicht so intensiv wie bei Jungen. Alle Veränderungen treten wie bei den Jungen nicht auf einmal auf, sondern ziehen sich ebenfalls über mehrere Jahre hin. Es gibt deutliche Unterschiede im zeitlichen Verlauf der Pubertät bei einzelnen Personen. Und auch bei den Mädchen ist das Ergebnis der Veränderungen nach Abschluss dieser Entwicklungszeit letztlich ähnlich.

Für Mädchen ist es vielleicht noch schwieriger als für Jungen, ihren Körper so zu akzeptieren, wie er ist. Dies zeigt sich zum Beispiel daran, dass der überwiegende Teil der Jugendlichen, der unter Essstörungen wie Magersucht leidet, weiblich ist. Durch Umwelt und Werbung wird in der westlichen Welt derzeit ein besonders schlanker Frauentyp favorisiert. Auch die Kleidermode ist seit einigen Jahren sehr figurbetont. Mädchen sollen auf jeden Fall das Selbstbewusstsein entwickeln, ihre Figur zu akzeptieren und ihren eigenen Typ zu finden. Hilfreich kann dabei auch die Erkenntnis sein, dass andere Kulturkreise durchaus abweichende Ansichten zur idealen Figur einer Frau entwickelt haben. Hier können zum Beispiel Rundungen sehr gewünscht sein.

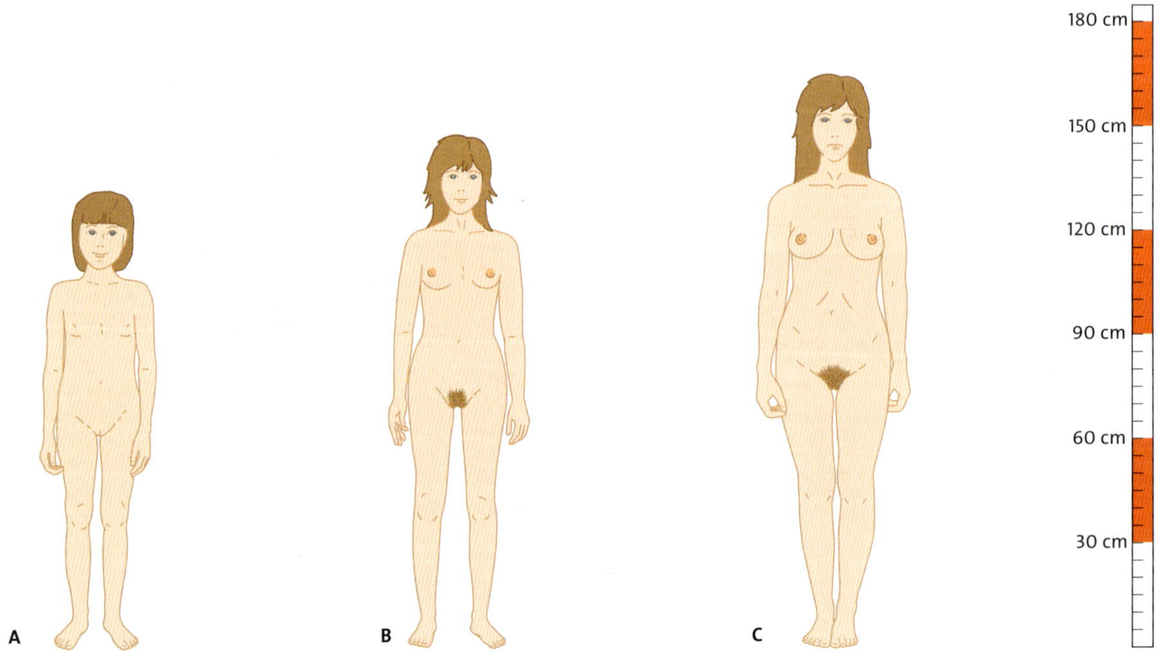

1 Entwicklung vom Mädchen zur Frau. **A** 11 Jahre; **B** 13 Jahre; **C** 16 Jahre

Die weiblichen Geschlechtsdrüsen sind die Eierstöcke. Sie sind etwa walnussgroß und liegen im Bauchraum. In ihnen wird unter anderem das weibliche Geschlechtshormon Östrogen gebildet. Außerdem befinden sich in jedem Eierstock bei der Geburt bereits viele unreife Eizellen. Ab der Pubertät reifen einzelne Eizellen heran und gelangen aus dem Eierstock über die etwa bleistiftdicken Eileiter in die Gebärmutter. Diese ist ein Hohlmuskel, etwa in der Größe einer Birne. Die Gebärmutter ist innen von einer Schleimhaut ausgekleidet. Von der Gebärmutter führt die Scheide nach außen. Die Scheide ist etwa zehn Zentimeter lang und weist innen ebenfalls eine Schleimhaut auf.

Die Öffnung der Scheide wird nach außen durch die kleinen Schamlippen begrenzt. Etwas oberhalb des Scheideneinganges endet die Harnröhre. Wo die beiden kleinen Schamlippen zusammentreffen, befindet sich der Kitzler. Wie der Name sagt, ist dieser leicht erregbar. Äußerlich sichtbar sind in der Regel nur die großen Schamlippen, die die inneren Organe schützen. Durch Berührungen des Kitzlers entstehen lustvolle Gefühle, die man auch selbst hervorrufen kann. Wegen einer Selbstbefriedigung muss sich niemand schämen. Sie kann vielmehr helfen, den eigenen Körper besser kennen zu lernen.

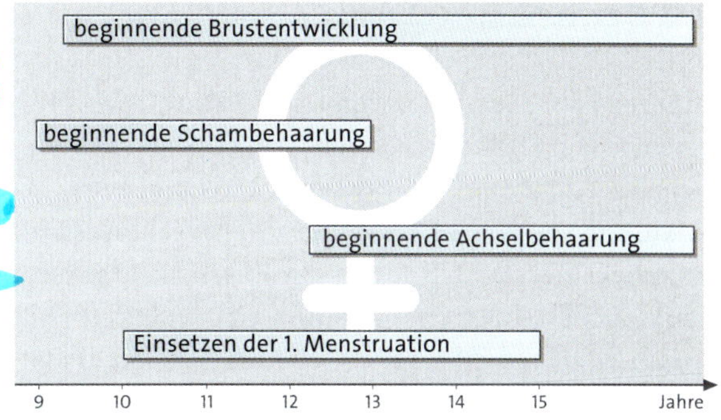

3 Veränderungen beim Mädchen

In der Pubertät kann die vermehrte Tätigkeit der Schweißdrüsen zur Geruchsbelästigung führen. Daher wird eine entsprechende Körperhygiene zunehmend wichtiger. Die Talgdrüsen der Haut produzieren wegen der sich verändernden Hormonkonzentrationen mehr Fett als sonst. Verstopft ein Talgkanal, entsteht ein *Mitesser.* Wenn es zu einer Entzündung durch Bakterien kommt, wird daraus ein *Pickel.*

1 Finde Beispiele dafür, dass die Umwelt für Männer und Frauen unterschiedliche Körperideale vorgibt.

2 Diskutiert in der Gruppe, ob man auf eine Gewichtszunahme während der Pubertät mit einer Diät reagieren sollte.

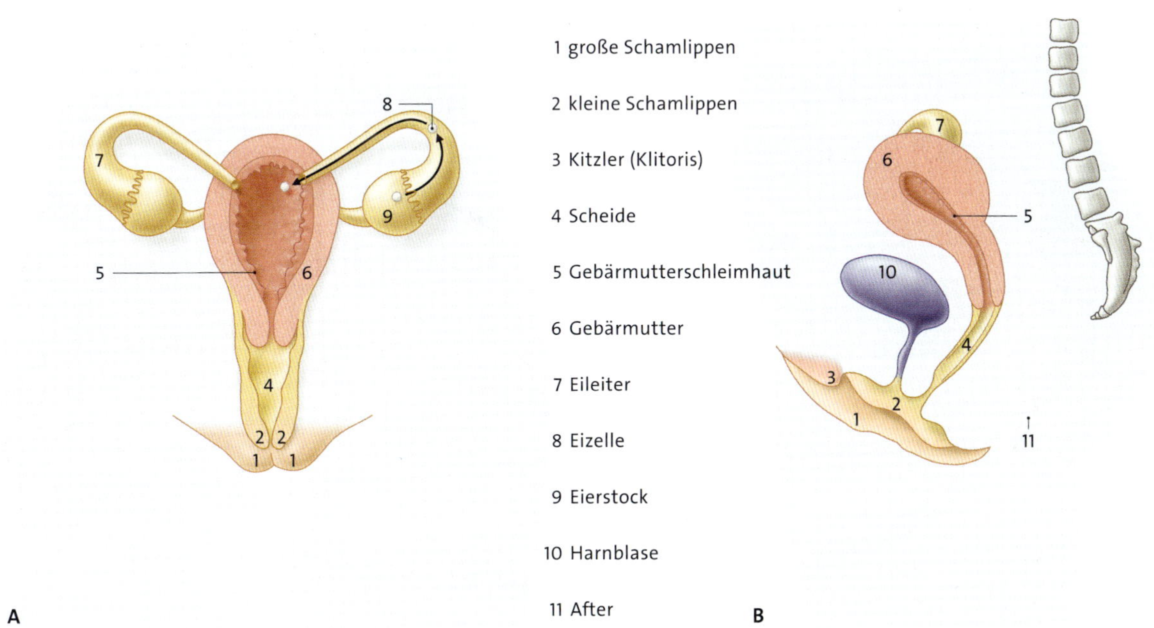

2 Weibliche primäre Geschlechtsorgane. A Aufsicht; **B** Seitenansicht

2.3 Der weibliche Zyklus

Während der Pubertät der Mädchen reifen erstmals Eizellen in den Eierstöcken heran. Der Auslöser für diese Eizellenreifung ist eine Drüse im Gehirn, die Hormone in die Blutbahn abgibt. Unter dem Einfluss dieser Hormone entwickeln sich in beiden Eierstöcken gleichzeitig jeweils einige der vielen unreifen Eizellen und wandern an den Rand des Eierstockes. Dabei bildet sich um jede Eizelle ein flüssigkeitsgefülltes Bläschen. Dieses bezeichnet man als *Follikel.* Während ihrer Reifung stellen die Follikel selbst ein weiteres Hormon her. Dies führt zur Verdickung der Schleimhäute der Gebärmutter. Dadurch wird die Gebärmutter auf die Aufnahme einer befruchteten Eizelle vorbereitet.

Nach etwa zwei Wochen haben die Follikel eine Größe von bis zu 25 Millimeter erreicht. Die nur walnussgroßen Eierstöcke werden durch die sich vergrößernden Follikel stark gedehnt. Manche Mädchen und Frauen spüren deshalb in dieser Phase des Zyklus ein leichtes Ziehen im Unterleib. Im Laufe der Reifung der Follikel bewegen sich die Eileiter mit den Eitrichtern zu den Eierstöcken und legen sich auf diese. In der Mitte des Zyklus platzt der größte der Follikel auf und entlässt die darin befindliche Eizelle. Man nennt dies **Eisprung** oder Ovulation. Die etwa 0,2 Millimeter große Eizelle wird vom Eitrichter aufgefangen und in den Eileiter geleitet. Hier wird sie durch feine Flimmerhärchen, die die Wände des Eileiters auskleiden, in die Gebärmutter transportiert. Wird die Eizelle im Eileiter nicht in den ersten Stunden befruchtet, geht sie zugrunde.

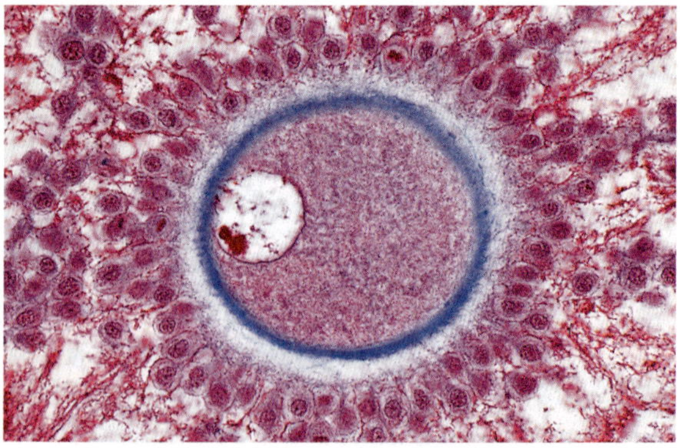

1 Eizelle des Menschen im lichtmikroskopischen Bild

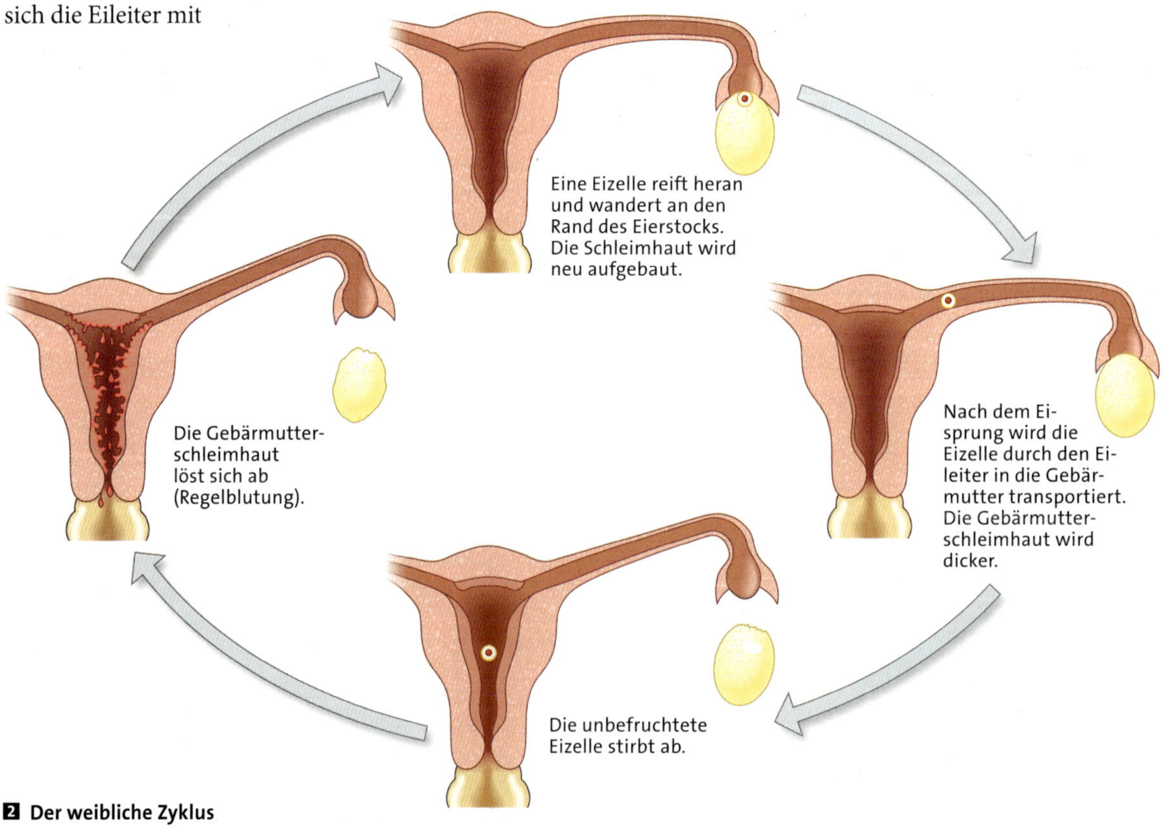

2 Der weibliche Zyklus

Der nun leere Follikel bleibt als sogenannter *Gelbkörper* noch einige Zeit weiter bestehen. Der Gelbkörper stellt weitere Hormone her, durch welche die Schleimhaut der Gebärmutter weiter heranwächst. Gleichzeitig werden die anderen Follikel zurückgebildet, sodass meist auch nur jeweils ein Ei »springt«.

Wenn keine Befruchtung eingetreten ist, stellt der Gelbkörper seine Hormonproduktion nach einigen Tagen ein und bildet sich zurück. Die verdickte Gebärmutterschleimhaut löst sich in kleinen Stücken von der muskulösen Gebärmutterwand ab. Dabei kommt es zu Blutungen. Das austretende Blut fließt zusammen mit den Schleimhautresten als Monatsblutung durch die Scheide nach außen. Weil sich dieser Vorgang regelmäßig wiederholt, heißt er auch Regelblutung oder Periode. Der wissenschaftliche Name dafür ist *Menstruation*. Er leitet sich von dem lateinischen Wort »mens« ab, das »Monat« bedeutet. Die Periode dauert etwa drei bis sechs Tage und man verliert dabei ungefähr 150 Milliliter Blut. Die Gebärmutter unterstützt das Ablösen der Schleimhaut durch rhythmisches Zusammenziehen. Deshalb ist die Monatsblutung für einige Frauen mit Unterleibsschmerzen verbunden.

Während der Monatsblutung reifen bereits die nächsten Eizellen in den beiden Eierstöcken heran und alle Vorgänge wiederholen sich. Ein solcher, fortdauernder Kreislauf wird auch als Zyklus bezeichnet. Der weibliche Zyklus beginnt jeweils mit dem ersten Tag der Monatsblutung und dauert im Durchschnitt vier Wochen. Der Eisprung findet etwa nach zwei Wochen in der Zyklusmitte statt. Trotzdem sind Zyklen mit drei bis fünf Wochen Dauer auch normal. Bei noch größeren Abweichungen sollte ärztlicher Rat gesucht werden. Während der Pubertät ist der Zyklus meist noch nicht regelmäßig: Sowohl die Abstände als auch die Dauer der Regelblutung können variieren. Das hängt damit zusammen, dass die Hormone noch nicht regelmäßig in gleich bleibenden Konzentrationen ausgeschüttet werden. Mit zunehmendem Alter erfolgen Hormonproduktion und Zyklus immer regelmäßiger. Damit man weiß, in welcher Phase des Zyklus man sich befindet, sollten die Tage mit einer Blutung in einem Kalender gekennzeichnet werden. Diesen Menstruationskalender sollte man zu Arztbesuchen immer mitnehmen.

Die erste Menstruation ist für viele Mädchen etwas Besonderes, handelt es sich doch um ein deutliches körperliches Zeichen, dass man ab jetzt schwanger werden kann. Zur Vorbereitung auf die Periode ist es sinnvoll, entsprechende Hygieneartikel mitzunehmen, die das austretende Blut aufsaugen können. Das kann außerhalb der Scheide durch eine Binde erfolgen. Binden werden in die Unterwäsche eingelegt. Das Blut kann auch bereits innerhalb des Körpers aufgesaugt werden. Dazu wird ein Tampon in die Scheide eingeführt. Tampons und Binden gibt es in verschiedenen Größen. Sie bestehen aus saugfähigem Material.

1 Berechne die mittlere Zykluslänge anhand der Kalendereintragungen in Abbildung 3.

2 Überlege, wann bei dem vorgestellten Zyklus wahrscheinlich jeweils der Eisprung stattgefunden hat.

Januar

Mo	Di	Mi	Do	Fr	Sa	So
		1	2	3	4	5
6	7	8	9	10	11	12
~~13~~	~~14~~	~~15~~	~~16~~	~~17~~	~~18~~	19
20	21	22	23	24	25	26
27	28	29	30	31		

Februar

Mo	Di	Mi	Do	Fr	Sa	So
					1	2
3	4	5	6	7	8	9
10	11	12	~~13~~	~~14~~	~~15~~	~~16~~
17	18	19	20	21	22	23
24	25	26	27	28		

März

Mo	Di	Mi	Do	Fr	Sa	So
					1	2
3	4	5	6	7	8	9
10	11	12	13	14	~~15~~	~~16~~
~~17~~	~~18~~	~~19~~	~~20~~	21	22	23
24	25	26	27	28	29	30
31						

April

Mo	Di	Mi	Do	Fr	Sa	So
	1	2	3	4	5	6
7	8	9	10	11	12	13
14	~~15~~	~~16~~	~~17~~	~~18~~	19	20
21	22	23	24	25	26	27
28	29	30				

Mai

Mo	Di	Mi	Do	Fr	Sa	So
			1	2	3	4
5	6	7	8	9	10	11
12	13	~~14~~	~~15~~	~~16~~	~~17~~	~~18~~
19	20	21	22	23	24	25
26	27	28	29	30	31	

Juni

Mo	Di	Mi	Do	Fr	Sa	So
						1
2	3	4	5	6	7	8
9	10	11	12	13	14	~~15~~
~~16~~	~~17~~	~~18~~	19	20	21	22
23	24	25	26	27	28	29
30						

3 Monatskalender mit Zykluseintragungen

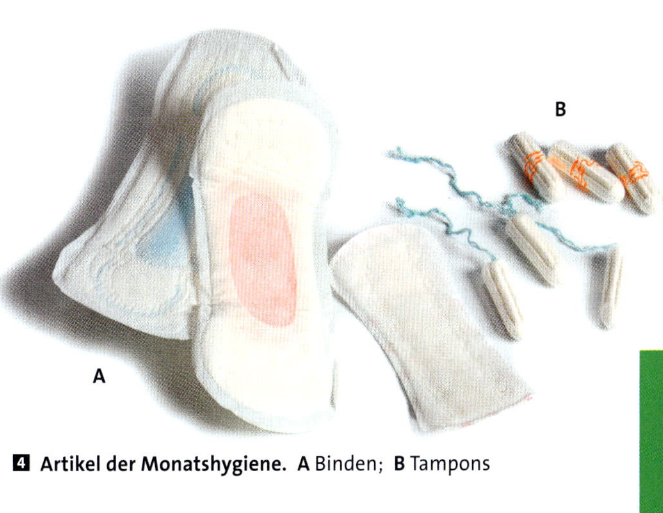

4 Artikel der Monatshygiene. **A** Binden; **B** Tampons

3 Liebe und Partnerschaft

Im Kindergarten und in der Grundschule spielen Jungen und Mädchen oft noch problemlos miteinander. In den ersten Klassen der weiterführenden Schulen bleiben Jungen und Mädchen dann oft lieber für sich. Das kann sich auch in den Sitzordnungen zeigen. Gibt es in einer Klasse beispielsweise nur noch einen freien Platz im »Mädchenblock«, ist einem neu in die Klasse kommenden Jungen die spöttische Aufmerksamkeit seiner Klassenkameraden sicher, wenn er sich auf diesen Platz setzen muss.

Das Interesse am anderen Geschlecht nimmt oft mit der Pubertät wieder zu. Erste Kontakte werden beispielsweise über Liebesbriefe geknüpft, weil man sich nicht traut, das Gegenüber anzusprechen. Bei diesen Annäherungsversuchen wird man oft kritisch von den jeweils anderen Gruppenmitgliedern beäugt. Dies kann zur Verunsicherung führen: Soll man sich so verhalten, wie es die eigenen Gruppenmitglieder erwarten, oder soll man das machen, was man selbst eigentlich gerade will? Dieser Zwiespalt führt vielleicht dazu, dass sich ein liebenswerter Junge in seiner Gruppe als »angeberischer Gernegroß« oder ein nettes Mädchen als »eingebildete Zicke« entpuppt.

Viele Jugendliche schwärmen für Sport- oder Musikstars des anderen Geschlechts. Diese Schwärmphase kann abgelöst werden durch den ersten Freund oder die erste Freundin. Wenn solch eine Beziehung dann länger dauert, lernt man, dass eine Partnerschaft auch auf wichtigen Grundwerten wie Zuverlässigkeit, Vertrauen und Rücksichtnahme beruht. Es kommt nicht nur darauf an, was man selbst möchte, sondern auch darauf, was der Partner möchte. Mit zunehmendem Alter und zunehmender Erfahrung wird man immer besser abschätzen können, ob die Empfindungen für den Partner länger andauern und so eine tragfähige Grundlage für eine Partnerschaft bilden können.

Menschen, die einander lieben, möchten sich gegenseitig berühren und streicheln. Das kann eine Umarmung sein, die beruhigen und Mut machen soll. Das kann aber auch zärtliches Streicheln sein, das als angenehm empfunden wird und unter Umständen sexuell erregend wirkt. Die Haut ist nämlich ein empfindliches Sinnesorgan, das auf Berührungen reagiert. Dabei gibt es Stellen, die besonders empfindlich sind. Die Bereiche, die beim Streicheln zu einer sexuellen Erregung führen, nennt man **erogene Zonen.** Zu diesen Hautbereichen gehören bei Mädchen vor allem die Brüste, das Gesäß und die Innenseiten der Oberschenkel. Bei Jungen und Mädchen sind die Geschlechtsorgane erogene Zonen.

1 Nur ein Platz war frei ...

Diese Körperteile haben für jeden Menschen eine sehr persönliche, intime Bedeutung. Deshalb ist es verständlich, dass Berührungen in diesen Bereichen nur dann stattfinden sollten, wenn die beiden Partner es wirklich wollen und nicht einer vom anderen dazu gedrängt oder überredet wird.

Wenn der Wunsch nach körperlicher Nähe größer wird, kann es sein, dass Mann und Frau miteinander schlafen. Dabei dringt der Mann mit seinem versteiften Glied in die Scheide der Frau ein. Die Scheide sondert dabei eine Gleitsubstanz ab, die das Eindringen erleichtert. Hatte die Frau bisher noch keinen **Geschlechtsverkehr,** ist die Scheide noch mit dem *Jungfernhäutchen* verschlossen. Das ist ein dehnbares Häutchen, das den Scheideneingang umgibt. Durch eine Öffnung kann das Blut der Periode herausfließen. Beim ersten Geschlechtsverkehr wird die Öffnung des Häutchens stark gedehnt und reißt meist ein. Das tut manchmal weh und kann auch zu leichten Blutungen führen. Durch die Bewegungen des Penis in der Scheide empfinden Mann und Frau ein angenehmes Gefühl, das sich bis zum Orgasmus steigern kann.

Wenn ein Paar sich einig ist, dass es noch nicht die Verantwortung für ein Kind übernehmen will, kann eine ungewollte Schwangerschaft mit Verhütungsmitteln verhindert werden. Wenn sich ein Paar jedoch für Kinder entschließt, dann übernimmt es Verantwortung für viele Jahre. Es begleitet die Kinder bis zu deren Selbstständigkeit. Das kann je nach Ausbildungsweg durchaus für zwanzig oder mehr Jahre sein. Manchmal kann es passieren, dass ein Paar während dieser langen Zeit feststellt, dass es nicht mehr zusammenleben möchte und sich scheiden lässt. Die Kinder werden dann in der Regel von einem Elternteil allein großgezogen. Möglich ist auch, dass Alleinerziehende erneut heiraten und jeweils Kinder in die neue Partnerschaft mitbringen. Es gibt auch Menschen, die sich zu gleichgeschlechtlichen Menschen hingezogen fühlen und mit diesen eine stabile Partnerschaft eingehen wollen. Auch solche homosexuellen Beziehungen sowohl zwischen Männern als auch zwischen Frauen sind möglich, wenn beide Partner sie aus freiem Willen eingehen.

1 Diskutiert in der Gruppe, wie Menschen in einer Partnerschaft Verantwortung füreinander übernehmen.

2 Erläutere, wie sich die Verantwortung füreinander im Laufe des Lebens verändert.

2 Beziehungen zwischen Menschen. A Junges Paar; B Familie im Urlaub; C altes Paar

4 Ein Kind entsteht

4.1 Befruchtung und Schwangerschaft

Während einer Ejakulation gelangen etwa 200 bis 300 Millionen Spermien in die Scheide der Frau. Die meisten Spermien fließen wieder aus der Scheide heraus. Einige schwimmen, angetrieben von ihrem Schwanzfaden, von der Scheide aus durch den Muttermund in die Gebärmutter hinein und von dort die beiden Eileiter hinauf. Hier treffen sie unter Umständen auf eine Eizelle und versuchen in diese einzudringen. Gelingt dies, wird der Schwanzfaden abgeworfen und nur der Kopf des Spermiums mit dem Zellkern gelangt in die Eizelle.

Sobald das erste Spermium eingedrungen ist, bildet sich um die Eizelle eine Hülle. Diese verhindert, dass weitere Spermien in die Eizelle eindringen können. So wird sichergestellt, dass nur ein einziges Spermium in die Eizelle gelangt. Die Verschmelzung von Eizelle und Spermium heißt **Befruchtung.** Die dabei entstehende Zelle wird *Zygote* genannt.

1 Eizelle mit Spermium

Die Zygote wird von den Flimmerhärchen des Eileiters in Richtung Gebärmutter transportiert, die sie nach vier bis fünf Tagen erreicht. Dabei teilt sich die Zygote zunächst in zwei gleich große Zellen, die aneinander haften bleiben. Dieses Stadium wird Zwei-Zellen-Stadium genannt. Durch erneute Teilung entsteht das Vier-Zellen-Stadium. Es folgen weitere Zellteilungen, bis schließlich der vielzellige *Bläschenkeim* entstanden ist. Dieser hat noch etwa die gleiche Größe wie die unbefruchtete Eizelle.

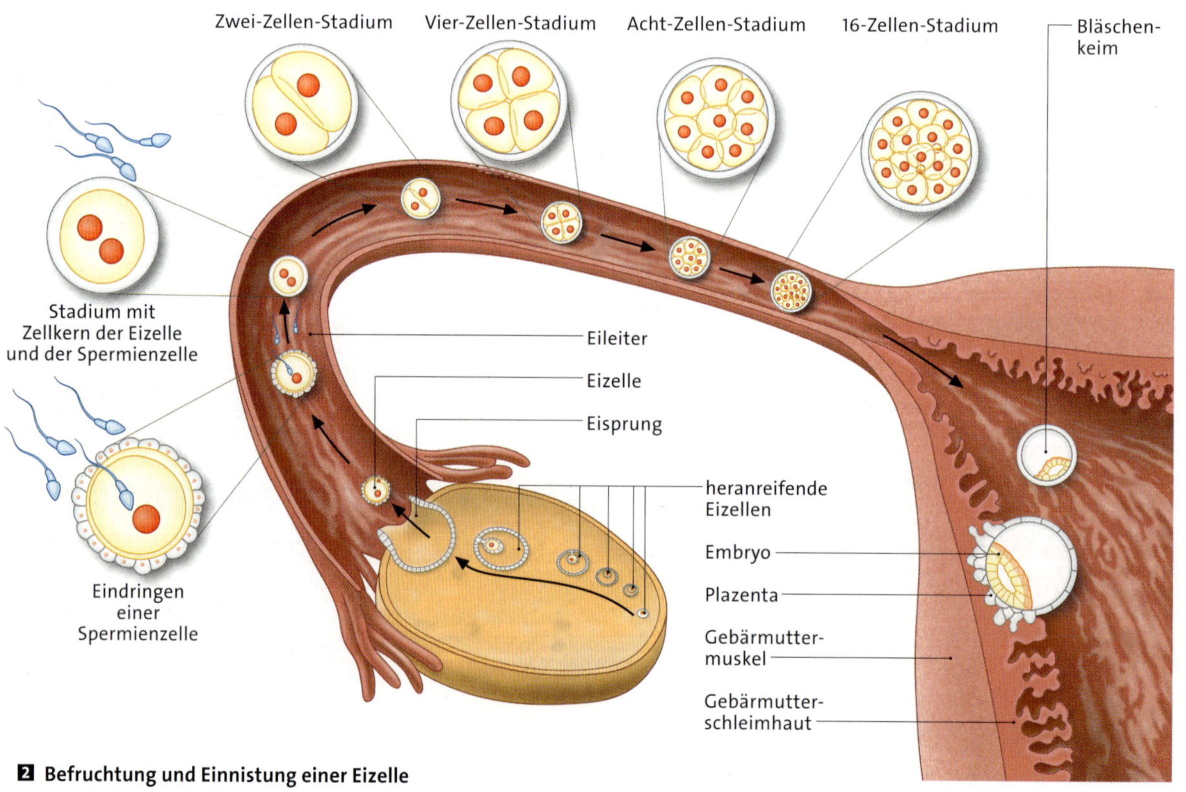

2 Befruchtung und Einnistung einer Eizelle

Der Bläschenkeim wächst etwa sechs Tage nach der Befruchtung in die verdickte Gebärmutterschleimhaut ein. Mit dieser **Einnistung** beginnt die **Schwangerschaft.** Gleichzeitig beginnt der Bläschenkeim mit der Bildung eines Hormons, das den Gelbkörper funktionsfähig hält. Das Hormon wird Schwangerschaftshormon genannt. Es kann mit einem Schwangerschaftstest aus der Apotheke im Urin der Frau schon nach wenigen Tagen nachgewiesen werden.

Die innen gelegenen Zellen des Bläschenkeims entwickeln sich zum menschlichen Keim oder **Embryo.** Die äußeren Zellen wachsen dagegen in die Gebärmutterschleimhaut hinein und bilden dort fingerförmige Ausstülpungen, die Zotten. Diese werden von mütterlichem Blut umspült. Über die Zotten nimmt der Embryo Sauerstoff und Nährstoffe aus dem Blut der Mutter auf. Kohlenstoffdioxid und viele Endprodukte werden ins Blut der Mutter abgegeben. Die Zotten bilden zusammen mit der Gebärmutterschleimhaut die **Plazenta,** die auch Mutterkuchen genannt wird. Von der Plazenta geht später die 50 bis 60 Zentimeter lange Nabelschnur aus. Die Nabelschnur führt zum Bauch des Kindes. In ihr befinden sich Blutgefäße, über die der Stoffaustausch mit der Mutter gewährleistet wird.

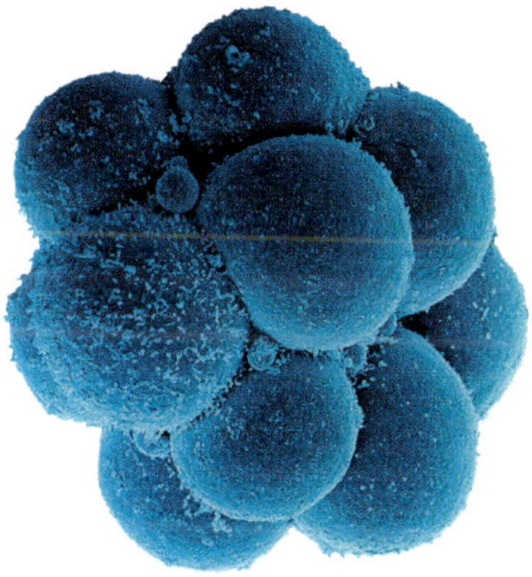

3 16-Zellen-Stadium

Ab der achten Schwangerschaftswoche ist der Embryo von einer Hülle umgeben, der *Fruchtblase.* Diese ist mit *Fruchtwasser* gefüllt, das den Embryo vollständig umgibt. Nach den ersten drei Monaten sind alle wichtigen Organe des Embryos angelegt. Von nun an heißt er *Fetus.* In den nächsten Monaten bis zur Geburt wachsen die Organe weiter heran. Die Geburt erfolgt etwa neun Monate nach der Befruchtung der Eizelle.

Neben den für die Entwicklung notwendigen Stoffen gelangen auch Schadstoffe über Plazenta und Nabelschnur in den Embryo. Frauen sollten ihren Körper deshalb während einer Schwangerschaft nicht mit

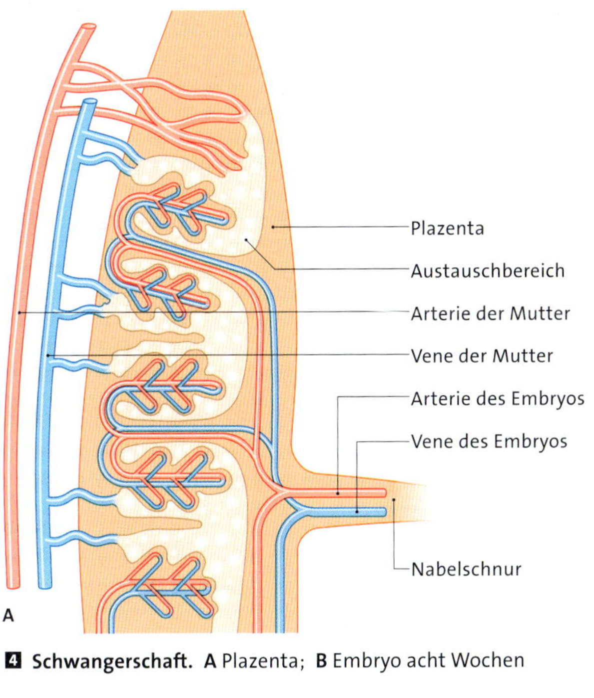

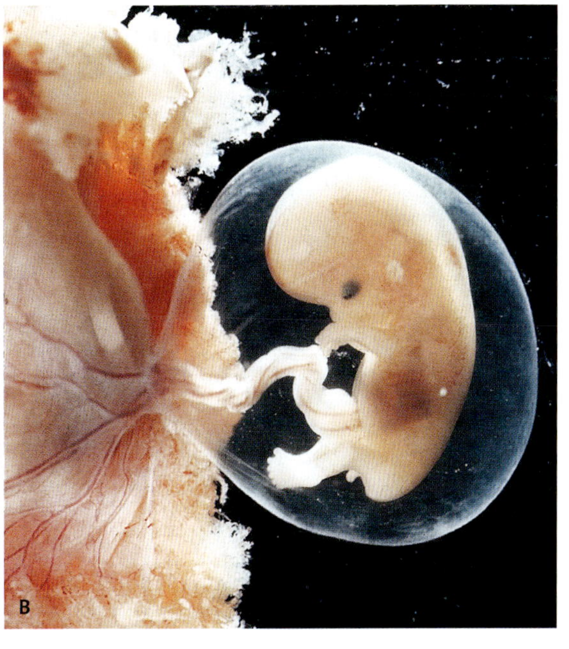

4 **Schwangerschaft.** **A** Plazenta; **B** Embryo acht Wochen

Schadstoffen belasten. Dies gilt selbstverständlich für Drogen wie Nikotin und Alkohol. Aber auch Medikamente, die für den mütterlichen Körper hilfreich sind, können sich auf den Embryo schädlich auswirken. Dies zeigte sich im Fall des Schlafmittels Contergan in den 50er und 60er Jahren des letzten Jahrhunderts. Wurde Contergan zwischen der 3. bis 14. Schwangerschaftswoche eingenommen, zeigten die Embryonen häufig eine Vielzahl von Wachstumsstörungen. Dies äußerte sich zum Beispiel durch stark verkürzte Extremitäten.

Auch Krankheitserreger können aus dem Körper der Mutter auf den Embryo übergehen und diesen schädigen. Deshalb werden Mädchen beispielsweise gegen die Krankheit Röteln geimpft. Erkrankt eine Schwangere an dieser Krankheit, kann das bei dem ungeborenen Kind unter anderem zu Herzfehlern und zur Taubheit führen. Durch Untersuchungen, zum Beispiel mit Hilfe eines Ultraschallgerätes, kann die Entwicklung des Fetus während der Schwangerschaft kontrolliert werden.

Die **Fortpflanzung** der Lebewesen gehört zu den Kennzeichen des Lebendigen. Wenn daran ein weiblicher und ein männlicher Elternteil beteiligt sind, spricht man von *sexueller Fortpflanzung*.

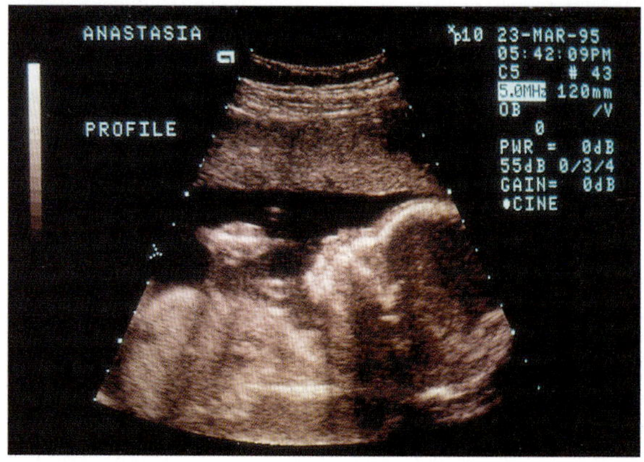

5 **Ultraschall-Bild**

Bei der sexuellen Fortpflanzung kommen die unterschiedlichen Merkmale der Elternindividuen in den Nachkommen neu zusammen. So erhöht sich die Vielfalt der Lebewesen innerhalb einer Art. Damit wird wahrscheinlicher, dass einige Individuen dieser Art auch bei sich verändernden Umweltbedingungen überleben. Die Fortpflanzung ermöglicht also den Fortbestand einer Art.

1 Stelle begründete Vermutungen auf, welche Vorteile es hat, dass der Embryo sich – von Fruchtwasser umgeben – in der Fruchtblase entwickelt.

2 Erkläre, warum der Embryo in der Gebärmutter nicht erstickt, obwohl er vollständig von Fruchtwasser umgeben ist.

3 Recherchiere, welche Schädigungen eine Windpocken-Erkrankung einem Embryo zufügen kann.

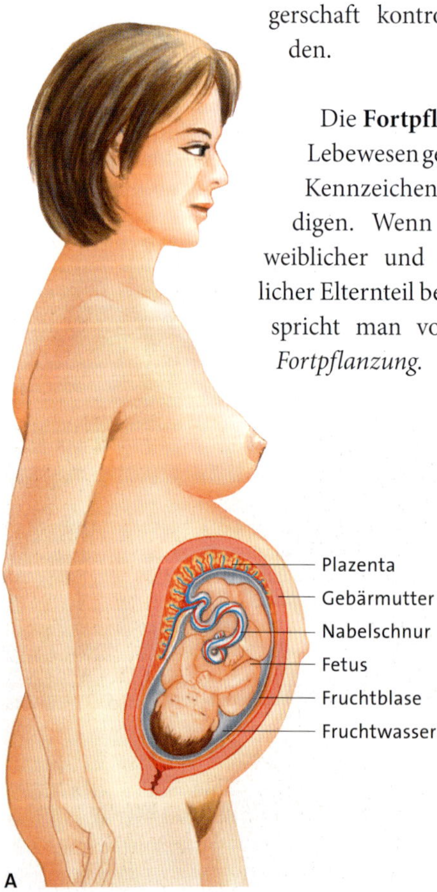

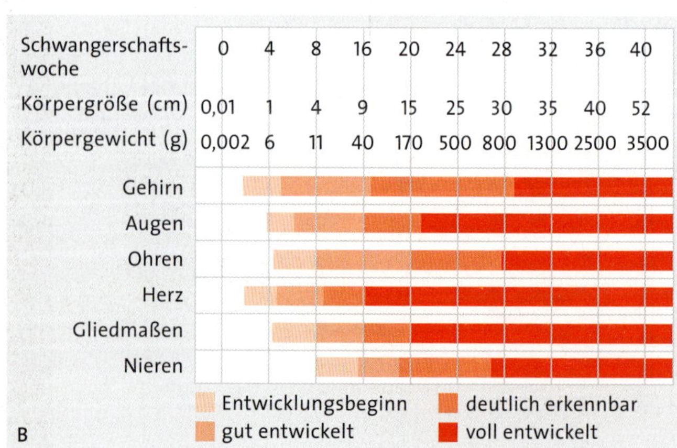

6 **Entwicklung des Fetus.** **A** Fetus in der Gebärmutter; **B** Entwicklung der Organe

4.2 Die Geburt

Gegen Ende der etwa neun Monate dauernden Entwicklung dreht sich das Kind im Mutterleib. Lag es bisher meist aufrecht in der Gebärmutter, dreht es sich nun mit dem Kopf zur Scheide hin. Die Geburt erfolgt nämlich in der Regel mit dem Kopf voran. Durch eine Ultraschalluntersuchung kann festgestellt werden, ob sich das Kind tatsächlich gedreht hat.

Die Geburt selbst kündigt sich durch ziehende Schmerzen in Rücken und Unterleib an: Die Muskulatur der Gebärmutter zieht sich zusammen. Der Auslöser für diese Muskelkontraktionen, die als **Wehen** bezeichnet werden, ist wiederum ein Hormon. Dieses wird sowohl im Gehirn der Mutter als auch in dem des Fetus gebildet. Der Zeitpunkt der Geburt wird also durch den Fetus mitbestimmt. Anfangs treten die Wehen etwa im halbstündigen Rhythmus auf, dann verkürzen sich die Abstände immer mehr. Die eigentliche Geburt beginnt mit dem Platzen der Fruchtblase und dem Austritt des Fruchtwassers durch die Scheide. Man nennt dies die *Eröffnungsphase*. In der nun folgenden *Austreibungsphase* wird das Kind durch stärker werdende *Presswehen* in den Geburtskanal geschoben.

Die Mutter unterstützt die Austreibung durch gezieltes Atmen und Anspannen der Bauchmuskulatur. Diese Phase ist für Mutter und Kind sehr anstrengend. Die Scheide wird dabei stark gedehnt. Die Schmerzempfindung wird während der Geburt durch die Ausschüttung eines weiteren Hormons gemindert.

Wenn die Nabelschnur im Geburtskanal eingeklemmt wird, kann das Kind nicht ausreichend mit Sauerstoff versorgt werden. Darunter leiden vor allem die Nervenzellen des Kindes. Deshalb kann eine zu geringe Versorgung mit Sauerstoff während der Geburt zu Schäden im Gehirn führen. Ist das Kind geboren, füllt es seine Lungen erstmals mit Luft. Von nun an wird es nicht mehr über die Nabelschnur mit Sauerstoff versorgt. Deshalb kann diese jetzt auch durchtrennt werden. Die *Abnabelung* bereitet dem Kind keine Schmerzen, weil die Nabelschnur keine Nerven enthält. In der abschließenden *Nachgeburtsphase* werden nun noch Plazenta und Fruchtblase aus der Gebärmutter herausgepresst. Damit ist die Geburt abgeschlossen.

Befürchtet der Arzt Schwierigkeiten während der Geburt, kann diese auch durch einen *Kaiserschnitt* erfolgen. Dabei wird die Bauchdecke der Mutter unter Betäubung vorsichtig mit einem Schnitt geöffnet. Durch diesen wird das Kind herausgehoben.

1 Diskutiert in der Gruppe, worin der Vorteil liegt, dass das Baby mit dem Kopf zuerst in den Geburtskanal eintritt.

2 Beschreibt die verschiedenen Phasen einer Geburt beginnend mit der Eröffnungsphase.

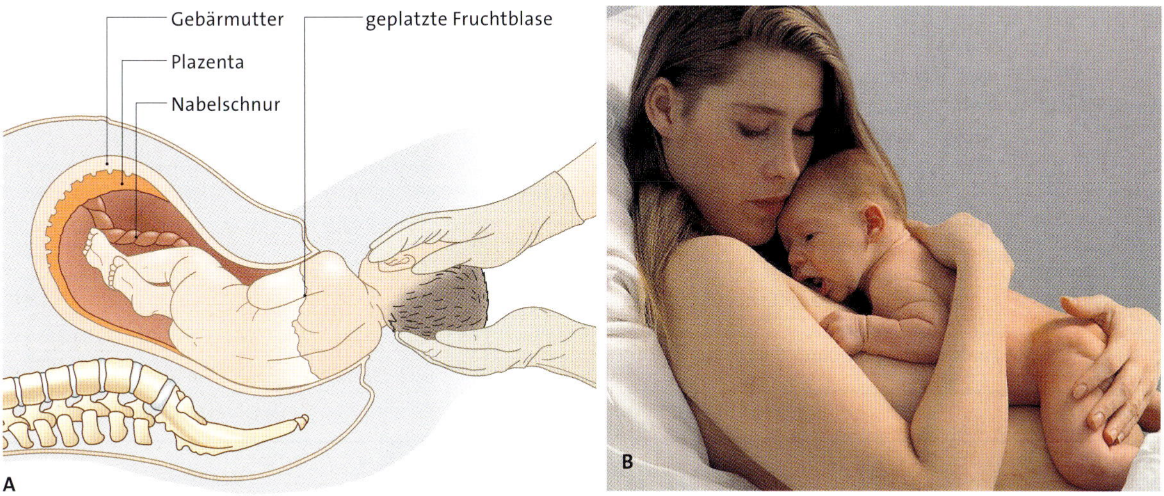

1 Geburt. **A** Schematische Darstellung; **B** Neugeborenes

6 Familienplanung und Empfängnisverhütung

Wenn ein Paar schon längere Zeit zusammen ist, entsteht oft der Wunsch nach eigenen Kindern. Die Partner können eine Schwangerschaft mit größerer Wahrscheinlichkeit herbeiführen, wenn sie in der Zyklusmitte der Frau miteinander schlafen. In Deutschland bleibt allerdings etwa jedes siebte Paar ungewollt kinderlos. Dies liegt unter anderem daran, dass Männer und Frauen in Deutschland die Entscheidung für ein Kind immer später treffen. Mit zunehmendem Alter der Frau wird eine Schwangerschaft jedoch unwahrscheinlicher. Ab dem vierzigsten bis fünfzigsten Lebensjahr einer Frau reifen keine Eizellen im Eierstock mehr heran. Von da ab ist eine Schwangerschaft auf natürlichem Wege nicht mehr möglich. Die ungewollte Kinderlosigkeit kann man hinnehmen, Kinder adoptieren oder mit medizinischer Hilfe versuchen, dennoch schwanger zu werden.

Man kann eine Schwangerschaft zwar nicht sicher herbeiführen, aber durch verschiedene **Verhütungsmethoden** ziemlich sicher verhindern. Dabei sind die Verhütungsmethoden unterschiedlich zuverlässig. Das kann zum einen an der Methode selbst liegen, zum anderen an Fehlern bei der Anwendung. Entscheidend ist, dass sich Mann und Frau vor dem Geschlechtsverkehr einig sind, ob sie verhüten wollen. Danach müssen sie gemeinsam klären, wie sie verhüten wollen. Ein verantwortungsvoller Umgang mit Verhütungsmitteln ist die Grundlage einer sinnvollen **Familienplanung.**

1 **Paar mit Kind**

Die Frage der Verhütung wird oft von sehr jungen Paaren vor dem Geschlechtsverkehr nicht hinreichend geklärt. So nimmt in Deutschland derzeit die Zahl der jungen Mütter stark zu, die wegen eines Kindes nicht einmal mehr ihre Schulausbildung beenden können.

1 Diskutiert und beurteilt in der Gruppe die verschiedenen Verhütungsmethoden.

2 **Schwangere Frau**

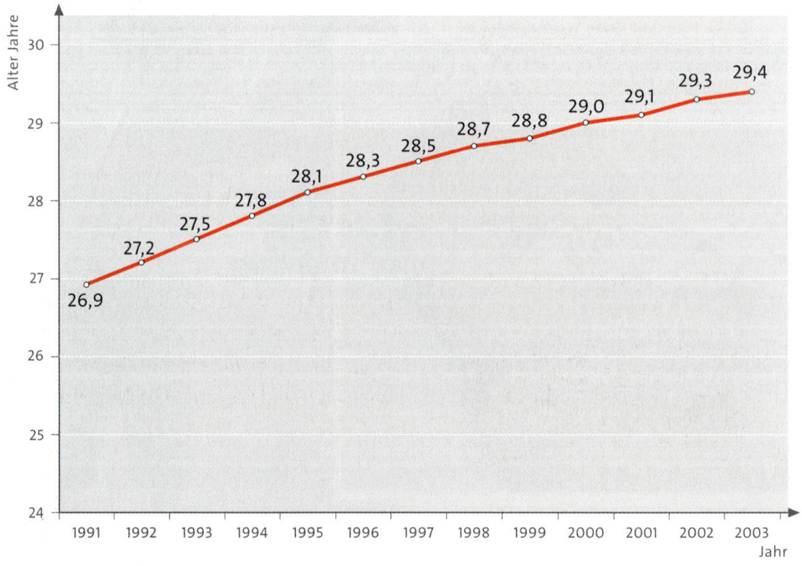

3 **Durchschnittsalter bei der Geburt des ersten ehelichen Kindes in Deutschland**

Verhütungsmethode/-mittel	Beschreibung	Kommentar
	**Aufpassen** Der Mann zieht sein Glied aus der Scheide der Frau zurück, bevor es zum Spermienerguss kommt.	Sehr unzuverlässige Methode, weil schon vor dem eigentlichen Spermienerguss einzelne Spermazellen abgegeben werden und weil das Glied oft zu spät aus der Scheide gezogen wird.
	**Kalendermethode** Die Frau zählt die Tage zwischen zwei Monatsblutungen und bestimmt dann die fruchtbaren Tage der Zyklusmitte; sie verzichtet während der fruchtbaren Tage auf ungeschützten Geschlechtsverkehr.	Sehr unzuverlässige Methode, weil sich die Dauer eines Zyklus zum Beispiel durch Krankheiten oder Stress verschieben kann und somit die fruchtbaren Tage falsch vorhergesagt werden.
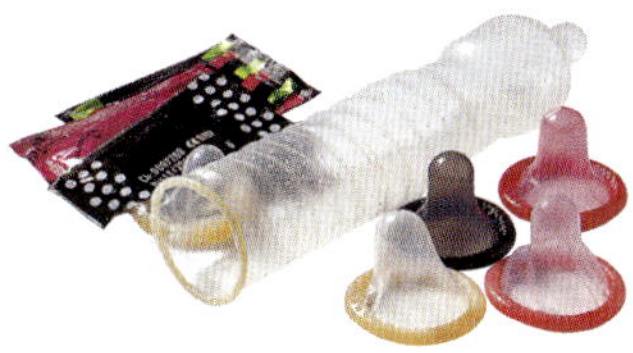	**Kondome** Eine Gummihaut wird über das versteifte Glied gezogen, die Spermien bleiben in der Gummihaut. Kondome schützen außerdem vor Krankheiten, die durch Geschlechtsverkehr übertragen werden, wie zum Beispiel vor Aids oder Leberentzündung (Hepatitis).	Relativ sichere Methode, allerdings besteht die Gefahr von Anwendungsfehlern, zum Beispiel Überlagerung des Kondoms oder Beschädigung beim Öffnen der Verpackung durch spitze Fingernägel.
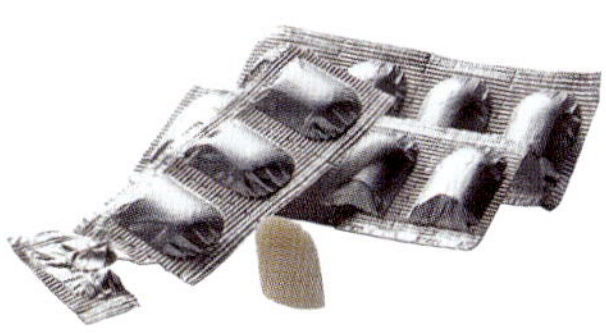	**Scheidenzäpfchen** Sie werden vor dem Geschlechtsverkehr in die Scheide eingeführt und lösen sich durch die Körperwärme auf. Dabei frei werdende Substanzen töten die Spermienzellen ab.	Relativ sichere Methode, allerdings besteht die Gefahr von Anwendungsfehlern, wenn die Zäpfchen zum Beispiel nicht tief genug oder zu kurz vor dem Verkehr eingeführt werden; außerdem ist eine Reizung der empfindlichen Schleimhäute möglich.
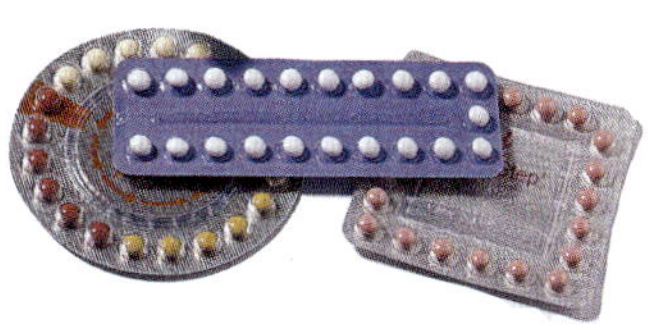	**Pille** Sie wird täglich von der Frau eingenommen; oft zu einer bestimmten Zeit. In der Pille sind Hormone enthalten, die in den natürlichen Hormonhaushalt der Frau eingreifen und dadurch einen Eisprung verhindern.	Sehr sichere Methode, trotzdem besteht auch hier die Gefahr von Anwendungsfehlern, beispielsweise kann die Einnahme vergessen werden. Bei Erbrechen und Durchfall werden die Wirkstoffe der Pille nicht vom Körper aufgenommen; manche Frauen vertragen die Pille nicht.

4 Verschiedene Verhütungsmethoden im Überblick

7 Sexueller Missbrauch – mein Körper gehört mir

Auf dem Pausenhof kann man häufiger Folgendes beobachten: Jungen stören die Mädchen, schubsen sie oder laufen ihnen nach. Handelt es sich dabei um sexuelle Belästigung? Dies kommt auf die Sichtweise an. Die Jungen werden das wahrscheinlich nicht so sehen. Für sie ist das möglicherweise der Versuch einer Kontaktaufnahme. Weil sie unsicher sind, erfolgt diese unbeholfen in Form von »Ärgern« und ist nicht böse gemeint. Aus Sicht der Mädchen kann dies vielleicht schon als sexuelle Belästigung empfunden werden: Sie denken, sie werden von den Jungen nur deshalb geärgert, weil sie Mädchen sind.

Situationen können also ganz unterschiedlich bewertet werden, je nachdem, ob persönliche Grenzen verletzt werden. Da jeder Mensch unterschiedliche Grenzen hat, ist es mitunter schwierig, diese einzuhalten. Die Grenzen werden zum Beispiel deutlich überschritten, wenn sexuelle Handlungen an einer Person ohne ihr Einverständnis vollzogen werden. In diesem Fall spricht man von **sexuellem Missbrauch.** Dabei wird eine Grundregel gemeinsamer Sexualität verletzt: Erlaubt ist nur das, was beide gemeinsam und freiwillig wollen. Kein Partner darf zu etwas gezwungen, überredet oder verführt werden.

1 Belästigung durch Mitschüler

Besonders kritisch sind Situationen zu bewerten, an denen Erwachsene und Kinder oder Jugendliche beteiligt sind. Sie können leichter zu sexuellen Handlungen verführt werden, zum Beispiel durch Ausnutzen ihrer Neugier oder Versprechen von Geschenken. Jüngere Menschen werden so in Situationen gebracht, in denen sie zwar glauben, etwas freiwillig zu tun, tatsächlich aber ausgenutzt werden. Auch das ist sexueller Missbrauch. Er kann Mädchen und Jungen betreffen.

STUTTGART.
Ein 48 Jahre alter Mann soll seine heute 14-jährige Tochter über sieben Jahre hinweg sexuell missbraucht haben. Der Angeklagte streitet die Vorwürfe ab. Er hält sie für ein Komplott der Ehefrau gegen ihn ... Die Vorwürfe habe sich die Tochter ausgedacht, wahrscheinlich angestiftet von der Mutter. Das sieht die Staatsanwältin aber anders ...

Aus »Tagblatt«

LEIPZIG.
Der drei Tage lang vermisste und in einer Leipziger Laubensiedlung aufgefundene Junge ist sexuell missbraucht worden. Die Polizei fahndet nun nach einem Hauptverdächtigen, der bereits 1998 wegen Kindesmissbrauchs verurteilt worden war. Seither war der Mann unauffällig geblieben. Er ist den Ermittlern zufolge dringend tatverdächtig ...

Aus »Nachtspiegel«

2 Zeitungsartikel zum Thema

3 Ein deutliches Nein!

In Deutschland stehen Kinder bis zu ihrem vierzehnten Lebensjahr unter dem besonderen Schutz des Gesetzgebers. Es ist zum Beispiel verboten, an ihnen sexuelle Handlungen vorzunehmen oder von ihnen solche zu verlangen. Trotzdem kommt es immer wieder vor, dass Erwachsene gegen diese Bestimmung verstoßen. In Deutschland wurden im Jahr 2005 knapp 14 000 Fälle von sexuellem Missbrauch von Kindern zur Anzeige gebracht. Von diesen wurden rund 11 400 durch die Polizei aufgeklärt. Allerdings wird allgemein davon ausgegangen, dass bei Weitem nicht alle Fälle bekannt werden. Diese Fälle werden als Dunkelziffer bezeichnet. Sie liegt in Deutschland nach verschiedenen Schätzungen bei etwa 300 000 missbrauchten Kindern pro Jahr. Dass nicht alle Fälle bekannt werden, liegt einerseits an der natürlichen Scham der Opfer, über das zu sprechen, was ihnen angetan wurde. Andererseits wird den Opfern auch oft nicht geglaubt, weil die Täter häufig mit den Opfern verwandt oder bekannt sind und den Erwachsenen mehr Glauben geschenkt wird als den Kindern.

Oft beobachten Täter ihre Opfer über einen längeren Zeitraum, bevor eine Kontaktaufnahme erfolgt. Dies geschieht an alltäglichen Orten wie Kinderspielplätzen, Jugendtreffs, dem Schul- oder Heimweg. Die Täter erschleichen sich das Vertrauen ihrer Opfer durch Geschenke oder Versprechungen und locken sie von anderen Kindern weg.

Es ist wichtig, dass man sich gegen diese Übergriffe wehren kann. Dazu gehört, dass man genug Selbstvertrauen hat, um Dinge abzulehnen, die man nicht mag. Gerade wenn man der zudringlichen erwachsenen Person bisher vertraut hat, kann das sehr schwierig sein. Es ist wichtig, ganz deutlich zu sagen, dass man nicht angefasst werden will. Dazu gehört Selbstbewusstsein. Es gilt: Mein Körper gehört mir!

Ist man sich über die Beweggründe einer ungewollten Annäherung nicht im Klaren, sollte man darüber nicht Stillschweigen bewahren, sondern mit einer Person seines Vertrauens sprechen. Das kann ein Elternteil sein, ein Verwandter wie Onkel oder Tante oder auch ein Bekannter wie ein Lehrer. Übergriffe einer Person kann man möglicherweise vermeiden, indem man den Versprechungen dieser Person keinen Glauben schenkt, auch wenn sie noch so verlockend sind. Wird Gewalt angedroht oder angewendet, um ein Mitkommen zu erzwingen, sollte man in der Öffentlichkeit laut auf sich aufmerksam machen.

1 Stellt Vermutungen auf, warum der Gesetzgeber die genannten Altersvorgaben gemacht hat.

2 Diskutiert in der Gruppe, warum manche der möglichen Täter-Opfer-Beziehungen besonders kritisch zu bewerten sind.

3 Überlegt gemeinsam, wie ihr euch gegen Übergriffe von Personen wehren könnt.

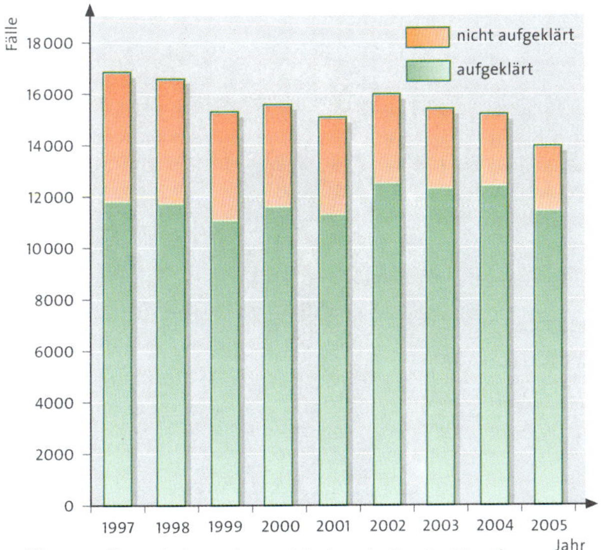

4 Sexueller Missbrauch von Kindern in Deutschland

§ 176 Sexueller Missbrauch von Kindern

(1) Wer sexuelle Handlungen an einer Person unter vierzehn Jahren (Kind) vornimmt oder an sich von dem Kind vornehmen lässt, wird mit Freiheitsstrafe von sechs Monaten bis zu zehn Jahren bestraft.

(2) Ebenso wird bestraft, wer ein Kind dazu bestimmt, dass es sexuelle Handlungen an einem Dritten vornimmt oder von einem Dritten an sich vornehmen lässt.

5 Auszug aus Paragraph 176 des Bürgerlichen Gesetzbuches

Zusammenfassung Sexualität und Entwicklung des Menschen

Basiskonzept Struktur und Funktion

Als primäres Merkmal bezeichnet man beim Mann das Glied und den Hodensack mit den Hoden, bei der Frau zählen die Scheide, die Gebärmutter und die Eierstöcke dazu. Beim Geschlechtsverkehr wird das Glied durch Aufnahme von Blut in die Schwellkörper versteift und dann in die Scheide einer Frau eingeführt. So können Spermien, die in den Hoden gebildet wurden, in die Scheide abgegeben werden. Spermien besitzen Schwanzfäden. Mit deren Hilfe können sie die Gebärmutter hinauf in die Eileiter wandern. Dort treffen sie eventuell auf eine Eizelle, die zuvor von den Eierstöcken freigesetzt wurde, und können diese befruchten. Die befruchtete Eizelle entwickelt sich im Körper der Frau weiter. Dies geschieht in der Gebärmutter, einem muskulösen Organ, das von einer Schleimhaut ausgekleidet ist. In diese nistet sich der entwickelnde Keim ein und wächst weiter zum Embryo heran. Dabei ist er von der Fruchtblase umgeben, die mit Fruchtwasser gefüllt ist. So ist der Embryo vor Erschütterungen geschützt und entwickelt sich zum Fetus. Auch der Fetus ist immer von lebenswichtiger Flüssigkeit umgeben und bei Bewegungen der Mutter vor Erschütterungen geschützt.

Basiskonzept Stoff und Energie

Dem Embryo werden während seiner Entwicklung laufend Bau- und Energiestoffe durch den mütterlichen Körper zur Verfügung gestellt. Die Nährstoffe wechseln in der Plazenta aus dem Blut der Mutter in das des Kindes. In den Körper des Ungeborenen gelangen sie dann über die Nabelschnur. Embryo und Fetus haben einen eigenen Stoffwechsel und stellen dementsprechend Abfallstoffe her. Die Abfallstoffe werden im Blut über Nabelschnur und Plazenta in den mütterlichen Körper zurücktransportiert und von diesem ausgeschieden.

Basiskonzept Entwicklung

Bei der Befruchtung dringt ein Spermium in eine reife Eizelle ein. Die beiden Zellkerne verschmelzen miteinander. Die befruchtete Eizelle beginnt sich nun vielfach zu teilen und es entsteht ein Embryo, der sich in die Wand der Gebärmutter einnistet und über diese ernährt wird. Nachdem alle wichtigen Körperorgane angelegt sind, heißt der Embryo Fetus. Nach neun Monaten Entwicklungszeit wird das Kind geboren. Das Neugeborene weist viele Merkmale eines Nesthockers auf. Bis zum Erreichen der Geschlechtsreife werden etwa zwölf bis vierzehn Jahre benötigt.

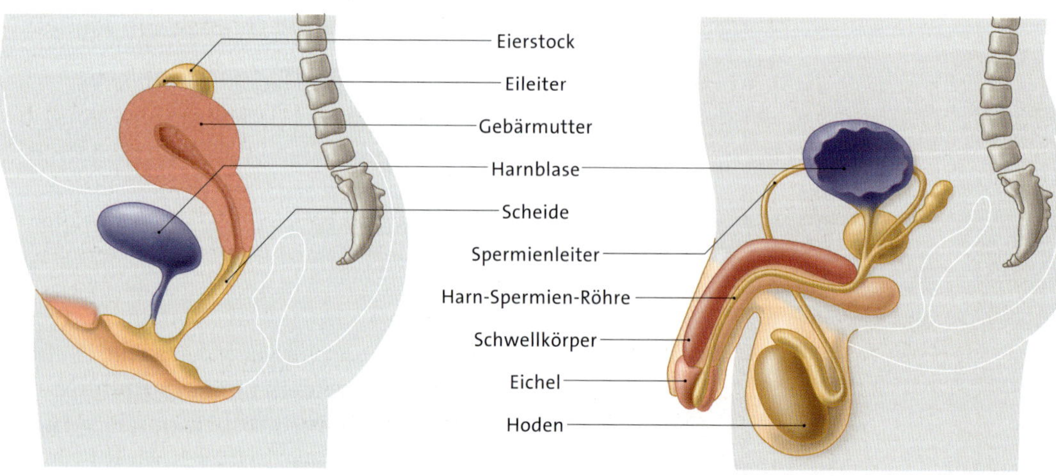

1 Geschlechtsorgane bei Frau und Mann

Wissen vernetzt Sexualität und Entwicklung des Menschen

A1 Dauer von Trächtigkeit und Schwangerschaft

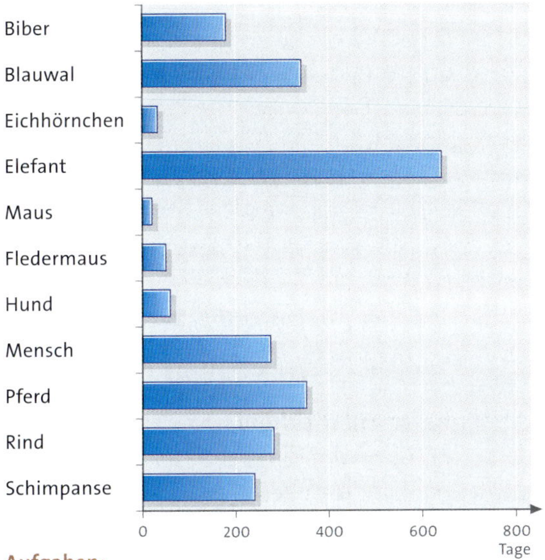

Aufgaben:

a) Ermittle die Länge der Trächtigkeit beziehungsweise die der Schwangerschaft der in der obigen Grafik genannten Lebewesen.

b) Stelle eine begründete Vermutung auf, wodurch die Dauer der Trächtigkeit beziehungsweise Schwangerschaft beeinflusst wird.

A2 Selbstständigkeit von Nachkommen

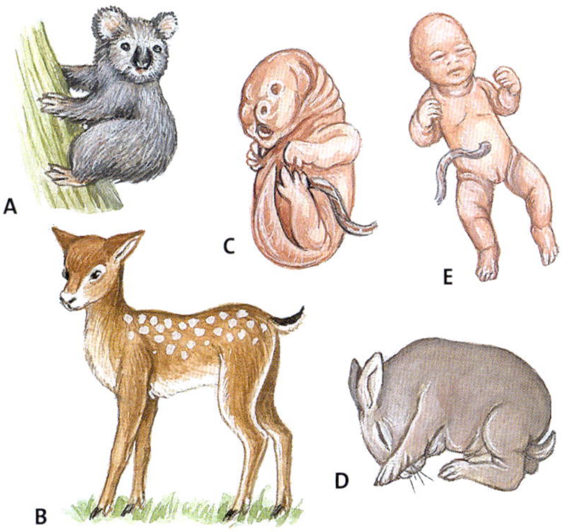

Die Nachkommen von Säugetieren unterscheiden sich zum Teil sehr stark, wenn sie neugeboren sind.

Aufgaben:

a) Leite aus dem Aussehen der Neugeborenen ab, ob es sich um Nesthocker oder Nestflüchter handelt.

b) Beurteile, ob es sich beim Menschen um einen Nesthocker oder einen Nestflüchter handelt.

A3 Modell zur Fruchtblase

Ein Hühnerei, das sich in einem mit Wasser gefüllten Becherglas befindet, wird oft als Modell für einen sich in der Fruchtblase entwickelnden Embryo gezeigt. Wenn man das Becherglas schnell dreht, dreht sich das Ei nicht mit, sondern bleibt im Wasser scheinbar an der Stelle.

Aufgaben:

a) Erkläre das oben beschriebene Phänomen.

b) Erläutere, wieso ein Hühnerei im Becherglas als Modell für einen Embryo in der Fruchtblase gelten kann.

c) Vergleiche die Bestandteile des Modells mit der Wirklichkeit.

Register

Grüne Seitenzahlen weisen auf ausführliche Behandlung im Text hin; f. = die folgende Seite; ff. = die folgenden Seiten.

Bildquellen

Umschlag Laubfrosch: Schwind/Okapia, Frankfurt; Umschlag Teich: Wegner/TopicMedia Service, Ottobrunn; 8.1: Konopka, Recklinghausen; 8.2: Labat-Lanceau/Cogis/Okapia, Frankfurt; 8.3: C. Huetter/Arco Images, Lünen; 9.1: Volker Minkus, Isernhagen; 9.2: J. Lieder, Ludwigsburg; 9.4 + 5: Schroedel Archiv; 10.1: Schroedel Archiv; 10.2 A: Weyer/Mauritius, Mittenwald; 10.2 B: Ehlers/dpa/picture-alliance, Frankfurt; 10.2 C: Konopka, Recklinghausen; 12.1: Dr. Thomas Huk, Braunschweig; 12.2: Janfot/Naturbild/Okapia, Frankfurt; 12.3: Nigel Cattlin/Holt Studios/Okapia, Frankfurt; 12.4: Stefan Oertenblad/Naturbild AB/Okapia, Frankfurt; 12.5: Kjell-Arne Larsson/Okapia, Frankfurt; 12.6: Jeffrey Rotman/SAVE/Okapia, Frankfurt; 14.1 A: Oxford Scientific/Mauritius, Mittenwald; 14.1 B: Reinhard-Tierfoto, Heiligkreuzsteinach; 14.1 C: Steve Bloom Images/Mauritius, Mittenwald; 14.1 D: Nigel Cattlin/Holt Studios/Okapia, Frankfurt; 14.1 E: Hans Reinhard/Okapia, Frankfurt; 14.1 F: J.C. Révy/ISM/Okapia, Frankfurt; 14.1 G: Tsuneo Nakamura/Mauritius, Mittenwald; 16.1 A: NAS/H.A. Miller/Okapia, Frankfurt; 16.1 B: Willner/TopicMedia Service, Ottobrunn; 18.1: Dr. Thomas Huk, Braunschweig; 18.2 A: Schroedel Archiv; 18.2 B: A. Jung/Klett/picture-alliance, Frankfurt; 19.3 A: Christen/Okapia, Frankfurt; 19.3 B: Photo Researchers/Mauritius, Mittenwald; 21.A1: Schroedel Archiv; 21.V2: Manfred Danegger/Okapia, Frankfurt; 21.V3: Florian Karly, München; 22.1: Hans Reinhard/Tierbildarchiv Angermayer, Holzkirchen; 22.2 A: Mike Hill/OSF/Okapia, Frankfurt; 22.2 B: Reinhard-Tierfoto, Heiligkreuzsteinach; 22.2 C: NAS/Ron Austing/Okapia, Frankfurt; 23.3: Edgar Mönch/Tierbildarchiv Angermayer, Holzkirchen; 23.4 A: Jeff Foott/Okapia, Frankfurt; 23.4 B: Hecker/TopicMedia Service, Ottobrunn; 24.5 A: Volker Minkus, Isernhagen; 24.5 B: Reinhard-Tierfoto, Heiligkreuzsteinach; 25.A2 + A4: Reinhard-Tierfoto, Heiligkreuzsteinach; 26.2: Superbild, München; 27.A1: Soeren Stache/dpa/picture-alliance, Frankfurt; 27.A2: Bruce/Okapia, Frankfurt; 28.1: Karl Gottfried Vock/Okapia, Frankfurt; 28.2: Gerard Lacz/Natural History Photographic Agency, Sussex; 29.1 A: D. Harms/Wildlife, Hamburg; 29.1 B: Uwe Anders, Destedt; 29.2: M. Wendler/R. Nagel/Wildlife, Hamburg; 29.3: Lothar Lenz/Okapia, Frankfurt; 32.1: Okapia/picture-alliance, Frankfurt; 35.V1: Volker Minkus, Isernhagen; 36.1 A: Schroedel Archiv; 37.1 li.: Westermann Archiv, Braunschweig; 37.1 Mi.: Schroedel Archiv; 38.1 A: D. Harms / Wildlife, Hamburg; 39.1 E: imagebroker.net/Mauritius, Mittenwald; 40.1: Günther Wannenmacher/Imagepoint.biz; 41.4 A: Delpho/Wildlife, Hamburg; 41.4 B: Karl Gottfried Vock/Okapia, Frankfurt; 41.5 A: Schroedel Archiv; 42.1: Ernst Schacke/Naturbild/Okapia, Frankfurt; 42.2 A: Wildlife, Hamburg; 42.2 B: Fritz Hanneforth/Okapia, Frankfurt; 42.2 C: Lanes P. Albert/Wildlife, Hamburg; 43.1 li.: D. Harms/Wildlife, Hamburg; 43.2 li.: R. Usher/Wildlife, Hamburg; 43.3 li.: CuboImages/Mauritius, Mittenwald; 43.4 li.: Botanica/Mauritius, Mittenwald; 44.1: Reinhard-Tierfoto, Heiligkreuzsteinach; 45.4: J. u. P. Wegner / TopicMedia Service, Ottobrunn; 45.5 A: Pfletschinger/Tierbildarchiv Angermayer, Holzkirchen; 46.1: Volker Minkus, Isernhagen; 49.V1: Volker Minkus, Isernhagen; 50.1: Reinhard-Tierfoto, Heiligkreuzsteinach; 51.4: Volker Minkus, Isernhagen; 54.1: dpa/picture-alliance, Frankfurt; 55.3 A – D: Volker Minkus, Isernhagen; 56.2: Jens-Peter Laub/Okapia, Frankfurt; 57.1: Rudolf Schmidt/Tierbildarchiv Angermayer, Holzkirchen; 57.2: Frank Hecker/Okapia, Frankfurt; 57.3: Rudolf Schmidt/Tierbildarchiv Angermayer, Holzkirchen; 57.4: Bruno Roth/Okapia, Frankfurt; 58.1: R. Usher/Wildlife, Hamburg; 61.10: Maik Aschemann/Naturbildportal; 62.1: Airbus S.A.S.; 62.2: Institut für Strömungsmechanik der TU Braunschweig; 63.V1 ob.: dpa/picture-alliance, Frankfurt; 63.A3: Martin Bilfinger, Wolfratshausen; 64.1: Pott/Okapia, Frankfurt; 64.3: Dr. Philipp, Berlin; 66.1: Hans Reinhard/Tierbildarchiv Angermayer, Holzkirchen; 67.1 A: M. Hamblin/Wildlife, Hamburg; 67.2 A: Ronald Wittek/Mauritius, Mittenwald; 68.1: Pfletschinger/Tierbildarchiv Angermayer, Holzkirchen; 70.1: B. Kunz; Langenburg; 72.1: Okapia/picture-alliance, Frankfurt; 76.1: Ingo Arndt/Okapia, Frankfurt; 78.1 A: Tierbildarchiv Angermayer, Holzkirchen; 78.1 B + D: Pfletschinger/Tierbildarchiv Angermayer, Holzkirchen; 78.1 C: Wellinghorst, Quakenbrück; 80.V2: NAS/Hermann Eisenbeiss/Okapia, Frankfurt; 82.1: Okapia/picture-alliance, Frankfurt; 83.3 A: Frank Hecker/Okapia, Frankfurt; 83.3 B: Christen/Okapia, Frankfurt; 86.1: Okapia/picture-alliance, Frankfurt; 86.2: Ernst Schacke/Naturbild/Okapia, Frankfurt; 86.3: W. Broadhurst/SPL/Focus, Hamburg; 87.4: take five J. Seifried, Essen; 90.1 A: Reinhard-Tierfoto, Heiligkreuzsteinach; 93.1 B: West Studios/Mauritius, Mittenwald; 93.1 C: Uwe Anders, Destedt; 93.1 D: D. Harms/Wildlife, Hamburg; 94.1: imagebroker.net/Mauritius, Mittenwald; 94.2 A: imagebroker.net/Mauritius, Mittenwald; 94.2 B: Markus Mitterer/Mauritius, Mittenwald; 97.1: Peter Weimann/Okapia, Frankfurt; 97.2: Reinhard-Tierfoto, Heiligkreuzsteinach; 98.1: M. Wegler/Juniors Bildarchiv, Ruhpolding; 98.2: J-L Klein & M-L Hubert/Okapia, Frankfurt; 98.3: J & C Sohns/TopicMedia Service, Ottobrunn; 98.4: Tierbildarchiv Angermayer, Holzkirchen; 100.1: Monika Wegler, München; 102.1 A: Lothar Lenz, Dohr; 104.1: Daryl & Sharna Balfour/Okapia, Frankfurt; 104.2: Manfred Danegger/Okapia, Frankfurt; 104.3: Herbert Kehrer/Mauritius, Mittenwald; 106.A1: Volker Minkus, Isernhagen; 106.A3: DK Images, London; 106.A4: D. J. Cox/Wildlife, Hamburg; 107.A4: Lothar Lenz/Okapia, Frankfurt; 107.A6 li.: Stadtler/TopicMedia Service, Ottobrunn; 107.A6 re.: Kerstin Plosz; 107.A7: Lichtbildarchiv Keil, Neckargemünd; 108.1: agrar-press, Nörvenich; 109.1: Nagel/TopicMedia Service, Ottobrunn; 109.2: Erdmann, Bad Sachsa; 110.1: David R. Frazier/Nature Source/Focus, Hamburg; 113.1: A1PIX, Taufkirchen; 113.2: Reinhard-Tierfoto, Heiligkreuzsteinach; 113.3: Tönnies, Laatzen; 113.4: Ludwig Mallaun/Mauritius, Mittenwald; 114.1: Ege/Helga Lade, Frankfurt; 114.2 C: Gaby Siegrist, Hitzkirch, Schweiz; 116.1 + 2: Tierbildarchiv Angermayer, Holzkirchen; 116.3: Franz Kaiser/Rugghubelhütte SAC, www.rugghubel.ch; 118.1: Hans Reinhard/Okapia, Frankfurt; 119.6: Reinhard-Tierfoto, Heiligkreuzsteinach; 120.1 A: Reinhard-Tierfoto, Heiligkreuzsteinach; 121.2 A: Reinhard-Tierfoto, Heiligkreuzsteinach; 121.2 B: M. u. R. Greulich/Naturbild/Okapia, Frankfurt; 121.2 C: Big Dutchman International GmbH, Vechta; 122.1: Reinhard-Tierfoto, Heiligkreuzsteinach; 123.3 A – C: Lichtbildarchiv Keil, Neckargemünd; 123.3 D: Pavenzinger/TopicMedia Service, Ottobrunn; 125.A6: Jochen Stoss, Bremen; 126.1: D. Hulse/Wildlife, Hamburg; 128.1 A: Tierbildarchiv Angermayer, Holzkirchen; 129.2 A: age fotostock/Mauritius, Mittenwald; 130.1: Wellinghorst, Quakenbrück; 131.1: Okapia/picture-alliance, Frankfurt; 131.2 B: Hans-Jürgen Martin; 134.A1: Okapia/picture-alliance, Frankfurt; 134.A2: Dr. Eckart Pott/Okapia, Frankfurt; 135.A4: B. & H. Kunz/Okapia, Frankfurt; 136.2: Hans Tegen, Hambühren; 140.2: Reuters/Corbis, Düsseldorf; 140.3: Disney; 142.1: akg-images/picture-alliance, Frankfurt; 140.1, 2 A: Volker Minkus, Isernhagen; 142.1: Volker Minkus, Isernhagen; 144.1: Volker Minkus, Isernhagen; 147.1: Alfred Buellesbach/Visum, Hamburg; 148.1: Simone Fichtl/Mauritius, Mittenwald; 154.1 A: Volker Minkus, Isernhagen; 156.1: GES/Augenklick; 157.1: NAS/Susan Leavines/Okapia, Frankfurt; 160.1: Volkswagen AG, Wolfsburg; 161.A4: Volker Minkus, Isernhagen; 162.1: The Copyright Group/Mauritius, Mittenwald; 163.3 A: Volker Minkus, Isernhagen; 166.1 A: Dr. Müller, Libbenichen; 167.V2: Dr. Müller, Libbenichen; 168.1: Reinhard Dirscherl/Mauritius, Mittenwald; 168.2 + 3: Hans Tegen, Hambühren; 169.1: NASA/OSF/Okapia, Frankfurt; 171.3 B: Manfred P. Kage/Okapia, Frankfurt; 172.1 + 2: Volker Minkus, Isernhagen; 173.3 A: Volker Minkus, Isernhagen; 173.4: Lichtbildarchiv Keil, Neckargemünd; 174.1: NAS/D. Plummer/Okapia, Frankfurt; 176.V1: Hans Tegen, Hambühren; 177.V6: Volker Minkus, Isernhagen; 178.1 + 2: Dr. Müller, Libbenichen; 179.3: aid infodienst e. V., Bonn; 180.1: Dr. Heilemann, Paderborn; 180.2: Godong/picture-alliance, Frankfurt; 181.1: Peter Menzel/Focus, Hamburg; 182.1: Dr. Müller, Libbenichen; 184.1: Günter Kiepke/Naturbild/Okapia, Frankfurt; 184.3: Institut für Plastination, Prof. Dr. Gunther von Hagens, Heidelberg; 185.4 unt.: J. Lieder, Ludwigsburg; 186.1 + 2: Volker Minkus, Isernhagen; 187.1: AJP/A1PIX, Taufkirchen; 188.1: ORE/A1PIX, Taufkirchen; 189.3: Grimm/dpa/picture-alliance, Frankfurt; 189.4 B: Neufried/Okapia, Frankfurt; 192.2: Ralph Hutchings/Visuals Unlimited; 141.A5: dpa-Sportreport/picture-alliance, Frankfurt; 194.1: André Pöhlmann/Mauritius, Mittenwald; 194.2: Photo Researchers/Mauritius, Mittenwald; 195.1: Fischer/Mauritius, Mittenwald; 194.2: age/Mauritius, Mittenwald; 195.3: Reinhard-Tierfoto, Heiligkreuzsteinach; 195.4: Astrofoto, Sörth; 196.1: Reiner Bernhardt/Okapia, Frankfurt; 196.2: dpa/picture-alliance, Frankfurt; 197.1 A: Florian Karly, München; 199.1: Josef Ege/Okapia, Frankfurt; 199.2: dpa/picture-alliance, Frankfurt; 199.3: ZB/picture-alliance, Frankfurt; 200.V2: Hans Tegen, Hambühren; 200.A3: Schroedel Archiv; 201.V4: Glaser/TopicMedia Service, Ottobrunn; 201.A6 A: Reinhard-Tierfoto, Heiligkreuzsteinach; 202.1 A: Dr. Philipp, Berlin; 203.2 A li.: TopicMedia Service, Ottobrunn; 203.2 B li. + C li.: Rolf Wellinghorst, Quakenbrück; 204.1 A li.: Westend61/Mauritius, Mittenwald; 204.1 B li.: Manfred Klindwort/Okapia, Frankfurt; 205.2 A li.: Reinhard-Tierfoto, Heiligkreuzsteinach; 205.2 B li.: Manfred Ruckszio/Okapia, Frankfurt; 206.1: D. Harms/Wildlife, Hamburg; 206.2 B + C: Jens-Peter Laub/Okapia, Frankfurt; 208.1: Reinhard/Mauritius, Mittenwald; 208.2: Lothar Lenz/Okapia, Frankfurt; 209.3 B: Danegger/TopicMedia Service, Ottobrunn; 210.1 A: Manfred Danegger/Okapia, Frankfurt; 210.1 B: Schrempp/Greiner + Meyer, Braunschweig; 210.1 C: Roland T. Frank/Mauritius, Mittenwald; 211.3: J & C Sohns/TopicMedia Service, Ottobrunn; 213.3 A: Paul Hobson/FLPA/Holt St./Okapia, Frankfurt; 213.3 B: Lichtbildarchiv Keil, Neckargemünd; 215.3 A: Reinhard-Tierfoto, Heiligkreuzsteinach; 215.3 B: Owen Newman/OSF/Okapia, Frankfurt; 215.4: Reinhard-Tierfoto, Heiligkreuzsteinach; 216.3 A: Vogelwarte Helgoland; 216.3 B: Dr. Pott/Okapia, Frankfurt; 217.4 A: Jim Zipp/NatureSource/Focus, Hamburg; 217.4 B: Richard R. Hansen/NatureSource/Focus, Hamburg; 217.4 C: Martin Siepmann/Mauritius, Mittenwald; 220.1: Schrempp/Greiner + Meyer, Braunschweig; 221.4: Reinhard-Tierfoto, Heiligkreuzsteinach; 221.5: Reinhard/Mauritius, Mittenwald; 222.1: Chromorange/picture-alliance, Frankfurt; 223.3 A + B: G. Delpho/Wildlife, Hamburg; 226.1 + 2: Schroedel Archiv; 227.3 A, C, D: Pfletschinger/Tierbildarchiv Angermayer, Holzkirchen; 227.3 B: Dieter Hagemann/Okapia, Frankfurt; 228.1: ZB/picture-alliance, Frankfurt; 230.1: Ursula Trapp, Hannover; 231.A2: Dr. Müller, Libbenichen; 232.1: dpa/picture-alliance, Frankfurt; 234.A2: chromorange/picture-alliance, Frankfurt; 235.A4 ob.: Okapia/picture-alliance, Frankfurt; 235.A4 unt.: NHPA/photoshot/picture-alliance, Frankfurt; 235.A5 ob.: imagebroker.net/Mauritius, Mittenwald; 235.A5 unt.: age/Mauritius, Mittenwald; 237.1: Wildlife, Hamburg; 237.2: N. Wu/Wildlife, Hamburg; 237.3: Wildlife, Hamburg; 240.A2: Helga Lade/picture-alliance, Frankfurt; 242.1: Photo Researchers/Mauritius, Mittenwald; 242.2: Volker Minkus, Isernhagen; 242.3: Volker Minkus, Isernhagen; 243.1: Stelter; 243.2: M.C. Escher's »Waterfall« © 2008 The M.C. Escher Company-Holland. All rights reserved. www.mcescher.com; 243.3: Volker Minkus, Isernhagen; 243.4: Hans Tegen, Hambühren; 244.1 + 2: Volker Minkus, Isernhagen; 245.1: Volker Minkus, Isernhagen; 246.V1: Mathias, Reutlingen; 246.A2: imagebroker.net/Mauritius, Mittenwald; 246.V3: Wellinghorst, Quakenbrück; 247.V5: Tegen, Hambühren; 247.A6: Möller, Rödental; 248.1: dpa/picture-alliance, Frankfurt; 248.2 A – C: Volker Minkus, Isernhagen; 249.A1 + A2: Volker Minkus, Isernhagen; 250.1: Stelter; 251.4: Wellinghorst, Quakenbrück; 253.1: Hans Tegen, Hambühren; 253.2: DTP-Studio Wiegand, Gelsenkirchen; 254.1: R. Usher/Wildlife, Hamburg; 256.1 A li.: Stefan Meyers/Okapia, Frankfurt; 256.1 B li.: VCL/Okapia, Frankfurt; 256.2: Volker Minkus, Isernhagen; 257.2: Dr. Claus-Christian-Carbon/turmdersinne gGmbH; 258.A4 A: Canon; 260.1: Hattie Young/SPL/Focus, Hamburg; 261.1: Volker Minkus, Isernhagen; 261.2: DK Images, London; 263.1: Dr. Müller, Libbenichen; 263.2: Aearo GmbH, Ettlingen; 264.2: Volker Minkus, Isernhagen; 265.4 A: epd/picture-alliance, Frankfurt; 265.4 B: Phonak GmbH, Fellbach-Oeffingen; 266.1: Jef Meul/SAVE/Okapia, Frankfurt; 267.5: Roland Guenter/Okapia, Frankfurt; 268.6: Hans Reinhard/Okapia, Frankfurt; 268.7: David Scharf/P. Arnold, Inc./Okapia, Frankfurt; 269.1: Hans Reinhard/Okapia, Frankfurt; 269.2: John Cancalosi/P. Arnold, Inc./Okapia, Frankfurt; 269.3: LSF/OSF/Okapia, Frankfurt; 269.4: Reinhard/Tierbildarchiv Angermayer, Holzkirchen; 271.4: M. Hamblin/Wildlife, Hamburg; 272.A1: Steinberger/IFA-Bilderteam, Ottobrunn; 272.A3 A: D. Harms/Wildlife, Hamburg; 272.A3 B: Moll/Okapia, Frankfurt; 273.A7: Heblich/Okapia, Frankfurt; 274.1: Catprint Media GmbH; 274.2: Volker Minkus, Isernhagen; 275.1: Boehme, Hemmingen; 276.1: J. Bauer/Lappan Verlag, Oldenburg; 276.2 A: age fotostock/Mauritius, Mittenwald; 276.2 B: Heidi Velten/Mauritius, Mittenwald; 276.2 C: Volker Minkus, Isernhagen; 277.3: Möller, Rödental; 277.4 + 5: Volker Minkus, Isernhagen; 282.1: J. Lieder, Ludwigsburg; 283.4: Volker Minkus, Isernhagen; 284.1: Dr. Harald Drös, Heidelberg; 285.2 A + B: Volker Minkus, Isernhagen; 285.2 C: Klaus G. Kohn, Braunschweig; 286.1: NAS/David M. Philipps/Okapia, Frankfurt; 287.3: Phototake/Mauritius, Mittenwald; 287.4 B: Lennart Nilsson/Albert Bonniers Förlag AB, Stockholm; 288.1: NAS/Russel D. Curtis/Okapia, Frankfurt; 289.1 B: Kai Mahrholz/Mauritius, Mittenwald; 290.1: Stock Image/Mauritius, Mittenwald; 290.2 A: age fotostock/Mauritius, Mittenwald; 290.2 B: Chris Mueller/Okapia, Frankfurt; 290.2 C: Marina Raith/Mauritius, Mittenwald; 290.2 D: Workbookstock/Mauritius, Mittenwald; 292.1: Odilon Dimier/PhotoAlto; 292.2: JIRI/Mauritius, Mittenwald; 293.4.2: Fotografie Rixe, Braunschweig; 293.4.3–4.5: Klaus G. Kohn, Braunschweig; 294.1: Volker Minkus, Isernhagen; 294.3: Zartbitter e. V., Köln; 297.A3: Volker Minkus, Isernhagen

Es war nicht in allen Fällen möglich, die Inhaber der Bildrechte ausfindig zu machen und um Abdruckgenehmigung zu bitten. Berechtigte Ansprüche werden selbstverständlich im Rahmen der üblichen Konditionen abgegolten.